飞行控制系统工程系列丛书

总主编　高亚奎

国家出版基金项目
NATIONAL PUBLICATION FOUNDATION

大型飞机高升力控制系统设计与验证

安　刚　孙军帅　马高杰　编著

高亚奎　张珊珊　审校

西北工业大学出版社

西安

【内容简介】 本书阐述了高升力控制系统的概念、组成和工作原理,从飞机级、系统级维度识别和确认出高升力控制系统的需求;介绍了系统架构、控制、驱动、作动、传动和传感器等方面的设计与实现及试验和试飞验证等;对国内典型及最新一代飞机高升力控制系统开展了研究,推演出未来或下一代飞机高升力控制系统的发展趋势以及带来的挑战。

本书可作为国内高等院校航空相关专业师生以及从事飞机高升力系统研究的科研人员的参考用书。

图书在版编目(CIP)数据

大型飞机高升力控制系统设计与验证 / 安刚,孙军帅,马高杰编著. — 西安 : 西北工业大学出版社,2024. 11. — (飞行控制系统工程系列丛书). — ISBN 978 - 7 - 5612 - 9404 - 8

Ⅰ. V249

中国国家版本馆 CIP 数据核字第 202492P7H5 号

DAXING FEIJI GAOSHENGLI KONGZHI XITONG SHEJI YU YANZHENG

大 型 飞 机 高 升 力 控 制 系 统 设 计 与 验 证

安刚　孙军帅　马高杰　编著

责任编辑:王玉玲	策划编辑:黄　佩	
责任校对:张　潼	装帧设计:梁　卫　赵　烨	

出版发行:西北工业大学出版社

通信地址:西安市友谊西路 127 号　　　邮编:710072

电　　话:(029)88493844,88491757

网　　址:www.nwpup.com

印 刷 者:西安五星印刷有限公司

开　　本:787 mm×1 092 mm　　1/16

印　　张:22

字　　数:535 千字

版　　次:2024 年 11 月第 1 版　　2024 年 11 月第 1 次印刷

书　　号:ISBN 978 - 7 - 5612 - 9404 - 8

定　　价:228.00 元

"飞行控制系统工程系列丛书"
编撰委员会

《大型飞机高升力控制系统设计与验证》
编委会

总　序

大型运输机，通常称为大飞机，其研发、生产制造、集成验证、复杂供应链、高风险试飞能力是一个国家工业体系、科技水平和综合实力的集中体现，是国家战略装备的重要组成部分，其成功研制对于增强我国的综合国力、科技实力和国际竞争力，以及早日实现中国式现代化具有极为重要的意义。它的价值甚至不亚于载人航天工程。

大飞机是国之重器，是我国建设创新型国家、实现高水平航空科技自立自强、打造世界一流军队的重大战略支撑。在我国科研工作者多年奋发图强的基础上，大飞机工程"三剑客"运 20 飞机、C919 飞机、AG600 飞机已经实现了重大技术突破，其中运 20 飞机、C919 飞机已批量交付用户使用，AG600 飞机已进入科研试飞阶段。这不仅实现了我国大飞机技术集群式突破，形成了大飞机研发制造的核心能力，而且锻造了一条蕴藏巨大潜力的产业链，为国家经济、政治和军事发展释放出了巨大的价值，也充分体现了国家意志、人民意志。

随着我国大飞机工程的稳步推进，目前其已经进入深水区，尤其是以电传飞行控制为核心的现代大型飞机飞行控制系统设计技术是最为关键的核心技术之一。大飞机对飞行控制系统的要求日益提高，不仅要保证飞行器的安全性、稳定性和操纵性，具备优异的飞行品质，以便于高质量、高效率、低成本完成复杂任务，同时也需要对故障有监控、自愈功能，还要对复杂气象和强干扰具有一定的"免疫"功能。这些需求对工程技术人员来说，既是良好机遇，更是巨大挑战。经过近 20 年的持续艰苦攻关，我国工程技术人员终于突破了多项关键技术瓶颈，也积累了丰富的飞行控制系统工程设计经验。

为了更好地总结现代大型飞机飞行控制系统研制经验，以及做好知识与经验的传承，我们特邀请中国工程院唐长红院士领衔，高亚奎研究员担任总主编，联合西北工业大学、航空工业集团第一飞机设计院、航空工业庆安集团有限公司、航空工业兰州飞行控制有限公司、航空工业北京青云航空仪表有限公司、天云飞控(西安)科技有限责任公司等高校、科研院所和企业的专家学者,策划出版了飞行控制系统工程系列丛书,本系列丛书由《现代飞机飞行控制系统传感器技术》《现代飞行控制系统设计》《飞行控制系统预测与健康管理》《飞机非线性容错飞行控制》《大型运输机控制律设计与验证技术》《大型飞机高升力控制系统设计与验证》《运输类飞机自动飞行控制系统设计与实现》《现代飞机机械操纵系统设计与验证》《飞控系统研制流程与工作分解》等9本专著组成。

目前,国内还缺乏成体系出版的关于飞行控制系统研制的工程系列丛书。本系列丛书是专门针对大型运输类飞机飞行控制系统工程研制策划出版的一个专题系列丛书,更多直接针对工程应用过程中的难题和核心技术,更适合于工程应用。虽然国内也有许多优秀的翻译类飞控系统图书,但不同国家、不同的设计师团队、不同的研制条件,在面对不同技术成熟度的工程解决方案时也不尽相同,也就是说,本套系列丛书更适合我国国情。同时,编写和执笔人员均是实际参与大飞机飞行控制系统研制的高校和科研院所的一线人员,更能体现出我国当前飞行控制系统工程研制技术水平,具有明显的中国特色和中国方案。

飞行控制系统工程系列丛书基于正向设计思想,总结了近年来我国大飞机飞控系统研制的工程经验,对于激发高校老师和学生对飞行控制技术研究的兴趣,以及提高飞机相关院厂所飞行控制系统科研技术人员的工程应用能力,均具有较强的指导和参考作用。同时,本系列丛书具有鲜明的工程应用特点,可为后续型号的飞控系统研制提供设计参考,具有广泛的经济、军事和政治价值,对于促进高安全、高可靠大飞机飞行控制科学与技术的繁荣与发展影响深远。

"飞行控制系统工程系列丛书"编撰委员会

2023 年 7 月

前　言

飞得更快、更远、更好是人们寄托于飞行的美好愿望。飞得更快要求飞机的巡航速度尽量快,飞得更远要求飞机的航程足够长,进入 21 世纪,人们对于飞得更好的理念上升为飞得更安全、更经济、更可靠、更安静和更环保。

在飞机发展的早期,人们认为,像舵面配平系统、缝翼系统、襟翼系统、扰流板系统等即使不能工作,飞机仍能安全飞行,因此将这些系统称为辅助飞行控制系统,然而如果这些系统失效,也会使飞机发生灾难性事故。随着人们对安全性认识的提高,以及电传操纵技术的发展,如今现代飞行控制系统已形成三大架构:第一个架构是以控制升降舵、方向舵和副翼三个主舵面为核心,并扩展到扰流板控制和水平安定面控制的主飞行控制系统(PFCS);第二个架构是控制前缘装置和后缘装置的高升力系统(HLS);第三个架构是以实现姿态、高度、速度和轨迹自动控制为核心的自动飞行控制系统(AFCS)。

在高升力系统方面,国外已经开展了 40 年左右的研究,积累了较为丰富的技术研究经验。国内仅是最近 20 年才展开了相关方面的研究,相关的著作和图书更是少之又少。如何设计这样一个涉及飞机安全的复杂系统,以及怎样验证设计的正确性和完整性,是本书论述的核心内容。本书的编写以系统正向设计开发过程为章节线索,按照以需求定义与分析为开端、以系统验证和工程应用为结束的系统生命周期顺序展开。需要指出的是,对于系统在运行维护及退役阶段的活动,在设计之初就进行需求确认,并一直传递到架构、详细设计及验证阶段,以体现系统设计的完整性和验证活动的全覆盖性。

本书重点介绍了高升力系统的概念,从飞机层级识别和确认出高升力系统的需求,从系统架构、控制、驱动、作动和传动,以及传感器等维度阐述了高升力系统的设计与实现过程;开展了国内飞机典型高升力系统相关研究,对最新一代飞机高升力系统采用的先进技术进行了分析,推演预判未来或下一代飞机高升力系统的发展趋势以及可能带来的挑战。希望本书能够为国内飞机高升力系统研究和工程化实现提供支持,为从事航空科研教育和相关研究机构提供有价值的参考,为更好地促进飞机高升力系统相关技术的提升做出应有的贡献。

全书共分为 14 章,由中国航空工业集团第一飞机设计院和中国航空工业庆安集团有限公司人员联合编著。安刚、孙军帅、马高杰任本书编委会主任,江飞鸿、史佑民任副主任,金兴、陈海霞任秘书。第 1 章由安刚、史佑民、江飞鸿、马高杰、邓兴民编写;第 2 章由安刚、史佑民、马高杰、江飞鸿、杨新团、成奕东编写;第 3 章由师振云、孙军帅、马高杰、邓兴民编写;第 4 章由孙军帅、师振云、高飞、马高杰、田亮、张光炯编写;第 5 章由李国材、陈素娟、张鑫、田亮编写;第 6 章由康建强、赵朋林、王家庆、高长虹编写;第 7 章由曹利松、丁怡、郎召伟编写;第 8 章由尹飞行、陈小芬、胥海量、康宁编写;第 9 章由张辉辉、王贵编写;第 10 章由马小娟、陈素娟、张光炯编写;第 11 章由孙军帅、高飞编写;第 12 章由李霞、马小娟编写;第 13 章由马高杰、王豪编写;第 14 章由安刚、马高杰、孙军帅、江飞鸿编写。

在本书的编撰过程中得到了业内诸多专家、学者的大力帮助和支持,在此一并致谢。全书由航空工业原特级技术专家高亚奎研究员和张珊珊博士审校,在此表示衷心感谢。

由于水平有限,书中难免存在疏漏与不妥之处,恳请读者批评指正。

编著者

2024 年 4 月

缩 略 语 表

缩略语	中文名称
ACM	作动器控制模块
AD、A/D	模拟信号转化为数字信号的电路
ADIF	智能机翼结构
AFCS	自动飞行控制系统
AFRL	美国空军研究实验室
APPU	不对称传感器
ASRS	航空安全报告系统
A429	航空电子数据总线
ARINC	机载应用的控制器局域网总线协议通用标准
BC	总线控制器
BIT	自检测功能
BSA	螺旋作动器
CAN	控制器局域网总线
CATIA	法国达索飞机公司开发的 CAD/CAM 软件
CBIT	持续机内自检测
CCA	共因分析
CCB	构型管理委员会
CCDL	通道间数据交叉总线
CCM	核心计算模块
CDL	通道数据交叉总线
CFRP	碳纤维复合材料
CMA	系统共模分析
COM	控制支路
CPU	中央处理器
CSU	襟缝翼指令传感器
DA、D/A	数字信号转化为模拟信号的电路
DAL	研制保证等级
DGPS	差分全球定位系统
DMC	直接维护成本
DOCs	直接运行成本

缩略语	中文名称
DSA	分布式系统架构
DTC	基于成本的设计
ECAM	中央电子监控
EHA	电静液作动器
EHSV	电子液压伺服阀
EICAS	发动机显示和机组告警系统
EMA	机电作动器
FCL	襟翼操纵手柄
FDAL	功能研制保证等级
FECU	襟翼控制计算机/襟翼电子控制装置
FLAP/SLAT DRVE	襟缝翼驱动
FLAPS ASYM	襟翼不对称告警
FLAPS UNLK	襟翼未锁定告警
FLASH	快闪式存储器
FMEA	故障模式及影响分析
FPGA	现场可编程门阵列
FPPU	位置反馈传感器
FSCEU	两余度高升力控制计算机
FSCL	襟缝翼操纵手柄
FSECU	高升力计算机/襟缝翼控制计算机
FWC	飞行数据记录器及飞行告警计算机
GRA	齿轮旋转作动器
HCU	液压马达控制模块
HLCS	高升力控制系统
HLS	高升力系统
IBIT	启动机内自检测
ICS	交联机构
IDAL	设备研制保证等级
ILS	机场仪表着陆系统
IPPU	位置显示传感器
LRU	外场可更换单元
LVDT	线性可变差动变压器

缩略语	中文名称
MBIT	维护机内自检测
MBSE	基于模型的系统工程
MFC	人工飞行控制
MFCS	人工飞行控制系统
MFD	多功能显示器
MON	监控支路
MTBF	平均故障间隔时间
MTTR	平均修复时间
NB(No-Back Brake)	无返回机构
NRC	非重复研发成本
NVRAM	非易失性随机存储器
OEW	操纵空载
PDU	动力驱动装置
PFC	四余度飞控计算机
PFCS	主飞行控制系统
PFD	主飞行显示器
PRA	特定风险分析
PSSA	系统初步安全性评估
PUBIT	上电机内自检测
RAM	随机存取存储器
RAT	冲压空气涡轮机
RC	重复成本
RSA	传统集中式架构
RS422	平衡电压数字接口电路的电器特性
RT	远程终端
RVDT	旋转可变差动变压器
SADE	智能高升力装置
SCADE	高安全性的应用开发环境
SFHA	系统功能危害性分析
SFMEA	系统失效模式影响分析
SHC	备件成本
SmartLED	智能前缘装置

缩略语	中文名称
SMS	智能变形与传感技术
SOV	电磁阀
SSA	系统安全性评估
TL	力矩限制器
WTB	翼尖制动器
ZSA	区域安全分析

目　　录

第1章 绪 论

进入 21 世纪，人们对于飞得更好的理念上升为飞得更安全、更经济、更可靠、更安静和更环保[1]。莱特兄弟于 1903 年成功试飞世界上第一架有动力、载人、可操纵的飞机，开创了航空新时代[2]。随着发动机推进技术、空气动力学技术、结构及材料技术等的不断发展，飞机的巡航速度呈指数级增长，到 20 世纪 70 年代达到高峰，此后便增长缓慢[1]，如图 1-1 所示。现代运输机最高巡航速度的典型值大约为 $Ma = 0.85$（在 12 190 m 高度的速度为 903 km/h）。

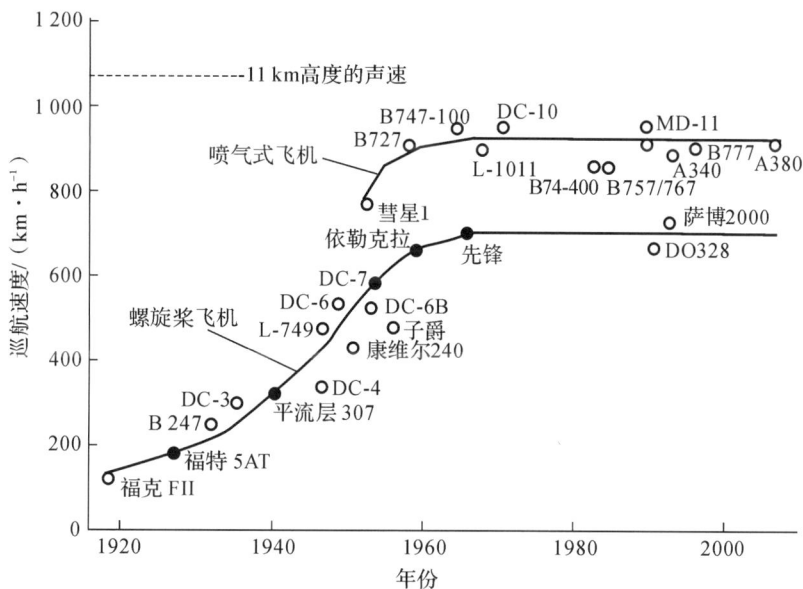

图 1-1 飞机最大飞行速度的历史发展趋势[3]

随着飞机巡航速度的迅速提升，飞得更快、飞得更远的目标才得以实现。飞机一次飞行任务通常要经过起飞、爬升、巡航、下降和着陆等阶段。现代大型飞机的机翼构型通常按巡航条件设计，由于飞机的巡航速度与起降阶段最小速度相差较大（其比例约为 5:1），巡航阶段翼型同时满足高速巡航和低速起降需求的矛盾变得非常突出[4]。在飞机机翼设计时，既要满足起降阶段低速需求，又要满足巡航阶段高速需求，从而使得飞机机翼设计变得复杂。按照现代飞机设计理念，考虑巡航阶段，飞机机翼按照巡航高速条件进行设计，一般采用有一定后掠角、相对较薄、弯度较小和承载较大的翼型，这样设计的目的是尽可能减小飞行阻

— 1 —

力,降低燃油消耗,实现高速巡航飞行,提高飞机的飞行距离和经济性。然而,上述提升飞机巡航速度的机翼设计却恶化了飞机起降阶段的低速性能,易引起飞机失速速度和失速迎角的下降,使得飞机起降操纵品质下降。现代飞机采用高升力系统解决上述矛盾,通常是在机翼前缘配置缝翼,在机翼后缘配置襟翼[5]。缝翼和襟翼都是增升装置。增升装置对于提升飞机起飞、着陆及爬升性能,以及控制进场的最佳姿态等具有重要影响[6]。在巡航阶段,活动翼面处于收回状态,可满足巡航阶段的低阻力要求;在起降阶段,活动翼面伸出,增大了机翼的面积及弯度,在活动翼面展开时会在活动翼面和固定翼面之间产生缝道,该缝道可改善机翼表面的空气流动状态,增加飞机的升力,从而改善飞机起降阶段的低速性能。机翼设计演变过程如图 1-2 所示。

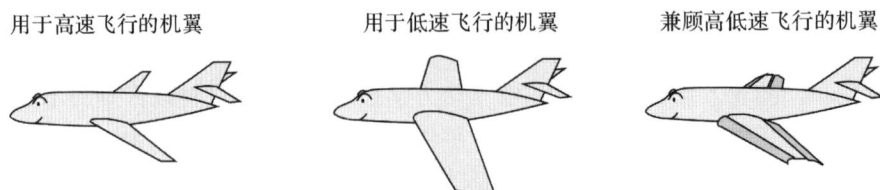

用于高速飞行的机翼　　　　用于低速飞行的机翼　　　　兼顾高低速飞行的机翼

图 1-2　机翼设计演变过程

1.1　增　升　原　理

"增升"一词的含义是,当原有机翼构型提供的升力不足以维持飞机低速飞行时,需要在此基础上增加附加的、额外的升力。将实现增升功能的活动翼面称为"增升装置"。增升装置的发现和使用是航空百年发展史上的一项重要事件和成果,它科学有效地解决了一种单一机翼不能同时满足飞机高速巡航和低速起降的问题,使得飞机既能飞得快、飞得远,也能飞得慢,在短距跑道上完成起降任务,并获得较好的经济性和安全性。

现代大型飞机的起飞和着陆都离不开增升装置,增升装置对提升飞机起飞、着陆及爬升性能,以及控制进场的最佳姿态等具有重要作用[7],也是提高起飞重量、缩短起降滑跑距离、增强机场适应性的关键。20 世纪 70 年代中期,A. M. O. Smith[8]对多段翼的空气动力学原理做了详尽的阐述,可概括为机翼面积增加、弯度增加和缝隙效应三种决定飞机升力系数的因素。一般而言,后缘增升装置(襟翼等)的主要作用为提升给定迎角下的升力系数,而前缘增升装置(缝翼等)能显著提升失速迎角,二者联合使用,可保证起飞与着陆时的升力系数和失速迎角同时增加[9-10]。增加升力的方式主要有:

1)增加机翼的弯度效应。增加机翼的弯度,也称作增加环量。如果机翼的后缘襟翼下偏伸出,有效弯度增加,后缘襟翼处库塔边界条件的变化导致环量增大,从而实现迎角不变情况下的升力增加,使得升力曲线向上平移。另外,前缘襟翼或缝翼伸出后,前缘有效弯度的变化通常会减小升力,但可增大失速迎角,以便在大迎角条件下产生更大的升力,从而提高飞机整体升力。

2)增加机翼的有效面积。富勒襟翼伸出和缝翼伸出均可有效增加弦长,弦长的增加增大了升力曲线的斜率,在机翼剖面形状、名义面积未发生改变的情况下,使机翼有效面积增加,升力也随之增加。这种情况下名义面积不变,相当于增加了零迎角升力系数,从而提高了升力系数。

3)改善缝道的流动品质。机翼主体段承受前缘缝翼的下洗和后缘襟翼的上洗。这就导致主体段前部升力减小,特别是前缘吸力峰下降,而后部升力增加。前缘增升装置,通常为缝翼或开缝的克鲁格襟翼,处于主翼和后缘襟翼的上洗中,即使在通常的下垂位置,等效迎角也会增加,产生较大的升力;后缘增升装置处于前缘缝翼和主翼的下洗中,等效迎角很小,尽管其名义偏角很大,但本身却产生不了多少升力。因此,多段翼设计的核心思想是使隔断翼面的实际来流迎角处在各自的失速迎角范围内,然后再寻求气动性能整体最优[6]。一般情况下,通过襟缝翼间的缝道改善翼面上的边界层状态来增强翼面边界层承受逆压梯度的能力,延迟分离,提高失速迎角,增大最大升力系数。

增升装置根据其在机翼弦向上的分布位置,一般分为前缘增升装置和后缘增升装置[11]。前缘增升装置的一般形式有铰链式下垂前缘缝翼、克鲁格襟翼和前缘缝翼;后缘增升装置的一般形式有简单襟翼、开裂式襟翼、单缝襟翼、富勒襟翼、双缝襟翼以及三缝襟翼等。

1.1.1 前缘增升装置

前缘增升装置的主要作用是消除或延缓大迎角时流经机翼的空气分离,从而增大升力系数。在翼尖布置前缘缝翼,流经机翼的空气分离延缓,可保证侧向稳定性和操纵性提高。

1.1.1.1 铰链式下垂前缘增升装置

铰链式下垂前缘增升装置是指无缝的可伸出、可下偏式前缘缝翼(见图 1-3),它利用铰链机构实现机翼前缘下偏一定角度,由于增大了机翼前缘的弯度而降低了吸力峰值,临界迎角有一个很大的增加,因此增大了最大升力系数。其缺点是襟翼前缘曲率半径太小,容易引起气流分离,在以往的商用运输机上并没有广泛使用,但空客 A380 和 A350XWB 飞机上使用了该装置[12]。

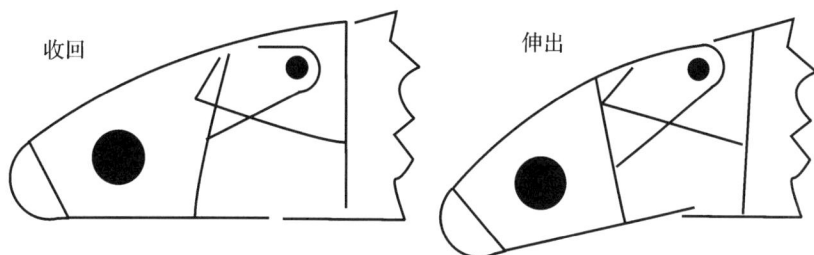

收回　　　　　　　　　　伸出

图 1-3　铰链式下垂前缘缝翼

1.1.1.2 克鲁格襟翼

克鲁格襟翼是一种广泛用于高性能大型飞机的前缘增升装置,它主要包括简单克鲁格襟翼、圆头克鲁格襟翼和变弯度克鲁格襟翼(见图 1-4)。简单克鲁格襟翼是一个可绕铰链转动的平板。圆头克鲁格襟翼是在简单克鲁格襟翼的基础上加装一个可折叠的圆头改进成的。变弯度克鲁格襟翼与圆头克鲁格襟翼不同之处在于前者表面是柔性的玻璃纤维,可以改变翼型的外形曲线。克鲁格襟翼伸出后,既增大了机翼面积,又增大了机翼弯度,起到了良好的增升效果。这三种形式克鲁格襟翼的增升效果依次递增,但付出的代价是其机构复杂度也相应增加。

克鲁格襟翼下垂伸出能够增加弯度的可转动部分,其效果是增加上表面曲率,由此提高最大升力,前缘襟翼使翼型头部吸力峰值变得平缓,因此可把前缘分离延迟到更大迎角。前缘襟翼气动效率比缝翼低,但其机构简单、刚度好,特别适用于薄的翼型。

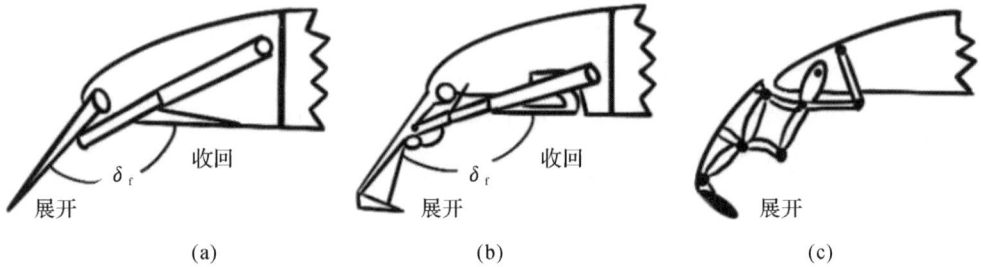

图 1 - 4 三种克鲁格襟翼
(a)简单克鲁格襟翼;(b)圆头克鲁各襟翼;(c)变弯度克鲁格襟翼

1.1.1.3 前缘缝翼

前缘缝翼一般分为两位置缝翼和三位置缝翼。两位置缝翼有一个安装位和展开位,在商用飞机上没有已知的应用。三位置缝翼(见图 1-5)是目前商用飞机使用最多的前缘增升装置,它有巡航、起飞和着陆三个位置,在起飞位置缝翼尾部与机翼前缘上表面密封以达到最佳的升阻比。在着陆位置缝翼完全向前伸出,且与机翼前缘形成一个缝道。前缘缝翼使翼型头部吸力峰值变得平缓,因此可把前缘空气分离延迟到更大迎角。

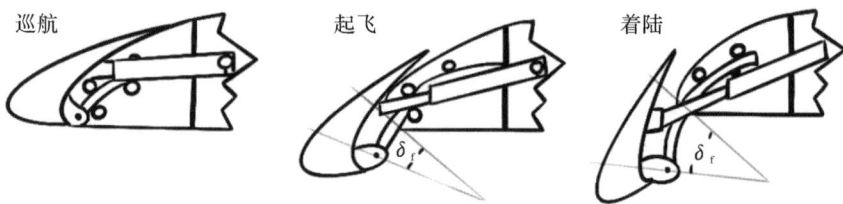

图 1 - 5 前缘缝翼

1.1.2 后缘增升装置

1.1.2.1 简单襟翼

简单襟翼是将原翼型的后缘部分作为活动面,然后适当下弯形成襟翼[见图 1 - 6(a)]。简单襟翼主要通过襟翼下弯伸出来增大襟翼的弯度,提高翼型的零升迎角,从而提高升力系数。

1.1.2.2 开裂式襟翼

开裂式襟翼是在原翼型后缘部分下翼面处开裂形成活动面[见图 1 - 6(b)],襟翼下偏,适当增加机翼弯度,更重要的是在襟翼和固定翼面之间形成低压区,造成翼型后缘上表面负压增大,从而增大升力,也增大了最大升力系数。其特点是结构简单,升力增加较大,阻力增加也大。

1.1.2.3 单缝襟翼

单缝襟翼是通过襟翼下偏形成缝道,在飞机起降阶段,高速气流从襟翼偏转形成的缝道中穿过,从而改变了襟翼上翼面区的边界层流动,延迟了襟翼面的分离,大大提高了整体翼型的最大升力系数[见图 1 - 6(c)]。一般襟翼下偏角度可到 40°,弯度增加,弦长略增大,缝道流延迟了后缘的分离,增升效果十分明显。

1.1.2.4 富勒襟翼

富勒襟翼是将翼型的后缘下部分作为活动面,在襟翼偏转的同时后退形成的[见图 1 - 6(d)]。富勒襟翼除具有单缝襟翼的气动特性外,还增大了翼型的弦长,增加了机翼的有效面积,比单缝襟翼升力效率更高。富勒襟翼是现代民用飞机广泛使用的一种增升形式。

1.1.2.5 双缝襟翼

双缝襟翼主要存在两种形式,一种是导流片与主襟翼组成的双缝襟翼,一种是主襟翼与后缘襟翼组成的双缝襟翼[见图 1 - 6(e)]。它通过导流片形成双缝道,对主翼和襟翼的边界层起双重控制作用,促进延迟气流分离。与富勒襟翼相比,这种双缝襟翼在缝道流动控制和增大有效面积方面的作用更为显著。

1.1.2.6 三缝襟翼

三缝襟翼由主翼、导流片、主襟翼、后襟翼组成,是在由主襟翼和后襟翼组成的双缝襟翼基础上增加导流板而形成的一种襟翼构型[见图 1 - 6(f)]。这种襟翼在弯度增大、有效面积增大、缝道流动控制方面更加有效,因此增升效果更好;其缺点是结构复杂,所以使用范围上远不如单缝襟翼和双缝襟翼。

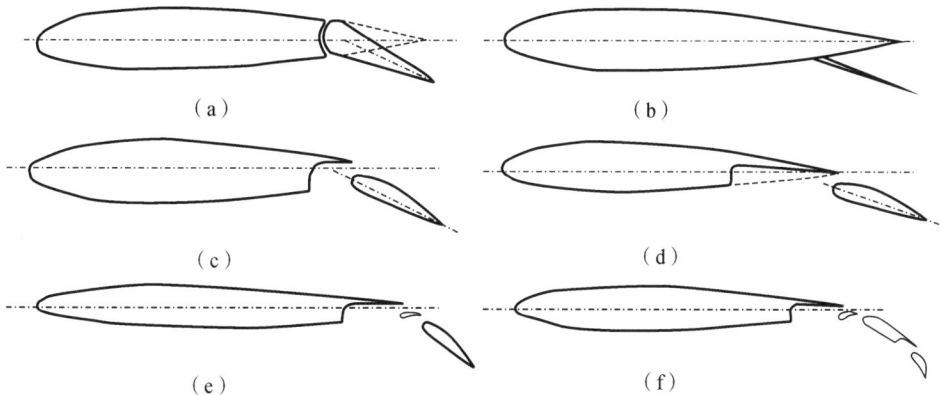

（a）

（b）

（c）

（d）

（e）

（f）

图 1 - 6 不同后缘襟翼增升类型[11]

（a）简单襟翼;（b）开缝式襟翼;（c）单缝襟翼;（d）富勒襟翼;（e）双缝襟翼;（f）三缝襟翼

1.1.3 前后缘组合增升

飞机的起飞和着陆特性要求决定了增升形式的选择。起飞到着陆阶段,翼载发生较大变化,特别是起飞阶段,翼载很大,机翼单位载荷要求的升力也相应很大,而着陆时的翼载要求比起飞时小得多,升力较容易实现。对于具有较大功率(或推力)动力装置的飞机来说,起飞阶段因为有相对大的动力而容易实施,比较困难的是着陆阶段,因为着陆时翼载仍然很大。

常规起飞、着陆方式的飞机,一般都设置后缘增升,如果有前缘失速发生的可能,应设置前缘增升;对于轻型飞机和小型螺旋桨飞机,其翼型相对较厚,前缘半径较大,通常不需要考虑前缘增升。后缘襟翼同前缘缝翼一起组合应用,对俯仰力矩是有利的,下偏后缘襟翼时,增加了升力,也增加了低头力矩。打开前缘缝翼可以在大迎角下增加升力,而不再增加低头力矩;前、后缘增升装置偏转,配合形成的弯扭及由此产生的弦向和展向的最佳环量分布,能延缓流动分离的发生,进而获得更大的升力值。

前、后缘襟缝翼组合使用虽然提高了减阻能力,但并不等于二者减阻效果的叠加,与单独应用前缘襟翼相比,改善的幅度不是太大。这是因为后缘襟翼减小了飞行迎角,也减小了前缘襟翼的减阻效果;此外,后缘襟翼下偏增大机翼环量,使气流更容易从前缘分离,也影响了前缘襟翼的减阻效果。为此,这里给出的最大升力量级都是以前、后缘增升装置组合使用得到的值。表 1-1 给出了波音和空客等系列飞机高升力系统配置增升装置的情况。图 1-7 给出了不同机型高升力系统的最大升力能力。从图 1-7 中可见,B367-80 飞机(即 B707 飞机的原型机)采用后缘吹气边界层控制后,最大升力系数 C_{Lmax} 由 1.78 增至 3.10;B737 飞机的增升装置经过三次改进后,最大升力系数 C_{Lmax} 达到 3.60;而 B767 飞机后缘采用简单式单缝襟翼,与前缘缝翼配合使用,最大升力系数 C_{Lmax} 达到 2.45。从发展趋势来看,简单而高效的增升装置一直是飞机设计师的努力方向。

表 1-1 典型飞机增升装置配置情况

机型	前缘增升装置	后缘增升装置
B707-320	简单式克鲁格襟翼	双缝襟翼(固定式子翼+主襟翼)
B727	前缘缝翼	三缝襟翼(内侧:简单式克鲁格襟翼)
B737	前缘缝翼	三缝襟翼(内侧:头部折叠式克鲁格襟翼)
B747	可变弯度克鲁格襟翼	三缝襟翼
B757	前缘缝翼	双缝襟翼
B767	前缘缝翼	内侧:双缝襟翼;外侧:单缝襟翼
B777	前缘缝翼	内侧:双缝襟翼;外侧:单缝襟翼
DC-8-60/70	前缘缝翼	双缝襟翼(固定式子翼+主襟翼)
DC-9-10	(无前缘装置)	双缝襟翼(固定式子翼+主襟翼)
MD-80	前缘缝翼	双缝襟翼(固定式子翼+主襟翼)
DC-10	前缘缝翼	双缝襟翼(铰链式子翼+主襟翼)

续表

机型	前缘增升装置	后缘增升装置
MD－11	前缘缝翼	双缝襟翼（铰链式子翼＋主襟翼）
A300	前缘缝翼	双缝襟翼
A310	前缘缝翼	内侧:双缝襟翼（铰链式子翼＋主襟翼）； 外侧:单缝襟翼
A320	前缘缝翼	单缝襟翼
A321	前缘缝翼	内侧:双缝襟翼;外侧:单缝襟翼
A330/340	前缘缝翼	单缝襟翼

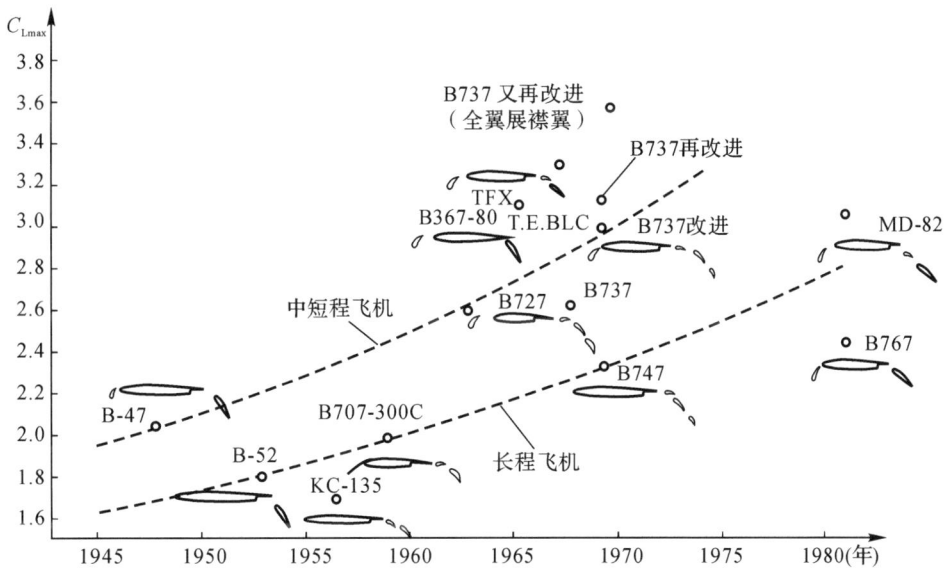

图 1－7 不同机型高升力系统最大升力能力[13]

1.2 高升力系统简介

NASA(美国国家航空航天局)一个面向高效扫掠翼的高升力系统机械设计报告中提到了高升力系统(High Lift System),GE、GOORICH、MOOG、LIEBHERR 及波音等公司在对外宣传中也使用了高升力系统的概念。高升力系统是直译而来的。国内所谓的"增升装置",其广义含义是指为飞机提供升力的装置,如机翼、前缘襟翼、后缘襟翼、克鲁格襟翼和减速板等。本书涉及的增升装置仅限于大型运输类飞机的前后缘增升装置,包括前缘缝翼和后缘襟翼;而增升系统包括增升控制操纵面(前缘缝翼和后缘襟翼)及其控制系统[14]。现代民用飞机为提高起降性能,普遍采用前缘缝翼与后缘襟翼相配合的增升装置[5-6]。在飞机上实现对这些增升装置控制、驱动的系统被称为高升力控制系统,是相对于实现常规的俯仰、滚转和偏航控制的主飞控系统而言的[15]。高升力控制系统与机上前缘襟/缝翼和后缘襟翼一并组合形成高升力系统。

从概念来看,增升装置与高升力控制系统的控制对象襟/缝翼相对应;增升控制系统和高升力控制系统所表述的定义是一致的;高升力系统与增升系统(增升装置及其控制系统的组合体)的定义保持一致。本书为了与国际使用习惯保持一致,同样采用高升力系统的名称。

综上所述,高升力系统应定义为:通过控制和驱动部件实现前缘缝翼和后缘襟翼的伸出和收回的系统。其中前缘襟/缝翼的伸出主要是增大飞机的迎角避免失速,后缘襟翼的伸出主要是增大机翼面积和弯度,为飞机起飞提供升力、为着陆提供增升和增阻。

1.2.1 功能与作用

高升力系统通过改变机翼面积和弯度等手段,增加飞机的升力,缩小起飞和着陆的滑跑距离,进而增大飞机失速迎角,改善飞机失速性能,提高飞机起飞和着陆过程的安全性。其主要功能和作用包括:

1)提高飞机的起飞和着陆性能。在起飞和爬升阶段,提供足够的升力,而不明显增加阻力;在进近和着陆阶段,提供尽可能大的升力,同时提供足够高的阻力。

2)改善飞机的失速性能。在飞机接近失速条件时,前缘缝翼伸出,增大飞机迎角,延缓气流分离,改善飞机失速性能。

3)改善飞机的巡航性能。在巡航阶段,一般通过不同襟翼构型来适应飞机不同重量运载的效率需求。当飞机大重量运载飞行时,襟翼小角度下放,增加必要的升力以达到最优巡航速度;当飞机小重量运载飞行时,襟翼小角度上偏,在满足巡航速度的同时减小了飞行阻力,达到了提升巡航飞行效率的目的。在巡航阶段通过内、外襟翼差动控制可实现内侧襟翼小角度下放,使飞机升力合力朝翼根方向偏移,减小翼根的弯度,减小机翼的应力疲劳,并能达到减轻机翼重量、优化翼载控制的目的;通过左、右襟翼差动控制可实现单边发动机失效、大侧风等情况下的横滚配平。

4)在进近和着陆阶段,减小飞机迎角,以增大飞行员视野,并避免飞机尾部擦地。

5)满足军用运输机的特殊低速性能要求,如短距起降、空投、空降和空中加油等。

1.2.2 物理组成

为了保证前后缘、左右两侧及内外侧增升襟缝翼按设计严格地协调一致运动,高升力系统采用同一动力源集中驱动,并使用长达数十米的共轴机械动传机构[16-17]。对空客、波音等现役运输类飞机的研究可知,它们一般多采用集中共轴式驱动和分布式作动的高升力系统架构。高升力系统组成如图 1-8 所示。

从图 1-8 中可以看出,高升力系统一般包含前缘襟翼、前缘缝翼、后缘襟翼,以及用于支撑前、后缘襟缝翼的支撑机构,同时还包括襟缝翼操纵手柄、显控系统(属机上航电系统)、高升力控制计算机、襟缝翼动力驱动装置、扭力杆、支撑轴承、齿轮旋转作动器/滚珠螺旋作动器、翼尖制动器、襟缝翼位置传感器、襟缝翼位置显示传感器以及襟缝翼倾斜传感器等。

前缘襟缝翼和后缘襟翼一般通过固定铰链、滑轨小车或连杆等机构实现支撑,并接收齿轮旋转作动器或滚珠螺旋作动器传递过来的驱动力/力矩和速度,从而实现前后缘襟缝翼的伸出或收回。

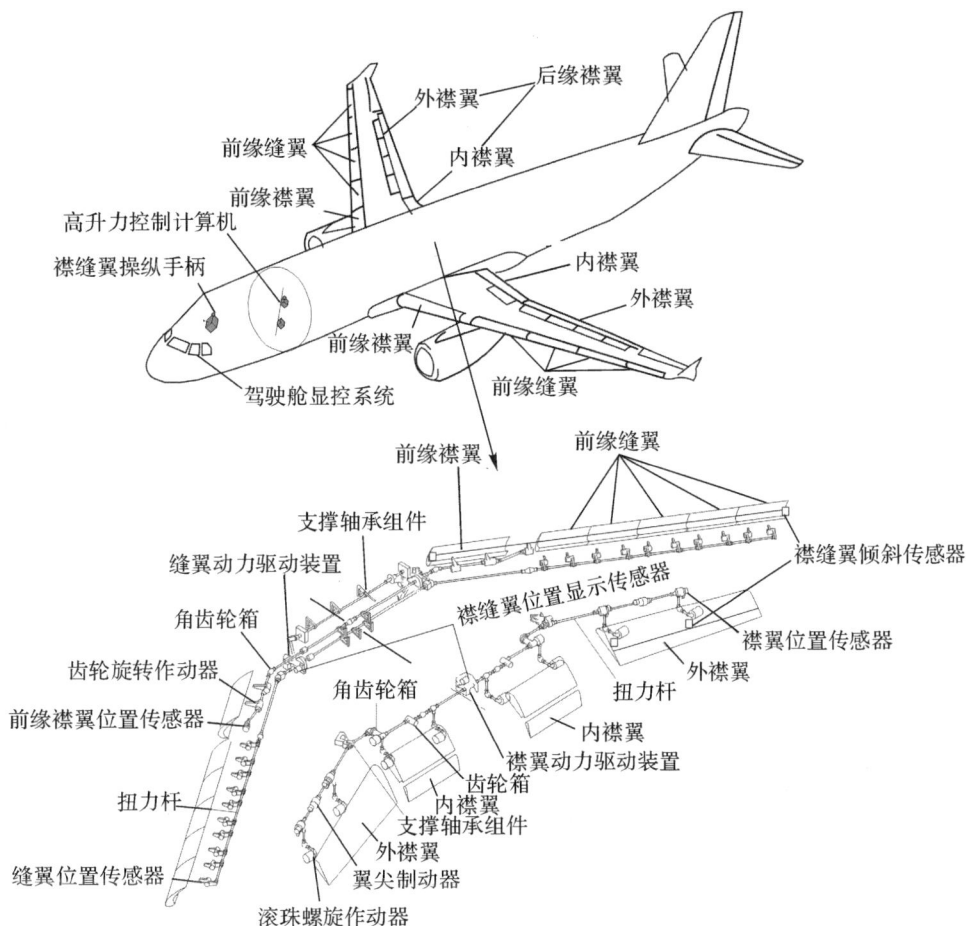

图 1-8 高升力系统的组成

襟缝翼操纵手柄是高升力系统在驾驶舱内的重要操纵器件之一,通过该手柄的指令将襟缝翼按预定速度定位于指令位置[18]。

高升力控制计算机接收驾驶舱襟缝翼操纵手柄的指令和襟缝翼位置信息,进行控制律计算后,将控制指令传给襟缝翼动力驱动装置,同时采集处理襟缝翼位置信息和襟缝翼倾斜状态信息,对襟缝翼工作状态进行监控,并将高升力系统状态信息输出到驾驶舱显控系统。

襟/缝翼动力驱动装置的主要功能是在接收到高升力控制计算机控制指令后,将机上液压源或电源系统的能量通过齿轮传动机构转化为其输出轴上的扭矩和转速,将机上能源转化为扭矩和转速输出,用于驱动与其机械交联扭力杆。

扭力杆的主要功能是将襟缝翼动力驱动装置输出的扭矩传动到与扭力杆机械交联的传动或作动部件。

支撑轴承组件的主要功能是为较长的扭力杆提供支撑,并将扭矩和转速传递给与其机械交联的部件。

齿轮旋转作动器/滚珠螺旋作动器的主要功能是将其接收到的扭矩和转速通过齿轮机构或蜗轮蜗杆(或锥齿机构)和丝杠螺母副转化为摇臂偏转运动或直线运动。

翼尖制动器的主要功能是当用于驱动襟缝翼而机械交联的扭矩杆、支撑轴承组件、齿轮旋转作动器/滚珠螺旋作动器集成的传动轴发生断开性故障时,其接收到高升力控制计算机制动指令后,与襟缝翼动力驱动装置同时快速将襟缝翼机械交联的用于功率(扭矩和转速)传输的机械部件制动并把持在故障位置,以确保飞机处于可接受的安全飞行构型。

襟缝翼位置传感器的主要功能是为高升力控制计算机提供左、右两侧襟缝翼的实时位置信息,用于高升力系统襟缝翼位置的健康监测。

襟缝翼位置显示传感器的主要功能是为高升力控制计算机提供襟缝翼实时位置信息,并通过高升力控制计算机将襟缝翼位置传递到驾驶舱显控系统,为飞行员提供襟缝翼位置信息。对国内外飞机高升力系统的研究表明,襟缝翼位置显示也可以由襟缝翼位置传感器提供,所以在一定程度上襟缝翼位置传感器可替代襟缝翼位置显示传感器。

襟缝翼倾斜传感器的主要功能是为高升力控制计算机提供左、右两侧襟缝翼倾斜状态的实时信息,用于襟缝翼倾斜状态的健康监测。

1.2.3 边界划分

依据高升力系统组成以及各个组成部件的主要功能,结合能量传化方式和功能实现方式,本书将高升力系统划分成座舱显控分系统、控制分系统、驱动分系统、传动分系统、作动分系统和传感器分系统等,如图 1-9 所示。

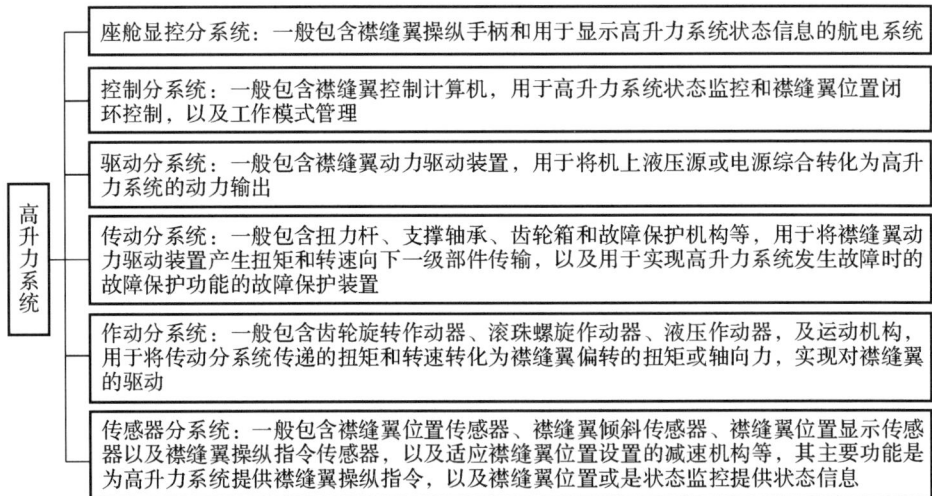

高升力系统	
	座舱显控分系统:一般包含襟缝翼操纵手柄和用于显示高升力系统状态信息的航电系统
	控制分系统:一般包含襟缝翼控制计算机,用于高升力系统状态监控和襟缝翼位置闭环控制,以及工作模式管理
	驱动分系统:一般包含襟缝翼动力驱动装置,用于将机上液压源或电源综合转化为高升力系统的动力输出
	传动分系统:一般包含扭矩杆、支撑轴、齿轮箱和故障保护机构等,用于将襟缝翼动力驱动装置产生扭矩和转速向下一级部件传输,以及用于实现高升力系统发生故障时的故障保护功能的故障保护装置
	作动分系统:一般包含齿轮旋转作动器、滚珠螺旋作动器、液压作动器,及运动机构,用于将传动分系统传递的扭矩和转速转化为襟缝翼偏转的扭矩或轴向力,实现对襟缝翼的驱动
	传感器分系统:一般包含襟缝翼位置传感器、襟缝翼倾斜传感器、襟缝翼位置显示传感器以及襟缝翼操纵指令传感器,以及适应襟缝翼位置设置的减速机构等,其主要功能是为高升力系统提供襟缝翼操纵指令,以及襟缝翼位置或是状态监控提供状态信息

图 1-9 高升力系统分系统边界划分

座舱显控分系统:一般包括襟缝翼操纵手柄和与高升力系统交联的航电系统。其中襟缝翼操纵手柄是将飞行员的操纵运动转化为电信号,提供给控制分系统。其能量转化形式为飞行员的操纵能量转化为电能;与高升力系统交联的航电系统的主要功能为接收控制分系统提供的高升力系统状态信息和襟缝翼位置信息等。其能量转化形式为电能转化电能。襟缝翼一般包含前缘襟翼、前缘缝翼和后缘襟翼,以及用于前/后缘襟缝翼的支撑机构,其主要作用是通过襟缝翼支撑运动机构,支撑襟缝翼的不同运动构型,通过作动器向襟缝翼支撑机构和襟缝翼提供襟缝翼伸出/收回的铰链力矩和偏转速度,并克服襟缝翼承受的气动载荷,产生飞机不同构型下的升阻力。能量转化形式为,将襟缝翼支撑机构以及襟缝翼运动产生的机械能转化为飞机产生升阻力的气动能。

控制分系统:一般指高升力控制计算机,有些飞机是将高升力控制计算机集成到飞控系统(如空客 A380 飞机),也有一些飞机只有单独的襟缝翼控制计算机。其主要功能是接收驾驶舱襟缝翼操纵手柄的指令和襟缝翼位置信息,进行控制律计算后,将控制指令传给襟缝翼动力驱动装置,同时通过襟缝翼位置信息和襟缝翼倾斜状态信息,对襟缝翼工作状态进行监控,并将高升力系统状态信息输出到驾驶舱显控系统。其能量转化形式属于电能转化为电能。

驱动分系统:一般包含襟翼动力驱动装置和缝翼驱动装置,其主要功能是为襟缝翼传动分系统提供动力(扭矩和转速)。从主要动力源提供方式来看,驱动分系统一般划分为双液(液压源)、双电(电源)或一电一液等形式;从功率耦合形式来看,一般划分为单功率输出(单一动力源,单一输出)、力矩综合(双动力源,力矩叠加输出)和速度耦合(双动力源,速度耦合恒力矩输出);从能量转换角度来看,一般是将机上液压源、电源或两者的耦合动力源通过动力驱动装置内集成的齿轮传动机构转化为其输出轴上的功率(扭矩和转速)输出,而动力分系统的控制指令由控制分系统提供。其能量转化形式为液压能和电能转化为机械能。

传动分系统:一般包括由扭力杆、支撑轴承组件和齿轮箱(包括直齿轮箱、角齿轮箱等)组成的传动部件,以及既具有传动功能又具有故障保护功能的故障保护装置(如翼尖制动器和力矩限制器等)等。其主要功能是将襟缝翼动力驱动装置输出的扭矩和转速传递到下一级传动或作动部件上。其能量转化形式属于机械能转换为机械能。

作动分系统:一般包括作动器(作动器一般有齿轮旋转作动器、滚珠螺旋作动器和液压作动器等作动类型)以及用于支撑作动器作动的运动机构,分别通过齿轮旋转作动器、滚珠螺旋作动器和液压作动器等将传动分系统传递过来的扭矩和转速或机上的液压源动力转化为齿轮旋转作动器的偏转力和偏转速度,滚珠螺旋作动器的轴向伸出/收回力和速度,以及液压作动器的轴向伸出/收回力和速度。其能量转化形式一般为齿轮旋转作动器和滚珠螺旋作动器的机械运动产生的机械能转化为另一种形式(偏转运动和直线运动)的机械能,也可以是将机上的液压能量通过液压阀控制转化为液压作动器轴向运动的机械能。

传感器分系统:一般包含襟缝翼指令传感器(一般集成在襟缝翼操纵手柄内)、襟缝翼位置传感器(一般布局在襟缝翼左右两端翼尖位置)、襟缝翼位置显示传感器(一般集成在襟缝翼动力驱动装置上)和襟缝翼倾斜传感器等,以及适应襟缝翼位置而设置的减速机构等。其中,襟缝翼指令传感器的主要功能是将飞行员的操纵动作转化为电信号,提供给控制分系统作为高升力系统控制指令;襟缝翼位置传感器、襟缝翼位置显示传感器和襟缝翼倾斜传感器的主要功能是直接或间接地将襟缝翼位置和襟缝翼倾斜状态传化为电信号,传递给控制分系统,以便控制分系统实时对高升力系统的襟缝翼位置和倾斜状态进行健康监控。

1.3 高升力系统对飞机影响程度的转变

在飞机发展的早期,人们认为,即使舵面配平系统、缝翼系统、襟翼系统、扰流板系统等不能工作,飞机仍能安全飞行,因此将这些系统称为辅助飞行控制系统,然而这些系统如果失效,可能会使飞机发生灾难性事故。据美国空军统计,50％以上的重大航空事件/事故报道与辅助飞行控制系统有关。为了引起人们对辅助飞行控制系统的足够重视,在 1975 年修订的美国空军标准飞行控制系统 通用规范 MIL‐F‐9490D[*Flight Control Systems ‐Design*, *Installation And Test Of Piloted aircraft*, *General Specification For*,《飞行控制系统:有人驾驶飞机的设计、安装和试验通用规范》(代替 MIL-9490C)]中,改变了以前将飞行控制系统划分为主(Primary)、辅助(Secondary)和自动(Automatic)的分类方法,取消了"辅助"一词,重新将飞行控制系统划分为人工飞行控制系统(Manual Flight Control Systems,MFCS)和自动飞行控制系统(Automatic Flight Control Systems,AFCS)。

MIL‐F‐9490D 将人工飞行控制系统(MFCS)定义为由电、机械和液压部件组成,传输飞行员控制指令或形成和传输飞行员指令的增强指令,从而实现飞行控制功能。它包括俯仰、滚转、偏航、升力、阻力和变几何形状等控制系统。

随着人们对安全性认识的提高,以及电传操纵技术的发展,如今现代飞行控制系统(FCS)形成,三大构架(见图 1‐10):一个构架是以控制升降舵、方向舵和副翼三个主舵面为核心,并扩展到扰流板控制和水平安定面控制的主飞行控制系统(PFCS);第二个构架是控制前缘装置和后缘装置的高升力系统(HLS);第三个架构是以实现姿态、高度、速度和轨迹自动控制为核心的自动飞行控制系统(AFCS)。PFCS 主要控制飞行姿态,使飞机按照规定的航迹飞行;HLS 主要提高飞机的升力,使飞机安全起飞和着陆;AFCS 主要协助飞行员完成飞行的自动控制。

高升力系统是飞机飞行控制系统中的关键系统之一,对飞机飞行安全起着至关重要的作用,也是必不可少的重要系统。

图 1‐10　飞行控制系统的组成

高升力系统对大多数运输机的安全性、经济性和飞机配置参数有重要影响[19]。

1.3.1 对安全性的影响

飞机的起飞和着陆是非常复杂和非常重要的飞行阶段。根据统计数据,大部分飞行事故和灾难发生在着陆阶段。在着陆时,飞机要进入很小的空间给定区域,同时要满足速度和角度的苛刻条件,这些约束会给飞行员带来巨大的操作负担,增大了飞行员在复杂天气条件和意外事故下误操作的概率。失速是飞机因失去控制而产生灾难性事故的主要因素之一，在 1986—1996 年的统计数据中数量最多(见图 1-11 所示)，占比高达 35%[20]。一套设计考究的增升装置会有效提高最大升力系数，降低飞机的失速速度，这无疑提高了飞机飞行的安全性。

1986-1996年涉及运输类飞机的20起失控事故原因分析

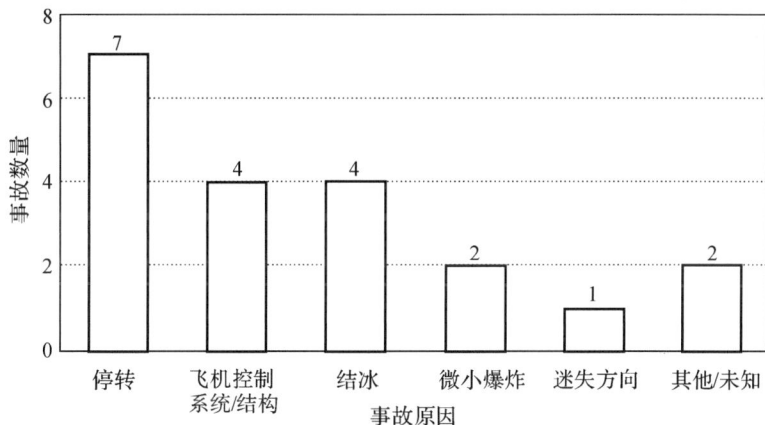

图 1-11　失速事故统计

另据航空安全报告系统(Avation Safety Reporting System，ASRS)统计，从 1996 年 1 月到 2002 年 8 月发生的 335 起事故中有 33 起是由高升力系统故障(见图 1-12)造成的，约占总事故的 10%。

1996年1月至2002年8月多引擎涡轮喷气机发动机失控事故的报告原因

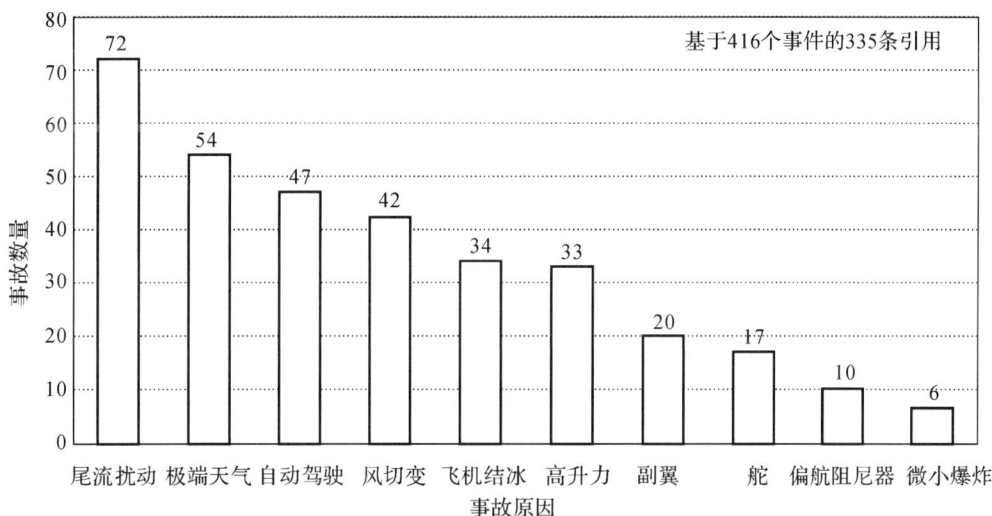

注意：①数据参考了美国国家航空航天局航空安全报告系统（ASRS）的报告，这些报告已经接受了完整的分析，并包括了记者的叙述。
②类别并不是相互排斥的，因此ASRS分析人员可能会将单个事件计入多个引用。举个例子，飞行员可能会在同一事件中遇到恶劣天气、尾流湍流和结冰。
③数据基于飞行中的失控报告，其中包含对记者叙述的参考。
（资料来源：美国国家航空航天局航空安全报告系统）

图 1-12　失去控制事故统计

1.3.2 对经济性的影响

高升力系统功能和性能的提升会使飞机的总体性能得到较大的提高[21]：

1)最大升力系数每增加 1.0%，在确定的进场速度下，可使飞机有效载荷增加约 2 000 kg(约 4 400 lb)或多载 22 名乘客。

2)起飞时升阻比增加 1%，可在规定航程范围使飞机有效载荷增加 1 250 kg(2 800 lb)或多载 14 名乘客，或使航程增加 150 n mile。

3)升力系数每增加 0.1，假定下滑坡度一定，可使飞机进近姿态大约减小 1°，假定后机身对地间隙角度一定，可使起落架高度减少约 36 cm，从而使操纵空载(Operating Empty Weight,OEW)减轻 600 kg(1 400 lb)。

根据飞机统计数据[1]，高升力系统的费用占全机制造费用的 6%～11%。对于一架最大起飞重量为 113.4 t(250 000 lb)的参考飞机(相当于 B757 的量级)，如果对其重新设计，将后缘襟翼从双开缝形式改为单开缝形式，襟翼运动机构从弯曲滑轨式改为连杆/轨道混合式，并对前缘增升装置及其运动机构也进行相关改进，则该方案可在结构上减轻 1 175 kg (2 590 lb)，相当于飞机载重量的 6.5%。另外，这种改进方案也显著减少了制造成本和运营成本。

1.3.3 对飞机配置的影响

高升力系统的设计是一项复杂的工程，涉及多个专业之间的配合，且对飞机翼型配置和参数也有重要影响。

对于现代飞机，高升力系统大多采用前缘缝翼＋后缘襟翼的形式，然而，这种形式的高升力系统会受到种种约束条件的限制。比如，结构上需考虑前后梁位置，襟缝翼弦长不能过大，以致干涉主翼盒段；气动上，襟缝翼收起位置不能影响飞机巡航时的高速巡航效率；系统上，要兼顾作动系统的可实现性，否则不能实现气动设计和任意偏度。

高升力系统的设计几乎完全由黏性扰流所决定，需充分考虑层流分离、湍流接触线和再层流化、激波与边界层干扰、湍流边界层发展、尾流发展、渗混边界层与黏性尾流等黏流现象间的相互作用。着陆构型下最大升力系数的大小是选择和设计高升力系统的决定性因素，且设计过程中必须考虑襟缝翼展开过程的中间状态下的襟翼缝隙、重叠量和偏角，以及为实现预设翼型构型下的可靠的驱动机构，同时还需考虑避免翼面自身扭转变形和干涉等问题。

一套合理，可靠的高升力系统对现代飞机实现良好的起降性能有着重要作用，复杂的几何外形、驱动机构、支撑系统以及环绕中的复杂的物理现象，使得高升力系统成为飞机设计中的难点[22]，同时其对飞机增升的总体方案，以及达到的升阻比、稳定性等起到决定性作用并产生重要影响。

1.4 高升力系统的发展历程

通过对国内外飞机高升力系统的研究发现,高升力系统的发展先后经历了机械操纵式、模拟控制式和数字电传控制三个阶段。

1.4.1 机械操纵式高升力系统

早期飞机由于重量轻,飞行速度不高,一般不需要液压助力等,仅采用拉杆或钢索直接驱动即可实现襟缝翼收回/伸出。随着飞机速度和起飞重量的不断增大,襟缝翼面积不断增加,襟缝翼上的气动载荷也随之增加,人力已难以直接操纵襟缝翼收回/伸出,该时期一般采用阀控液压马达实现驱动,飞行员只需要操纵钢索产生液压阀的操纵力,而不需要直接驱动传动机构克服气动载荷,可以非常省力、轻松地控制襟缝翼收放。图 1-13 为机械操纵式的高升力系统。

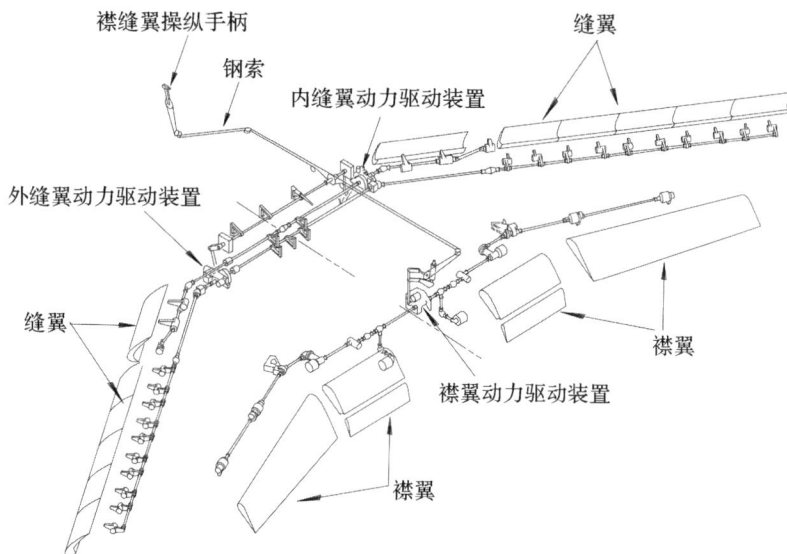

图 1-13 机械操纵式高升力控制系统

1.4.2 模拟控制式高升力系统

苏联早期飞机通常采用基于微动开关和继电器控制的模拟式开关控制方案实现襟缝翼的伸出和收回(见图 1-14),代表机型有图-154、伊尔-76、运-7 和运-8 等飞机。波音 B737 新一代飞机在 B737 传统型飞机的基础上增加了一套简单的电气闭环控制系统。该系统同样采用了模拟电路实现襟缝翼的伸出和收回,并可向座舱显示系统提供高升力系统状态信息,更为重要的是该系统已具有不对称、超速等保护功能,以及襟翼载荷限制、自动缝翼等自动收放功能,进一步提高了安全性和可靠性。

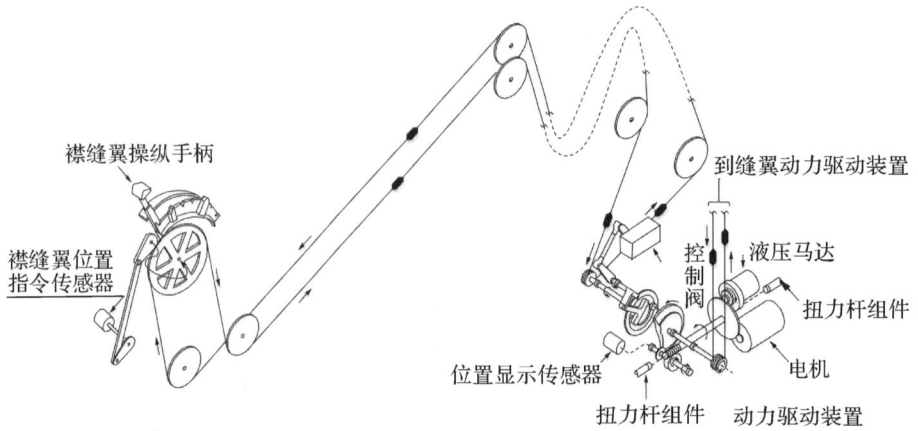

图 1-14　模拟控制式高升力系统

1.4.3　数字电传控制高升力系统

现代飞机的高升力系统普遍采用数字电传操纵技术，实现了系统功能的综合，并具有完善的余度管理机制。其代表机型有 B777、A320、ARJ-21 和 C919 等。典型数字电传控制高升力系统架构详如图 1-15 所示。

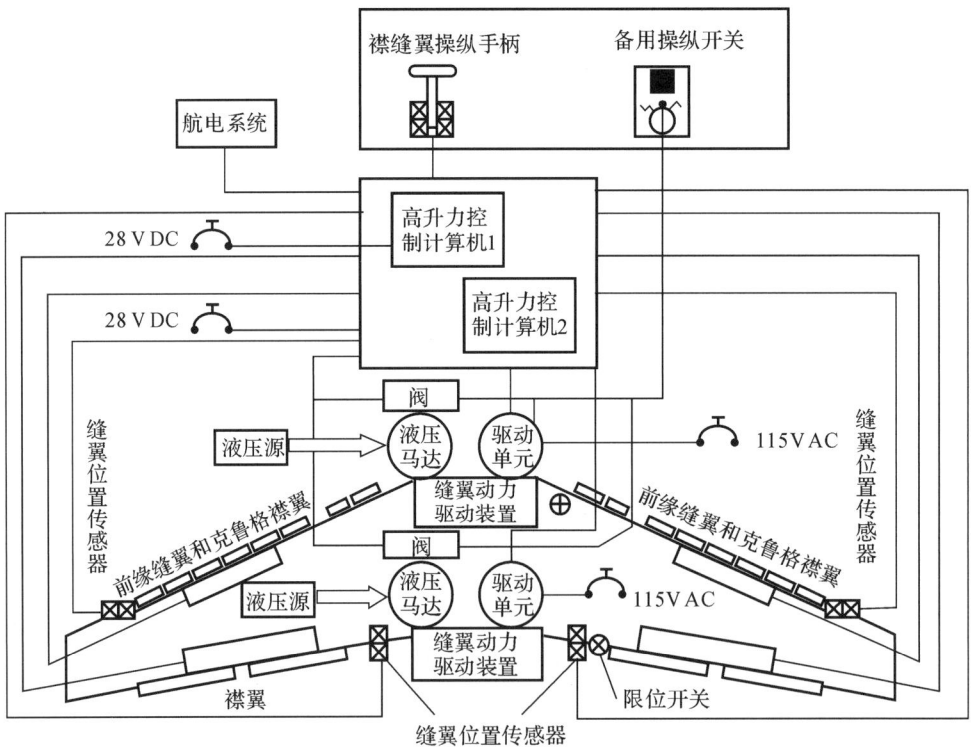

图 1-15　数字电传控制高升力系统

同机械操纵式和模拟控制式高升力系统相比,采用数字电传控制高升力系统具有以下优点:

1)实现了襟翼/缝翼/扰流板的综合管理。当缝翼卡阻不能运动时,可操纵襟翼;当襟翼卡阻不能运动时,可操纵缝翼。数字电传控制高升力系统减小了襟/缝翼控制面不能伸出/收回的概率,提高了飞机的安全性和生存力。飞机两侧的扰流板同步下偏和襟翼联动,控制扰流板后缘和襟翼前缘之间的缝隙和重叠量,可有效提高升力,简化襟翼运动机构的复杂性。

2)增强了边界保护功能。当飞机迎角过大和在低速条件下时,缝翼自动伸出;在飞机爬升阶段,当飞行速度过高时,襟翼自动收回,以防止襟翼过载,并改善爬升性能。

3)提高了系统安全性。数字电传控制高升力系统具有完善的故障保护功能,使不对称收放(Asymmetry)、跑偏(Runaway)、超速(Overspeed)、回吹(Blowback)、失去襟翼等故障的发生概率低于 10^{-9}/FH(FH 代表飞行小时)。

1.5　高升力系统的发展趋势

波音公司专家 Peter K. C. Rudolph 总结了国际著名飞机制造公司具有代表性型号的高升力系统,同时也分析了高升力系统的发展趋势,对高升力系统的设计研究提出了重要的意见[17]。文献[17]首先介绍了国际著名飞机制造公司的一些具有代表性型号的高升力系统,如波音公司研制的 B707、B727、B737,一直到 B777,麦道公司的 MD-80/87、DC-10/MD-11、YC-15,空客公司研制的 A300、A310-300,直到 A330/340 等,然后对这些高升力系统的性能进行各方面比较。高升力系统不但影响飞机在运行中的状况,而且还会对噪声控制产生显著的影响。

随着飞机进入电传时代,高升力系统同样成为横跨飞机机电系统和航空电子系统的系统,而飞机机电系统目前正向综合化、多电化和智能化方向发展,目标是实现功能、能量、控制和物理四个方面的综合[23]。

随着绿色航空理念的提出,产生了绿色航空技术。绿色航空技术是人类实现绿色航空的基础和基本条件,它涉及航空领域的方方面面,包括先进的飞行器设计概念和技术、绿色气动技术、绿色推进/燃烧技术、绿色燃料技术、绿色多电技术、绿色材料技术、绿色制造技术、绿色维修性技术等[24]。

经过多年的发展,高升力系统已经成为大多现代军民用飞机不可或缺的组成部分,而且运输量越大、起降距离要求越短的大型运输类飞机,对高升力系统的依赖程度也越高[25]。从民机高升力系统发展历程看,其高升力系统的发展趋势具有以下特点。

1.5.1　逐渐向简单智能化翼面运动机构方向发展

民机高升力系统翼面运动机构,从固定式单开缝、结构复杂的三开缝和双开缝运动结构逐渐向结构简单的无开缝运动结构方向发展。国外目前正在研究无开缝运动结构的具有柔性智能机翼的高升力系统。

1.5.2 逐渐向多翼面自适应翼型方向发展

目前飞机高升力系统普遍采用"集中驱动,共轴传动"的系统架构。集中驱动虽然有效地保证了高升力系统运动的同步性,然而当机械传动系统出现卡阻或断裂故障时,机械传动系统被制动保护在当前位置,不能进一步被操纵运动,限制了改善故障状态的飞机翼型重构,大大降低了飞机飞行安全性。为了解决"集中驱动,共轴传动"一旦出现卡阻或断裂故障,不能实现翼面的故障重构而提升飞机生存力和安全性问题,提出了自适应机翼技术。国外飞机一般采用了封闭前缘缝翼、差动式襟翼、巡航变弯度和多翼面分布式自适应翼面等实现机翼自适应技术,其中分布式高升力系统是实现机翼自适应要求的一种方案。分布式高升力系统中每块襟翼采用独立驱动,通过电子控制实现各块襟缝翼的同步运动,也可实现左右侧襟翼的差动运动。当某块襟缝翼由于故障而不能运动时,系统进行翼面重构,仍然具有一定的高升力性能。分布式自适应高升力系统可根据飞行高度、空速及载荷情况操纵飞机襟缝翼来获得最佳翼形,提高飞机气动性能,降低飞行阻力,甚至参与横滚控制,极大地提高高升力控制系统的灵活性[26]。

1.5.3 逐渐向与其他系统控制面共享方向发展

传统的飞机主飞控系统和高升力系统都由单独的计算机控制,相互之间没有交联,而空客和波音在最新研发的宽体客机上都应用了控制面共享技术,即主飞控系统和高升力系统都参与对方的控制。主飞控系统的扰流板与高升力系统襟翼机构联合运动,其主要采用了扰流板下偏和内外襟翼差动控制等技术。一方面由扰流板下偏,减小扰流板和翼面间的缝隙,提高升阻比,优化飞机的气动性能;另一方面通过内外襟翼差动控制,其外侧襟翼可具有辅助副翼功能,辅助实现对飞机的滚转配平,减轻飞行员操纵负担,提高飞行品质和飞行安全性。

1.5.4 逐渐向控制流体/气体/流场方向发展

近年来,随着军事、民用领域对飞行器高飞行性能的需求,人们发现:传统的高升力系统通过控制面偏转增大机翼有效弯度,或通过在机翼后缘上表面附近的开缝吹气来提高机翼环量,但都要付出较大的重量和飞机维护代价;传统的增升减阻方法(如单、双和三开缝式襟翼)在提升气动特性、解决气动问题方面存在不足或提升空间受限。但人们也逐步意识到,可以依靠流动控制技术来影响流场,达到改善气动特性的目的。

1.6 本书编写思路及主要内容

本书主要针对现代大型飞机高升力控制系统,按照系统工程的正向设计思想,从飞机层、系统层、分系统层和部件层,自顶而下地介绍需求捕获、功能分析、架构设计和物理实现过程中的设计与验证方法。

第1章从增升概念以及高升力系统的功能与作用、物理组成和边界划分等展开介绍增升、增升装置和高升力系统,并简述了高升力系统的发展历程和发展趋势。

第 2 章从飞机总体、气动、运动机构及性能等方面展开分析,进而较为全面地提出增升装置的具体控制需求,以作为后续进行高升力控制系统设计的顶层设计输入。

第 3 章立足高升力系统自身,从功能和性能、环境适应性、安全性等方面开展利益相关方面的分析、需求识别和确认,形成高升力系统需求。

第 4 章介绍高升力系统的典型架构,开展高升力系统架构设计,并对系统架构进行方案权衡和分析。

第 5 章到第 9 章介绍高升力系统的分系统,包括控制分系统、驱动分系统、传动分系统、作动分系统和传感器分系统等,分别从功能定义与性能要求、系统组成与工作原理、设计考虑与分析方法等方面进行论述。

第 10 章介绍座舱显控分系统的组成、原理等。

第 11 章介绍高升力系统的设计与实现流程。

第 12 章介绍高升力系统的集成和验证方法。

第 13 章分析国内外典型飞机高升力控制系统的设计特点。

第 14 章进行高升力控制系统未来发展趋势的分析和展望。

参 考 文 献

[1] 安德森. 空天飞行导论[M]. 张为华,李健,向敏,译. 北京:国防工业出版社,2014.

[2] 李小宁,李成智. 美国民用飞机发展启示录[J]. 航空史研究,2000(4):30 - 36.

[3] TORENBEEK E, WITTENBERG H. Flight physics: essentials of aeronautical disciplines and technology, with historical notes[M]. Dordrecht: Springer, 2009.

[4] RUDOLPH P. High-lift systems on commercial subsonic airliners[R]. [S. l.: s. n.], 1996.

[5] 史佑民,杨新团. 大型飞机高升力系统的发展及关键技术分析[J]. 航空制造技术,2016,59(10):74 - 78.

[6] 李丽雅. 大型飞机增升装置技术发展综述[J]. 航空科学技术,2015,26(5):1 - 10.

[7] 宋科璞. 大飞机电传飞行控制系统设计技术研究[D]. 西安:西北工业大学,2019.

[8] SMITH A M O. High lift aerodynamics [J]. Journal of Aircraft, 1975,12(6):501 - 530.

[9] VAN DAM C P, SHAW S G, VANDER KAM J C, et al. Aero-mechanical design of high-lift systems[J]. Aircr Eng Aerosp Technol, 1999, 71(5): 436 - 443.

[10] 毛俊,陈迎春,李亚林. 民用飞机二维增升装置设计[J]. 民用飞机设计与研究,2009(3):4 - 7.

[11] 李正洲. 某型客机增升装置的气动/机构优化设计[D]. 南京:南京航空航天大学,2013.

[12] RECKZEH D. Aerodynamic design of the high-lift-wing for a Megaliner aircraft [J]. Aerosp Sci Technol, 2003, 7(2): 107 - 119.

[13] 张锡金. 飞机设计手册:第6册 气动设计[M]. 北京:航空工业出版社,2002.

[14] 陈素娟,高亚奎.大型军用运输机增升控制系统设计要求:Q/AVIC 30430—2017 [S].北京:中国航空工业集团公司,2017.

[15] 杜永良,高亚奎.某运输机高升力控制系统设计[J].中国科学:技术科学,2018, 48(3):289－298.

[16] 严少波,黄建国.飞机后缘襟翼运动同步性设计和计算[J].民用飞机设计与研究, 2011(1):20－24.

[17] RAYMOND E T T,CHENOWETH C C. Aircraft flight control actuation system design[M]. Warrendale :Society of Automotive Engineers,1993.

[18] 张芳.民用飞机襟/缝翼手柄设计过程研究[J].科技创新导报,2014,11(24):28－30.

[19] 奥波特.运输类飞机的空气动力设计[M].顾诵芬,吴兴世,杨新军,译.上海:上海交通大学出版社,2010.

[20] 刘沛清,戴佳骅,夏慧,等.大型飞机增升装置气动机构一体化设计技术进展[J].民用飞机设计与研究,2021(1):1－8.

[21] RECKZEH D. Aerodynamic design of airbus high-lift wings in a multidisciplinary environment[J].ECCOMAS, 2004(7):1－19.

[22] 阎超,甘文彪.大型飞机气动设计中的 CFD 技术[J].航空制造技术,2010,53 (14):70－73.

[23] 林明,蔡增杰,朱武峰.从绿色航空试论飞机系统的发展趋向和几点思考[J].液压气动与密封,2012,32(10):1－5.

[24] 李挚.绿色航空:飞机系统的发展趋向探讨[J].黑龙江科技信息,2013(11):134.

[25] 徐向荣,孙军帅.民用飞机高升力系统浅析[J].中国制造业信息化,2011,40(19):61－63.

[26] VECHTEL D, HAUBER B, LOOYE G. Analysis of a multi-functional high-lift system driven by an active differential gear box[J]. CEAS Aeronaut J, 2014, 5 (3):227－238.

第2章 增升装置及其控制需求

2.1 概　　述

设计飞机时一方面期望通过较高的翼载获得更优的巡航经济性,另一方面又期望拥有低速下升力更大的能力。增升装置是保持巡航构型优异气动性能下大幅提高低速性能、协调和解决民机巡航/起降性能矛盾的最有效措施,一般飞机通常采用前缘缝翼和后缘襟翼的增升方式。首先,通过机翼翼面偏转增大机翼弯度,增加机翼翼面环量,提高升力性能;其次,通过后缘襟翼的伸出增大襟翼有效面积,在名义面积不变的情况下,使升力获得提升;最后,通过各翼面的缝隙流动改善翼面边界层流的状态,提高失速迎角,进而提高最大升力系数[1]。

在民用飞机发展初期,研发人员往往更关注如何提高飞机起降性能,通常会通过使用较为复杂的多段翼增升装置,获得更大的机翼面积和弯度,从而实现升力系数的提高。对于民用飞机来说,既要满足起降滑跑距离、爬升梯度等方面的性能要求,又满足飞机总体重量最轻,使经济性较高,更为关键的是,还要满足机体结构强度和刚度的安全性要求。经研究发现,空客和波音飞机的后续型号基本上摒弃了三段式后缘襟翼增升方式,逐渐向双开缝和单开缝富勒襟翼的增升方式发展。尽管翼面的减少必然在一定程度上影响增升效果,但结构简单、重量轻和高效逐渐成为了民用飞机起降构型设计的发展趋势。进入 21 世纪后,B787、A350、A380 一致选择了单开缝富勒襟翼的增升方式。

高升力系统的控制对象为增升装置,高升力系统构型和控制策略取决于增升装置的构型需求,不同的增升装置构型,其高升力控制系统构型也会有所不同。

本章首先阐述飞机升力和阻力产生的机理,以及增升装置的增升效果;其次,从飞机动力学角度分析飞机对高升力系统起降的需求;再次,分析增升装置的基本构型和一般构型选型的原则和考虑;最后,对增升装置运动机构和运动控制维度的设计阐述相关要求。

2.2 飞机的升力和阻力

2.2.1 升力和阻力的产生

固定翼飞机维持飞行所需要的升力一般由机翼产生。当飞机以一定迎角飞行时,机翼将气流分成上、下两股,在上、下表面产生不同的流速和压力分布。机翼表面上的每一点受到来自空气流动产生的两个作用力:空气压力和剪切力。空气压力方向 n 垂直于机翼表面,剪切力方向 k 与机翼表面相切(见图 2-1)。通过对空气压力和剪切力沿表面进行积分,可得到空气作用于机翼上的气动力 R。气动力 R 可分解为升力 L 和阻力 D 两个分量(见图 2-2),升力 L 是气动力 R 在垂直于来流方向的分量,阻力 D 是气动力 R 在来流方向的分量[2]。

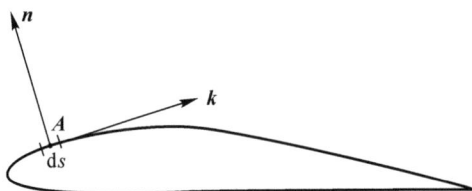

图 2-1 气动力的产生

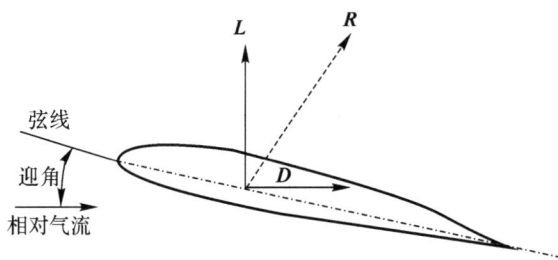

图 2-2 气动力及其分量

升力 L 和阻力 D 分别表达为

$$L = \frac{\rho}{2} \cdot V^2 \cdot S \cdot C_L \tag{2-1}$$

$$D = \frac{\rho}{2} \cdot V^2 \cdot S \cdot C_D \tag{2-2}$$

式中: C_L ——升力系数;

C_D ——阻力系数;

ρ ——自由流的空气密度,kg/m^3;

V ——自由流的气流速度,m/s;

S ——机翼面积,m^2。

仅有升力系数和阻力系数,还不足以确定机翼的空气动力学性能的优劣,把升力和阻力变化综合起来进行分析的方法之一是引入升阻比。

升阻比 L/D 定义为同一迎角下升力与阻力的比值。升阻比可表达为

$$\frac{L}{D} = \frac{\frac{\rho}{2}V^2 S C_L}{\frac{\rho}{2}V^2 S C_D} = \frac{C_L}{C_D} \tag{2-3}$$

2.2.2　升力和阻力的变化

从式(2-1)可以看出,在机翼的翼型确定后,机翼的面积 S 也随之确定,当飞机以一定的速度 V 飞行时,升力和阻力的变化取决于升力系数 C_L 和阻力系数 C_D。升力系数和阻力系数与翼型和迎角有关。对于给定翼型,升力和阻力随迎角的变化情况如图 2-3 所示。从图中可以看出,在小于临界迎角范围内,升力随着迎角基本呈线性增长,而阻力随迎角的增长则较缓;当超过临界迎角时,因机翼后端气流产生分离现象,升力急剧减小,而此时阻力则急剧增长。

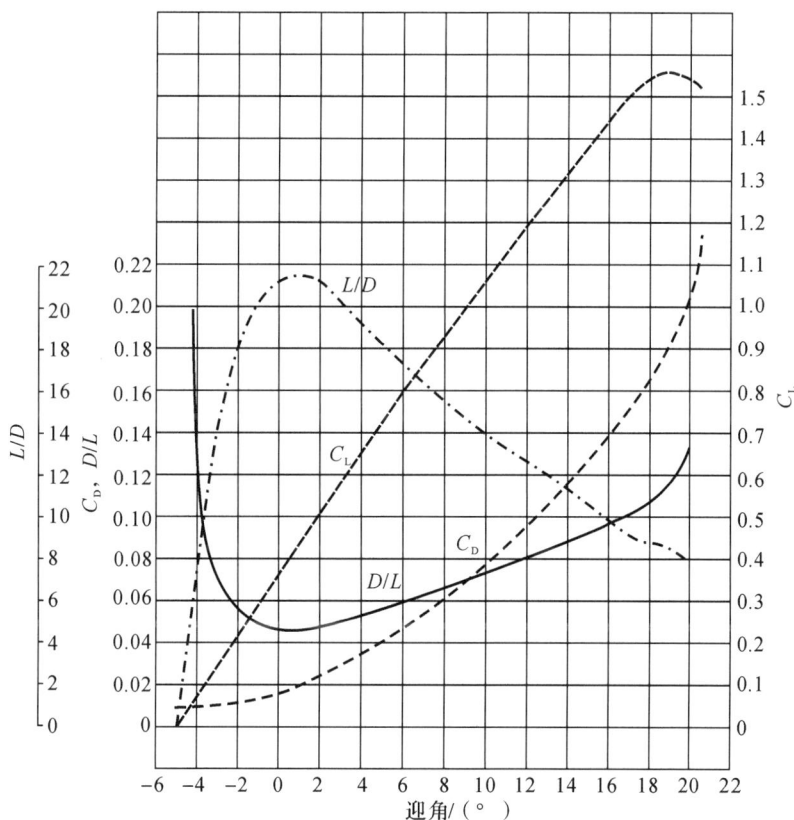

图 2-3　翼型升力和阻力随迎角的变化情况

2.2.3　失速问题

根据升力公式[式(2-1)]可推导出飞机的失速速度如下:

$$V_{stall} = \sqrt{\frac{2L}{\rho \cdot S \cdot C_{Lmax}}} \tag{2-4}$$

失速速度主要取决于飞机的机翼面积和最大升力系数,飞机翼型确定后,要减小失速速度,只能增大最大升力系数,然而对于特定翼型,最大升力系数的一般范围为 1.2～1.5(详见图 2－4），其增加空间是非常有限的。

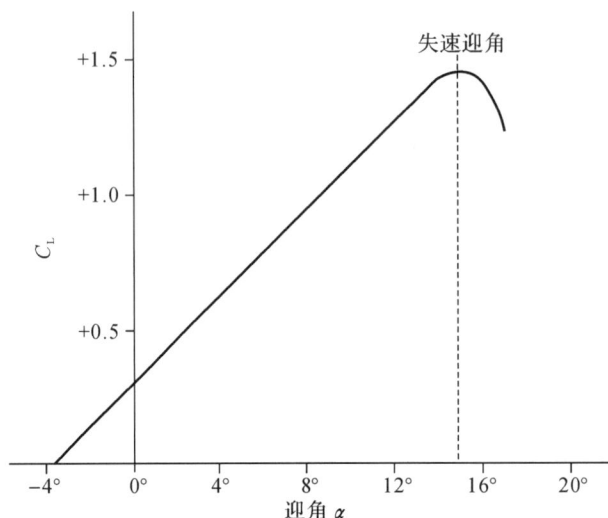

图 2－4　升力系数随迎角的变化情况

通常缝翼是为了增加飞机失速迎角，襟翼是为了增加飞机升力系数。为了更好地控制飞机的升力、阻力以及升阻比，并解决失速问题，一般情况会配置增升装置，而其增升效果势必成为新的需求。

2.3　增升装置要求

2.3.1　基本功能

"增升"一词的含义是，在原有机翼构型提供的升力不足以维持飞机低速飞行时，需要在此基础上增加的附加的、额外的升力。将实现增升功能的活动翼面称为"增升装置"。增升装置的发现和使用，可以有效地解决一种单一机翼不能同时满足飞机高速巡航和低速起降的问题，并获得较好的经济性和安全性。现代大型飞机的起飞和着陆都离不开增升装置，增升装置对提升飞机起飞、着陆和爬升性能，以及控制进场的最佳姿态等具有重要作用[3-4]，也是增大起飞重量、缩短起降滑跑距离、增强机场适应性的关键。

根据文献[1,5-6]中增升装置的原理可总结出增升装置的基本功能：通过改善飞机机翼的有效面积、弯度效应和缝道的流动品质（或干扰效应）来实现飞机起飞、着陆等不同飞行阶段的升阻、迎角控制的基本功能。

2.3.2　基本性能

2.3.2.1　飞行动力学的基本方程

本节所讨论的与增升相关的飞行性能，仅在垂直平面内，未考虑侧滑飞行。将飞机视为一个质点，作用在飞机上的力如图 2－5 所示。按航迹坐标系写出飞机质点动力学方程如下：

$$m\frac{\mathrm{d}V}{\mathrm{d}t}=T\cos(\alpha+\varphi_\mathrm{T})-D-G\sin\theta \tag{2-5}$$

$$mV\frac{\mathrm{d}\theta}{\mathrm{d}t}=T\sin(\alpha+\varphi_\mathrm{T})+L-G\cos\theta \tag{2-6}$$

式中：　α——迎角；

　　　　V——飞行速度；

　　　　T——推力；

　　　　D——阻力；

　　　　L——升力；

　　　　φ_T——推力作用线与飞机迎角基准线之间的夹角；

　　　　θ——航迹倾斜角；

$m=G/g$——质量，kg，其中 G 为重力（N），g 为重力加速度（m/s^2）。

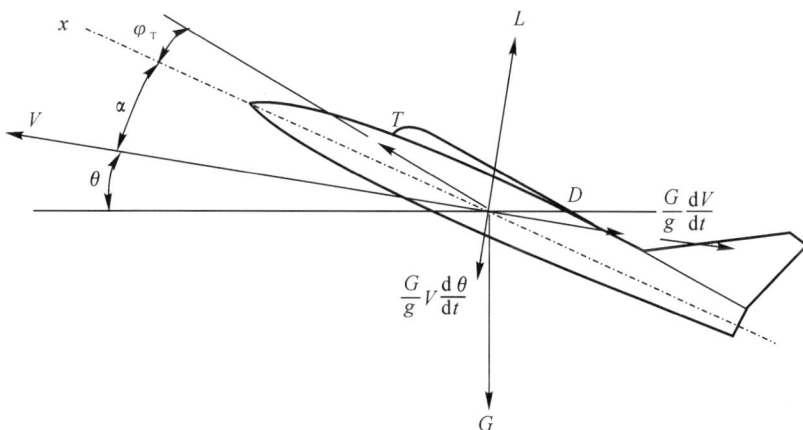

图 2-5　垂直平面内无侧滑飞行作用在飞机上的力

1. 巡航飞行

当飞机作水平直线飞行时，$\theta=0$，$\mathrm{d}\theta/\mathrm{d}t=0$，式（2-5）和式（2-6）可简化为

$$m\frac{\mathrm{d}V}{\mathrm{d}t}=T\cos(\alpha+\varphi_\mathrm{T})-D \tag{2-7}$$

$$T\sin(\alpha+\varphi_\mathrm{T})+L=G \tag{2-8}$$

若飞机作等速水平直线飞行，$\mathrm{d}V/\mathrm{d}t=0$，式（2-7）可进一步简化为

$$T\cos(\alpha+\varphi_\mathrm{T})=D \tag{2-9}$$

2. 爬升飞行

爬升角定义为飞行航迹上某点空速矢量与水平面之间的角度，通常以 θ 表示。爬升梯度定义为飞机在爬升过程中单位时间内高度变化量与前进的水平距离变化量的比值，即飞行速度的垂直分量与水平分量之比，以百分数表示。爬升梯度是爬升角的正切值，是将给定的水平距离与在此距离上能够达到的一定高度关联起来的参量。与爬升性能有关的另外一

个参量是爬升率,定义为单位时间内增加的高度,即垂直爬升速度,单位为 m/s。

通常,爬升和下降航迹接近于直线,即 $d\theta/dt=0$,那么式(2-6)可简化为

$$T\sin(\alpha+\varphi_T)+L=G\cos\theta \tag{2-10}$$

当飞机在垂直平面内作等速直线爬升时,$dV/dt=0$,式(2-5)又可简化为

$$T\cos(\alpha+\varphi_T)=D+G\sin\theta \tag{2-11}$$

一般情况下,$(\alpha+\varphi_T)$ 很小,在工程估算中可认为

$$\sin(\alpha+\varphi_T)\approx 0 \tag{2-12}$$

$$\cos(\alpha+\varphi_T)\approx 1 \tag{2-13}$$

则式(2-10)和式(2-11)可简化为

$$T-D-G\sin\theta=0 \tag{2-14}$$

$$L-G\cos\theta=0 \tag{2-15}$$

爬升梯度定义为爬升角的正切,即 $\tan\theta$。可得爬升梯度表达式为

$$\tan\theta=\frac{T-D}{L}=\frac{T}{L}-\frac{D}{L}=\frac{T}{G\cos\theta}-\frac{D}{L} \tag{2-16}$$

考虑到 $\cos\theta\approx 1$,于是得到爬升梯度:

$$\tan\theta=\frac{T}{G}-\left(\frac{L}{D}\right)^{-1} \tag{2-17}$$

由式(2-17)可见,为达到较高的爬升梯度,飞机的升阻比 L/D 必须最大,并且推重比 T/G 最大。

2.3.2.2 起飞特性要求

飞机起飞阶段是从滑跑开始,在达到航线飞行所需的速度、高度和飞机构型时结束。适航规范规定民航机航线飞行初始高度是距起飞跑道地面 450 m。

按 CCAR/FAR - 25 部的规定,运输类飞机的起飞阶段可分为一个起飞滑跑阶段和四个空中爬升阶段,如图 2-6 所示。

1)起飞滑跑。起飞滑跑从起飞线开始到达到离地速度 V_{LOF} 结束。飞机在跑道上从静止开始逐渐增大速度,当加速至抬前轮速度 V_R 后,驾驶员操纵驾驶杆,将前轮从跑道上抬起,飞机迎角增大,当升力与飞机重量相等时,达到离地速度 V_{LOF},此时主起落架开始离开跑道,起飞滑跑结束。

2)第一阶段爬升。此阶段规定了刚离地时的爬升能力。飞机从跑道上起飞后,开始进入空中段飞行。从离地速度 V_{LOF} 加速到起飞安全速度 V_2,同时爬升到假定障碍高度 10.7 m(35 ft)。在安全高度 10.7 m 时,收起起落架,以加快爬升速度。安全速度 V_2 保证了下一阶段的爬升阶段能够具有足够的稳定性和操纵性。

3)第二阶段起飞爬升。除起落架收上外,本阶段其余同第一阶段。通常这一阶段在距地面 120 m 的高度处终止,如果越障需要,该段可以延伸到更高的高度。

4)第三阶段起飞爬升。第三阶段起飞爬升,又称加速段。该阶段需在收上襟缝翼过程中平飞加速,当襟缝翼收上时速度至少为 $1.25 V_s$。

5)第四阶段起飞爬升。第四阶段起飞爬升到至少离地 450 m 处,襟翼处于完全收回状态,起飞阶段结束,此后可用最大连续推力来代替起飞推力进入连续爬升,直至进入巡航

阶段。

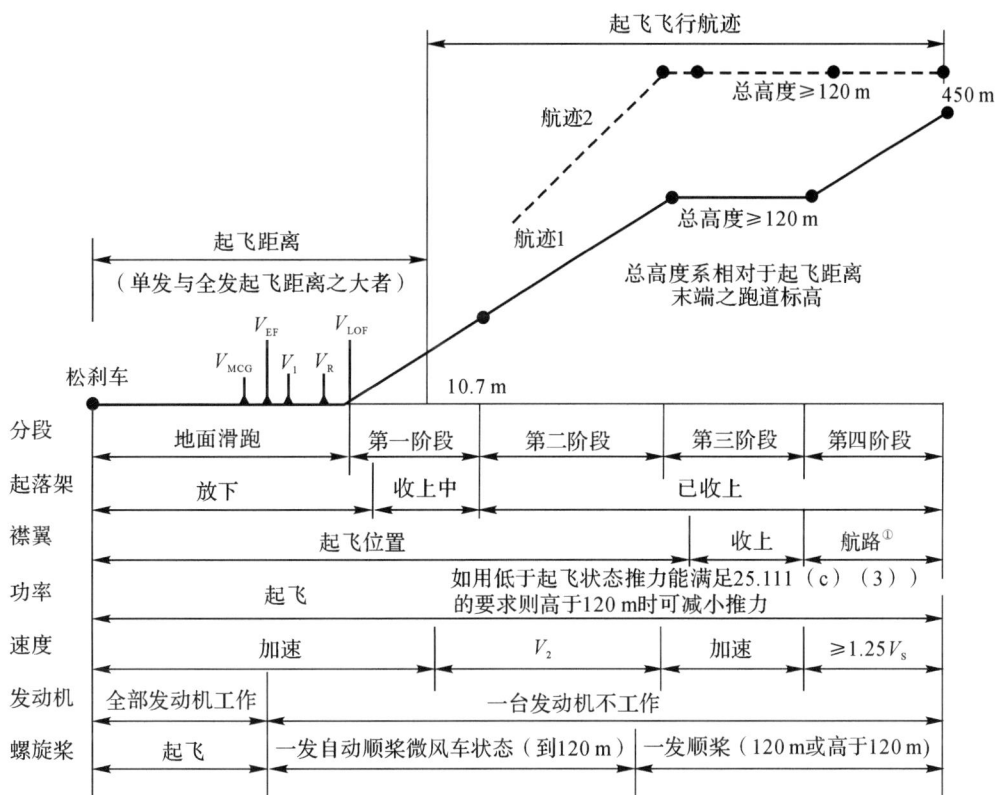

图 2-6　起飞分段与术语

注:①—起飞第四阶段(最后阶段)通常从飞机处全航路形态和最大连续推力状态算起,但当表明符合 25.121(℃)
　　时,不要求这些状态一直保持到起飞航迹结束,不得超过最大起飞推力的时间限制。

在 10.7 m 高度,飞机的速度应比失速速度至少高 20%,比最低机动速度至少高 10%。
为了保证飞行安全,在高度达到 120 m 以前不准改变机翼构型,在 3~5 m 高度开始收上起
落架;从 120 m 高度和加速到超过失速速度 20% 时,机翼构型应按起飞阶段向巡航构型转
变,前缘缝翼和襟翼转到完全收回位置,同时继续爬高;在达到 400 m 高度和巡航构型时起
飞阶段结束,发动机从起飞状态转入额定工作状态,开始爬升到巡航飞行高度。在起飞过程
中不允许降低飞行速度和高度。

1. 起飞距离

起飞距离是起飞阶段的重要设计参数之一,起飞距离不能超过机场条件可用的跑道长
度。起飞距离 S_{to} 为飞机从起飞线开始运动到爬升至 10.7 m(距跑道地面的高度)通过的
水平距离,由滑跑段 S_{run}(从飞机移动到离地)和空中段 S_{air}(从离地到距跑道地面高度 10.7
m)两段组成[10-11],起飞距离为

$$S_{to} = S_{run} + S_{air} \qquad (2-18)$$

正常起飞阶段示意图如图 2-7 所示。

飞机在滑跑时所受的作用力有发动力推力 T、飞机重力 G、气动升力 L、阻力 D、机轮

支/撑力 N_1、机轮与机场地面的摩擦力 f 和飞行速度 V,如图 2-8 所示。

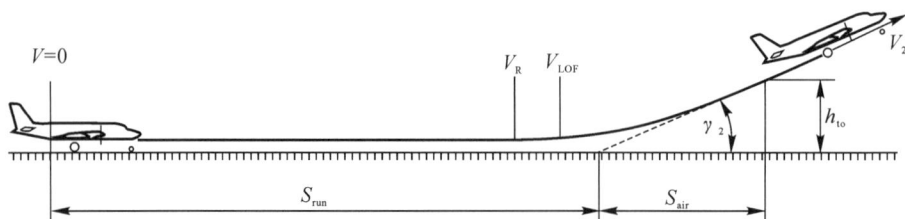

图 2-7　正常起飞阶段示意图

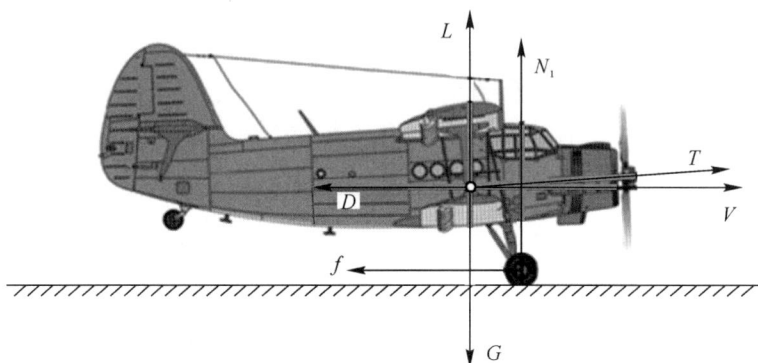

图 2-8　飞机滑跑阶段受力情况

滑跑时飞机质心平行于跑道平面运动,飞机质量在起飞阶段基本不变,可以忽略推力作用线与飞机迎角基准线之间夹角的影响。飞机起飞滑跑时,在垂直平面的运动可用下列方程表示:

$$m\frac{dV}{dt} = T - D - f \tag{2-19}$$

$$L - G = 0 \tag{2-20}$$

式中:$m = G/g$——飞机质量,kg,其中 G 为飞机重力(N),g 为重力加速度(m/s^2);

　　　　V——飞行速度;

　　　　t——时间;

　　　　f——飞机在跑道上运动时,作用在机轮上的摩擦力;

　　　　T——推力;

　　　　D——阻力;

　　　　L——升力。

飞机在滑跑时产生的升力为

$$L = \frac{\rho}{2}V^2 S C_L \tag{2-21}$$

式中:C_L——升力系数;

　　　　ρ——自由流的空气密度,kg/m^3;

　　　　V——自由流的气流速度,m/s;

S——机翼面积，m^2。

滑跑时，气动阻力和摩擦力对发动力推力形成消减关系，为了简化分析，引入消减系数 r_T。有

$$T - D - f = r_T \cdot T \tag{2-22}$$

对于喷气飞机，$r_T \approx 0.8 \sim 0.9$，对于螺旋桨飞机，推力下降得更快，从而导致 r_T 更低。

结合式（2-19）和式（2-22）可得

$$m \frac{dV}{dt} = r_T \cdot T \tag{2-23}$$

假设飞机在滑跑段以平均加速度 a 均匀加速，此时发动机推力为 T_{to}，有 $a/g = r_T T_{to}/G$，在腾空点处以 V_2 升空（即假定 $V_{LOF} = V_2$），然后从该点开始以空速 V_2 和飞行路径角 θ_2 进行稳定爬升，直到越过障碍高度为止。如此一来起飞距离可近似表达为

$$S_{to} = \frac{V_2^2}{2a} + \frac{h_{to}}{\tan\theta_2} \tag{2-24}$$

通过上述假设可以简化分析过程，容易分析各种参数对起飞距离的影响，并使结果具有一定的精度。

起飞安全速度 V_2 可从 $G = L = \frac{\rho}{2} V_2^2 S C_L$ 中求得，考虑到爬升梯度

$$\tan\theta_2 = \frac{T}{G} - \frac{C_D}{C_L} \tag{2-25}$$

可得到式（2-24）的以下近似值：

$$S_{to} = \frac{G^2}{\rho g C_L S r_T T_{to}} + \frac{h_{to}}{\frac{T}{G} - \frac{C_D}{C_L}} \tag{2-26}$$

考虑到式（2-26）是近似推导，可将计算结果乘以 1.15 的裕度系数作为最终结果。

从式（2-26）可以看出，以下因素对起飞距离的影响较大：

1）对于给定的襟翼偏转角度，起飞距离随飞机重量成二次方比关系增加，与翼载和推重比 T/G 的倒数正相关。当飞机较重时，空中距离也会增大。

2）跑道的海拔和外部空气温度通过空气密度 ρ 和推力 T_{to} 产生影响。为了从高原飞机场起飞，需要比在低海拔机场上更长的跑道；而在炎热的高温天气，起飞距离比常温天气要长。

3）当飞机以较大襟翼偏角的构型起飞时，与襟翼小偏角构型相比，由于升力系数增加了，地面滑跑距离缩短了，但是由于升阻比减小了，空中距离却加长了。

2. 爬升梯度

适航规章对飞行各阶段的爬升梯度要求见表 2-1。对于双发飞机而言，即使单发失效也要满足这些要求，意味着可用推力只有飞机总推力的一半。

民用飞机的起飞爬升性能通常由第二阶段的爬升需求决定，此时，起落架已收起，而增升装置仍然偏转在起飞的位置。在一台发动机停车的状态下，其最小爬升梯度要求是：对双发飞机为 2.4%，对三发飞机为 2.7%，对四发飞机为 3.0%[8]。

表 2-1 飞行各阶段的爬升梯度要求

飞机高度	飞机形态			最小爬升梯度/%		
	襟翼位置	起落架	发动机推力（功率）	双发	3 发	4 发
0～10.7 m	起飞	放下	单发失效 起飞	＞0	0.3	0.5
10.7～120 m	起飞	收上	起飞	2.4	2.7	3.0

根据式(2-17)，爬升梯度近似表达为

$$\tan\theta \approx \frac{T}{G} - \left(\frac{L}{D}\right)^{-1} \tag{2-27}$$

由式(2-27)可见，为达到较高的爬升梯度，飞机的升阻比 L/D 必须最大，并且推重比 T/G 也要最大。

对于配备两台发动机的飞机而言，当其中一台发动机不能工作时，可用推力只有总推力的一半，也需要满足爬升梯度要求，因此有

$$\theta = \frac{0.5 \times T}{G} - \frac{C_D}{C_L} \geqslant 0.024 \tag{2-28}$$

从式(2-28)可以看出，为了获得较高的爬升梯度，有必要在大约 $1.15V_S \sim 1.2V_S$ 的速度下使升阻比最大，这等效于使 $0.75C_{Lmax} \sim 0.7C_{Lmax}$ 处的升阻比最大，此处假设推力是一个常量[4,12]。

如果假设装载恒定不变，并且需要更大的爬升速率以满足所需的机场跑道长度，那么 L/D 必须增加，这导致机翼产生高的升力并且尽可能地减小阻力，而较大的襟翼偏转通常会降低 $1g$ 的失速速度 V_S，使得地面爬升距离变小，阻力变大，从而降低 L/D，导致爬升梯度更小。因此，必须在所需的地面爬升距离和爬升率之间作出妥协。爬升梯度更高的另一个好处就是使飞机噪声在机场的直接环境中更快地消失[13-14]。

2.3.2.3 降落特性要求

飞机的着陆过程可分为下滑进场、机动降落和触地滑跑三个阶段[15-16]，如图 2-9 所示。

1)下滑进场。下滑进场是从飞机着陆前的机动开始的。根据适航标准的规定，着陆进场开始高度不得低于 400 m，并且结束高度应距跑道地面 15 m。此机动过程是在 400 m 恒定高度转弯 90°作"四边飞行"，在巡航速度向着陆进场速度 V_{app} 减速过程中逐步改变飞机的构型。飞机构型的改变从放下起落架开始，然后伸出前缘缝翼，最后伸出襟翼（有时分几次伸出）。飞机在作完"四边飞行"的最后一个转弯后，开始沿下滑线下降。下滑线与跑道位于同一个垂直平面上。允许在下滑线上结束放襟翼的全过程。

客机降落的进近方法是稳定地飞行，下降角度通常为 2.5°～3°，并且发动机设置已相应调整，进场路径由机场仪表着陆系统发出的无线电信号确定。

2)机动降落。根据飞机型号的不同，实际的着陆(机动)是在高度超过 15.2 m(50 ft)的跑道入口之前或之后开始的。减少发动机供油，导致推力减小，速度下降。飞机飞行轨迹为一条弯曲的路径，然后使下降率逐渐降低后降落在跑道上。飞机以接地速度 V_{TD} 接地，小

于进场速度 V_{app}，但要大于失速速度 V_S。

3）触地滑跑。主起落架和前起落架落地后，飞机在滑跑过程中会因机轮刹车而减速，直到停下来为止。对于许多商用飞机而言，一般会通过襟翼伸出增大阻力，增加制动效率；当扰流板向上偏转时，它们会卸掉大部分机翼升力，也增加了阻力。许多喷气式客机采用了反向推力系统，螺旋桨飞机则使用反向桨距来获得额外的制动力。

在不久的将来，由于新的导航设备［如差分全球定位系统（DGPS）］的出现，下降角可能会更高。这将 GPS 与飞机场上的参考信标结合在一起，该方法可以使飞机以更大的下滑角和更小的发动机推力来完成着陆，从而降低噪声。

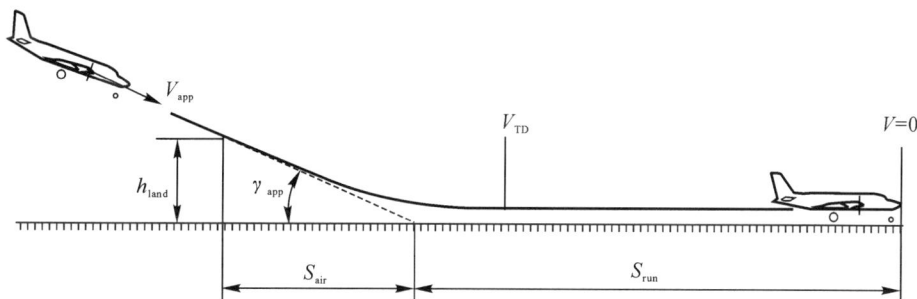

图 2 - 9　着陆阶段示意图

1. 进场速度

着陆阶段的关键参数通常是进场速度 V_{app}，是指飞机着陆前下滑至安全高度处的瞬时速度。着陆事故发生率与进场速度之间存在一定的相关性，从经济上考虑轮胎和制动器的磨损需要限制进场速度。当今飞机的进场速度通常在 $222.2\sim277.8$ km/h 之间。

飞机进场着陆下滑到 15.2 m（50 ft）高度时的瞬时速度，又叫作着陆门限速度 V_A，V_{app} 与进场基准速度 V_{REF} 相等，进场速度的最低值为 $1.3\ V_s$。由于襟翼偏转较大且飞机较轻，因此着陆时的最小空速低于起飞时的最小空速。

进场速度是表征飞机低速性能的一个重要参数。在最大着陆重量、正常着陆襟翼状态下的进场速度为最大进场速度。一般取 $V_{app}=(1.2\sim1.3)V_{TD}$。接地速度 V_{TD} 是指着陆过程中飞机主轮接地瞬间的速度，该速度比升力平衡重量所需速度略小一些，可表示为

$$V_{TD}=1.2K_1\sqrt{\frac{2G}{\rho\cdot S\cdot C_{L,td}}} \tag{2-29}$$

式中：K_1——速度修正系数，取 $0.9\sim0.95$；

$\qquad G$——飞机重力，N；

$\qquad \rho$——自由流的空气密度，kg/m^3；

$\qquad S$——机翼面积，m^2；

$C_{L,td}$——接地时的升力系数。

降低进场速度的办法是降低机翼载荷、提高着陆形态的升力系数。要使着陆形态的最大升力系数增大，增升装置的设计就特别重要。

2.着陆距离

着陆距离是飞机从障碍物高度到达地面,然后减速至完全停止所需的总距离[10,15-16]。

这里对着陆距离的计算进行了简化,假设着陆过程以恒定的下降角 θ_{app} 和空速 V_{app} 接地,之后是以速度 V_{app} 逐渐制动到静止的滑跑。因此,着陆距离为空中距离 S_{air} 与着陆滑行 S_{run} 的总和,制动段的平均加速度为 $|\bar{a}|$,则有

$$S_{land} = S_{air} + S_{run} = \frac{h_{land}}{\tan\theta_{app}} + \frac{V_{app}^2}{2|\bar{a}|} \qquad (2-30)$$

对于 $\tan\theta_{app} = 0.05$,$h_{land} = 15$ m 和 $V_{app} = 1.3 V_{min}$,我们得到了近似值:

$$S_{land} = 300 \text{ m} + 1.69 \frac{G/S}{\rho |\bar{a}| C_{Lmax}} \qquad (2-31)$$

在商用飞机的适航认证中,着陆距离是在干燥混凝土跑道上通过试飞过程来确定的,需考虑到诸如水或雪之类在跑道上的沉淀,所需的跑道长度等于着陆距离乘以 5/3(通常)的安全系数。

根据式(2-31),以下因素对着陆距离有最大影响:

1)翼载的影响。由于飞机在飞行过程中已经消耗了燃料,所以降落距离要比起飞距离短。

2)空气密度的影响。对于飞机在高原机场的降落,由于高原空气密度低于海平面,所以进场速度更高、着陆距离更长。

3)平均减速度的影响。这主要取决于机轮刹车能力和扰流板增阻效率。对于干燥的混凝土道,通常可取 $|\bar{a}| = (0.3\sim0.5)g$。

4)与增升装置着陆构型相对应的最大升力系数的影响。最大升力系数越大,地面滑跑距离越短;反之,则越长。

2.3.3 基本构型

固定翼飞机一般会通过增升装置来达到增加升力的目的。其增升机理主要基于增加机翼弯度效应、增加机翼的有效面积和改善缝道的流动品质三种方式,通常每一种增升装置可以通过其中一种或者是多种组合来增加飞机在低速飞行时的升力需求[7,17-18]。

增升装置通常根据它们所处机翼上的位置而分为前缘增升装置和后缘增升装置。

后缘增升装置通常也统称为后缘襟翼,一般布置在机翼后缘,是飞机增升装置的主要组成部分,也是机翼升力的主要提供者。尽管后缘增升装置有多种不同形式,但其增升机理仍然为通过增加机翼的有效面积、有效弯度和控制缝道缝隙来提高最大升力系数,最终增大给定迎角情况下的升力。这种增升装置在增加升力的同时也会增加阻力,在给定速度和载重条件下,飞机在进近和着陆阶段就需要发动机输出更大的推力来维持飞行。

飞机在大迎角低速飞行时,机翼表面气流易从机翼前缘上表面分离,引起机翼升力损失而导致飞机失速。现代飞机大多数会采用薄的超临界机翼,此种机翼更容易发生因气流分离而导致的失速问题。为了防止前缘气流分离,提高失速迎角,通常会在前缘配置增升装置。前缘增升装置的主要作用是消除或延缓大迎角时流经机翼的空气分离,将失速推迟到

更大的迎角,从而提供比干净翼型更大的最大升力。

飞机的起飞和着陆特性要求决定了增升形式的选择。常规起飞、着陆方式的飞机,如存在前缘缝翼发生失速的可能,一般都会增设后缘增升;后缘襟翼同前缘缝翼一起组合应用,对俯仰力矩是有利的,下偏后缘襟翼时,增加了升力,也增加了低头力矩。前缘缝翼可在大迎角下增加升力,而不增加低头力矩。前、后缘增升装置的偏转,配合形成的弯扭及由此产生的弦向和展向的最佳量分布,能延缓流动分离的发生,使抖振起点推迟到更大的升力值。

现代飞机一般会采用前缘缝翼和后缘襟翼增升组合配置构型,其目的是增大飞机升力、抑制飞机失速。为了实现不同飞行阶段的襟缝翼配置构型,一般会对运动机构(一般包含支撑和作动机构)提出不同的适应性构型需求。

2.3.4 一般构型选型

增升装置的设计属于多目标、多学科的综合性问题,应满足飞机总体技术要求,涉及飞机性能、安全性、可靠性、维修性和噪声等方面。气动方面应满足飞机起飞和着陆阶段的起降距离和爬升梯度要求,飞行控制方面应满足操纵品质好的需求,环保方面应满足适航噪声水平的需求,结构方面上应满足构件少、连接简单和重量轻,且具有足够的强度和刚度等多维度的需求[7,13]。

2.3.4.1 起飞和着陆构型

决定起飞阶段增升装置构型的主要参数是起飞距离和爬升率。

1. 起飞构型的选择

由式(2-27)可以看出,爬升梯度是推重比和升阻比的函数,发动机推力越大、飞机重量越轻、升阻比越高,爬升梯度就越大。在发动机推力和飞机重量一定的情况下,只有增大升阻比,才能提高爬升梯度。

由式(2-26)可以看出,起飞距离由地面距离和空中距离两部分组成。空中距离取决于爬升梯度,爬升梯度越大,空中距离就越短;而地面距离与推重比、翼载、最大升力系数等因素有关,推重比越大、最大升力系数大、翼载越小,地面滑跑距离就越短。

通过以上分析可以看出,起飞阶段对增升装置构型的理想要求是,最大升力系数和爬升梯度越大越好。最大升力系数越大,飞机就可以以较低的腾空速度离地,地面滑跑距离就短。爬升梯度大,起飞距离的空中段越短,并且飞机在爬升阶段就能以较高的坡度爬升,迅速离开机场,同时也使噪声很快从机场消失。

飞机对增升装置起飞构型的主要要求如下[12-14]。

1)高升力要求:为了降低飞机在起飞滑跑时的动能,缩短起飞场长,就要求增升装置能产生较高的升力系数及较小的失速速度。

2)高升阻比要求:为满足起飞第二阶段爬升梯度要求,并确保适航规章所要求的单发失效爬升能力,要求增升装置能产生大的升阻比或小的阻力增量。

然而,增升装置在增大升力的同时也增加了阻力,最大升力系数和最大升阻比难以在一个构型上获得。图2-10中提供了三种后缘襟翼起飞构型的典型升力特性曲线,其中 TO Ⅰ、TO Ⅱ和 TO Ⅲ分别代表襟翼偏角为5°、10°和15°的构型。从图2-10(a)中的升力系数-

迎角曲线可以看出,对应于由后机身最小离地高度所给定的角度,用最高的襟翼偏转角度可以获得最高的升力系数,从而得到最小的离地速度以及最短的起飞滑跑距离,详见图2-11。图2-10(b)是三种构型的升阻比-升力系数曲线,图中三组曲线仅示出了考虑第二阶段爬升要求的可用范围,相互之间用折线段分开。升阻比-升力系数曲线却表明,较高的襟翼偏转角度会减小升阻比,因此减小了爬升梯度,同时也缩短了地面滑跑距离,却加长了起飞空中距离。当一台发动机停车时,较短的起飞距离和较高的爬升率要求存在明显冲突,这对双发飞机来说尤其严酷。增升装置起飞构型的优化要在高升力系数和高升阻比之间找到最佳折中点,以满足起飞场长度和爬升率的要求。

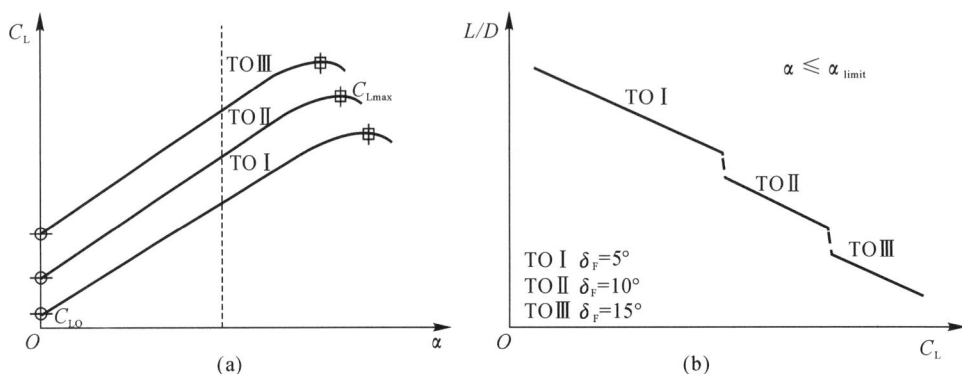

图 2-10 增升装置起飞构型性能比较

图 2-11 不同襟翼构型的起飞航迹图

对于飞机起飞和复飞而言,最大升力很重要,升阻比更为重要,起飞构型的选择应遵循高升阻比准则,应以最小的阻力增量代价提高升力。即使会降低一些最大升力,也要尽可能地提高升阻比。获得高升阻比的要点是以尽可能小的机翼弯度变化加长机翼弦长。缝道的引入通常会明显增加阻力,要谨慎使用,像缝翼、有通气槽的克鲁格襟翼等增升装置最好在起飞位置把缝槽密封起来。一般来说,典型后缘襟翼在起飞位置的偏转角度大约是着陆值的1/2,而后缘缝翼在起飞位置的偏转角度大约是着陆值的2/3。

对于前缘增升装置,前缘下垂襟翼要比克鲁格襟翼和缝翼升阻比高,A380和A350飞机的内侧前缘都采用了前缘下垂襟翼;对于后缘增升装置,虽然双开缝襟翼和三开缝襟翼的最大升力系数比富勒襟翼要优越,但富勒襟翼能够产生更高的升阻比。即使后缘采用双开缝襟翼和三开缝襟翼,最好在起飞时只打开一道缝。如B737和MD82飞机,为了保证起飞状态具有高升阻比,在起飞时,增升装置采用单缝形式;着陆时需要低的升阻比和高的升力系数,增升装置就用三开缝或双开缝形式。

2. 着陆构型的选择

决定着陆阶段增升装置构型的主要参数是进场速度、降落距离和复飞爬升率。飞机对增升装置着陆构型的主要要求如下[12-14,19]：

1）高升力要求。现代装有涡扇发动机的飞机在匹配着陆场长与起飞场长设计方面没有困难，关键的降落参数通常是进场速度。着陆阶段的事故率与进场速度密切相关，将进场速度控制在较低的合理范围是必要的，因此着陆构型首先需要高的最大升力系数，高的最大升力系数可降低着陆动能，缩短着陆场长。

2）高阻力要求。适航规章要求飞机进场的最小坡度是 $-3.0°$，负值的存在使得升阻比与起飞状态相比就要低很多。当飞机重量一定时，进场所需要的最大升力就确定了，这就要求在着陆阶段尽可能地增加阻力，即降低升阻比。低升阻比可使飞机达到较大的进场着陆航迹角（约 $7°\sim9°$），以保证其机动性。

3）复飞考虑。为满足着陆复飞爬升梯度要求，升阻比又不可太小。

在增升装置着陆构型的选择中，最大升力系数占压倒性地位。为提高最大升力系数而产生的阻力不但是可接受的，而且通常是有利的，但是也要考虑到复飞情形下发动机的可用推力和增升装置部分收回的影响。着陆构型的高阻力要求与复飞爬升所需的高升阻比要求是冲突的，因此也要考虑将阻力限制在一定水平。

2.3.4.2　操纵品质考虑

增升装置需要在满足提供高升力性能的同时满足飞机操纵品质的要求。下面从飞机进近姿态、横滚品质和配平三个方面进行简要阐述：

1）进近姿态。飞行员的视野随飞机迎角的增大而减小，如果进近姿态迎角过大，就会缩小飞行员的能见范围，危及进近状态下的飞行安全，为此增升装置设计初期应充分协同平衡升阻比、迎角和进近状态下飞行员能见范围之间的边界，以达到飞行品质最优。

2）对横滚品质的影响。对于增升装置的所有构型，在最大升力条件下遇到机翼表面气流分离时，必须保证飞机具有可接受的控制能力。因此，在大迎角飞行条件下，外侧机翼区域范围不允许有气流分离现象，否则将会产生一个附加的俯仰力矩，损失部分横滚效率。俯仰力矩的存在甚至有可能引起飞机抬头，产生更严重的气流分离，最终发生不可控制的行为。一般来说，为了保持副翼的横滚效率，外侧机翼对防止失速的要求更高。前缘增升装置的设计要考虑到内侧机翼发生气流分离失速时，外侧机翼仍保持附面层流动状态，不影响副翼。

3）配平考虑。由于增升装置偏转所带来的低头力矩变化量，要靠平尾向上偏转产生的抬头力矩增量来平衡，而平尾上偏产生的负的升力增量又部分地抵消了由增升装置偏转所带来的升力增量，这个升力增量的损失是相当可观的。因此，在增升装置的设计中应使增升装置偏转产生的低头力矩变化量尽可能地小。

2.3.4.3　结构复杂性考虑

增升装置及其运动机构的结构复杂性对整架飞机的重量和成本有显著影响，因此在飞机设计中占有非常重要的地位。三开缝襟翼可提供非常良好的升力特性，但是其主襟翼通常要采用滑轨式运动支撑机构，前襟翼和后襟翼也各自需要一套支撑结构和顺序运动机构，整套结构存在结构非常复杂、零件数量多、重量大、制造工艺难度高、维护强度大和经济成本高的问题,并且使系统的可靠性变差。

增升装置的选型应尽量考虑结构复杂性较低的方案,如单开缝襟翼,尽管其空气动力学性能较差,但这可以从重量和成本优势等其他方面为飞机带来总体上的收益。据分析,对于像 B777 一样尺寸的飞机,如果将后缘襟翼从弯曲轨道支撑的主-后型双开缝襟翼改为连杆/轨道支撑的单开缝襟翼,质量将减少 2 291 kg(5 050 lb),其中襟翼 60%,运动机构减少 40%[1,4]。

增升装置及其运动机构的发展经历了从简单到复杂,再从复杂回归简单的演变过程,现代先进飞机越来越青睐于简单而且有效的方案,见表 2-2。所谓"简单"是指采用简单的结构和直接的实现方式,以提高可靠性和可维护性,减少零件数量和重量,降低制造成本;所谓"有效"是指在采用简单结构的前提下,通过采用先进技术,如扰流板下偏控制等,最大限度地提高飞机的最大升力系数等性能。

表 2-2　典型飞机的增升装置及其运动机构形式[1]

飞机型号	前缘装置	前缘装置运动机构	后缘装置	后缘装置运动机构
B707	(内侧)克鲁格襟翼	铰链	子翼/主翼双缝襟翼	圆弧滑轨
	(外侧)前缘缝翼			
B727	(内侧)圆头克鲁格	四连杆	三缝襟翼	钩形滑轨
	(外侧)前缘缝翼	圆弧轨道		
B737NG	(内侧)圆头克鲁格	四连杆	双缝襟翼	钩形滑轨
	(外侧)前缘缝翼	齿轮齿条		
B747	(内侧)圆头克鲁格	作动器	三缝襟翼	钩形滑轨
	(外侧)变弯度克鲁格	四连杆		
B757	前缘缝翼	齿轮齿条	主/后双缝襟翼	钩形滑轨
B767	前缘缝翼	齿轮齿条	(内侧)双缝	复杂四连杆
			(外侧)单缝	
B777	前缘缝翼	齿轮齿条	(内侧)双缝	倒置四连杆
			(外侧)单缝	
B787	前缘缝翼	齿轮齿条	单缝襟翼	简单铰链
A300	前缘缝翼	圆弧轨道/丝杠	主/后双缝襟翼	连杆滑轨
A310	前缘缝翼	圆弧轨道	(内侧)双缝	钩形滑轨
		丝杠	(外侧)单缝	
A320	前缘缝翼	齿轮齿条	单缝襟翼	连杆滑轨
A330 A340	(内侧)前缘缝翼 (外侧)前缘缝翼	圆弧轨道 齿轮齿条	单缝襟翼	连杆滑轨

续表

飞机型号	前缘装置	前缘装置运动机构	后缘装置	后缘装置运动机构
A350	(内侧)下垂前缘	铰链	单缝襟翼	简单铰链
	(外侧)前缘缝翼	齿轮齿条		
A380	(内侧)下垂前缘	铰链	单缝襟翼	连杆滑轨
	(外侧)前缘缝翼	齿轮齿条		

2.3.4.4　舒适性和环保性考虑

随着工业发展,能源短缺和环境污染问题越来越严重,在进行飞机设计时,不仅要考虑安全性、可靠性和经济性,还要考虑舒适性和环保性,其中飞机噪声问题是航空界普遍关注的问题。民机噪声方面适航取证的依据是联邦航空规章 FAR Part 36,它是飞机适航取证的强制性要求,必须遵守。从国外大型客机噪声统计数据来看,适航标准在逐级升高,越来越苛刻。2006 年以后执行的是第四阶段标准,要求噪声水平应比第三阶段低 10 dB,代表当前最高技术的 A380 飞机适航噪声比第四阶段限制低 18 dB,这为适航当局提高标准提供了参考,也给其他飞机制造商带来了挑战[1,7,19]。

一般来说,飞机噪声主要包括推进系统噪声和机体噪声,机体噪声则分为起落架噪声和增升装置噪声。大涵道比涡轮风扇发动机的使用,不仅使飞机的耗油率大大减小,而且也很大程度地降低了推进系统的噪声,再加上消声短舱等降低发动机噪声技术的应用,使得飞机机体噪声在整体噪声中所占比例日益增大;增升装置噪声逐渐占据了机体噪声中的主要部分,是飞机设计中实现降噪目标的核心。增升装置的设计不仅要考虑气动性能,还要将气动噪声作为设计要求加到气动设计中,进行飞机气动和噪声综合设计。

前缘缝翼的主要噪声源于缝翼尾缘、凹槽内部剪切层和流动再附区,这些区域湍动能的数值最大,压力脉动也最为强烈。后缘襟翼的侧缘产生强大的涡流,包括高频的小尺度不稳定涡流和低频的大尺度涡流,这两种不同尺度的涡流是后缘襟翼的主要噪声源。在增升装置的设计中,需要充分认识到噪声的产生原因和机理,寻求相应的降噪办法。经过证实的低噪声增升装置设计方法是在保证气动性能的前提下,尽量减小缝翼间隙量并增大重叠量,减小缝翼偏角,并采用合适的襟翼偏角。

2.4　增升装置运动机构要求

增升装置的运动通常需要借助一套复杂的运动机构来实现,运动机构的作用是操纵增升装置按预设轨迹运动,并将增升装置可靠地支撑在所要求的起飞、着陆和巡航构型位置上。对于后缘襟翼,理想的运动轨迹是初始展开时能提供较大的平动推出量,而在后期展开时具有较大的偏转角度(即作富勒运动)[7]。运动机构一般由支撑及作动单元组成。

2.4.1　支撑及作动单元的概念

每块增升装置的运动机构一般由 2～4 套沿翼展方向布置的支撑及作动单元组成(见图

2-12)。每套支撑及作动单元固连在机翼前梁或后梁上,并与增升装置相连接,形成对增升装置进行支撑、运动导向及作动的基本单元。支撑及作动单元决定了增升装置的运动轨迹及作动特性,并与系统的安全性密切相关。

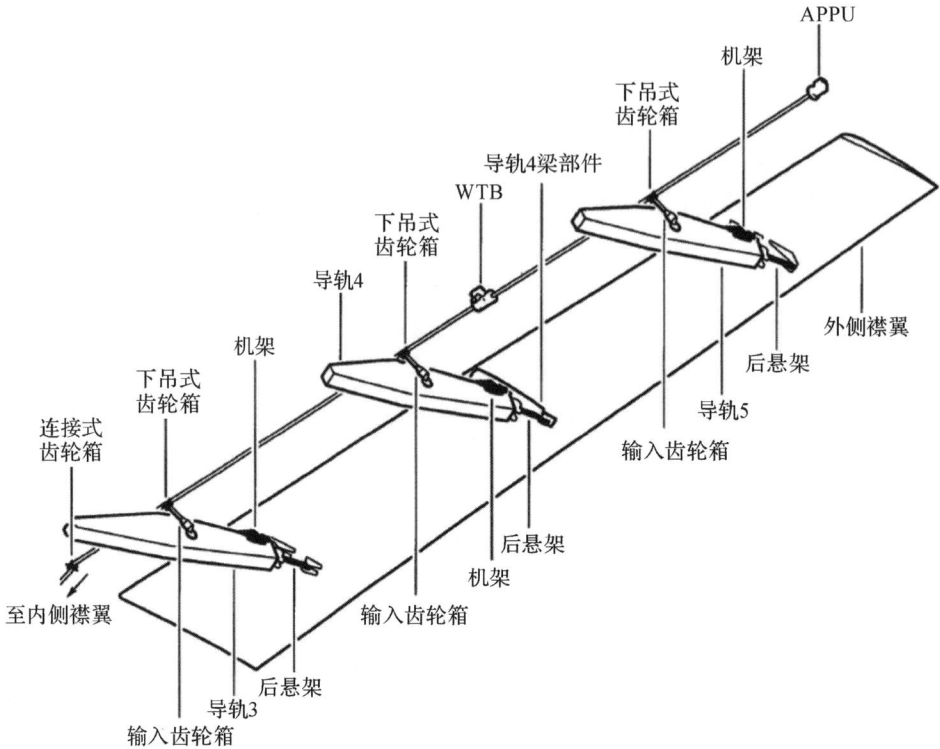

图 2 - 12 A - 340 飞机外侧襟翼及其运动机构

2.4.2 支撑及作动单元的基本类型

前缘增升装置的支撑及作动单元主要分为滑轨机构、铰链机构和连杆机构 3 种形式,分别应用在前缘缝翼、前缘下垂襟翼和克鲁格襟翼等不同类型的增升装置上。后缘增升装置的支撑及作动单元形式较多,可分为固定铰链式、轨道式、四连杆机构式、连杆/轨道混合式4 种[4,19-21]。

2.4.2.1 缝翼滑轨机构

现代大多数商用飞机的缝翼都采用圆弧滑轨机构,一般采用工字形横截面以抵抗气动载荷产生的弯矩。一般每根滑轨安装 4 个滑轮来承受垂直方向的载荷,其中下面的两个滑轮可以用来调整前缘缝翼与固定前缘之间的间隙,使其与导轨相匹配。每块缝翼通常有 2～4 个滑轨。由导轨凸缘边与安装在导轨翼肋上的滑轮承受支撑侧向载荷。在每一段缝翼上,通常只允许其中一个导轨承受侧向载荷[20]。

前缘缝翼的作动可通过液压作动筒、滚珠螺旋丝杠和齿轮旋转作动器等来实现。现代客机大多采用薄翼型的超临界机翼,机翼前缘内部容纳安装缝翼作动装置的空间有限,液压作动器和滚珠螺旋作动器等形式占用空间大,在现代客机上已基本不再应用。现代飞机最为流行的解决方案是通过齿轮旋转作动器和齿轮-齿条机构作动缝翼收放,B757、B767、B777、B787 和 A320/A321、A330/A340、A350、A380 等飞机均采用这种形式[7]。

　　齿轮-齿条装置由一段直径较大的扇形圆弧齿条和一个直径相对很小的齿轮组成。齿条固定在缝翼的滑轨上,滑轨与前缘缝翼相连。齿轮旋转作动器安装在机翼前缘的侧板上,其输出端与小齿轮通过花键连接。齿轮旋转作动器的突出优点是结构紧凑、功率重量比大,对狭窄的缝翼作动空间而言,齿轮旋转作动器是最为理想的选择[22]。

　　空客公司 A319/A320 和 A330/A340 的外侧缝翼采用齿轮-齿条机构作动[见图 2 - 13(a)],而内侧缝翼采用连杆机构作动[见图 2 - 13(b)],取消了小齿轮和扇形齿条,改善了维护性。

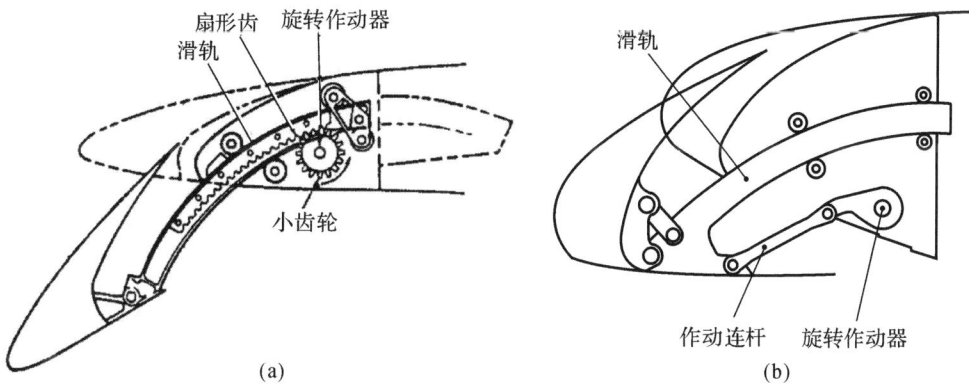

图 2 - 13　缝翼滑轨机构

(a)齿轮-齿条驱动缝翼;(b)连杆机构驱动缝翼

2.4.2.2　下沉铰链式襟翼运动机构

　　襟翼作单纯的偏转运动时,可以通过在机翼后梁处翼型内部或下方位置设置简单铰链来实现。简单襟翼的铰链通常安装在翼型内部接近襟翼翼型边缘的位置,由于转动半径很小,襟翼后退量有限,一般不能提供大、中型飞机起飞时所需的高升力和低阻力。

　　下沉铰链式襟翼运动机构的铰链位置远远低于下翼型表面,襟翼在偏转时向后运动,从而形成一个缝隙并且增加了机翼的有效面积(见图 2 - 14)。与简单襟翼相比,下沉式铰链襟翼运动机构显然提供了更大的空气动力效率。

　　下沉铰链式襟翼运动机构的空气动力效率主要取决于襟翼的偏转半径和角度两个参数。在起飞位置,要求阻力尽可能小,因此偏转角度受到限制,为了获得较高的升力系数,偏转半径就必须尽量大,这就导致这种机构的支撑梁和摇臂结构尺寸都很大,并且需要高度很高的整流罩包覆外形。在着陆位置,要求升力和阻力都尽可能大,襟翼只需偏转较大的角度,并保持合适的缝道就行,这时并不需要偏转半径尺寸大(大的偏转半径反倒是不利的,会造成缝道过大,破坏空气动力学特性)。最终设计结果以首先满足着陆构型、提供较低的进近速度为主,因此下沉铰链式襟翼运动机构牺牲了在起飞位置的空气动力学性能。襟翼采用固定导流片-主襟翼的双开缝形式,可以在很大程度上改善空气动力性能[7]。

下沉铰链式襟翼运动机构虽然在空气动力性能方面差一些,但是在结构上却最为简单,承载性能也好,因此具有可靠性高、重量轻、维护性好和成本低等优点。DC - 9/10、MD - 10/11、MD - 80/87/90、A - 400M、A350、B787 和 C17 等不少飞机采用这种结构。A - 400M、A350、B787 和 C-17 等先进飞机在收放襟翼时,扰流板也协同向下偏转,以精确调节缝道尺寸,达到更好的气动性能。

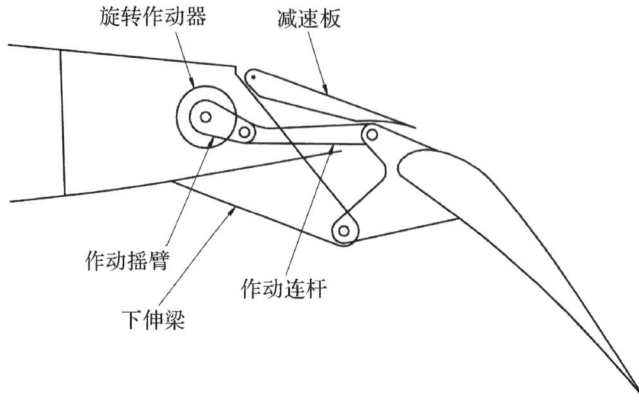

图 2 - 14　下沉铰链式襟翼运动机构

2.4.2.3　弯曲轨道式襟翼运动机构

B707 等早期飞机采用圆弧轨道型襟翼运动机构(见图 2 - 15)。圆弧轨道布置在飞机后梁内部和襟翼前缘之间,结构部分没有露出机翼包络面,因此不需要整流罩。

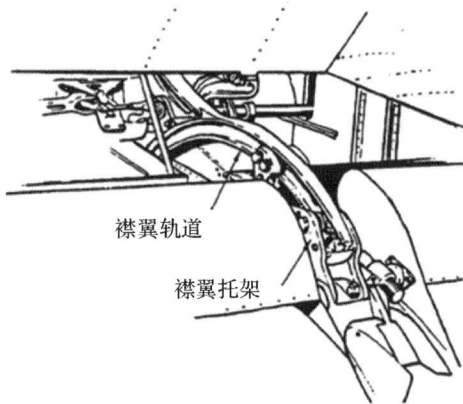

图 2 - 15　圆弧轨道型襟翼运动机构

与下沉铰链式襟翼运动机构一样,圆弧轨道式襟翼运动机构的运动形式也为绕定轴转动,但是其转动半径更大,因此襟翼在起飞位置的后退量也更大,提供的气动性能也更好。但是圆弧轨道型机构的结构比下沉铰链式机构更复杂。

为了达到更好的增升效果,B707 之后的很多飞机,如 B727、B737、B757、A310 和 BAe - 146 等采用了尾部呈钩状的弯曲轨道,如图 2 - 16 所示。这种弯曲轨道基本上由两段组成,起始段是略微向下倾斜的直线段,可使襟翼产生较大的后退量和较小的偏转角度,从而为起飞位置提供较大的升力系数和较高的升阻比;弯曲轨道的后段形状较为弯曲,主要使襟翼产生偏转运动,增加机翼构型的弯度,从而为着陆位置提供更大的升力系数和更大的阻力。钩状弯曲轨道式襟翼运动机构在竖直方向的高度尺寸不大,因此所需的整流罩深度较小,产生的阻力较低[7]。

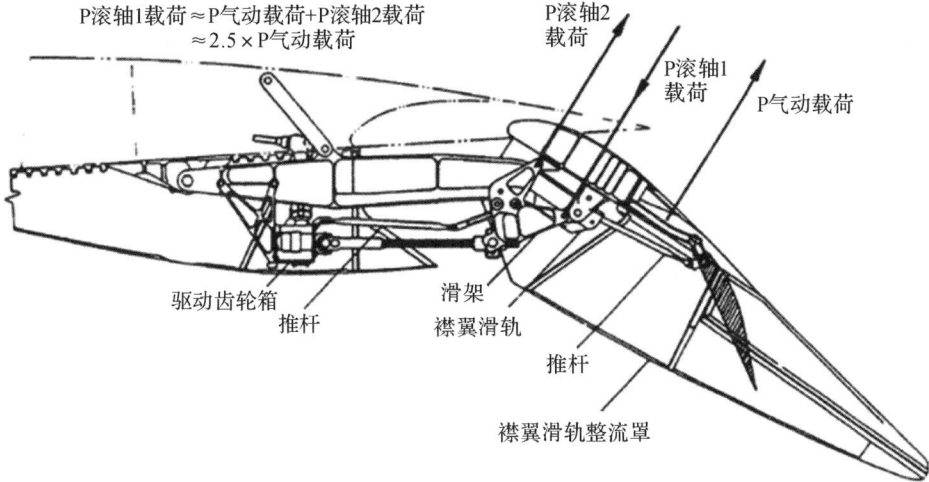

图 2 - 16　弯曲轨道式襟翼运动机构

可以看出,钩状弯曲轨道虽然可为飞机在起飞阶段和着陆阶段提供良好的低速性能,但是这种襟翼运动机构在结构上却非常复杂,受力状况也非常不利。图 2 - 16 所示的主-后型双开缝襟翼的气动压力作用中心点位于滑轮架较后的位置,由于前、后滚轮之间的距离相对较短,根据力和力矩的平衡关系,后滑轮的受力很大,因此钩状弯曲轨道式襟翼运动机构不但重量较重,而且滚轮和轨道之间的接触应力也很大,这就对运动副的耐磨损性能提出了严格要求,不但需要良好的润滑条件,而且可能需要对轨道进行定期翻新,大大增加了维护强度,也存在潜在的过度磨损和卡滞风险[7]。

2.4.2.4　连杆机构式襟翼运动机构

鉴于弯曲轨道式襟翼运动机构存在的不足,波音公司在 B747SP、B767 和 B777 飞机上采用了连杆机构式襟翼运动机构。连杆机构式襟翼运动机构取消了滑轨和滑轮架,以四连杆或多重连杆原理实现襟翼运动。与钩状弯曲轨道式襟翼运动机构相比,它克服了后者因存在高接触应力带来的相关问题,具有重量轻、可靠性高、维修性和经济性更好的优点;与下垂固定铰链式襟翼运动机构相比,其虽然在结构上更为复杂,但是可通过选择更多的几何参数来优化襟翼的起飞和着陆位置,同时使整流罩尺寸较小,因此可提供更好的气动性能。

B747SP 飞机的襟翼运动机构如图 2 - 17 所示。这是一种倒置式四连杆机构,两个摇臂上端固定在机翼后梁上,下端固定在襟翼上,襟翼的四连杆机构位于两个摇臂的下端。这种机构在襟翼小偏角时可提供较大的后退量,从而可在起飞位置获得较大的升阻比。当将这种机构布置在襟翼两端时,整套机构可完全埋在机翼翼型内,不需要整流罩,减小了飞机高速飞行和低速飞行的阻力。

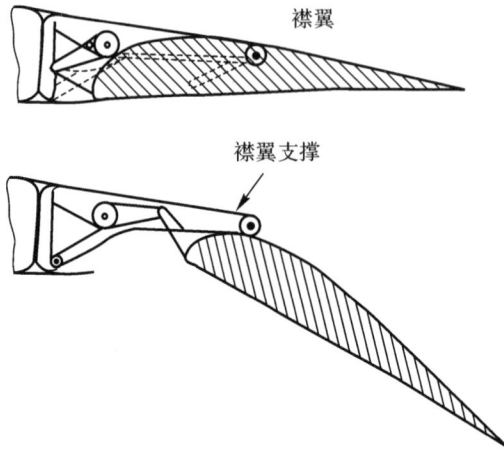

图 2-17　倒置式四连杆襟翼运动机构

B777 飞机的外侧襟翼运动机构采用了倒置-竖立式四连杆机构形式,在四连杆机构的编排方式上,将前一个摇臂倒置安放,后一个摇臂竖直放置,襟翼作为连杆与两个摇臂相连接(见图 2-18)。这种机构的特点与倒置四连杆机构相似,但是需要整流罩,整流罩的高度较大,长度较小。

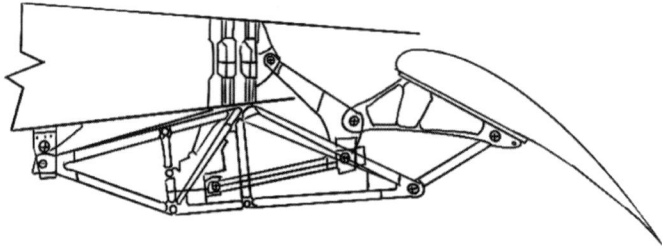

图 2-18　倒置-竖立式四连杆襟翼运动机构

B767 和 B777 飞机的内侧襟翼采用双开缝形式,由两段运动机构实现支撑和运动,其中外侧采用了更为复杂的多重四连杆机构,目的是在襟翼小偏角时能够提供更大后退量。B767 的运动机构如图 2-19 所示,这套复杂杆系可以分解为两套四连杆机构,第一套四连杆控制活动梁的位置,第二套四连杆控制襟翼的运动轨迹。第二套四连杆属于倒置-竖立式四连杆机构形式,其后支点固定第一套四连杆机构的后梁伸出端。

复杂连杆机构式襟翼运动机构的缺点是结构复杂,杆系构件数量多,并且为了满足破损-安全要求,每根构件都要做成双重形式,又使构件数量翻倍,因此这种机构的制造和维护成本很高。

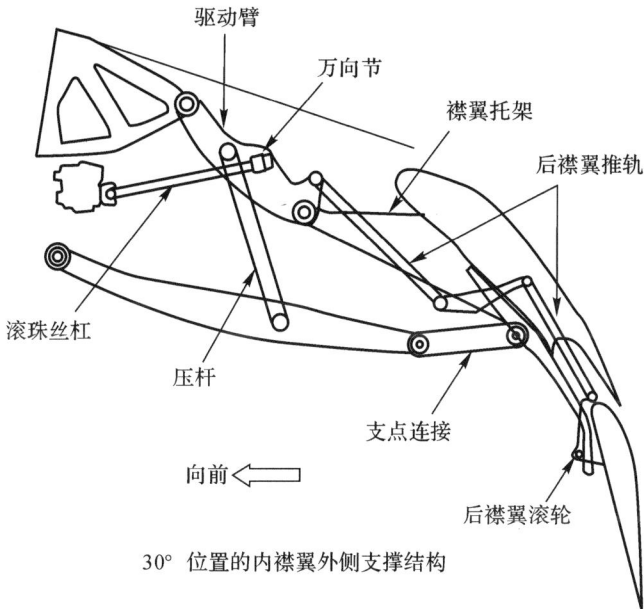

30° 位置的内襟翼外侧支撑结构

图 2 - 19　复合四连杆襟翼运动机构

2.4.2.5　连杆/轨道混合式襟翼运动机构

空客公司在其最初研制的 A300 和 A310 飞机上采用了弯曲轨道式襟翼运动机构,由于这种机构存在轨道接触应力大等难以克服的问题,此后就放弃了这种方案,而将连杆/轨道混合式襟翼运动机构作为重点方案考虑,在 A320 飞机上率先应用,并在后继的 A330/340 和 A380 飞机上继承和发展。

连杆/轨道混合式襟翼运动机构采用滑轨与连杆机构的混合形式,将弯曲轨道简化为直线轨道,并引入数量极少的连杆(通常为 1～2 根)。连杆的引入不再使气动载荷分配在两个相距较近且距离气动载荷作用点较远的前、后滚轮上,而是基本落在连杆与滑轮架之间,因此这种结构大大减小了滑轨的接触应力。

A320 飞机的襟翼运动机构如图 2 - 20(a)所示。作动摇臂铰接在机翼后梁上,由齿轮旋转作动器驱动,襟翼铰接在滑轮架上,并在结构上向前下方有一个伸出臂,伸出臂与作动摇臂相连。对于采用这种结构形式的单开缝襟翼而言,气动载荷作用点落在后梁铰接轴与滑轮架铰接轴连线之外一点。分析表明,滑轮架上 4 个滑轮大约承担气动载荷的 120%,与图 2 - 17 所示的弯曲轨道结构形式相比,其滑轮的负荷减少了 76%[7]。

与 A320 飞机不同的是,A340 飞机的连杆/轨道混合式机构采用了后连杆形式,即连杆铰接在支撑梁外端,将襟翼尾部支撑起来,如图 2 - 20(b)所示。分析表明,气动载荷作用点落在后梁铰接轴与滑轮架铰接轴连线之间靠近滑轮架的位置,滑轮架上 4 个滑轮大约承担气动载荷的 80%,与图 2 - 16 所示的弯曲轨道结构形式相比,滑轮的负荷减少了 84%[7]。

与弯曲轨道式襟翼运动机构相比,连杆/轨道混合式襟翼运动机构可以通过优化设计滑轨和连杆的几何参数,获得满意的襟翼运动轨迹,从而保持了前者具有良好气动特性的优点,这种机构的创新之处在于它以仅仅增加一两个连杆的较小代价,有效地克服了弯曲轨道式襟翼运动机构在耐磨损性能方面的先天不足。另外,相对于弯曲滑轨,直滑轨更便于制造,成本也降低了。

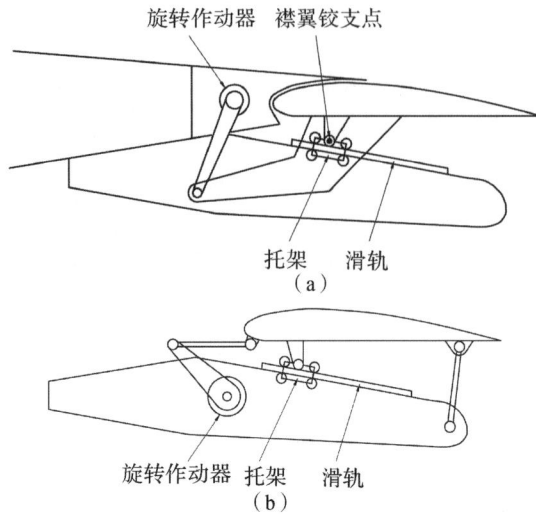

图 2 - 20　连杆/轨道混合式襟翼运动机构

(a)A319/320 飞机的襟翼作动机构;(b)A330/340 飞机的襟翼作动机构

2.4.3　增升装置的支撑架构要求

增升装置通常由 2~4 个支撑及作动单元组成的支撑系统实现其可靠支撑。支撑系统应满足空气动力容限、破损-安全及运动自由度等要求。

2.4.3.1　空气动力容限要求

增升装置的刚度要足够高,在一定的飞行条件所规定的设计载荷作用下不能偏转太大。飞机作特定的着陆、起飞和巡航飞行动作时,增升装置的实际位置相对设计规定位置的偏离不能超过最大容许值。增升装置的气动容限的情形如图 2 - 21 所示,这些数值限值通过空气动力分析给出。应根据这些最大容许值确定增升装置的结构弯曲刚度和扭转刚度,以及增升装置支撑系统的最小容许刚度[19]。

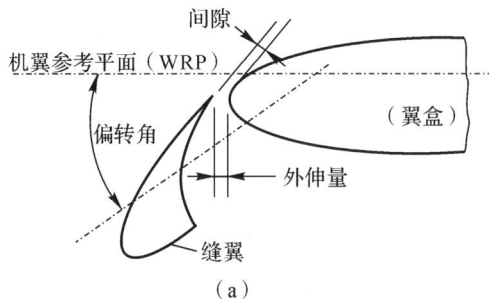

图 2 - 21　规定的空气动力容限各参数示意图

(a)前缘缝翼

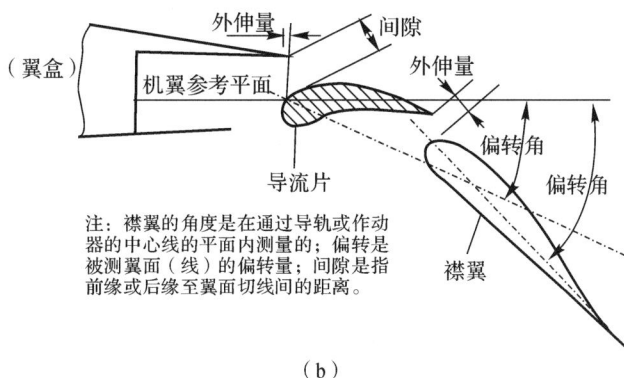

（b）

续图 2-21　规定的空气动力容限各参数示意图
（b）襟翼

增升装置沿翼展方向长度较长,每块增升装置至少有两套支撑及作动单元,以达到良好的气动效果,其位置通常设置在离增升装置端面 25％的展长处。根据增升装置的展长,有时可能需要额外设置一个或更多的支撑及作动单元来满足空气动力容限。

后缘襟翼支撑及作动单元的空间尺寸较大,通常情况下无法安装在翼型内,需安装在机翼下面,为了将阻力减至最小,支撑及作动单元应装在气动整流罩的内部。对于下单翼飞机,其内侧襟翼的内侧支撑及作动单元可放进机翼根部的整流罩(腹部整流罩)内,从而降低总阻力。

每块增升装置所需支撑及作动单元支撑的最终数量需要综合权衡空气动力容限、气动阻力、重量及破损-安全等因素确定。

2.4.3.2　破损-安全要求

如果飞机单侧丧失一块外侧襟翼,那么将会产生非常高的横滚力矩,依靠副翼也无法补偿,会直接影响飞行安全。如果飞机丧失一块内侧襟翼,通常可以通过主飞行控制系统处理,而不会直接影响飞行安全,但是内侧襟翼在脱落运动过程中有可能击中位于其后的水平尾翼,导致飞机发生不可控的俯仰运动,从而间接危及飞机的继续飞行和安全着陆。内侧缝翼或内侧前缘增升装置的丧失也会同样间接影响飞行安全[19]。

增升装置在结构制造上与机翼类似,属于冗余结构,因此一般不考虑因增升装置自身结构破损而脱离的故障。增升装置的支撑系统必须按照破损-安全准则设计,以保证增升装置不会从飞机上脱离[4]。

当一块增升装置采用两套支撑及作动单元时,每套单元及其与机翼和增升装置的连接必须按照破损-安全准则设计。每个严酷的结构元素必须设计成双套,比如背靠背而成的工字梁、并排连接的连杆和空芯连接销子内套一个实芯销子等。当一套结构元素失效后,剩余元素应仍能承受极限载荷。这种设计方法显然增加了成本和重量[4]。

当一块增升装置采用两套以上支撑及作动单元时,全套支撑系统本身就具有破损-安全特性,因此单套支撑及作动单元不必按照破损-安全准则进行设计。

2.4.3.3　静定系统要求

每块增升装置通常由 2～4 个支撑及作动单元构成的支撑系统保持在特定位置,每套作动单元通常有两处与增升装置连接,将作动器的位移视作固定不变,每块增升装置的支撑系统应为静定系统,即运动自由度为 0,这样才能保证增升装置被可靠地定位(见图 2-22)。由于一个静定系统理论上仅需要三个点,其余点都是多余的,因此连接点的连接方式要谨慎处理,避免出现过约束,即运动自由度为负数的情形[4]。

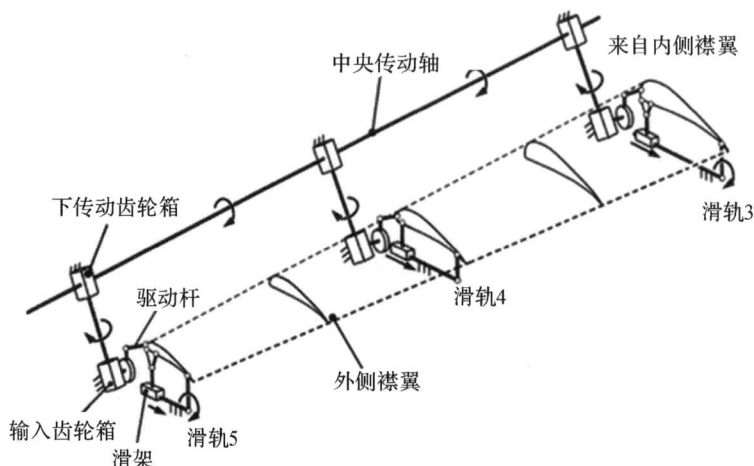

图 2-22　襟翼运动机构的约束情况示意图

如果支撑系统存在过约束,考虑到零件制造和安装误差、温度变化造成的结构尺寸变化、气动载荷造成的机翼和增升装置的弯曲变形和扭转变形等因素,系统内部构件可能会承受额外的因结构变形产生的过大应力,导致整套系统发生卡滞,使作动器无法驱动,甚至发生结构破坏现象。

图 2-23 是外侧缝翼滑轨运动机构的典型结构原理示意图,整套机构由两套沿翼展方向布置的圆弧滑轨型支撑及作动单元组成。靠近左侧的圆弧滑轨单元[见图 2-24(a)]采用固定铰接,是主支撑,沿展向没有位移,可承受缝翼的展向载荷;靠近右侧的圆弧滑轨单元[见图 2-24(b)]采用了活动连接,为从动支撑,在结构变形条件下可沿展向运动,不承受缝翼的展向载荷。这种连接方式保证了整套机构没有过约束现象[23]。

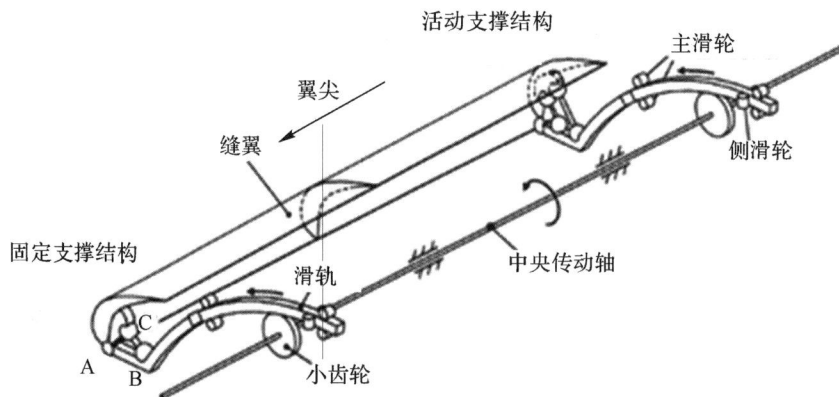

图 2-23　缝翼滑轨机构的约束情况示意图

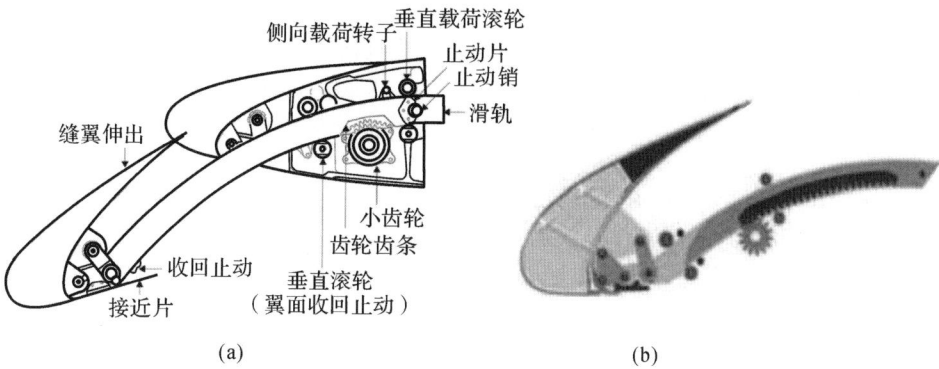

图 2‐24 缝翼滑轨机构结构示意图

（a）主滑轨；（b）从动滑轨

2.4.4 增升装置的作动架构要求

每块增升装置可由 1～3 个作动器驱动，作动构架的选择不但要考虑正常工作时 2～3 个作动器的运动不同步问题，还要考虑在一台作动器作动线路断开等故障情形下，系统要满足失效‐安全要求。

增升装置的运动由作动器实现，用于操纵增升装置收放的作动器通常有 3 种类型：液压作动器、滚珠螺旋作动器和齿轮旋转作动器。作动器及其运动几何参数的选择在很大程度上取决于支撑及作动单元的类型，同时也受到安装空间的影响和系统重量的限制。

2.4.4.1 可传扭结构和不可传扭机构

假定一块襟翼采用两套支撑及作动单元。对于襟翼做富勒运动的运动机构，例如弯曲滑轨式、连杆式和连杆/滑轨混合式运动机构，襟翼在初始展开时基本作平移运动，如果一套支撑及作动单元的作动线路发生断开故障，发生故障的这一侧襟翼就失去了操纵和定位作用，处于浮动状态，另外一套完好的支撑及作动单元无法顾及到故障一侧，如图 2‐25 所示。这种运动机构属于不可传扭结构。

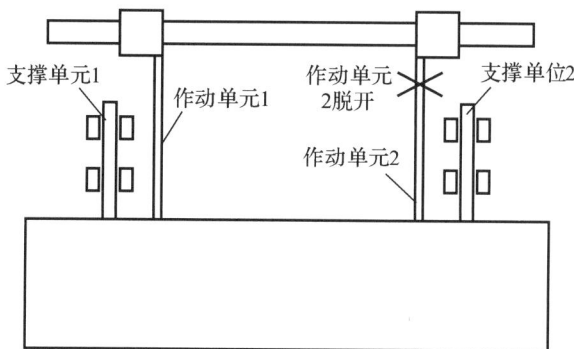

图 2‐25 不可传扭襟翼运动机构示意图

下沉铰链式等绕固定转轴偏转的铰链式运动机构的情形却不一样，当一套支撑及运动单元发生断开故障后,另一套完好的支撑及作动单元会通过翼面传递力矩,从而对故障一侧也起到操纵和定位作用,如图 2-26 所示。这类运动机构属于可传扭结构,缝翼滑轨机构也属于可传扭结构。

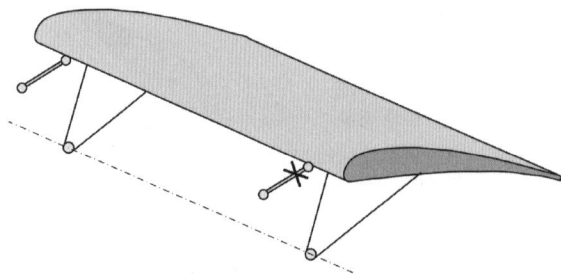

图 2-26 可传扭襟翼运动机构示意图

可传扭结构和不可传扭结构影响增升装置的作动架构选择。例如,对于可传扭结构的襟翼,可选择由两台液压作动器作动,当一台液压作动器断开失效后,只要将这台断开失效作动器两腔连通,另外一台液压作动器仍可驱动襟翼收放,系统仍具有工作能力;而对于不可传扭结构的襟翼,当一台作动器失效后,另一处作动器端必须通过无返回机构等方案将位置约束在一定范围内,一般情况下,系统不再继续工作。

2.4.4.2 故障-安全要求

按照适航规章 CCAR/FAR-25.671 的要求,当某块增升装置的作动线路(包括作动器)发生单点机械脱开或损坏故障时,该增升装置仍应被可靠地保持在原来位置。整块增升装置不能处于不可控的浮动状态,导致飞机发生不可控的横滚运动,也不能处于局部固定而局部浮动状态,使增升装置的空气动力学特性变得不可接受[24]。

对于采用两套支撑及作动单元和两台作动器形式的具有的增升装置,且具有不可传扭性质,为了满足上述故障-安全要求,可选择具有双载荷线路的作动器,或者采用内外襟翼交联机构等方案。

通常每块增升装置采用两台作动器作动,每台作动器都应有足够的强度,当一台作动器发生脱开故障时,要能够承受住整个增升装置的全部气动载荷。

为了尽量减少作动器的种类,提高飞机的经济性,同时也考虑作动器的安装空间不至于太大,作动线路的载荷不至于太高,一块增升装置也可考虑采用 3 台作动器。

2.4.4.3 翼面倾斜考虑

翼面倾斜是指单块增升装置在其支撑及作动单元处的位移量不相等,导致增升装置的一端比另外一端多运动一些。翼面倾斜通常由以下 3 种情形引起[25-27]:

1)一个支撑及作动单元中的作动器或作动器后端的滑轨卡阻。

2)一个支撑及作动单元中的作动器或连接作动器的驱动摇臂断开。

3)连接支撑及作动单元的传动轴断开。

通常高升力系统在每块增升装置的每个支撑及作动单元处设置线位移、角位移传感器和在内外翼面间通过钢索连接的位移传感器,通过比较各处位移量变化情况来检测是否发生了翼面倾斜故障。

对于第一种因卡阻故障引起的翼面倾斜,当一套作动单元卡住不动时,另一套作动单元则可能会在动力驱动装置的驱动下继续运动,使传动轴上的力矩攀升,由于传动轴具有一定的柔性,因此完好的作动单元会继续走过一段行程,使增升装置倾斜。高升力作动系统中一般都配有力矩限制器,当驱动力矩达到一定程度时,力矩限制器制动,从而将过度的驱动力矩传给飞机结构,保护卡阻处及其后端免遭破坏,但是必须谨慎评估此时的翼面倾斜门限,因为对于不可传扭运动机构,过度的翼面倾斜使支撑及作动单元结构遭到破坏,而对于可传扭运动机构,情况要好一些。

翼面倾斜保护功能的设置应考虑到以下几个方面:

1)传感器的位置设置和翼面倾斜门限值的确定要能够检测出来翼面倾斜故障。

2)翼面倾斜门限值的确定要考虑到故障载荷,应确保在实施保护前系统和结构未被损坏。

3)系统应有故障保护措施,满足故障-安全要求。

2.4.4.4　运动同步性要求

在增升装置作动架构设计过程中,应充分考虑和协调同一舵面交联的作动器的同步性设计,一般可通过作动器前后交联支撑站位、作动器运动速度等环节进行同步性调节,以保证其运动的同步性。

对于每块增升装置都由多个作动器驱动的运动机构,不但要考虑正常工作时多个作动器的运动不同步问题,还要分析翼面发生倾斜故障时,多个作动点位移不一致可能对飞机结构造成破坏。

在正常工作情况下,对于采用集中驱动架构的运动机构,虽然多个作动器在理论上存在力纷争现象,但由于传动系统柔性和间隙等因素的存在,基本可保证运动同步不受影响。对于采用分布式驱动架构的运动机构,要有运动同步保证措施,将多个作动器的力纷争控制在一定范围内。在翼面倾斜故障情况下,要根据结构完整性要求给出运动不同步要求。

2.5　增升装置运动控制要求

现代飞机的高升力控制系统通常采用机械同步作动的方式,即将左、右两侧同类增升装置的运动通过机械方式交联在一起,由一套位于中央的动力驱动装置驱动,以确保增升装置的同步运动。对于增升装置的运动控制,应考虑构型设置、功能、性能、安全性和可靠性等要求。

2.5.1　构型设置要求

增升装置的构型设置一般取决于飞机性能对空气动力学的要求,在起飞和着陆阶段,按飞行速度分段,增升装置相应地形成几个离散构型。每一个增升装置构型都对应不同的飞行速度允许范围,最低飞行速度取决于失速速度,最高飞行速度应根据结构承受气动载荷的能力而定。在增升装置的构型改变期间,飞行速度应保持在新旧构型设置的范围内。通常两个相邻构型的最小速度相差不高于10%,典型飞机的构型设置情况如图 2-27 所示。

由于前缘增升装置在伸出位置的构型增大了失速迎角,从飞行安全考虑,前缘增升装置和后缘增升装置的收放顺序应当不同。增升装置伸出时先偏转前缘增升装置,再偏转后缘增升装置,收回时先收后缘增升装置,再收前缘增升装置[15]。

构型	缝翼	襟翼
0	0°	0°
1	20°	0°
1+F	20°	17°
2	23°	22°
3	23°	29°
FULL	23°	34°

图 2-27　典型飞机的构型设置

2.5.2　功能要求

高升力系统的主要功能是对增升装置的构型进行伸出、收回的运动控制,并将其保持在规定的位置上,以满足飞机起飞和着陆等阶段的低速飞行需要。一般情况下,还应考虑在飞行速度、气动载荷、发动机功率、工作温度等不利因素的影响下,高升力系统能够以设定收放速率将增升装置收放至规定位置。高升力系统的功能一般被定义为以下四种:

1)人工控制:由驾驶员通过操纵驾驶台上的襟缝翼操纵手柄,操纵至设定挡位,用于选择、决定增升装置的构型。襟缝翼操纵手柄、襟/缝翼位置显示等驾驶员操作界面应满足适航规章的相关要求。

2)自动控制:修正、生成和传输驾驶员操纵指令,自动完成增升装置的不同构型控制。典型的自动控制功能包括襟翼载荷减缓、自动缝翼和襟/缝翼构型抑制等。

3)故障保护:当发生正常功能丧失、危及飞行安全类故障时,一般会采用保护操作,使系统满足故障-安全要求,如不对称保护、倾斜保护及超速保护等功能。

4)信号传递:将系统状态、位置信息和告警等信息通过总线或其他通信方式传递给飞行控制系统、航电系统等相关飞机系统。

2.5.3　性能要求

对增升装置的运动控制,应考虑在极端环境条件下满足以下基本性能要求:

1)载荷要求:高升力系统应能够在所有可能的气动载荷条件下保持并实现驱动增升装置。

2)时间要求:高升力系统对增升装置的伸出和收回控制,应在设定的时间内实现。

3)运动精度要求:增升装置所到达的每一个对应预设挡位的位置,必须在预定的精度范围内。

2.5.3.1　收放时间要求

增升装置的收放速率通常需要综合考虑以下方面的要求,权衡而定。

适航条款 CCAR/FAR - 25.697(c)规定,增升装置在人工控制或者是在自动控制方式下进行收放时,应考虑空速、发动机功率(推力)和飞机姿态处于定常或变化的条件下,增升装置的运动速率使飞机具有满意的飞行特性和性能[24]。如果增升装置收回过快,有可能会因升力不足而导致飞机下沉,因此通常要求增升装置从完全展开位置收回到巡航位置的时间不小于 15 s。

增升装置的位置运动改变了机翼的压力中心,这将导致飞机的俯仰力矩发生改变。随着增升装置的伸出,机翼面积和机翼弯度增大,机翼升力增加,俯仰力矩随之增大,这通常需要启动水平安定面进行纵向配平。如果增升装置位置运动过快,俯仰力矩和升力变化过程就较短,那么无疑会使飞机的操纵品质变差,另外,对水平安定面作动系统的驱动功率要求也变高了。

从增升装置控制角度来看,收放速率过大将会使其对飞机液压系统或电源系统的功率需求变大,导致飞机能源系统的重量增加,同时高升力系统自身的重量也会增大。

从飞行员、机械师的角度看,更希望增升装置在较短时间内到达其规定的目标位置,以免引起操作者较长时间关注,增加操纵人员的工作强度。

考虑到缝翼自动伸出等自动收放功能的响应要求,增升装置的收放也不能太慢。在进行初步设计时,收放速率通常先按经验值初步确定,然后通过多次迭代修改后再确定。通常增升装置从一个构型改变到另外的一个构型的时间为 4~8 s,从一个极限位置全偏到另一个极限位置的时间为 30~40 s。在这一时间内,飞行员可以补偿飞机构形变化引起的飞机配平变化。另外,这一偏转速度也受到驱动机构动力的限制[9]。

2.5.3.2　收放精度要求

高升力系统应将增升装置精确控制到规定的位置上,其位置精度应满足空气动力容限要求。

飞机作特定起飞、着陆等飞行动作时,高升力系统除实现增升装置预定位置控制外,还有收放精度要求,一般增升装置位置控制精度应在 $\pm 2°$ 范围内。飞机在巡航状态,增升装置一般应处于完全收回位置,如果增升装置与机翼没有完成贴合,形成一定结构尺寸的台阶和缝隙,就会产生一定的阻力增量,进而影响飞机的巡航性能[4,7],为此,增升装置在完全收回位置的精度要求要比在其他伸出位置的精度要求更为苛刻。

根据空气动力容限确定的增升装置位置控制精度一般包括机翼、增升装置、支撑结构和运动机构等的制造误差和安装误差、因载荷及温度等因素引起机翼机构的变形误差,以及高升力系统的运动控制误差等。

增升装置位置控制精度分配和传递时,应综合上述因素权衡分析后,再将控制精度分配和传递至各个环节。

2.5.3.3　动力考虑

高升力系统的设计应能考虑 CCAR/FAR-25 等适航规章所要求的单发失效进场、单发失效着陆和爬升的因素。伴随单发失效,相应的液压系统或电源系统会丧失动力供应能力。为了保证此种情形下仍能实现增升装置收放功能,高升力系统(含前缘增升装置和后缘增升装置)驱动系统的能源配置,通常会采用两套相互独立的动力源。经研究发现,一般增升装置驱动系统的能源配置采用 3 套相互独立的动力系统,以提高其任务可靠性。高升力系统的能源配置一般取决于丧失增升装置收放功能对飞机安全性和可靠性的要求。

值得注意的是,液压系统的能源由发动机驱动液压泵产生。在进近和着陆阶段,由于发动机在怠速下工作,所能提供的流量会比起飞阶段低得多。高升力系统具有短时大流量需求特点,如图 2-28 所示,液压系统所能提供的全部流量大部分会用于高升力系统。根据液压泵的输出特性,在液压系统大流量输出时,液压系统的压力往往会低于额定工作压力,进而影响为高升力系统实际提供的液压流量和压力。设计初期应关注并预留一定的裕度,以确保系统压力处于可接受的工作范围。

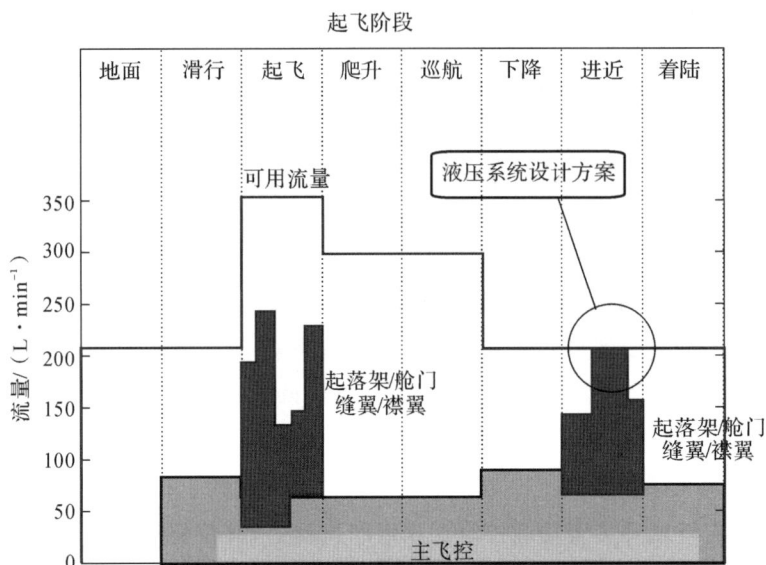

图 2-28 典型飞机的液压系统特性包线

适航规章 CCAR/FAR-25.671(d)要求:如果事实证明分析方法是可靠的,则可以通过分析来表明液压系统满足本要求。大型客机通常采用冲压空气涡轮(Ram Air Turbine , RAT),在所有发动机和电动力失效后,为其中一套液压系统提供必要的动力。由于 RAT 功率有限,此时要求高升力系统工作在功率限制模式下,即要求具备小流量需求,实现降速收放。

在不少飞机设计中,对于液压系统压力不足(如低于额定供油压力 2/3)的情况,一般会在液压系统中设置优先阀,或在高升力系统中设置压力保持阀,关闭襟翼系统的供油,优先供应主飞行控制系统,进而确保主飞控系统功能的实现。

2.5.3.4 载荷考虑

高升力系统的设计应考虑在所有可能的气动载荷条件下,将增升装置收放到规定构型位置上。作用在增升装置上的气动载荷主要取决于增升装置的位置(影响升力系数)和空速、飞行高度、温度(影响空气密度)及载重等参数。通常对于每一个增升装置构型都有一个最高空速限制,高升力系统最大驱动载荷的确定要考虑最大允许空速等因素。

高升力系统在驱动增升装置运动和将增升装置保持在规定位置上两种条件下所需考虑的气动载荷是不相同的。前者属于操纵载荷,后者属于把持载荷。在正常飞行情况下,增升装置必须能够在 V_F 速度下伸出和收回,其中 V_F 为设计襟翼速度。在复飞的情况下,适航规章 CCAR/FAR-25.697(d) 要求,飞机在低于 $V_F+9.0$ kn 的任一速度下以发动机最大连续功率(推力)作定常飞行时,高升系统必须能将操纵面从全展位置收起。为了确保操纵能力,通常还要考虑 $n=1.15$ 的载荷系数[24]。

为了将增升装置可靠地保持在规定位置上,增升装置及其运动控制系统必须能够承受最大静载荷而不产生过度变形。依据 CCAR/FAR 25.333 和 CCAR/FAR 25.345,最大静载荷发生在襟翼极限速度 V_F 下,载荷系数 $n=2.01$ 时(见图 2-29),并且必须设计成飞机经受对称机动和对称突风的影响时,其突风速度为 7.60 m/s。

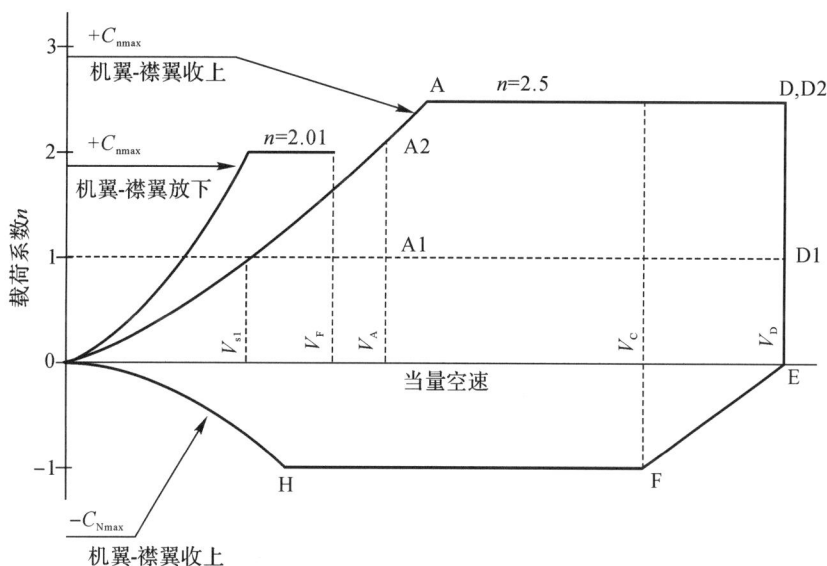

图 2-29　飞机载荷包线图

2.5.4　安全性和可靠性要求

2.5.4.1　飞行安全性要求

适航规章 CCAR/FAR-25.671(c)要求,必须通过分析、试验或两者兼用的方法来表明,在正常飞行包线内发生飞行操纵系统和操纵面(包括配平、升力、阻力和感觉系统)的下列任何一种故障或卡阻后,不需要特殊的驾驶技巧或体力,飞机仍能继续安全飞行和着陆。可能出现的功能不正常必须只对操纵系统的工作产生微小的影响,而且必须是驾驶员易于采取对策应对的。

1)除卡阻以外未表明是概率极小的任何单个故障(例如机械元件的脱开或损坏,或作动筒、操纵阀套和阀门一类液压组件的结构损坏);

2)除卡阻以外未表明是概率极小的故障的任意组合(例如双重电气系统或液压系统的故障,或任何单个损坏与任一可能的液压或电气故障的组合);

3)在起飞、爬升、巡航、正常转弯、下降和着陆过程中正常使用的操纵位置上的任何卡阻,除非这种卡阻被表明是概率极小的或是能够缓解的。若飞行操纵器件滑移到不利位置和随后发生卡阻的概率不是极小,则须考虑这种滑移和卡阻。

为了保证飞行安全,高升力控制系统必须满足以下三项要求:

（1）不对称收放要求：增升装置不得造成不可克服的滚转力矩的不对称收放，不对称收放的概率应低于 $10^{-9}/\text{FH}$。

增升装置的不对称收放由高升力系统传动线系中的传动轴断开故障引发，断开后与动力驱动装置脱离的部段处于随动状态，会在气动载荷的作用下高速偏转。左、右增升装置不对称收放的最大允许偏差由空气动力学特性确定，通常不超过 $5°$。考虑到制造误差、安装误差及安全裕度（一般应考虑高升力计算机处理运算、制动响应延时等）等因素，分配给高升力系统的不对称监测门限值要低一些，大约为增升装置全偏转角度的 5%。

（2）未按指令收放要求：增升装置不得在飞行中产生未按操纵指令的非预期收放运动，未按指令收放的概率应低于 $10^{-9}/\text{FH}$。

未按指令收放主要包括以下几种情形：

1）在错误的条件下运动。增升装置在飞行速度超出设计襟翼速度 V_F 范围条件下发生收回或伸出运动。如飞机高速飞行时，误将襟翼展开；再如飞机在大迎角飞行时，误将缝翼全部收回。

2）在错误的时间段运动。在没有提供运动指令的情形下，增升装置本应处于原位静止不动，而实际上却产生了一定程度的收放偏移。

3）运动参数不正确。在控制系统发出运动指令时，增升装置的运动偏离预期位置，或者运动方向相反，或者到位停不住。

通常通过检测增升装置的实际位置与预期位置的偏差来判断系统是否发生未按指令收放的故障。有些失效模式会导致增升装置以非常快的速度收回，系统必须尽早检测到，并快速制动，因此检测未按指令收放的门限值通常较低，通常为增升装置全偏转角度的 1% 左右。

（3）故障-安全要求：增升装置在飞行中不能动作时，要保证飞机能够安全飞行。

高升力系统通常采用制动器将增升装置锁定在故障发生时的位置，不能可靠锁定增升装置位置的概率应低于 $10^{-9}/\text{FH}$。为了满足故障-安全要求，高升力系统中的制动器通常采用余度配置，并且制动器多采用断电/失压-制动的工作模式。

2.5.4.2 结构完整性要求

结构完整性是指增升装置及其控制系统的设计应考虑在最不利的载荷条件下保持结构完整，自身不发生结构损坏，也不使飞机结构和其他系统发生损坏。

为了满足结构完整性要求，高升力系统通常在每台作动器处设置力矩限制器，当增升装置的运动滑轨等处发生卡阻故障时，可保护处于力矩限制器下游的机械系统及飞机结构免受过大载荷而损坏。

当传动轴发生断开故障时，由于其高速旋转并且端头不受限制约束，不平衡力引起的摆动会打坏邻近系统或结构，因此有时需要采用防摆装置来限制其作用范围，如图 2-30 所示。

2.5.4.3 功能可靠性要求

前缘增升装置和后缘增升装置通常采用相互独立的动力驱动装置。这种架构不但可以最大限度地提高增升装置的气动效率，也增加了飞行安全性。襟翼出故障时可以利用缝翼，或者相反,缝翼出故障时襟翼可以偏转到某一中间的着陆角度。另外,动力驱动装置一般都采用双套动力驱动,任何一套动力发生故障时,可以由另一套完好的动力来收放增升装置。这种方式提高了增升装置收放的工作可靠性。

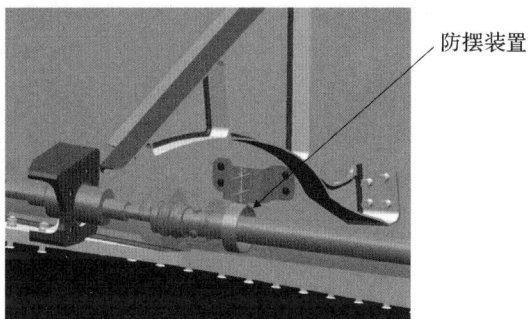

防摆装置

图 2 - 30　扭力杆防摆装置

如果高升力系统发生多次故障,导致增升装置不能收放,飞机就有可能在机翼处于平滑状态着陆。增升装置收放功能失效概率的要求取决于飞机是否能在襟翼收回、机翼处于平滑形态下安全飞行,一般客机的设计应满足此要求,但是在此种情形着陆时将导致着陆速度增加,要求机组人员有较高的技巧,并且要求有较长的跑道,对着陆重量也有限制。

一般大型客机对于高升力系统主要功能的可靠性要求如下:前缘增升装置或后缘增升装置不能收放的概率不超过 $10^{-4}/\mathrm{FH}$;前缘增升装置和后缘增升装置都不能收放的概率不超过 $10^{-6}/\mathrm{FH}$;提供给驾驶员的增升装置位置显示不正确的概率不超过 $10^{-9}/\mathrm{FH}$。

如果在着陆阶段不能伸出增升装置,驾驶员可采取应急着陆处置措施安全着陆,然而如果此时位置显示出现错误,则有可能误导驾驶员按正常惯例着陆,从而引发灾难性事故。

为了提高增升装置的工作可靠性,国外一些研究机构提出一种对飞机的后缘襟翼采用分组驱动的构架。左、右两侧的外襟翼和内襟翼分别采用两套机械线系通过机械方式交联在一起,各自采用一台动力驱动装置,如图 2 - 31 所示。

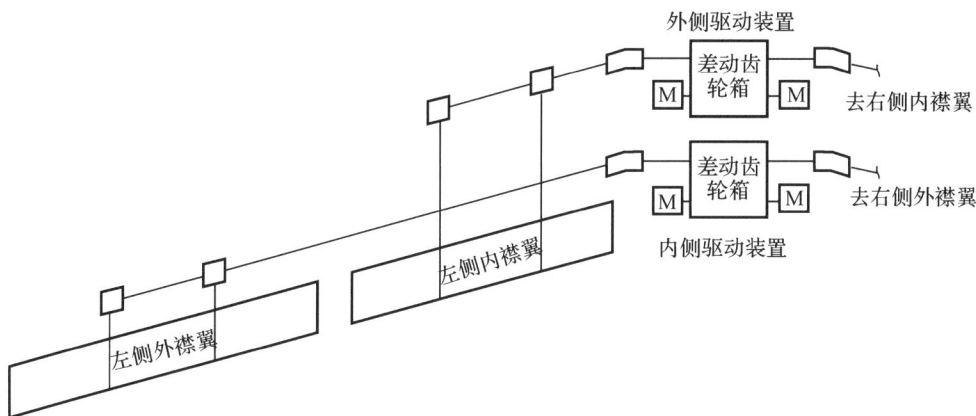

外侧驱动装置

差动齿轮箱　　M　　M　　去右侧内襟翼

差动齿轮箱　　M　　M　　去右侧外襟翼

内侧驱动装置

左侧内襟翼

左侧外襟翼

图 2 - 31　采用两台动力驱动装置的分组驱动架构

参 考 文 献

[1] 李丽雅. 大型飞机增升装置技术发展综述[J]. 航空科学技术，2015，26(5)：1-10.

[2] ANDERSON J. Aircraft performance and design[M]. New York：McGraw-Hill，1999.

[3] 刘永学. 空气动力学[M]. 北京：航空工业出版社，2019.

[4] RUDOLPH P. High-lift systems on commercial subsonic airliners[R]. [S. l.：s. n.]，1996.

[5] VAN DAM C P，SHAW S G，VANDER KAM J C，et al. Aero-mechanical design of high-lift systems[J]. Aircr Eng Aerosp Technol，1999，71(5)：436-443.

[6] 毛俊，陈迎春，李亚林. 民用飞机二维增升装置设计[J]. 民用飞机设计与研究，2009(3)：4-7.

[7] 张锡金. 飞机设计手册：第6册 气动设计[M]. 北京：航空工业出版社，2002.

[8] 程不时. 飞机设计手册：第5册 民用飞机总体设计[M]. 北京：航空工业出版社，2005.

[9] 比施根斯. 干线飞机空气动力学和飞行力学[M]. 孙荣科，译. 北京：航空工业出版社，1996.

[10] 比施根斯. 飞行动力学[M]. 安刚，译. 北京：国防工业出版社，2017.

[11] TORENBEEK E，WITTENBERG H，CALVERT S. Flight physics：essentials of aeronautical disciplines and technology，with historical notes[M]. Berlin：Springer，2009.

[12] KEHAYAS N. Propulsion system of jet-flapped subsonic civil transport aircraft design[J]. JAircr，2011，48(2)：697-702.

[13] VAN DAM C P. The aerodynamic design of multi-element high-lift systems for transport airplanes[J]. Prog Aerosp Sci，2002，38(2)：101-144.

[14] RECKZEH D. Aerodynamic design of airbus high-lift wings in a multidisciplinary environment[J]. European Congress on Computational Methods in Applied Sciences and Engineering，2004，2004：1-19.

[15] 李育，李欣. 大型运输机高升力控制机载计算机虚拟验证技术[C]//中国航空学会，2017年(第三届)中国航空科学技术大会论文集：下册. 西安：中航工业第一飞机设计研究院，2017：5.

[16] TORENBEEK E，WITTENBERG H. Flight physics：essentials of aeronautical disciplines and technology，with historical notes[M]. Dordrecht：Springer，2009.

[17] 奥波特. 运输类飞机的空气动力设计[M]. 顾诵芬，吴兴世，杨新军，译. 上海：上海交通大学出版社，2010.

[18] TORENBEEKK E. Synthesis of subsonic airplane design：an introduction to the preliminary design of subsonic general aviation and transport aircraft，with emphasis on layout，aerodynamic design，propulsion and performance[M]. Berlin：

Springer，2013.

[19] 牛春匀. 实用飞机结构工程设计[M]. 程小全，译. 北京：航空工业出版社，2008.

[20] 黄建国. 后缘襟翼运动型式的选择及其分析[J]. 民用飞机设计与研究，2009（3）：8－12.

[21] SUN G，XU K L，CHEN Y C. High-lift aerodynamics design for large civil aircraft infudan university[J]. Appl Mech Mater，2011，52/53/54：1382－1387.

[22] 黄建国. 现代飞机前缘缝翼作动装置：齿轮-齿条的设计技巧[J]. 民用飞机设计与研究，2013(2)：48－52.

[23] ZIERATH J，WOERNLE C，HEYDEN T. Elastic multibody models of transport aircraft high-lift mechanisms[J]. Journal of aircraft，2009，46(5)：1513－1524.

[24] 李家祥. 运输类飞机适航标准：CCAR－25－R3—2001 [S]. 北京：中国民用航空总局，2011.

[25] LERCH M，THIELECKE F. Concepts for a safety device in conventional track-linkage kinematics to prevent s in a single flap system[M]. Bonn：Deutsche Gesellschaft für Luft-und Raumfahrt-Lilienthal-Oberth eV，2017.

[26] RECKSIEK M. Advanced high lift system architecture with distributed electrical flap actuation[C]//Proceedings of the 2nd International Workshop on Aircraft System Technologies. Hamburg：Shaker Verlag，2009：49－59.

[27] BENISCHKE S，THIELECKE F. Evaluation of control strategies for single flap drive systems in multifunctional high lift systems[C]//SAE Technical Paper Series. 400 Commonwealth Drive，Warrendale，PA，United States：SAE International，2015.

第3章 高升力系统设计需求

3.1 概　　述

高升力系统的控制对象为增升装置,高升力系统构型和控制策略取决于增升装置的构型需求。不同的增升装置构型,其高升力系统构型也会有所不同。

本章从飞机级、交互系统级、自然环境、机械环境和电磁环境维度阐述了高升力系统的设计要求。

3.2　设计需求分析

需求是对产品必须符合的性能要求及设计约束的表述。在斯科特·杰克逊撰写的《商用飞机系统工程》中,定义的需求类型多达 25 种,但工程中使用的需求主要有三类:功能需求、性能需求及设计约束[1]。

设计需求是由利益相关方提出、产品必须满足的要求和约束的集合,一般综合表现为功能需求和性能需求两个方面。利益相关方是指对系统有明确需求或限制的领域或人员,对系统的设计、使用和维护提出各种需求和约束。每个利益相关方都将对系统提出一项或多项需求[2]。利益相关方与系统需求之间的关系如图 3-1 所示。

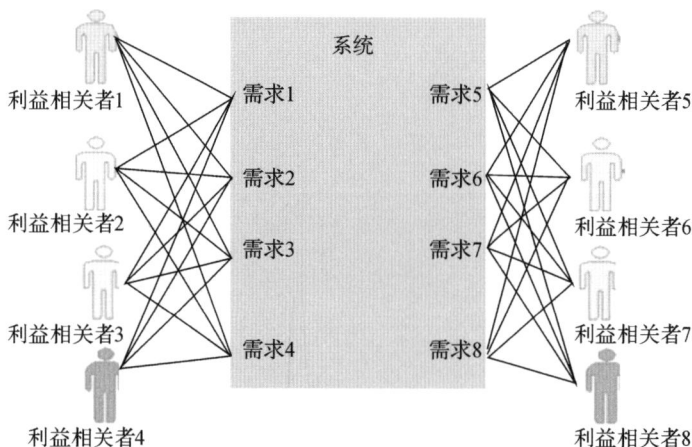

图 3-1　利益相关者与系统需求的关系

　　寻找利益相关方是一个动态、长期的过程，需要不断完善补充。高升力系统的利益相关方由飞机级利益相关方和交互系统级利益相关方两部分组成。飞机级利益相关方包括飞行员、地勤人员、飞机总体、飞机强度、飞机结构、通用质量特性和适航要求，交互系统利益相关方包括飞机的电气系统、液压系统、航电系统和主飞行控制系统，如图 3-2 所示。各利益相关方对高升力系统有着不同的需求和约束。

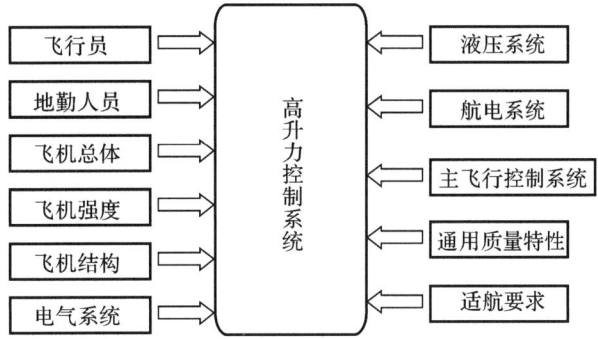

图 3-2　高升力系统利益相关者

　　高升力系统需求分析应完成系统利益相关方的辨识工作，通过建立高升力系统的使用场景，构建出系统利益相关方集合，汇总、分析各利益相关方对高升力系统的需求，识别、提取出系统的设计和使用边界，形成高升力系统利益相关方的需求图谱，如图 3-3 所示。

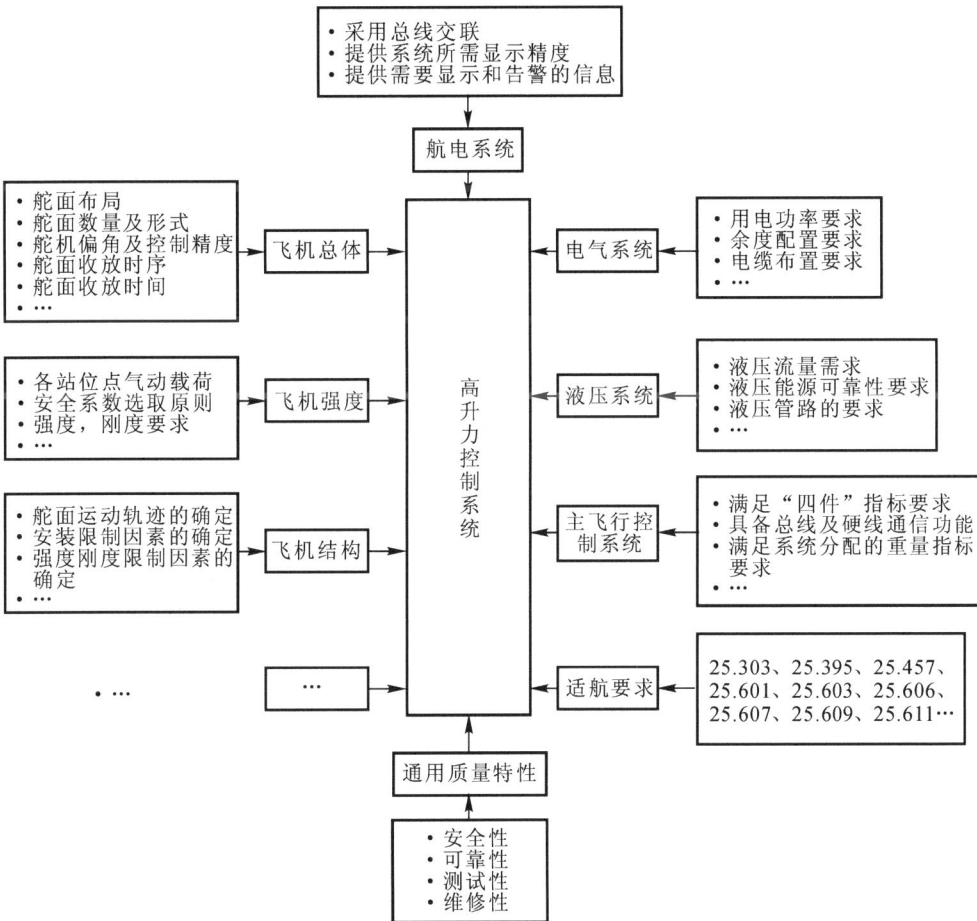

图 3-3　高升力系统利益相关方需求图谱

3.3 飞机级对高升力系统的需求

3.3.1 空勤人员需求

飞行员作为高升力系统的直接使用方,其需求主要集中在系统使用层面,包括系统使用的时机和条件、使用方法、故障表征与处置措施、人机功效等。

3.3.1.1 系统使用时机和条件

空勤人员需要明确知悉飞机典型任务剖面下高升力系统的使用时机和限制条件,包括工作剖面各阶段飞机构型的变化要求、舵面运动时序和时长、使用高度和标牌速度限制等信息。

起飞过程是指飞机从起飞跑道上的静止状态一直到飞机爬升到高于起飞机场 400 m的高度上,或者达到飞机具有巡航构型状态为止的某一高度。通常,起飞过程襟缝翼收放顺序如图 3-4 所示。

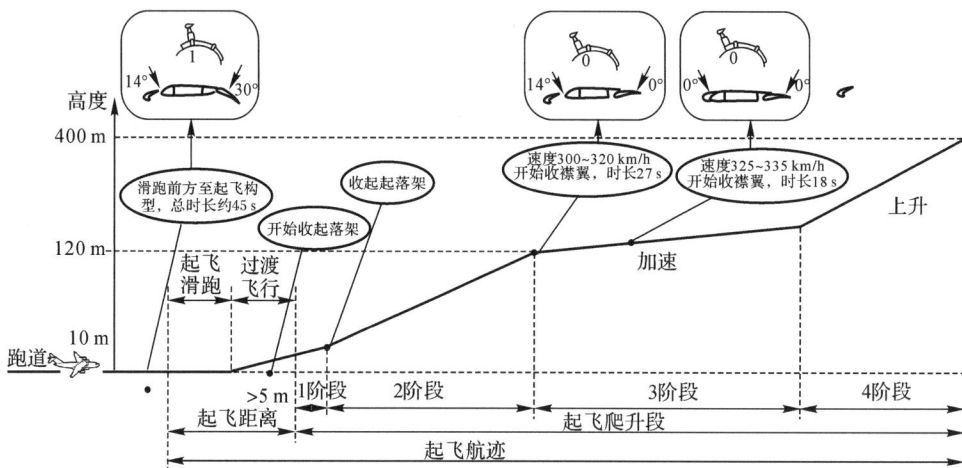

图 3-4 起飞过程襟缝翼收放顺序

着陆过程是指从放下起落架到飞机接地后滑跑停止,在此期间飞行员将飞机从巡航气动外形转变为着陆气动外形,经拉平、接地、制动到飞机停止滑跑或降到滑行可控速度。通常,着陆过程襟缝翼收放顺序如图 3-5 所示。

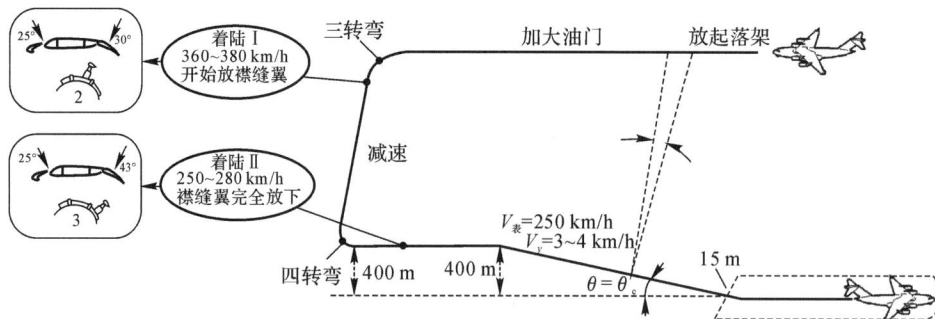

图 3-5 着陆过程襟缝翼使用需求

3.3.1.2　系统使用方法

空勤人员需要了解高升力系统的使用方法,包括如何开启和关闭系统动力源,如何使用人机交互界面的操纵器件,以及如何识别系统的状态信息等。安装在驾驶舱的多功能显示器用于显示高升力系统的当前状态,如图 3 - 6 所示。高升力系统通常分为正常、降级和故障三种工作模式,一般情况会采用不同颜色或状态来表达其所处的工作模式。

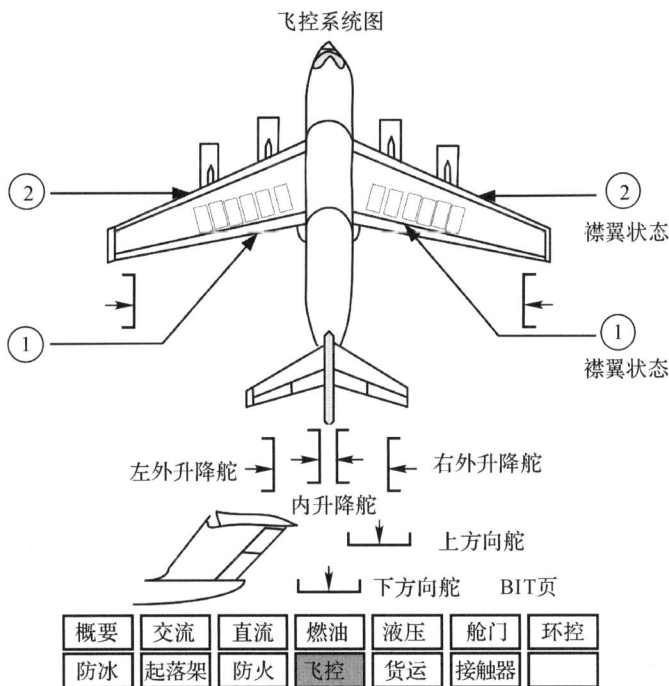

图 3 - 6　高升力系统状态显示

3.3.1.3　系统故障表征与处置措施

飞行员需要了解高升力系统的各种故障表征及对应的应急处置措施,包括系统告警信息的形式、级别和内容,告警后机组需采取的常规处置措施和应急处置措施。

高升力系统的告警内容一般会有表 3 - 1 所示内容。

表 3 - 1　高升力系统告警信息

序号	告警内容	告警对象	告警方式			告警级别
			声音	灯光	告警信息	
1	缝翼系统故障	飞行员	单谐音	主警戒灯	SLATS FAULT	警戒
2	襟翼系统故障		单谐音	主警戒灯	FLAPS FAULT	警戒
3	缝翼单通道工作		—	—	SLATS SLOW	提示
4	襟翼单通道工作		—	—	FLAPS SLOW	提示

序号	告警内容	告警对象	告警方式			告警级别
			声音	灯光	告警信息	
5	襟翼展开抑制		单谐音	主警戒灯	FLAP INHIBIT	警戒
6	缝翼收回抑制		单谐音	主警戒灯	SLAT AOA INHIBIT	警戒
7	襟翼保护功能失效	飞行员	—	—	FLAP PROT FAULT	信息
8	襟缝翼维护		—	—	HLS FLAP/SLAT MAINTENANCE	信息
9	缝翼降级		—	—	SLAT DEGRADED	信息
10	襟翼降级		—	—	FLAP DEGRADED	信息

通常飞机会根据飞机告警形式或级别制定常规处置措施和应急处置措施,每个飞机会存在一定的差异性。一般情况下,高升力系统发出告警提示音且主告警灯亮时,提示飞行员系统处于不可用状态,飞行员应谨慎驾驶。若飞机处于起飞结束阶段,则应控制飞机飞行速度,防止速度过大导致机翼结构破坏,并择机返航;若飞机处于着陆阶段,则应适当增加飞行速度及滑跑距离并利用发动机反推等实现飞机着陆。当 EICAS 显示告警信息时,高升力系统处于可用状态,但性能降低,应关注系统到位情况,无需特殊处置。如襟翼/缝翼降级,襟缝翼系统可正常收放,但收放速度会降低。

3.3.1.4 人机功效

飞行员对人机交互界面的形式和使用方法一般应通过使用评估确定,包括各种操纵器件的形状、安装位置、操作方法和操作感觉。以 ARJ - 21 飞机为例,襟翼手柄和超控控制板在机上布置的位置及形式如图 3-7 所示。

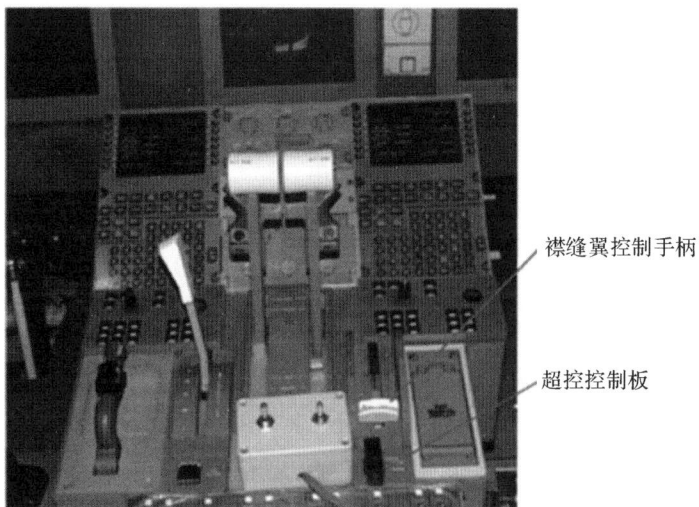

图 3-7 襟缝翼操纵手柄和超控控制板的机上布置示意

以 C919 飞机为例,其襟缝翼操纵手柄外形[3] 如图 3－8 所示。在手柄设计过程中,其提起力大小、运动摩擦力大小、外观字符显示等人机功效应获得飞行员的评估认可。

此外,空勤人员对收放襟缝翼过程中导致飞机构型变化而产生的瞬态影响也应是满意的或至少是接受的。

3.3.2 地勤人员需求

地勤人员需要明确知悉飞机地面使用条件,包括高升力系统的使用方法和维护方法,其需求主要集中在系统使用和维护层面,即系统地面使用条件、使用方法、系统故障后的表征及如何开展维护和保障。

图 3－8 襟缝翼操纵
手柄示意图

1)地面使用条件:包括高升力系统的使用条件和限制、外部自然环境条件、能源保障条件和交联系统状态等信息。

2)地面使用方法:包括高升力系统的使用方法、如何开启和关闭系统动力源、如何使用人机交互界面的操纵器件及如何识别系统状态信息。

3)故障表征与定位:包括高升力系统的各种故障表征及故障定位方法、系统告警信息的形式、级别和内容、故障信息读取和故障隔离等信息。

4)地面维护和保障:包括日常维护的周期、内容、方法和保障条件,系统维护通道的位置、使用方法和备件配比等信息。典型的高升力系统维护通道如图 3－9 所示。

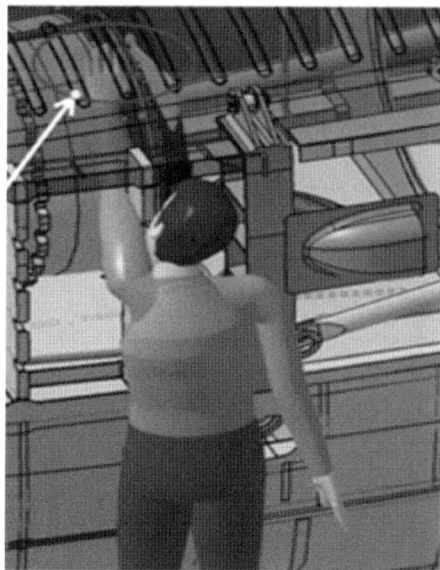

图 3－9 维护通道示意图

3.3.3 飞机总体需求

飞机总体对高升力系统的需求体现在飞机的总体气动特性和操纵性能上,一般包括飞机使用场景及构型定义、系统收放需求、增升装置气动布局和增升装置安装布置等。

3.3.3.1 使用场景及构型定义

飞机使用场景是指飞机在规定环境条件下完成规定任务的整体流程,也是高升力系统设计的顶层需求来源。通常,飞机使用场景分为滑出、起飞、航路、进场、着陆、滑入 6 个阶段,如图 3 - 10 所示。

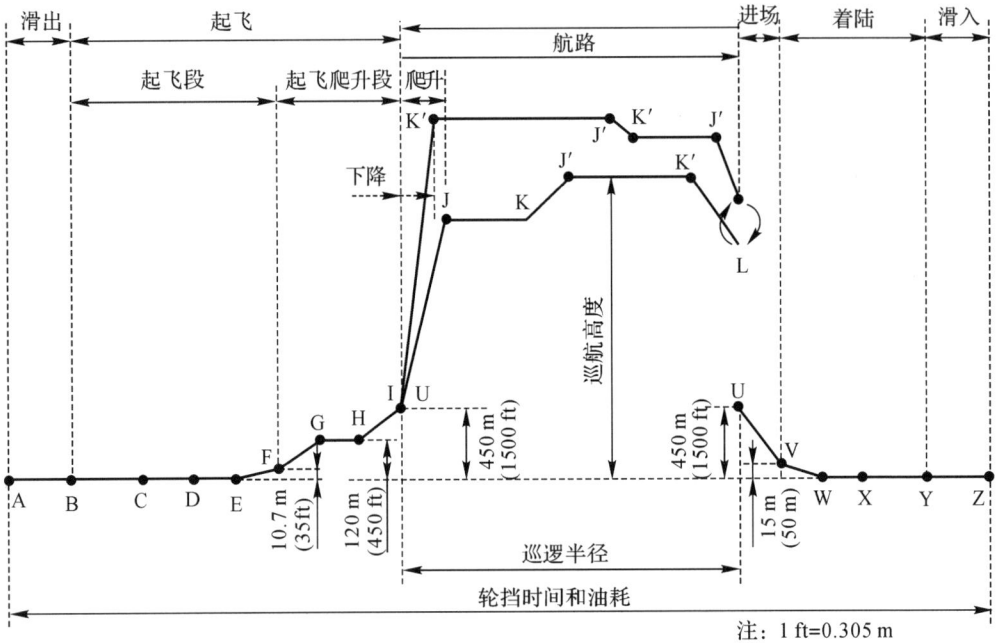

图 3 - 10　典型飞机任务使用场景

飞机构型定义是指在各使用场景对襟缝翼位置的具体要求。通常,飞机构型包括起飞构型、巡航构型、复飞构型、进场构型和着陆构型。运输类和轰炸类飞机还包含空投/空降构型[4]。

3.3.3.2 系统收放需求

系统收放需求包括系统的工作时序(一般指前缘缝翼和后缘襟翼的正常运动时序及系统故障后的运动时序)、收放时间(由巡航构型运动至各构型的时间及各构型相互转换的时间)和控制精度(各构型下舵面实际角度公差要求)等要求。通常,高升力系统按先伸出缝翼、缝翼到达目标位置后再伸出襟翼的逻辑实现前缘缝翼和后缘襟翼的依次交替伸出,如图 3 - 11 所示,其中横坐标为襟翼手柄挡位,纵坐标为前缘缝翼和后缘襟翼的角度和工作时序。

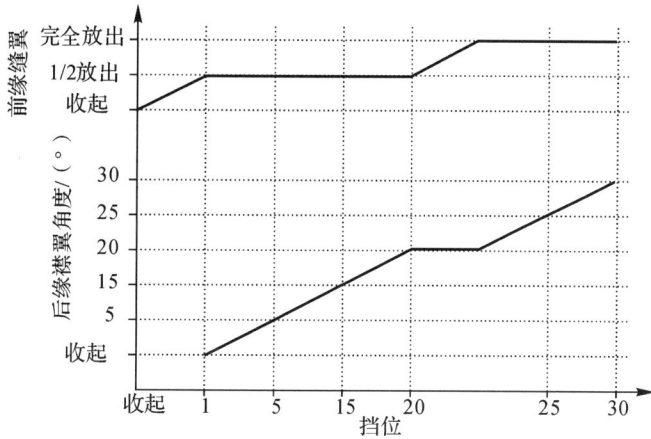

图 3 - 11 襟缝翼收放顺序示意

3.3.3.3 增升装置气动布局

增升装置气动布局需求包括增升装置采用的实现形式和增升舵面的数量两个方面。增升装置的形式是指飞机采用何种形式的增升装置。增升装置的数量是指飞机上增升装置总的数量，包括前缘缝翼的数量和后缘襟翼的数量。以 B727 - 200 飞机为例，机翼前缘单侧采用 4 块缝翼用于提高失速迎角，机翼内侧使用 1 块克鲁格襟翼增加机翼升力，后缘襟翼单侧采用 2 块后退式富勒襟翼，能够有效提高襟翼升力，具体如图 3 - 12 所示[5]。

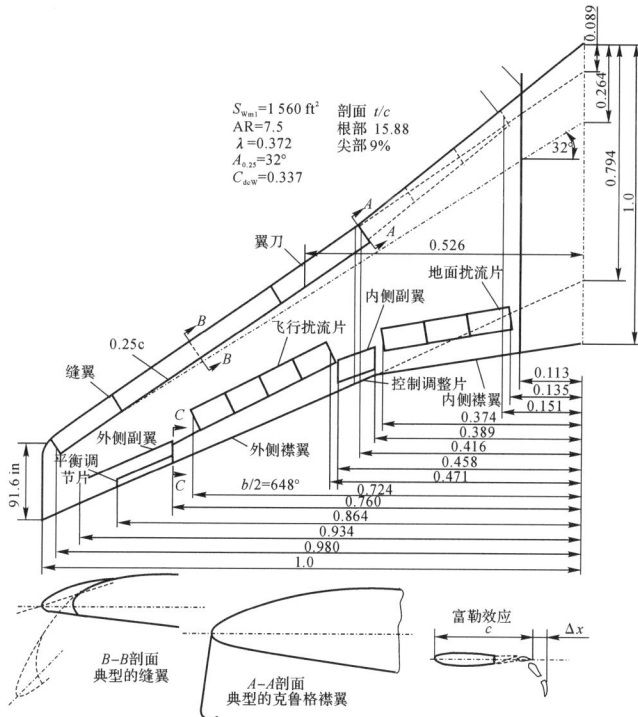

图 3 - 12 B727 - 200 飞机襟缝翼的气动布局示意

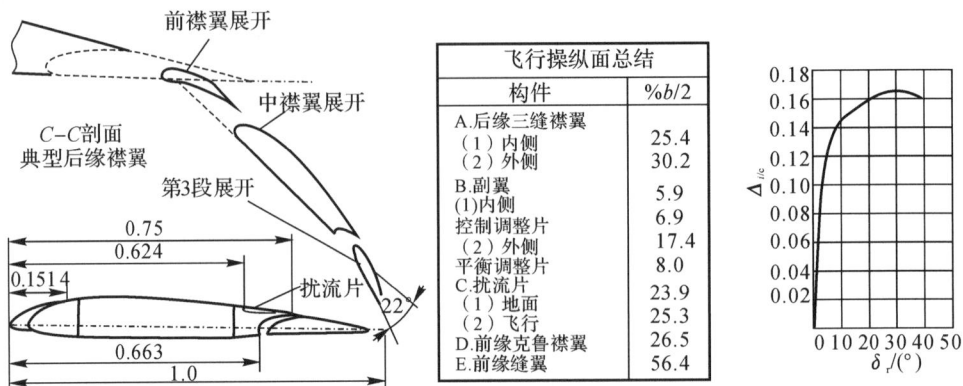

飞行操纵面总结	
构件	%b/2
A.后缘三缝襟翼	
（1）内侧	25.4
（2）外侧	30.2
B.副翼	
（1）内侧	5.9
控制调整片	6.9
（2）外侧	17.4
平衡调整片	8.0
C.扰流片	
（1）地面	23.9
（2）飞行	25.3
D.前缘克鲁襟翼	26.5
E.前缘缝翼	56.4

续图 3 – 12　B727 – 200 飞机襟缝翼的气动布局示意

3.3.3.4　增升装置安装布置需求

增升装置的安装布置受机上安装空间及物理安装条件的限制,增升装置在机上的布置安装只能在规定的可用空间范围内开展,是飞机总体对高升力系统布置的边界条件。

3.3.4　飞机强度需求

飞机强度对高升力系统的需求集中在各工况条件下增升装置承受的气动载荷、系统组件的强度和刚度上。

3.3.4.1　气动载荷要求

高升力系统应保证在各种工况下都能提供正常驱动增升装置的载荷,该载荷包括最大工作载荷、最小工作载荷、最大把持载荷和最小把持载荷;同时,高升力系统需确保在各种故障模式下能够承受最大故障载荷[6]。以前缘缝翼为例,各结构占位上的最大工作载荷有差异,且随缝翼角度改变而不同。前缘缝翼各结构占位上最大工作载荷与缝翼角度的对应关系如图 3 – 13 所示,其中横轴为缝翼偏转角度,纵轴为各滑轨占位的最大切向力。

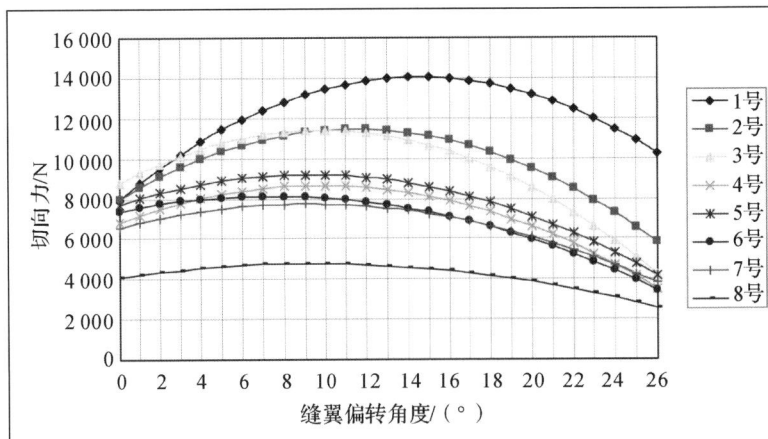

图 3 – 13　前缘缝翼各功率分流点上最大工作载荷和角度对应关系

3.3.4.2　安全系数要求

高升力系统设计过程中应选取一定的安全系数,如摩擦系数、铰链力矩系数和接头系数等都需要满足飞机强度的相关规范要求,确保高升力系统在可能出现的各种不利工况条件下都具有足够的安全余量。

3.3.4.3　强度和刚度要求

高升力系统中承载设备应满足限制载荷、极限工作载荷下的强度和刚度特性及飞机强度的相关规范要求,确保高升力系统各承载设备在可能出现的各种不利工况条件下都具有足够的强度和刚度安全余量[7]。通常,高升力系统各承载设备静强度设计要求为:在考虑最不利的工作环境影响下,限制载荷不得引起失稳或屈服,极限载荷引起的应力不得超过材料的许用应力。高升力系统各承载设备的刚度设计要求为:在限制载荷作用下,高升力系统各承载设备的弹性变形不得影响其正常工作,不能显著影响飞机的气动特性或妨碍飞机的机械操作,不得导致舵面与相邻结构之间产生物理干涉,载荷产生的弹性变形不得使高升力系统活动部分与相邻结构或设备之间的间隙减小到小于安全飞行的最小允许值。

3.3.4.4　疲劳载荷要求

高升力系统各承载设备在疲劳载荷作用下的损伤容限、疲劳安全系数等需满足飞机强度的相关规范,确保各承载设备在各疲劳载荷作用下具有足够的安全余量。

3.3.5　飞机结构需求

飞机结构对高升力系统的需求集中在增升装置空间运动轨迹、机械连接和故障载荷层面上。

3.3.5.1　增升装置运动轨迹结构要求

高升力系统能够驱动增升装置全行程范围内正常运动,包括初始位置和收放运动过程。图 3-14 所示为典型的富勒式襟翼运动轨迹,运动机构与固定结构通过下吊式变角减速器固连在一起,丝杠螺母以悬挂点为中心运动,带动襟翼按设计轨迹伸出或收回。

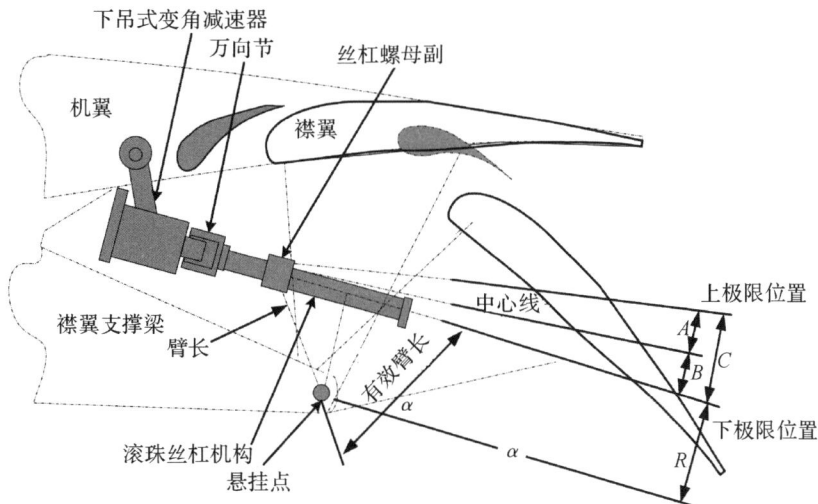

图 3-14　典型富勒式襟翼运动轨迹

3.3.5.2 机械连接结构要求

高升力系统各机载设备在结构安装时,应满足飞机结构相关的限制,如连接形式、连接点位置等。机械连接必须有可靠的防松措施,确保在各种可能遇到的振动环境中连接点不会出现机械松脱[8]、断裂等现象。

3.3.5.3 机械连接载荷要求

高升力系统中与结构有机械连接关系的各机载设备,其承载应满足飞机结构相关的约束限制。高升力系统对结构产生的载荷包括正常工作载荷、最大工作载荷、极限限制载荷和最大故障载荷。其中最大故障载荷不仅包含静态最大故障载荷,还要叠加运动机构在运动过程中产生的最大冲击载荷[7]。

3.3.6 飞机通用质量特性需求

飞机通用质量特性一般包括可靠性、维修性、测试性、保障性、安全性和环境适应性[9]。飞机通用质量特性中的每一项要求对高升力系统都有明确的需求定义和设计约束。

3.3.6.1 可靠性需求

可靠性是指产品在规定的条件和规定的时间内完成规定功能的能力。通常,可靠性对高升力系统的需求是通过检验系统及各机载设备的平均故障间隔时间(MTBF)是否满足飞机顶层需求而实现的。系统研发过程中,针对技术风险度较高的机载设备,可开展可靠性摸底试验和可靠性强化试验,寻找设计薄弱环节并加以改进。可靠性对高升力系统的要求为:高升力系统各机载设备、系统自身的平均故障间隔时间预计值、分配值及实际统计值满足型号顶层文件要求。

3.3.6.2 维修性需求

维修性是指产品在固定的条件下和规定的时间内,按规定的程序和方法进行维修时,保持或恢复到规定状态的能力。通常,维修性对高升力系统的需求是通过检验系统及各机载设备的平均修复时间(MTTR)是否满足飞机顶层需求而实现的。维修性对高升力系统的要求为:高升力系统各机载设备的平均修复时间预计值、分配值及实际统计值均满足型号顶层文件要求。

3.3.6.3 测试性需求

测试性是指产品能及时并准确地确定其状态(可工作、不可工作或性能下降)并隔离其内部故障的能力[10]。通常,高升力系统及其机载设备的测试性依赖自检测功能(BIT),包括上电机内自检测(PUBIT)、持续机内自检测(CBIT)、维护机内自检测(MBIT)以及启动机内自检测(IBIT)等。

机内自检测的性能监控和故障检测数据一般会存储在高升力系统的非易失存储器中。测试性对高升力系统及机载设备的要求包括:高升力系统及配套机载设备的故障整体检测率、仅使用 BIT 时的故障检测率、故障后定位到一个外场可更换单元(LRU)的隔离率、定位到两个 LRU 的隔离率和定位到三个 LRU 的隔离率均满足型号顶层文件要求。

3.3.6.4 保障性需求

综合保障性是指设备的设计特性和计划的保障资源满足平时设备完好性和战时利用率要求的能力[11]。通常,综合保障性对高升力系统的需求包括系统及机载设备预防性维修周期确认、装机件保障资源(保障设备、备件和消耗件、履历表、维修手册、图解零部件目录和培训教材)确认和人员培训总体规划等方面。高升力系统综合保障性要求一般包括:

1)高升力系统及各机载设备的预防性维修周期要与飞机预防性维修周期保持一致,是飞机定检周期的整数倍;

2)高升力系统及配套机载设备的承制单位需按飞机顶层设计要求,向用户交付一级保障设备和二级保障设备,确保高升力系统的用户能够完成对系统的正常使用和维护工作;

3)高升力系统配套机载设备的承制单位需按飞机顶层设计要求,向用户提供保证期内必需的消耗件;

4)高升力系统配套机载设备的承制单位需按系统设备清单随机载设备交付对应设备的履历本;

5)高升力系统及配套机载设备的承制单位需按飞机顶层设计要求,向用户交付使用资料,包括使用说明书、维修手册、维护规程、预防性维修大纲、故障分析手册、图解零部件目录和电路图册等;

6)高升力系统及配套机载设备的承制单位需按飞机顶层设计要求,开展系统及机载设备使用的培训工作,包括试飞机组培训、地勤人员培训和空勤人员培训。

3.3.6.5 安全性需求

安全性是指产品所具有的不会导致人员伤亡、系统毁坏、重大财产损失或不危及人员健康和环境的能力[12]。通常,安全性要求高升力系统及配套机载设备通过安全性设计、功能危害性评估(SFHA)、系统初步安全性评估(PSSA)、系统安全性评估(SSA)、共因分析(CCA)和故障模式及影响分析(FMEA)等安全性设计与评估措施,消除或有效控制系统或设备失效后带来的危险,提供能够满足系统安全性要求的定性结果和定量依据。对于民用飞机,飞机研制安全性要求规定:飞机 I 类故障发生概率不超过 1×10^{-9}/FH,II 类故障发生概率不超过 1×10^{-7}/FH,III 类故障发生概率不超过 1×10^{-5}/FH,IV 类故障发生概率不超过 1×10^{-3}/FH,V 类故障发生概率无要求[13]。结合飞机级 FHA 开展高升力系统故障模式及影响分析,以襟翼故障模式为例,捕获灾难级失效模式 4 条、危险级失效模式 5 条,如表 3-2 所示。

表 3-2 功能危害性评估摘要

序号	功能危险描述	阶段	危害等级	概率要求
1	空中左、右侧襟翼不对称收放超过限制	F1、F5	I	$\leqslant 1 \times 10^{-9}$/FH
2	起飞时左、右侧襟翼不对称收放超过限制	T1、T2	I	$\leqslant 1 \times 10^{-9}$/FH
3	非指令收放襟翼	T1、T2、F1-F6、L1、L2	I	$\leqslant 1 \times 10^{-9}$/FH
4	襟翼的单个操纵面倾斜超出规定值	T1、T2、F1、F5	I	$\leqslant 1 \times 10^{-9}$/FH

序号	功能危险描述	阶段	危害等级	概率要求
5	起飞时不能放下襟翼且无通告	T2	Ⅱ	$\leqslant 1 \times 10^{-7}/\mathrm{FH}$
6	降落时不能放下襟翼且无通告	F5	Ⅱ	$\leqslant 1 \times 10^{-7}/\mathrm{FH}$
7	降落时不能放下襟翼但有通告	F5	Ⅱ	$\leqslant 1 \times 10^{-7}/\mathrm{FH}$
8	起飞后襟翼无法收回且无通告	F1	Ⅱ	$\leqslant 1 \times 10^{-7}/\mathrm{FH}$
9	虚假的襟翼不对称收放告警	F1、F5	Ⅱ	$\leqslant 1 \times 10^{-7}/\mathrm{FH}$

注：T1—起飞 V1 前，T2—起飞 V1 后，F1—加速爬升，F2—爬升，F3—巡航，F4—下降，F5—进近，F6—突防，L1—着陆空中段，L2—着陆地面段。

3.3.7 适航性需求

适航性需求是由中国民用航空 CAAC 体系的相关法规条款规定的，涉及高升力系统的设计、生产制造和使用维护等方面。通常，运输类飞机需满足 CCAR-25-R4《运输类飞机适航标准》的要求，涉及到高升力系统需满足的适航条款包括：25.145d、25.303、25.305、25.307、25.395、25.405、25.457、25.561c、25.581、25.601、25.603、25.605、25.607、25.609、25.611、25.613、25.619、25.623、25.625、25.671、25.675、25.681、25.685、25.693、25.697、25.699、25.701、25.703、25.771、25.777、25.779a、25.781、25.853a、25.865、25.869a、25.899、25.1301、25.1309、25.1316、25.1317、25.1322、25.1353a、25.1357a、25.1360、25.1431、25.1541、25.1555、25.1701、25.1703、25.1705、25.1707、25.1709、25.1711、25.1713、25.1715、25.1717、25.1723 等。

以适航条款 CCAR/FAR-25.305——强度和变形[14]为例，描述如下：

(1)结构必须能够承受限制载荷而无有害的永久变形。在直到限制载荷的任何载荷作用下，变形不得妨害安全运行。

(2)结构必须能承受极限载荷至少 3 s 而不破坏，但是当用模拟真实载荷情况的动力试验来表明强度的符合性时，此 3 s 的限制不再适用。进行到极限载荷的静力试验必须包括加载引起的极限变位和极限变形。当采用分析方法来表明符合极限载荷强度要求时，必须表明符合下列三种情况之一：

1)变形的影响是不显著的；

2)在分析中已充分考虑所涉及的变形；

3)所用的方法和假设足以涉及这些变形影响。

(3)如果结构的柔度特性使在飞机运行情况中很可能出现的任一加载速率会产生比相应于静载荷的应力大得多的瞬态应力，则必须考虑这种加载速率的影响。

4)必须考虑飞机对于垂直和横向连续紊流的动态响应。除非表明有更合理的准则，否则必须使用本标准附录 G 连续突风设计准则来制定动态响应。

5)飞机必须设计成能承受在从直到 $V_\mathrm{D}/M_\mathrm{D}$ 的任何可能的运行条件下(包括失速和可能发生的无意中超出抖振包线边界)会发生的任何振动和抖振。这一点必须通过分析、飞行试验或中国民用航空局适航部门认为必要的其他试验进行验证。

6)除经证明为极不可能的情况外,飞机必须设计成能承受因飞行操纵系统的任何故障、失效或不利情况而引起的结构强迫振动。这些强迫振动必须视为限制载荷,并必须在直到 V_C/M_C 的各种空速下进行研究。

根据适航条款 CCAR/FAR-25.305 要求,高升力系统各机载设备、自制件在设备设计过程中必须预留足够的安全系数,确保产品在最大工作载荷条件下不会产生塑性变形。机载设备和自制件在极限载荷作用下,至少 3 s 不会出现结构破坏;同时还需要考虑各种不利工况条件下故障载荷可能引起的强迫振动问题。

3.4　交互系统级对高升力系统的需求

3.4.1　电气系统需求

电气系统是高升力系统的能源供应方,提供高升力系统所需的电源。电气系统对高升力系统的需求主要集中在电源配置层面,包括电连接器选取、用电类型、功率需求、余度需求及机上电缆布置需求等。

3.4.1.1　电连接器选取

电连接器用于实现系统机载设备与电缆之间、电缆与电缆之间在分离面上的电气对接,直接关系到电信号传输的质量和稳定性。高升力系统一般会选用满足 GJB 599A—1993 要求的电连接器[15]。电连接器选用时一般会建议优先选用带保险丝孔的系列 I 卡口连接防斜插型电连接器,机上安装时确保正确连接(系列 I 电连接器的连接机构里有一个掣爪,正确连接完成时能听到一声清晰的咔哒声)后,使用保险丝将插头和插座机械固接在一起,防止电连接器在振动环境下出现脱开。针对机上安装空间狭小的部位,电连接器可选用系列 III 三头自锁螺纹连接防斜插型电连接器。

3.4.1.2　用电类型

现有飞机供电类型一般分为 28 V DC 直流电和 115 V AC 交流电两种,其中 28 V DC 直流电一般会分为正常供电、应急供电和飞控蓄电池供电三种。115 V AC 交流电由发动机带动交流电机直接提供。高升力系统的用电类型不能超出机载供电系统能够提供的供电品质要求,并根据设备的重要程度选择供电余度配置,确保系统的可用性和安全性能够满足飞机级需求[16]。通常,高升力系统的襟缝翼控制计算机采用 28 V DC 正常供电和应急供电,系统内各传感器由襟缝翼控制计算机提供二次供电。襟缝翼动力驱动装置的能源形式不同,供电类型也不相同:液压式动力驱动装置一般使用 28 V DC 正常和应急供电控制伺服阀的通断,液主电备和电驱式动力驱动装置除使用 28 V DC 正常和应急供电作为控制用电外,还需要机上 115 V AC 三相交流电作为驱动能源。随着高压电驱技术的发展,一般会通过整流电源组件实现 115 V AC 到 135 V DC、270 V DC 甚至 540 V DC 的转换。

3.4.1.3　功率需求

高升力系统各机电类产品最大功率总和不得超过电气系统可提供的最大值,否则可能会由于电气系统的欠压、过流等故障导致高升力系统各机载设备无法正常工作。电气系统根据高升力系统各机电类机载设备的功率需求和使用时机进行用电功率的分配,并在相应的电气回路上设置专用保险开关,防止系统设备短路对飞机电网产生的冲击或损坏。

3.4.1.4 供电余度需求

高升力系统各用电设备供电余度既要满足该用电设备可靠性指标要求,也要考虑到供电系统可提供的余度数量。通常,高升力系统各用电设备采用二余度供电形式,确保单路供电失效条件下系统功能仍然完备(性能可下降)。通常,高升力系统的襟缝翼控制计算机、襟缝翼动力驱动装置采用二余度供电,如图 3 - 15 所示。

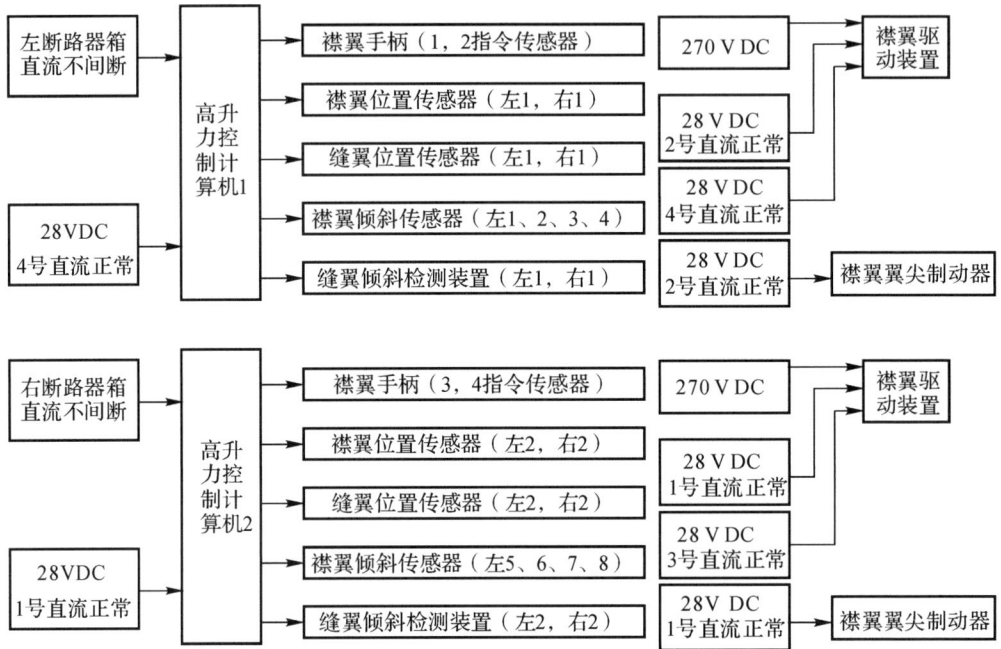

图 3 - 15 高升力系统与电气系统的交联关系

3.4.1.5 机上电缆布置需求

电缆布置应有足够的松弛度,以免线束和单根线受到张力。连接到移动或防震设备的电线应具有足够的长度,接线端子或连接器处的接线应有足够的松弛度,允许在不更换电线的情况下进行两次重新端接。

电缆布置必须远离高温设备和线缆,以防止绝缘劣化。将电线与电阻器、排气管、加热管道等高温设备分开,以防止绝缘击穿。

电缆布置和金属、易燃流体线路之间的电弧故障可能会刺破线路并导致火灾。为避免这种危险,通常会将电缆与含有氧气、油燃、液压油或酒精的管线和设备分开,电缆尽可能布置在这些线路和设备上方,至少间隔 6 in(1 in=2.54 cm)。

3.4.2　液压系统需求

通常,高升力系统的动力驱动装置采用液压式、液主电备式或液电混动式时,需要液压系统提供高升力系统必需的液压源,电驱式动力驱动装置不需要液压系统提供能源。

液压系统对高升力系统的需求主要集中在液压能源配置层面,包括液压管接头的选取、压力体制、功率需求、余度需求及机上液压管路布置需求[17]。

3.4.2.1　液压管接头选取

液压管接头用于实现系统机载设备与液压管之间、液压管路之间在分离面上的液压对接,直接关系到液压能源传输的质量,选择不当将导致液压系统出现"跑、冒、滴、漏"问题。高升力系统选用的液压管接头需满足液压系统相关顶层要求,回油管接头尺寸应大于进油管接头尺寸,且与液压管路相连接的机载设备在接口附近增加颜色标识,管接头连接处应有采用刻字、模冲、突起字母做出的清晰的、永久性的标记,如"进""回"等。为了便于将液压系统渗入的空气排出,回油管接头应处于液压设备装机状态的最高位置(或在最高位置处设置排气装置),管接头螺纹部分符合 HB 4-3-2002 要求[18]。

3.4.2.2　压力体制

飞机液压系统的压力体制一般是固定的,国内常用的压力体制包括 21 MPa 和 28 MPa 两种,国外也有采用 35 MPa 压力体制的飞机[17]。高升力系统各液压类机载设备的压力体制需和飞机保持一致,一般不在系统内进行压力转换。

3.4.2.3　功率需求

高升力系统各液压类设备的最大流量需求总和不得超过液压系统可提供的最大流量,否则将可能导致系统功能丧失和性能下降。如液压系统提供的流量已无法满足高升力系统的流量需求,考虑降低系统性能指标或更换系统能源形式。

3.4.2.4　液压余度需求

高升力系统各机载设备的液压余度配置需满足系统对该设备可靠性指标的要求,同时也要综合考虑飞机液压系统能够提供的裕度总量。飞机一般会配有 3 套液压系统,高升力系统使用液压源的设备一般采用 2 套液压系统供压,确保单套液压源失效后系统功能仍然完备(允许性能下降)。典型的液压式动力驱动装置和液压式翼尖制动器采用 2 套液压源供压,单套液压系统失效不影响设备的功能。

3.4.2.5　液压管路布置需求

高升力系统的液压管路布置需满足液压系统相关顶层要求,包括液压管的形式(软管/硬管)、液压管的直径选择、敷设路径、接头安装等。

以 A380 飞机高升力系统为例,高升力系统与液压系统的交联关系如图 3-16 所示[19]。缝翼动力驱动装置采用液主电备式动力驱动装置,当液压系统失效后可采用电驱动的方式确保缝翼能够伸出和收回;襟翼动力驱动装置采用液压式动力驱动装置,由 2 套独立的液压系统供压,单套液压系统失效后仍能保证襟翼的伸出和收回,但收放速度减半。

3.4.3 主飞行控制系统需求

通常,主飞行控制系统使用高升力系统提供的襟缝翼构型信号,实现飞机巡航构型或起降构型的三轴控制律调参,获取最优控制飞机姿态。高升力系统使用主飞行控制系统提供或转发的空速和轮载等信号,实现飞机的构型告警。先进民用飞机中,高升力系统接收主飞行控制系统发送的襟翼变弯度控制指令实现巡航状态下襟翼变弯度控制功能。襟翼构型与飞行控制系统滚转通道控制律的前向增益和反馈增益负相关,即襟翼构型增大后前向增益和反馈增益同步减小,如图 3 - 17 所示。

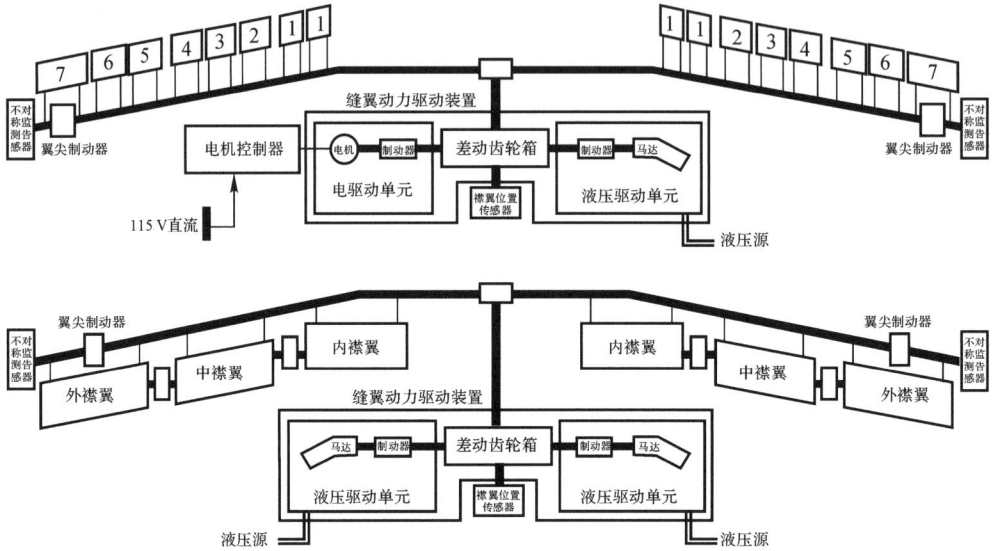

图 3 - 16 A380 飞机高升力系统与液压系统交联关系

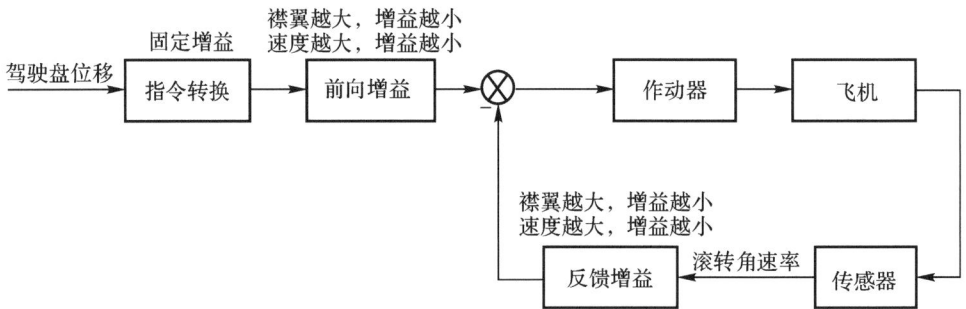

图 3 - 17 滚转通道控制律原理图

飞机进近着陆阶段,若主飞行控制系统获得飞机处于巡航构型的错误信息,飞机将因稳定性不足诱发横航向的飘摆或震荡现象,影响正常着陆;飞机巡航阶段,若主飞行控制系统得到飞机处于起降构型的错误信息,飞机将因机动性差而出现操作品质降低的问题。

高升力系统作为主飞行控制系统的信号源,与主飞行控制系统之间存在信号交联关系。主飞行控制系统需明确与高升力系统之间的信号交联关系,包括信号类型、交互接口、通信周期和信号内容等技术指标。通常,主飞行控制系统与高升力系统之间采用总线交联,主飞行控制系统的四余度飞控计算机(PFC)通过物理接口连接到四余度(如 GJB 289A《数字式时分制指令/响应型多路传输数据总线》)总线上,实现与二余度高升力控制计算机(FSECU)的总线通信。其中 PFC 作为总线控制器(BC),FSECU 作为远程终端(RT),具体如图 3-18 所示。

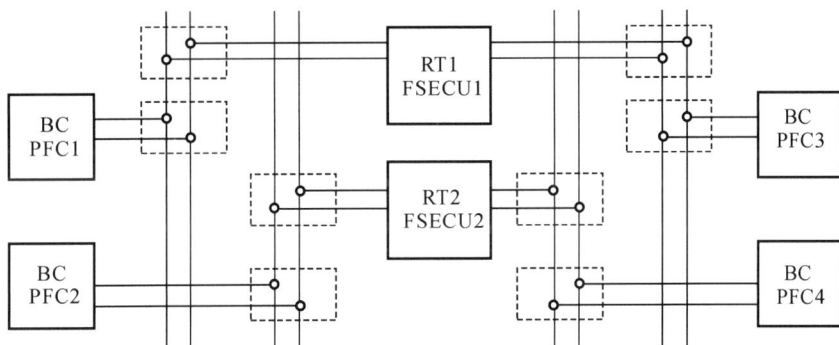

图 3-18　主飞行控制系统与高升力系统总线的交联关系

GJB 289A 总线信息数据量比较大,为充分利用总线带宽,合理分配数据传输周期速率,按照传输信息的数据量、特性及其对系统时延的影响,PFC 与 FSECU 之间 GJB 289A 的信息传输按照 20 ms 更新时间组进行。PFC 与 FSECU 之间 GJB 289A 总线通信数据块共有 3 类,包含 12 个字,具体如下:

1)PFC 工作状态块,由 PFC 发送给 FSECU,3 个字,信号定义见表 3-3。

表 3-3　PFC 工作状态块

数据块名称		PFC 工作状态命令块		规范号		PFC/FSECU/01
源		PFC1、PFC2、PFC3、PFC4		大小		3 字
目标		FSECU1、FSECU2		允许重写		N
插座牌号	源			更新周期	20 ms	
	目标			最大允许延迟时间		10 ms
符合标准		GJB 289A		中断		N
字	信号名称		类型	信号范围	单位	比例尺
1	PFC 数据更新字		DB	0～0x0ffff		
2	PFC 工作状态		DB			
3	预留数据字					

2)飞行状态信号块,由 PFC 发送给 FSECU,4 个字,信号定义见表 3-4。

表 3-4　飞行状态信号块

数据块名称	飞行状态信号块	规范号	PFC/FSECU/02
源	PFC1、PFC2、PFC3、PFC4	大小	4 字
目标	FSECU1、FSECU2	允许重写	N

续表

插座牌号	源		更新周期	20 ms	
	目标		最大允许延迟时间		10 ms
符合标准	GJB 289A		中断		N
字	信号名称	类型	信号范围		比例尺
1	相对气压高度	I	−500~8 000 m		0.5
2	指示空速	I	30~600 km/h		0.1
3	PFC - FSECU 状态字	DB			
4	轴向过载表决值	I	−2~+4 g		$4/(2^{15}-1)$

3)FSECU 工作状态块,由 FSECU 发送给 PFC,5 个字,信号定义见表 3-5。

表 3-5　FSECU 工作状态块

数据块名称	FSECU 工作状态命令块		规范号		FSECU/PFC/01
源	FSECU1、FSECU2		大小		5 字
目标	PFC1、PFC2、PFC3、PFC4		允许重写		N
插座牌号	源		更新周期	20 ms	
	目标		最大允许延迟时间		10 ms
符合标准	GJB 289A		中断		N
字	信号名称	类型	信号范围	单位	比例尺
1	FSECU 数据更新字	DB	0~0x0ffff		
2	FSECU 工作状态	DB			
3	襟翼位置表决值	I	0~38	度	$38/(2^{15}-1)$
4	缝翼位置表决值	I	0~23	度	$23/(2^{15}-1)$
5	预留数据字				

3.4.4　航电系统需求

通常,航电系统接收高升力系统提供的系统状态信号和告警信号,用于高升力系统状态显示、记录与告警。高升力系统使用航电系统提供的时钟信号、维护指令输入信号和飞机维护等信息,作为绝对时标及维护指令输入。航电系统对高升力系统的需求集中在信号交联的定义、管理和使用层面上,包括交联信号的类型、交互接口、通信周期、信号内容等技术指标。

某型飞机航电系统与高升力系统通过 HB 6096(《SZ 数字信息传输系统》)总线进行总线通信。高升力系统采用二余度高升力计算机通过物理接口与航电系统的远程数据集中器(RDC)、事故记录设备连接,总线交联关系如图 3-19 所示。

高升力控制计算机与远程数据集中器、事故记录设备之间的 HB6096 信息按照设定的速率进行数据传输。航电系统向高升力系统发送的总线信号包括:

（1）系统时间，用于标定高升力系统的绝对时间，包含日期、系统时间 L、系统时间 H，由 RDC 发送给 FSECU；

（2）空地状态，用于告知高升力系统当前飞机处于地面还是空中，由 RDC 发送给 FSECU；

（3）维护请求，用于向高升力系统下发维护指令请求，一般包含维护方式请求和测试项目请求，由 RDC 发送给 FSECU。

高升力系统向航电系统发送的总线信号包括：

1）系统告警信号，用于向航电系统上报告警信息，由 FSECU 发送给中央告警计算机；

2）系统维护信息，用于向航电系统上报系统维护信息参数，由 FSECU 发送给中央告警计算机；

3）系统记录参数，用于向航电系统上报系统当前工作状态的重要参数，由 FSECU 发送给事故记录设备；

（4）襟翼离散位置，用于向航电系统发送襟翼收起或伸出状态的离散量，由 FSECU 发送给近地告警计算机；

（5）襟翼位置信息，用于向航电系统发送襟翼当前位置，作为显示信号，由 FSECU 发送给远程数据集中器。

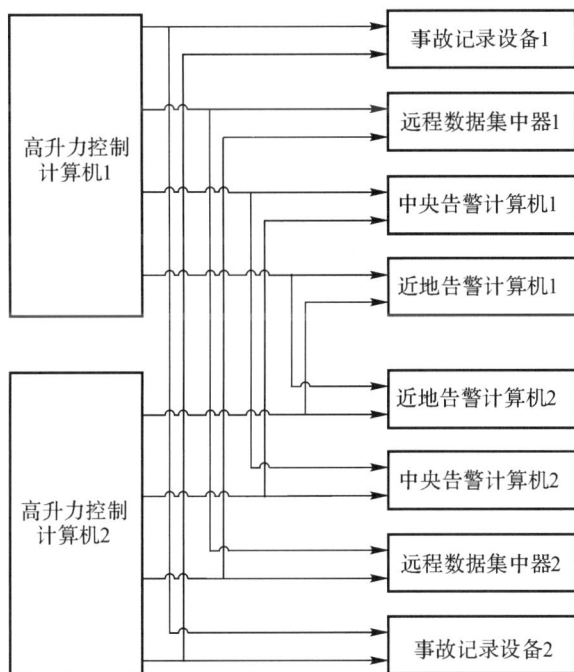

图 3 - 19 航电系统与高升力系统总线的交联关系

3.4.5 机电管理系统需求

机电管理系统与高升力系统的交联关系较少，如有需要则要求高升力系统将襟翼构型的离散信号发送给机电管理计算机,用于控制交流电动泵的开启/关闭[20]。

某型机机电系统与高升力系统通过硬线交联,由高升力系统发送襟翼伸出/收回的离散信号给机电管理计算机,交联关系如图3-20所示。

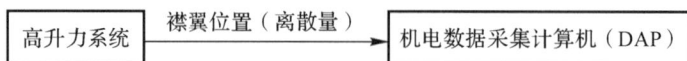

图 3-20　机电管理系统与高升力系统硬线交联关系

3.5　自然环境对高升力系统的需求

高升力系统配套机载设备的自然环境需求一般与三个要素相关:飞机自然环境需求、机载设备在机上的安装位置及机载设备的重要度。高升力系统机载设备自然环境要求主要包括以下几方面:

1)设备需满足的自然环境标准规范;

2)设备需满足的自然环境要求条目;

3)设备需满足的自然环境要求量值;

4)设备需满足相关自然环境要求的符合标准。

通常,高升力系统配套机载设备的自然环境需求来源于国家军队标准(简称国军标)或型号顶层文件。

高升力系统设计过程中,可根据配套机载设备的类型、安装位置对相关自然环境需求进行剪裁和增加。如以《军用装备实验室环境试验方法》(GJB 150A—2009)为顶层要求(以下称"飞机顶层规范"),裁剪出一些自然环境试验程序,如表3-6所示。

表 3-6　GJB 150A—2009 中自然环境试验程序表

序号	标准号	标准名称	备注
1	GJB 150.2A—2009	低气压(高度)试验	含工作、贮存和快速减压
2	GJB 150.3A—2009	高温试验	含工作和贮存
3	GJB 150.4A—2009	低温试验	含工作和贮存
4	GJB 150.5A—2009	温度冲击试验	
5	GJB 150.9A—2009	湿热试验	
6	GJB 150.10A—2009	霉菌试验	
7	GJB 150.11A—2009	盐雾试验	
8	GJB 150.7A—2009	太阳辐射试验	含循环热效应和稳态长期光化学效应
9	GJB 150.8A—2009	淋雨试验	含有风源的淋雨、滴雨和防水性
10	GJB 150.12A—2009	砂尘试验	含吹砂和吹尘
11	GJB 150.22A—2009	积冰/冻雨试验	

3.5.1　低气压(高度)需求

1)标准规范:GJB 150.2A—2009[21]或飞机顶层规范。

2)内容需求:高升力系统配套机载设备需满足低气压(高度)环境下的贮存要求、工作要求和快速减压要求。

3)合格判据:高升力系统配套机载设备是否满足低气压(高度)自然环境需求的合格判据如表 3 - 7 所示。

表 3 - 7　低气压(高度)设计合格判据

检查项目	低气压(高度)合格判据
外观	容器无变形、破损、破坏
功能/性能	设备无故障,工作稳定,功能/性能满足设计要求
电子电气	电路无电弧或电晕放电现象,绝缘性无降低,电、元器件无击穿
材料特性	低密度材料无物理、化学性能改变
热传递特性	无过热现象
密封	气体或液体无渗出、漏出,密封良好
润滑	润滑良好

3.5.2　高温需求

1)标准规范:GJB 150.3A—2009[22]或飞机顶层规范。

2)内容需求:高升力系统配套机载设备需满足高温环境下的贮存要求和工作要求。

3)合格判据:高升力系统配套机载设备是否满足高温自然环境需求的合格判据,如表 3 - 8 所示。

表 3 - 8　高温设计合格判据

检查项目	高温合格判据
尺寸	关键尺寸、衬垫、套轴等符合精度要求
功能/性能	设备无故障,工作稳定,功能/性能满足设计要求
电子电气	电阻阻值满足设计要求,磁作动、热作动满足设计要求
活动机构	材料膨胀不一致时设备无卡滞、咬死
强度弹性	材料弹性满足设计要求
材料特性	有机材料无褪色、裂解、裂纹,合成材料无放气
热传递特性	无过热,未产生高压
密封	气体或液体无渗出、漏出,密封良好
润滑	润滑剂无大量损失,润滑良好

3.5.3 低温需求

1)标准规范:GJB 150.4A—2009[23]或飞机顶层规范。

2)内容需求:高升力系统配套机载设备需满足低温环境下的贮存要求和工作要求。

3)合格判据:高升力系统配套机载设备是否满足低温自然环境需求的合格判据如表3-9所示。

表 3-9　低温设计合格判据

检查项目	低温合格判据
尺寸	关键尺寸、衬垫、套轴等符合精度要求
功能/性能	设备无故障,工作稳定,功能/性能满足设计要求
电子电气	电阻阻值满足设计要求,磁作动、热作动满足设计要求
活动机构	材料膨胀不一致时设备无卡滞、咬死
强度弹性	材料弹性满足设计要求,减振满足设计要求
材料特性	有机材料无褪色、裂解、裂纹,合成材料无放气
密封	气体或液体无渗出、漏出,密封良好
润滑	润滑剂无大量损失,润滑良好
药柱爆炸物	无损坏、渗漏,性能满足要求
冷凝水结冰	设备内外冷凝水或结冰不影响设备的功能性能

3.5.4 温度冲击需求

1)标准规范:GJB 150.5A—2009[24]或飞机顶层规范。

2)内容需求:高升力系统配套机载设备需在使用中可能出现的温度冲击环境条件下正常工作。

3)合格判据:高升力系统配套机载设备是否满足温度冲击自然环境要求的合格判据如表3-10所示。

表 3-10　温度冲击设计合格判据

检查项目	温度冲击要求合格判据
涂层	表面涂层无开裂、脱落
电子电气	设备绝缘保护满足设计要求,设备无过大静电

3.5.5 湿热需求

1)标准规范:GJB 150.9A—2009[25]或飞机顶层规范。

2)内容需求:高升力系统配套机载设备需在使用中可能出现的湿热环境条件下正常工作。

3)合格判据:高升力系统配套机载设备是否满足湿热自然环境要求的合格判据如表 3-11 所示。

表 3-11　湿热设计合格判据

检查项目	湿热合格判据
外观	底金属不可见,底金属不能出现腐蚀(锈斑)
涂层	涂层无起泡、起皱、开裂、脱落
功能/性能	设备无故障,工作稳定,功能/性能满足设计要求
电子电气	绝缘特性满足设计要求,无短路
活动机构	无黏合、黏附
材料特性	复合材料无分层、起泡、起皱、开裂,吸湿材料的膨胀变化符合设计规定;塑料特性满足设计要求
润滑	润滑剂无大量损失,润滑良好

3.5.6　霉菌需求

1)标准规范:GJB 150.10A—2009[26]或飞机顶层规范。

2)内容需求:高升力系统配套机载设备需在使用中可能出现的霉菌环境条件下正常工作。

3)合格判据:高升力系统配套机载设备是否满足霉菌自然环境要求的合格判据如表 3-12 所示。

表 3-12　霉菌设计合格判据

检查项目	霉菌合格判据
外观	霉菌轻微生长(0 级、1 级、2 级)
功能/性能	设备无故障,工作稳定,功能/性能满足设计要求
材料特性	天然材料、合成材料变化符合设计规定,无降解

3.5.7　盐雾需求

1)标准规范:GJB 150.11A—2009[27]或飞机顶层规范。

2)内容需求:高升力系统配套机载设备需在使用中可能出现的盐雾环境下正常工作。

3)合格判据:高升力系统配套机载设备是否满足盐雾环境要求的合格判据如表 3-13 所示。

表 3 - 13　盐雾设计合格判据

检查项目	盐雾合格判据
外观	底金属不可见,底金属不能出现腐蚀(锈斑);镀层、涂层氧化或腐蚀(颜色变化)面积不大于试验件总面积的 20%
涂层	涂层无起泡、起皱、开裂、脱落
功能/性能	设备无故障,工作稳定,功能/性能满足设计要求
电子电气	绝缘特性满足设计要求,无短路
活动机构	无黏合、黏附、阻塞
材料特性	复合材料无分层、起泡、起皱、开裂,塑料特性满足设计要求
润滑	润滑剂无大量损失,润滑良好

3.5.8　太阳辐射需求

1)标准规范:GJB 150.7A—2009[28]或飞机顶层规范。

2)内容要求:高升力系统配套机载设备需在使用过程中可能出现的太阳辐射环境条件下正常工作。

3)合格判据:高升力系统配套机载设备是否满足太阳辐射环境要求的合格判据,如表 3-14 所示。

表 3 - 14　太阳辐射设计合格判据

检查项目	太阳辐射合格判据
外观	颜色轻微变化,不影响美观
尺寸	关键尺寸、衬垫、套轴等符合精度要求
涂层	涂层无起泡、起皱、开裂、脱落
功能/性能	设备无故障,工作稳定,功能/性能满足设计要求
电子电气	电触点无异常
活动机构	活动部件无卡死或松动
强度弹性	胶结部位强度、弹性满足设计要求
材料特性	合成橡胶、聚合材料变化符合设计规定,无降解,无异味、有毒气体产生
热传递特性	无过热
操作使用	人员操作使用满足要求

3.5.9　淋雨需求

1)标准规范:GJB 150.8A—2009[29]或飞机顶层规范。

2)内容需求:高升力系统各机载设备需满足使用环境中可能出现的淋雨环境要求,根据机载设备安装位置不同,有降雨和吹雨、滴水两种需求。

3)合格判据:高升力系统配套机载设备是否满足淋雨环境要求的合格判据如表 3 – 15 所示。

表 3 – 15 淋雨设计合格判据

检查项目	淋雨合格判据
重量	设备重量不变
涂层	无损伤、破坏
功能/性能	设备无故障,工作稳定,功能性能满足设计要求
强度弹性	吸湿材料的泡胀变化符合强度要求
材料特性	吸湿材料的膨胀变化符合设计规定
冷凝水结冰	设备内冷凝水或渗水可排,不影响设备的功能性能

3.5.10 砂尘需求

1)标准规范:GJB 150.12A—2009[30]或飞机顶层规范。

2)内容需求:高升力系统配套机载设备需在使用环境中可能出现的砂尘环境条件下正常工作,根据机载设备安装位置不同,有吹尘和吹砂两种设计需求。

3)合格判据:高升力系统配套机载设备是否满足砂尘环境需求的合格判据如表 3 – 16 所示。

表 3 – 16 砂尘设计符合性判据

检查项目	砂尘合格判据
外观	表面轻微磨损,不影响使用
功能/性能	设备无故障,工作稳定,功能性能满足设计要求
电子电气	电路无损伤
活动机构	开口无损坏、阻塞,活动部件无卡死、阻碍
热传递特性	无过热
密封	气体或液体无渗出、漏出,密封良好
润滑	润滑良好
拆装操作	人员拆装操作满足要求

3.5.11 结冰要求

1)标准规范:GJB 150.22A—2009[31]中第 24 章或飞机顶层规范。

2)内容需求:高升力系统配套机载设备需在使用环境中可能出现的结冰环境下能正常工作,根据机载设备安装位置的不同,有结冰、冻冰、积冰三种不同设计要求。

3)合格判据:高升力系统配套机载设备是否满足结冰环境需求的合格判据如表 3 – 17 所示。

表 3 - 17　结冰设计合格判据

检查项目	结冰合格判据
外观	容器无变形、破损、破坏
尺寸	关键尺寸以及衬垫、套轴等符合精度要求
功能/性能	设备无故障,工作稳定,功能性能满足设计要求
活动机构	活动部件正常工作,无卡滞、阻碍
操作使用	除冰措施未损坏设备

3.6　机械环境对高升力系统的需求

3.6.1　振动需求

(1)标准规范:GJB 150.16A—2009[32]或飞机顶层规范。

(2)内容需求:高升力系统机载设备的振动需求包括功能振动需求和耐久振动需求两部分。开展验证试验时,需要根据机载设备的类型(机械、机电、电子、液压)、安装方式和安装位置,确定试验振动量值、频带宽度等参数。

(3)高升力系统配套机载设备是否满足振动环境需求的合格判据包括:

1)目视检查:试验前、后对试验件目视检查,试验件不得出现紧固件松动、裂纹、划伤及结构损伤或有害变形,不得出现导线脱焊等。

2)电气性能和机械性能检查:振动试验后不得出现电气或机械性能的下降或无法正常工作。

3.6.2　冲击需求

(1)标准规范:GJB 150.18A—2009[33]或飞机顶层规范。

(2)内容需求:高升力系统配套机载设备的冲击需求通过开展试验室实验进行验证,分为功能冲击试验和坠撞安全试验。

(3)高升力系统配套机载设备是否满足飞机冲击环境需求的合格判据包括:

1)功能冲击试验过程中及冲击后出现工作不正常,性能参数指标超出了有关标准规定的允许极限,以及在冲击过程中不要求检测性能的设备,在冲击后出现工作不正常,性能参数指标超出了有关标准规定的允许极限时,均应认为不合格。

2)坠撞安全试验过程中,设备在试验过程中和试验后出现设备与其安装支架相分离、脱开、坠落等均应认为不合格。

3.6.3　加速度需求

(1)标准规范:GJB 150.15A—2009[34]或飞机顶层规范。

(2)内容需求:高升力系统配套机载设备的加速度需求通过开展实验室试验进行验证,分为性能需求和结构需求两大类。性能需求用于验证高升力系统配套机载设备适应使用加速度环境的能力,结构需求用于验证高升力系统配套机载设备结构承受使用加速度环境的能力。

(3)高升力系统配套机载设备是否满足飞机加速度环境需求的合格判据包括:

1)性能需求:加速度性能试验中,设备功能正常,试验后设备没有损坏,功能完好,则试验是合格的。

2)结构试验:在加速度结构试验完成后,设备没有损伤,功能完好,则试验是合格的。

3.7　电磁环境对高升系统的需求

高升力系统需满足飞机电磁环境的需求。适用于高升力系统的一般电磁发射和敏感度测试项目包括:CE101(项目编号,CE 代表传导发射)25 Hz～10 kHz 电源线传导发射,CE102 10 kHz～10 MHz 电源线传导发射,CE107 电源线尖峰信号(时域)传导发射,CS106 电源线尖峰信号传导敏感度,CS114 10 kHz～400 MHz 电缆束注入传导敏感度,CS115 电缆束注入脉冲激励传导敏感度,CS116 10 kHz～100 MHz 电缆和电源线阻尼正弦瞬变传导敏感度,RE102(项目编号,RE 代表辐射发射)10 kHz～18 GHz 电场辐射发射,RS103 10 kHz～18 GHz 电场辐射敏感度[35]。

根据高升力系统各机载设备类型的不同,对需满足的电磁发射和敏感度测试项目进行裁剪和增加。

3.7.1　CE101 25 Hz～10 kHz 电源线传导发射

1)适用于高升力系统的交流和直流电源线。

2)电源线传导发射不应超过图 3 - 21 规定的极限值。

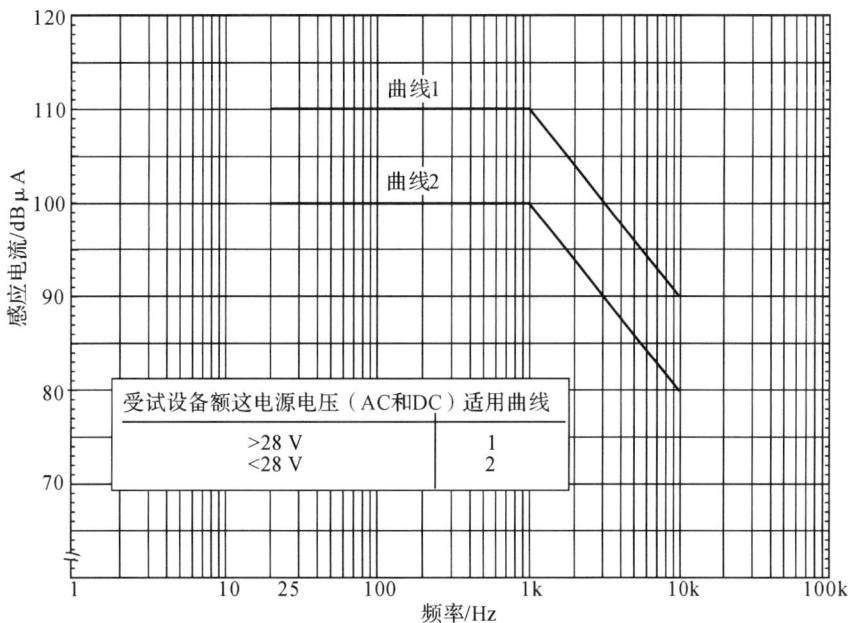

图 3 - 21　CE101 极限(AC 和 DC)

3.7.2 CE102 10 kHz～10 MHz 电源线传导发射

1)适用于除受试设备电源的输出端导线以外的所有电源导线,频率范围为 10 kHz～10 MHz。

2)电源线传导发射不应超过图 3－22 规定的极限值。

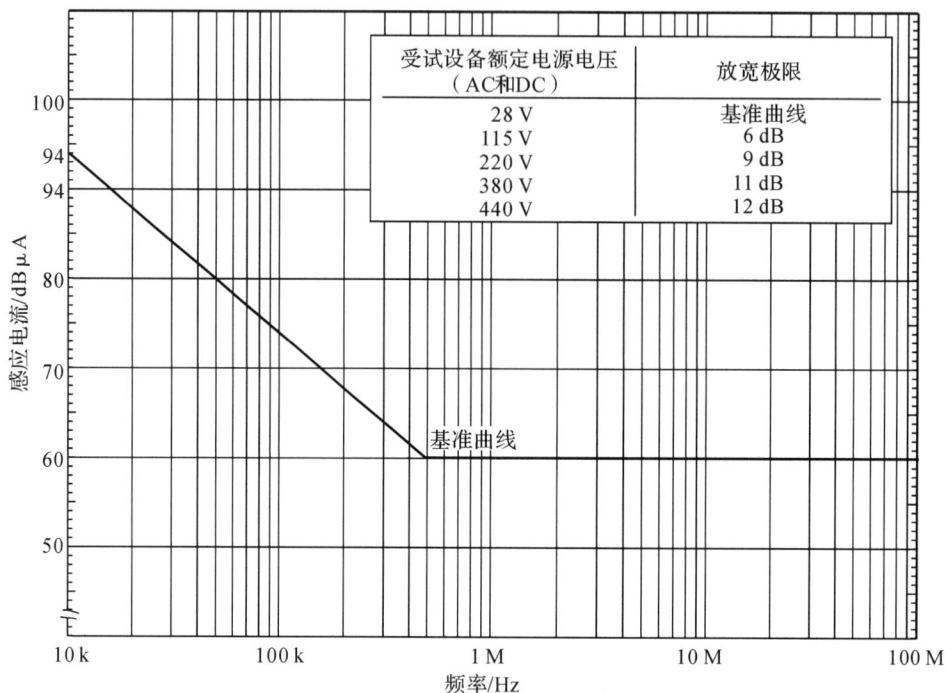

受试设备额定电源电压 （AC和DC）	放宽极限
28 V	基准曲线
115 V	6 dB
220 V	9 dB
380 V	11 dB
440 V	12 dB

图 3－22　CE102 极限（AC 和 DC）

3.7.3 CE107 电源尖峰信号(时域)传导发射

1)适用于高升力系统的交直流电源线。

2)随手动操作开关产生的开关瞬态传导发射,交流电源线不超过额定电压有效值的±50%,直流电源线不超过额定电压的+50%、-150%。

3.7.4 CS106 电源线尖峰信号传导敏感度

1)适用于高升力系统所有用电设备的电源线。

2)按表 3－18 中波形的尖峰信号加到用电设备的交直流电源线上时,用电设备不应出现任何故障、性能降低或偏离规定的指标值,或超出单个设备和分系统规范中给出的指标容差。

表 3 - 18　CS106 极限值选用表

军种	飞机		空间		地面		舰船和潜艇	
	E	t	E	t	E	t	E	t
陆军	200 V	$\leq 10\ \mu s$	200 V	$\leq 10\ \mu s$	100 V	$\leq 10\ \mu s$	—	—
海军	200 V	$\leq 0.15\ \mu s$	100 V	$\leq 0.15\ \mu s$	400 V	$\leq 5\ \mu s$	400 V	$\leq 5\ \mu s$
空军	200 V	$\leq 0.15\ \mu s$	100 V	$\leq 0.15\ \mu s$	400 V	$\leq 5\ \mu s$	—	—

3.7.5　CS114 10 kHz～400 MHz 电缆束注入传导敏感度

1)在 10 kHz～400 MHz 频率范围内,适用于高升力系统所有互连电缆,包括电源电缆在内。

2)按图 3 - 23 校准电平的试验信号时,用电设备不应出现任何故障、性能降低或偏离规定的指标值,或超出单个设备和分系统规范中给出的指标容差。

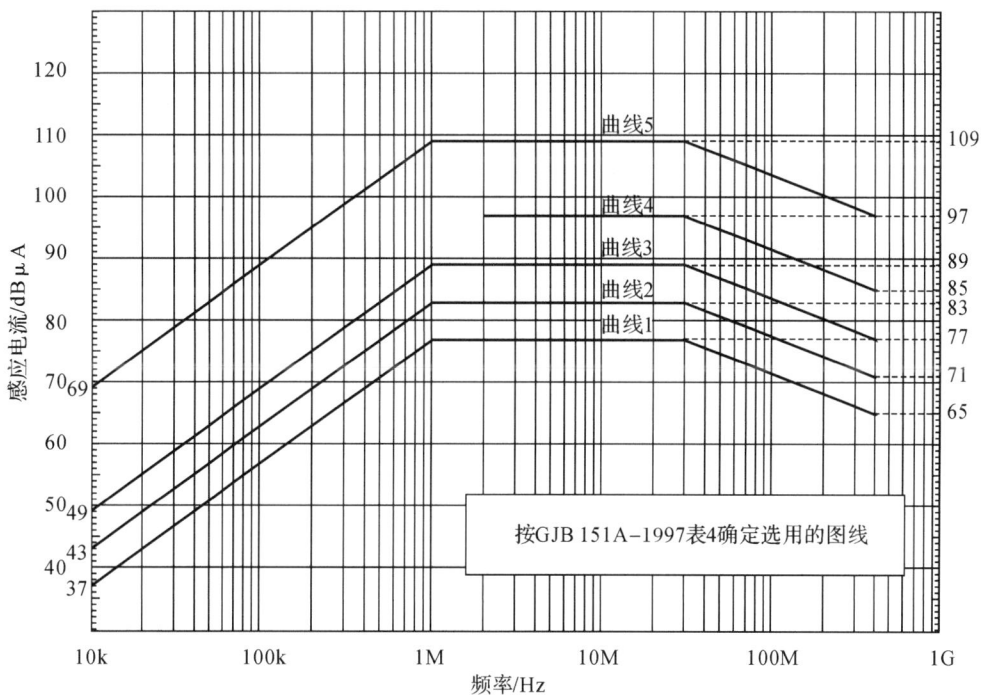

图 3 - 23　CS114 极限

3.7.6　CS115 电缆束注入脉冲激励传导敏感度

1)适用于高升力系统所有互连电缆,包括电源电缆在内。

2)按图 3 - 24 规定的校准试验信号,以 30 Hz 重复频率进行试验 1 min,用电设备不应出现任何故障、性能降低或偏离规定的指标值,或超出单个设备和分系统规范中给出的指标容差。

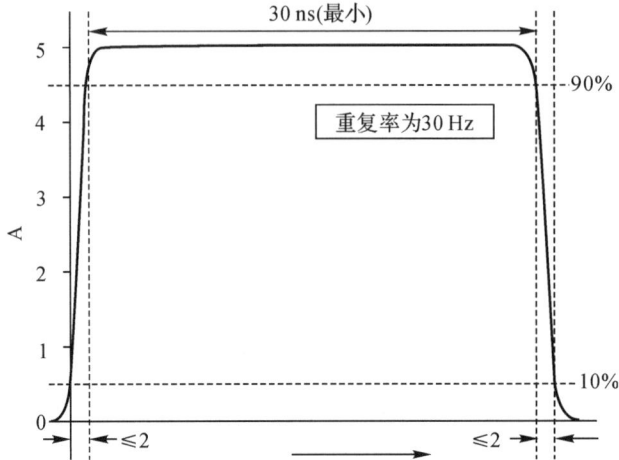

图 3 - 24　已校准的信号源特性

3.7.7　CS116 10 kHz～100 MHz 电缆和电源线阻尼正弦瞬变传导敏感度

1)适用于包括电源电缆和单根电源导线在内的所有互连电缆,但无需单独对电源回线进行试验。

2)按图 3 - 25 规定的信号波形和图 3 - 26 规定的最大电流进行试验时,用电设备不应出现任何故障、性能降低或偏离规定的指标值,或超出单个设备和分系统规范中给出的指标容差。至少应在 0.01 MHz、0.1 MHz、1 MHz、10 MHz、30 MHz、100 MHz 频率上和按 GJB 152A—1997《军用设备和分系统电磁发射和敏感度测量》确定的谐振频率上进行试验。试验信号的重复率为 0.5～1 pps(每秒的脉冲数,1 pps＝1 Hz)。在每个频率点应施加脉冲 5 min。

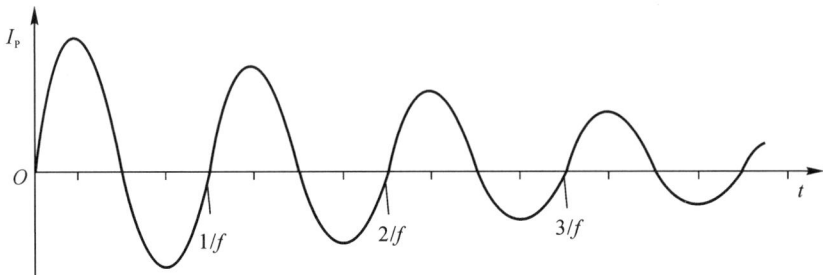

图 3 - 25　典型的 CS116 阻尼正弦波形

3.7.8　RE102 2 MHz～18 GHz 电场辐射发射

1)适用于设备和分系统壳体以及所有互连电缆的辐射发射,适用频率范围为 2 MHz～18 GHz。

2)电场辐射发射不应超过图 3 - 27 所示的值。30 MHz 以上,水平极化场和垂直极化场均应满足该极限值要求。

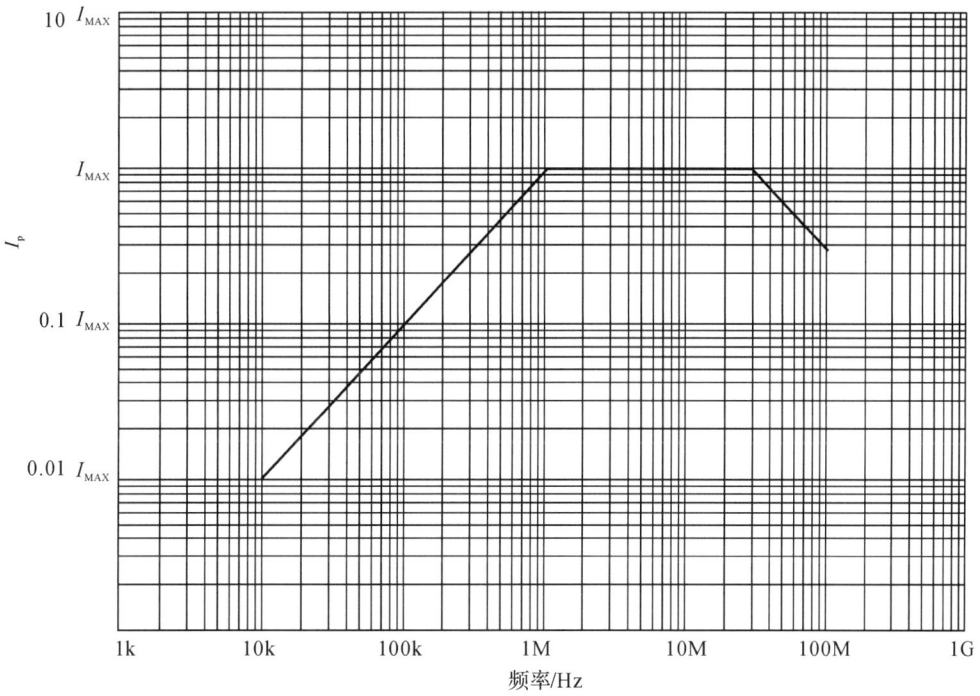

图 3 - 26　CS116 极限

注:陆军和海军 $I_{max}=1.0$ A,空军 $I_{max}=5$ A。

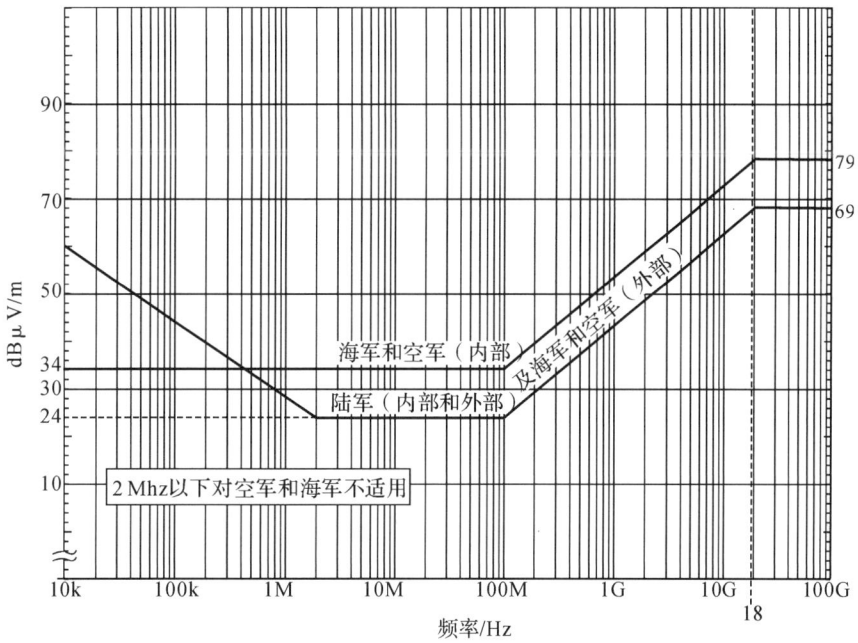

图 3 - 27　RE102 极限

3.7.9　RS103 10 kHz～18 GHz 电场辐射敏感度

1) 适用于高升力系统所有用电设备壳体及所有互连电缆,适用频率范围为 10 kHz～18 GHz。

2) 高升力系统机载设备安装在飞机内部受保护区域时,10 kHz～1 GHz 按 20 V/m 辐射场试验,1 GHz～18 GHz 按 60 V/m 辐射场试验。当设备安装在电磁暴露区域内,按 200 V/m 辐射电场试验。试验时,用电设备不应出现任何故障、性能降低或偏离规定的指标值或超出单个设备和分系统规范中给出的指标容差。设备在 30 MHz 以下,垂直极化场满足极限值要求;设备在 30 MHz 以上,水平极化场和垂直极化场均应满足极限值要求。

参 考 文 献

[1] 杰克逊.商用飞机系统工程:特定领域应用:大飞机出版工程[M].北京:上海交通大学出版社,2019.

[2] 杨弘,肖扬,李冰.MBSE 在民用飞机刹车系统需求分析中的应用[J].民用飞机设计与研究,2018(4):104-108.

[3] 张芳.民用飞机襟/缝翼手柄设计过程研究[J].科技创新导报,2014,11(24):28-30.

[4] 郭海军.特种空投概述[C]//中国航空学会.第八届中国航空学会青年科技论坛论文集.襄阳:航宇救生装备有限公司,2018:7.

[5] 牛春匀.实用飞机结构工程设计[M].程小全,译.北京:航空工业出版社,2008.

[6] 解思适.飞机设计手册:第 9 册 载荷、强度和刚度[M].北京:航空工业出版社,2001.

[7] 军用飞机结构强度规范:第 2 部分 飞行载荷:GJB 67.2A—2008[S].北京:中国人民解放军总装备部,2008.

[8] 成大先.机械设计手册[M].北京:化学工业出版社,2004.

[9] 徐小芳,宋海靖,郭毓文.从飞行试验看飞机通用质量特性研制现状[C]//测试性与智能测控技术:2018 年中国航空测控技术专刊.西安:中国飞行试验研究院,2018:4.

[10] 装备测试性工作通用要求:GJB 2547A—2012[S].北京:中国人民解放军总装备部,2009.

[11] 王汉功.装备全系统全寿命管理[M].北京:国防工业出版社,2003.

[12] 民用机载系统和设备安全性评估过程的指南和方法:SAEARP4761[S].南京:南京航空航天大学民航学院,1996.

[13] 修忠信.民用飞机系统安全性设计与评估技术概论[M].上海:上海交通大学出版社,2013.

[14] 李家祥.运输类飞机适航标准:CCAR-25-R3—2001[S].北京:中国民航航空总局,2001.

[15] 耐环境快速分离高密度小圆形电连接器总规范:GJB 599—1988[S].北京:中国人民解放军总装备部,1988.

[16]　SAE A. Guidelines for development of civil aircraft and systems[J]. Guidelines for Development of Civil Aircraft and Systems，2010.

[17]　李艳军. 飞机液压传动与控制[M]. 北京：科学出版社，2009.49－63

[18]　扩口式管接头的螺纹部分：HB 4－3－2002［S］. 北京：国防科学技术工业委员会，2003.

[19]　郝晓红，黄复清，官颂. 基于卓越计划的航空电气实践课程改革与实施[J]. 实验科学与技术，2015，13(6)：182－185.

[20]　李文正. 飞机设计流程解析[M]. 北京：航空工业出版社，2013.

[21]　中国人民解放军总装备部电子信息基础部. 军用装备实验室环境试验方法：第 2 部分低气压(高度)试验：GJB 150.2A—2009［S］. 北京：中国人民解放军总装备部，2009.

[22]　中国人民解放军总装备部电子信息基础部. 军用装备实验室环境试验方法：第 3 部分高温试验：GJB 150.3A—2009［S］. 中国人民解放军总装备部，2009.

[23]　中国人民解放军总装备部电子信息基础部. 军用装备实验室环境试验方法：第 4 部分低温试验：GJB 150.4A—2009［S］. 北京：中国人民解放军总装备部，2009.

[24]　中国人民解放军总装备部电子信息基础部. 军用装备实验室环境试验方法：第 5 部分温度冲击试验：GJB 150.5A—2009［S］. 北京：中国人民解放军总装备部，2009.

[25]　中国人民解放军总装备部电子信息基础部. 军用装备实验室环境试验方法：第 9 部分湿热试验：GJB 150.9A—2009［S］. 北京：中国人民解放军总装备部，2009.

[26]　中国人民解放军总装备部电子信息基础部. 军用装备实验室环境试验方法：第 10 部分霉菌试验：GJB 150.10A—2009［S］. 北京：中国人民解放军总装备部，2009.

[27]　中国人民解放军总装备部电子信息基础部. 军用装备实验室环境试验方法：第 11 部分盐雾试验：GJB 150.11A—2009［S］. 北京：中国人民解放军总装备部，2009.

[28]　中国人民解放军总装备部电子信息基础部. 军用装备实验室环境试验方法：第 7 部分太阳辐射试验：GJB 150.7A—2009［S］. 北京：中国人民解放军总装备部，2009.

[29]　中国人民解放军总装备部电子信息基础部. 军用装备实验室环境试验方法：第 8 部分淋雨试验：GJB 150.8A—2009［S］. 北京：中国人民解放军总装备部，2009.

[30]　中国人民解放军总装备部电子信息基础部. 军用装备实验室环境试验方法：第 12 部分砂尘试验：GJB 150.12A—2009［S］. 北京：中国人民解放军总装备部，2009.

[31]　中国人民解放军总装备部电子信息基础部. 军用装备实验室环境试验方法：第 22 部分积冰/冻雨：GJB 150.22A—2009［S］. 北京：中国人民解放军总装备部，2009.

[32]　中国人民解放军总装备部电子信息基础部. 军用装备实验室环境试验方法：第 16 部分振动试验：GJB 150.16A—2009［S］. 北京：中国人民解放军总装备部，2009.

[33]　中国人民解放军总装备部电子信息基础部. 军用装备实验室环境试验方法：第 18 部分冲击试验：GJB 150.18A—2009［S］. 北京：中国人民解放军总装备部，2009.

[34]　中国人民解放军总装备部电子信息基础部. 军用装备实验室环境试验方法：第 15 部分加速度试验：GJB 150.15A—2009［S］. 北京：中国人民解放军总装备部，2009.

[35]　中华人民共和国电子工业部. 军用设备和分系统电磁发射和敏感度要求：GJB 151A—1997［S］. 北京：国防科学技术工业委员会，1997.

第4章 高升力控制系统架构设计

4.1 概 述

高升力控制系统架构[1]一般包括两种形式：一种是集中式驱动架构，如图4-1所示；另一种是分布式驱动架构，如图4-2所示。集中式驱动架构在目前现役飞机中的应用相对较为广泛，但集中式襟缝翼系统传动线系存在传动效率低、卡阻或断开故障导致襟缝翼收放功能丧失或危及飞行安全的风险；此外还存在系统部件多、重量大和维护成本高等问题。分布式驱动架构目前主要应用在战斗机前襟和早期支线飞机后缘襟翼上，这些飞机所采用的分布式驱动架构主要通过液压同步方式实现各襟翼同步驱动，并非电气独立的分布式控制架构。

不管是集中式驱动架构还是分布式驱动架构的高升力控制系统，其主要目的是实现襟缝翼构型控制，且具有系统自监控、状态上报以及与外部系统交联等功能[2]。

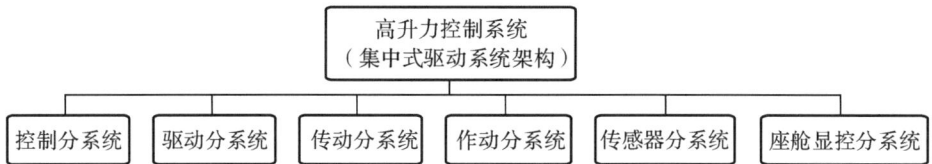

图4-1 集中式驱动架构功能分系统

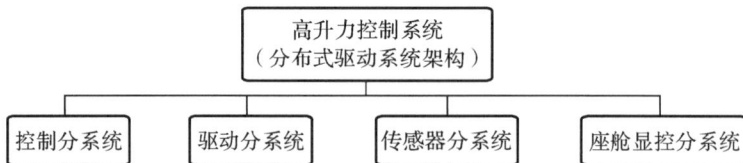

图4-2 分布式驱动架构功能分系统

集中式驱动架构各功能分系统之间的交联关系如图4-3所示。各分系统通过信息采集、处理、传输和能量转换，以驱动、传动与作动方式来实现完整的系统功能。控制分系统根据飞行员指令、外部系统发送的空速等信息，以及传感器分系统反馈的系统各种测量值进行系统状态监测,并生成系统控制指令发送给驱动分系统。驱动分系统根据控制指令将飞机能源系统提供的液压能或电能转换为机械能,通过传动分系统输出给作动器和传动分系统,实现驱动增升翼面运动。根据系统控制及安全性需求,一般需要通过传感器对驱动分系统、传动分系统、作动分系统以及襟缝翼位置、载荷或速度进行测量;座舱显控分系统为飞行员提供人机交互界面,包括襟缝翼操纵手柄挡位、襟缝翼超控开关状态、襟缝翼位置以及系统状态等信息。对于现代飞机,座舱显控分系统中的显示功能主要通过航电系统实现。

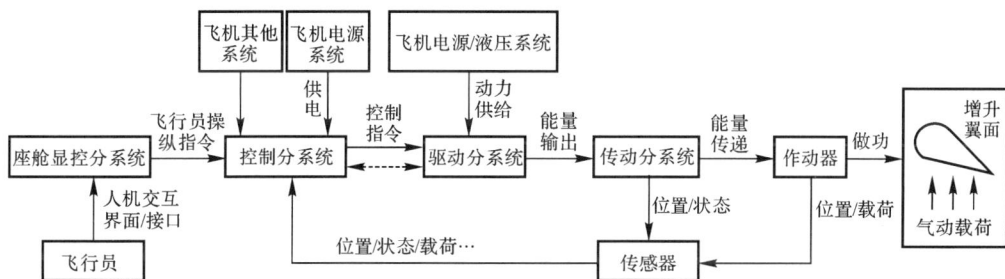

图 4 - 3　集中式驱动架构各功能分系统之间的关系

图 4 - 2 所示的分布式驱动架构取消了传动分系统,将作动分系统的功能集成到驱动分系统,座舱显控分系统和控制分系统功能不变(见图 4 - 4)。考虑到未来飞机翼身融合的特点,飞机将不能在机背或机腹上提供襟缝翼动力驱动装置的安装空间,从而导致无法采用集中式驱动架构;此时,可考虑采用分布式驱动架构,该架构不仅能省去传动分系统从而提高系统效率、减轻飞机重量、降低飞机维护成本,还能提高系统的容错重构能力,但分布式驱动架构面临襟缝翼同步控制、可靠性低等问题。

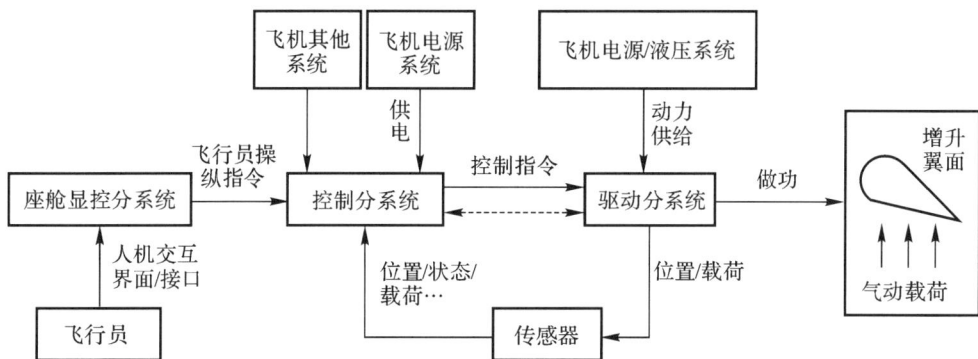

图 4 - 4　分布式驱动架构各功能分系统之间的关系

不论高升力控制系统采用何种构型,都需以飞机的功能、性能、安全性、可靠性、经济性以及重量等需求,其他系统的交联需求,以及适航规章等行业规范要求为牵引,开展高升力控制系统架构设计。

4.2 系统架构设计通用原则和流程

4.2.1 系统架构设计通用原则

系统架构设计是一个以需求为牵引,针对系统功能、性能、安全性、任务可靠性和经济性等不同维度、侧重点或目标而开展的多方案权衡评估过程。系统架构设计也是一个包括系统、电气、驱动、作动、传动等不同研发层级,以及不同专业的相互协作、共同定义的系统物理实现过程。

通常,根据架构设计目标、基本原则或准则开展架构设计工作。例如,在保证系统功能、性能、安全性等基本需求的基础上,军用飞机项目更注重保证系统可用性以及更高的性能,而民用飞机项目则注重保证系统的安全性和经济性,技术需求虽然看似一致,但最终的架构设计可能存在较大的差异。

不论架构设计目标如何定义,系统架构设计基本都遵循以下通用原则。

1. 需求牵引、渐进实施原则

系统架构设计须以需求为牵引进行分层、分级渐进设计,以确保每个层级的每个设计活动结果都得到确认和验证,避免设计过程中不同层级之间的过度迭代。因此,在系统开发初期,需要大量时间捕获系统功能需求、安全性需求及衍生需求等,并进行分析和确认[3]。

系统架构设计一般按照功能架构设计和物理架构设计的次序进行。功能架构设计的目的是定义系统完整的功能以及功能之间的交联接口。物理架构设计的目的是通过权衡各个功能模块的物理实现方案、权衡基于物理方案的功能集成方式来定义系统的具体产品组成以及对需求的符合性,同时潜在地考虑了项目的成本设计(Design To Cost,DTC)或者可靠性设计(Design To Reliability,DTR)等项目目标。

2. 低风险实现原则

进行物理架构权衡研究时,需要综合权衡产品的实现风险,包括技术成熟度、研发周期、非重复研发成本(Non-recurring Cost,NRC)和重复成本(Recurring Cost,RC)[4]。在满足系统各项技术需求时,成熟的技术/产品可保证系统的可靠性,以及研发周期、研发成本都在可控的范围内。一般情况下,只有当前成熟技术不能满足需求才会采用新技术,但新技术的使用应在项目开发初期进行充分的验证,在产品实现时应将其风险降低到项目可接受的程度。

3. 迭代原则

系统物理架构设计和部件顶层原理设计是一个相互协同、并行和迭代的过程。系统物理架构设计一般应包含系统功能/性能分解和传递、部件实现、系统参数配置、系统参数优化、系统重量、可靠性和安全性,以及环境适应性等。当系统初步需求分配给部件,需要根据部件反馈的各种需求不符合项进行系统设计迭代,协调各个部件的分配需求,最终实现系统物理架构满足系统需求,同时实现系统最优目标。

4. 通用化原则

不论军用飞机还是民用飞机,都需要尽可能地减少产品或者部件的类型/种类,采用模块化的设计方案,减少产品加工、装配和验证所需的设备、人员以及外场备件等的数量和种类,保证系统具有良好的可维护性与经济性。一般地,通用化[5]与系统减重要求相互冲突。因此,通用化需要统筹考虑可维护性、经济性和系统重量等多维度的综合要求。

4.2.2　系统架构设计流程

系统架构设计基本流程如图 4-5 所示,其本质是将系统需求分解给各部件,各部件对需求进行确认,最终得到满足系统需求的物理架构的过程。系统功能架构定义过程是对系统功能和安全性等衍生功能需求的确认过程;系统物理架构定义过程是根据重量、经济性等约束,基于当前技术能力将功能架构中定义的各个功能组合、集成的过程,是对各个部件需求分解与设计综合的过程,也是对系统功能、性能、安全性、可靠性、维护性、重量等需求的确认过程。

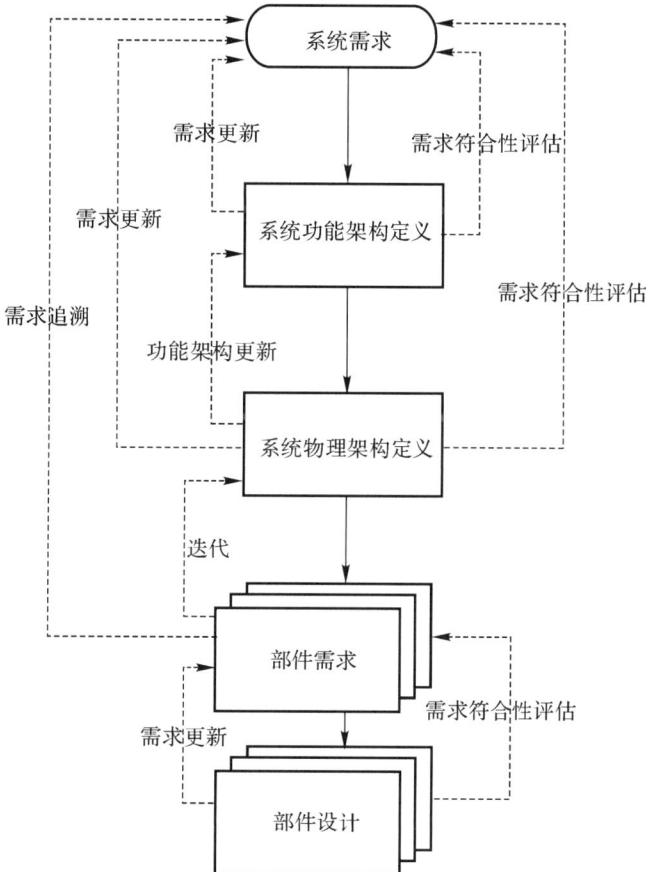

图 4-5　系统架构设计的基本流程

系统功能架构定义过程,是基于系统功能需求、安全性需求以及适航规章等衍生的需求,通过系统功能危害性分析[6](SFHA)等进行系统功能分解,建立系统功能关系以及功能研制保证等级(FDAL)的过程。一般来讲,功能架构定义时会伴随一些物理架构的设计约束。例如,襟翼作动器的构型受限于襟翼运动机构的类型。

系统物理架构定义过程,是对功能架构中的功能项进行物理实现和功能综合的过程,围绕主要设计目标(可用性、经济性等)进行部件实现方案的综合权衡设计与分析。物理架构主要设计内容及次序分别为:驱动分系统可用性设计、驱动分系统与作动器的减速比配置设计(性能设计)、高升力控制系统的安全性设计。各个分系统可维护性设计、接口设计以及经济性设计等都包含在上述的内容中。物理架构的主要分析包括功能分析、性能分析、安全性评估、可靠性分析和维护性分析等。

如果在系统功能架构定义过程中出现冗余功能、不必要功能或者错误的功能,则需要更新系统功能需求;如果在系统物理架构定义过程中出现无法实现的功能或者冗余的功能,则需要迭代系统功能架构。

4.3　基于安全性的系统架构设计

4.3.1　系统架构安全性设计通用要求

在进行系统架构设计时,以系统功能为设计目标,以系统安全性为前提,采用基于安全性的架构设计方法来实现系统安全性需求;同时需考虑系统性能、维修性、测试性、可靠性和可用性等其他约束条件,通过对多种架构方案的权衡确定最终的系统架构。从安全性角度来看,系统架构设计方法是系统安全性设计的核心,也是适航审查的关键对象。

在安全性设计方面,一般需要重点考虑系统指令完整性和可用性这两个方面。对高升力系统而言,当系统发生非指令运动、倾斜故障或不对称故障时,若无对应的监控及保护措施,上述故障的继续恶化将对飞机产生灾难性影响。因此,从系统安全性角度考虑,高升力系统安全性设计指标至少应满足 1×10^{-9}/FH 的安全性要求,所以在进行系统架构设计时,需要考虑指令/监控架构。从系统可用性角度考虑,丧失高升力系统收放功能的通告对飞机安全性的影响是较大的,其失效概率应不大于 1×10^{-5}/FH;对于大型远程宽体飞机,飞机总体对高升力系统的可用性要求将更高,其失效概率要求不大于 1×10^{-7}/FH。为满足高升力系统可用性指标要求,通常采用余度架构。系统架构设计时,还应考虑适航规章的安全性要求,如应将 CCAR25-1309 及 ARP4754A/4761 等安全性要求纳入系统架构设计中。

基于安全性的系统架构设计一般应考虑以下几个方面:

1)完整性设计考虑。针对系统可能发生且对飞机产生Ⅰ类或Ⅱ类安全性影响的故障,通常采取"指令-监控"架构设计形式。系统监控不仅对输出指令的完整性和有效性进行监控,同时还对系统的运行状态进行实时监控。当系统监控判定即将出现危及飞行安全类故障时,应采取故障保护措施,将翼面把持在当前位置。

2)非相似设计考虑。系统架构设计时,因无法避免复杂系统和复杂电子设备(含软件和硬件)制造和装配等过程中产生的共因或共模故障,或无法进行穷举性验证来发现故障,一般会采用非相似设计策略来消除共因或共模故障。非相似设计的前提是系统存在共因或共模故障会导致灾难性事件或危险性事件的发生,若系统共因或共模故障对飞机的影响属于较大(Ⅲ类)或轻微(Ⅳ类)级别,一般不需采用非相似设计架构。

3)独立性设计考虑。系统独立性设计主要是为了防止因系统故障的蔓延导致更加严重的故障发生。因此,在进行独立性设计时,通常要求系统各功能通道在电气、物理及功能上进行独立性设计,或采取有效的故障隔离策略来保证功能通道的功能独立。独立性设计一般是针对具有余度的系统,系统独立性设计是为了实现余度能够自主工作,任意一个余度的功能失效不会影响其他余度造成级联故障产生或功能丧失。

4)其他安全性设计考虑。安全性设计时一般还应考虑机械产品结构强度设计、机械接口失效及机械产品失效安全设计(如传动零件的断裂)等。

4.3.2 基于收放功能安全性需求的系统架构设计

以襟翼系统为例,假设襟翼无法收放的概率要求为不大于 $1 \times 10^{-7}/\text{FH}$。采用故障树分析法对高升力系统功能架构进行安全性指标分配,结果如图4-6所示。

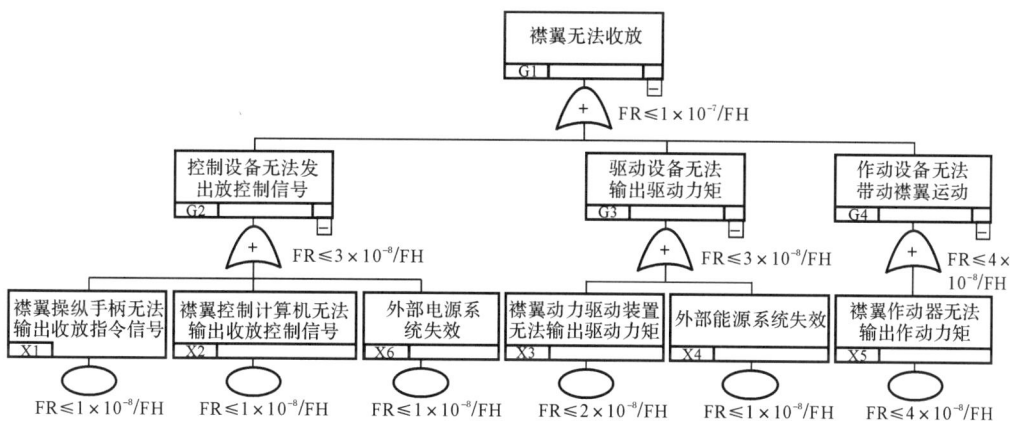

图4-6 襟翼无法收放故障树分析及安全性分配结果

根据图4-6可知,襟翼无法收放的三个主要影响因素为控制设备无法发出收放控制信号(指令无效)、驱动设备无法输出驱动力矩(丧失驱动功能)、作动设备无法驱动襟翼运动(丧失作动功能)。外部交联系统/设备的安全性要求反馈给上层系统,系统内各因素的安全性设计要求需在系统架构权衡及方案论证阶段确认。为此,针对各因素进行如下分析与设计。

4.3.2.1 襟翼操纵指令及襟翼控制计算机余度设计

襟翼操纵指令的产生和输出主要依靠襟翼操纵手柄和襟翼控制计算机。

1.襟翼操纵指令余度设计

造成襟翼操纵手柄无法输出指令信号的主要原因有电气传感器失效和机械操纵杆断裂或卡滞。通常情况下,传感器的设计会采用余度架构来提高电气信号的可用性,而机械操纵部分一般会采用增强机械操纵部分的结构强度和防止外部异物进入防护结构设计,甚至会采用备份设计(如增加备用操纵),降低因机械失效引发的襟翼操纵指令功能的丧失。

一般单余度襟翼操纵手柄传感器失效概率为 1×10^{-3}/FH,如采用四余度传感器设计,其指令任务可靠性可达到 1×10^{-12}/FH,满足设计需求。襟翼操纵手柄因机械卡滞等因素导致手柄的失效率为 1×10^{-7}/FH,可满足高升力系统 1×10^{-7}/FH 的高可用性需求。一般情况下,为提高任务可靠性,也可以增加一套备用操纵模式。当襟翼操纵手柄机械卡滞时,可通过备用模式产生襟翼收放信号,基于襟翼操纵方式的系统架构如图 4-7 所示。

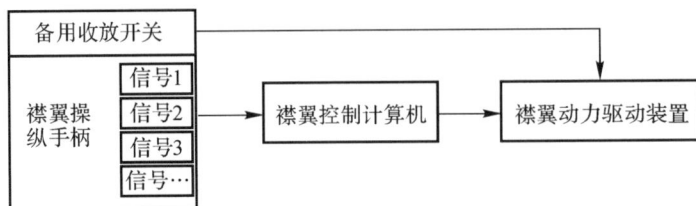

图 4-7　基于襟翼操纵方式的系统架构

当然,襟翼操纵手柄传感器指令电气信号的余度不是越多越好,余度越多一定程度上会增加对襟翼控制计算机的控制策略以及逻辑处理的复杂度和研制成本。因此,一般情况下会将襟翼操纵手柄传感器的电气信号余度设计与襟翼控制计算机的架构、复杂程度及系统安全性需求进行综合评估设计。

2. 襟翼控制计算机余度设计

襟翼控制计算机作为高升力系统的核心设备,既承担着襟翼收放的运动控制功能,也承担着向外部交联系统提供状态信号的功能。由于襟翼控制计算机内集成数量众多、类型多样的电子元器件,一般单余度襟翼控制计算机的失效率大致分布在 1×10^{-4}/FH $\sim1\times10^{-5}$/FH 之间,即单台襟翼控制计算机无法满足襟翼系统的可用性指标。因此,襟翼控制计算机一般至少采用两余度构型。

参考国内外的襟翼控制系统余度构型可以发现,目前襟翼控制计算机的余度构型多为 2×2(2 个计算机,每个计算机 2 个通道)余度构型和 3×1(1 个机算机,每个计算机 3 个通道)余度构型两种[7]。

2×2 余度构型是高升力系统最常用的一种构型,如图 4-8 所示,每个襟翼控制计算机(FECU)都有一个监控支路(MON)和一个控制支路(COM),两个支路间通过数据交叉总线(CDL)交换信息和同步,两台 FECU 的 COM 和 MON 之间通过 CCDL 交换信息和同步。每台 FECU 有一个作动器控制模块(ACM),其功能主要是解调传感器反馈信号以及发送通道控制指令。为避免共模故障,FECU 中的 COM 和 MON 使用不同的处理器,同时也使用不同的程序语言,实现非相似设计。

3×1 余度构型使用一台包括三个核心计算模块(CCM)和两个作动器控制模块 ACM 的 FECU,如图 4-9 所示,三个 CCM 执行完全相同的功能,每两个 CCM 之间通过 CCDL 进行数据通信和同步。三个 CCM 分别进行系统的状态监控和指令发送,所有的指令都发送到 ACM 中进行指令的监控和表决,最后由 ACM 控制襟翼通道。为避免共模故障,这三个 CCM 使用不同的核心硬件(处理器、FPGA 等)和软件语言实现非相似设计。

2×2 余度构型和 3×1 余度构型的对比见表 4-1。

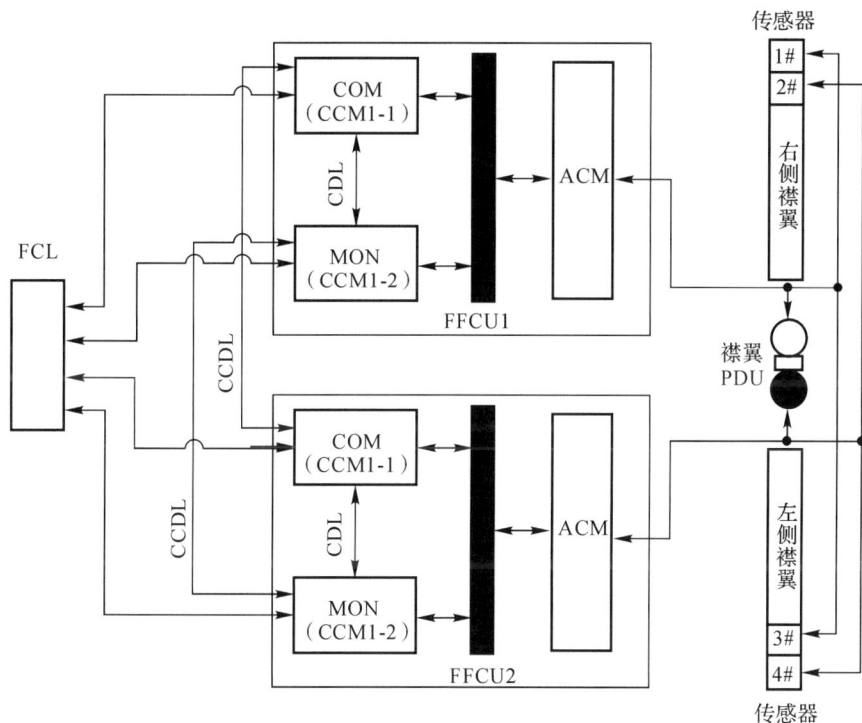

图 4-8 襟翼控制计算机 2×2 余度构型架构图

表 4-1 襟翼控制计算机余度构型对比

对比方面	2×2 余度和 3×1 余度对比结果
可靠性	3×1 余度构型由于电子器件相对较少,其基本可靠性要比 2×2 余度构型高;但任务可靠性方面,两种余度构型基本等同
安全性	2×2 余度构型和 3×1 余度构型均能满足单余度丧失后继续工作的设计要求。2×2 余度构型一般由两台计算机物理分离,能够有效避免一台计算机因火灾、电源失效和战损等原因导致系统功能完全丧失的情况发生,在区域安全性方面更具有优势
软硬件开发难度	2×2 余度构型的计算机两个通道的软硬件不相同,通道间增加同步、CCDL、支持电路及软件程序,开发难度相对较低。3×1 余度构型需要开发各不相同的三个通道硬件和软件,开发难度较大
技术成熟度	2×2 余度构型在国内外都有很多成功应用实例,技术成熟度较高。3×1 余度构型应用并不广泛,技术成熟度较低

综合上述权衡分析,建议襟翼控制计算机一般采用技术成熟度较高的 2×2 余度架构,其可实现较高的故障监测率并具有一定的容错能力,可满足系统高可靠性、高可用性以及高安全性要求。

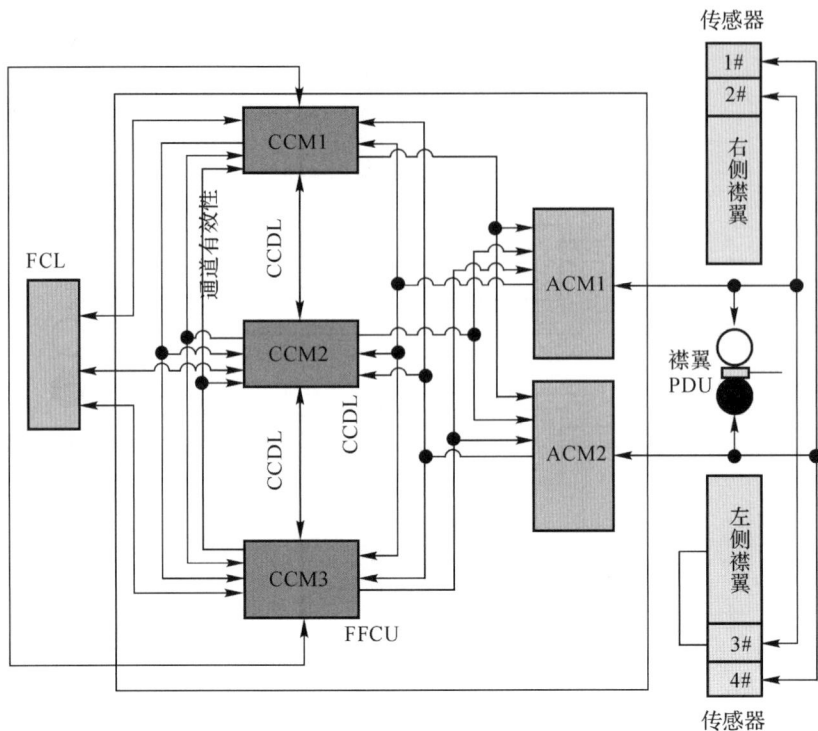

图 4-9 襟翼控制计算机 3×1 余度构型架构图

4.3.2.2 襟翼驱动构型设计

高升力系统中常采用液压马达或电机作为驱动单元来实现输出襟翼驱动力矩构型。依据 GJB/Z 299C—2006《电子设备可靠性预计手册》和 NSWC-09《机械设备可靠性预计程序手册》相关数据和计算方法预估得到电机的基本失效概率约为 $8×10^{-4}$/FH,液压马达的基本失效概率约为 $1.4×10^{-4}$/FH,单个电机或单套液压马达无法满足襟翼系统 $1×10^{-7}$/FH 的可用性要求。因此,襟翼驱动装置一般采用双余度设计提高其任务可靠性。

调研可知,飞机高升力系统使用的动力驱动装置(PDU)构型主要有双液压马达(2H)、双电机(2E)、一液一电(1E1H)三种构型。波音飞机一般采用一液一电式 PDU(B737~B787)。空客飞机一般采用双液式 PDU 方案(A300~A340、A350 襟翼、A380 襟翼)。一些支线飞机则趋向于采用双全电机驱动方案。

2H 方案采用主-主工作方式,通过差动齿轮箱实现速度综合和恒力矩输出。正常情况下两套液压马达同时工作,在单通道故障时,相应的液压马达被制动,系统由另外一个液压马达驱动,此时输出力矩不变,输出速度减半。

2E 方案是以 270 V 直流无刷电机取代液压马达,以大功率驱动器件代替液压控制阀。该方案降低了结构复杂性,符合多电飞机的发展趋势。支线飞机的襟翼 PDU 已趋向采用电机驱动方案(2E),如 ARJ21 襟翼 PDU,该 PDU 采用主-主工作方式,通过差动齿轮箱实现速度综合。正常情况下两套电机同时工作,在单通道故障的情况下,相应的电机被制动,系统由另外一个电机驱动,输出力矩不变,输出速度减半。

1E-1H 方案一般可采用主-备工作方式,也可采用主-主工作方式。采用主-备工作方式时,一般采用力矩综合方式的齿轮箱;采用主-主工作方式时,一般采用速度综合方式的齿轮箱。波音 B737~B787 襟缝翼 PDU 采用主-备式 1E-1H 方案,正常情况下液压马达工作,电机处于备用状态。空客 A380 缝翼 PDU 采用主-主式 1E-1H 方案,正常情况下液压马达和电机同时工作,其特点是采用了非相似余度技术。

三种构型的动力驱动装置(PDU)驱动方案比较情况见表 4-2。

表 4-2　三种驱动(PDU)方案的比较分析

类别	2E	2H	1E-1H	
工作状态	主-主	主-主	主-备	主-主
动力综合方式	采用差动齿轮箱实现速度综合,综合机构较复杂	采用差动齿轮箱实现速度综合,综合机构较复杂	采用力矩综合齿轮箱,正常情况下一套动力不工作,综合机构较简单	采用差动齿轮箱实现速度综合,综合机构较复杂
特点	每套动力提供 100％力矩、50％速度	每套动力提供 100％力矩、50％速度	主动力提供 100％力矩、100％速度。辅动力提供 100％力矩、20％速度	每套动力提供 100％力矩;两套动力分担 100％速度
主要优点	以电机取代液压马达,以电机控制器代替液压控制阀,降低了结构复杂性	技术成熟,体积小,重量轻,功重比大	采用了非相似余度,可靠性较高	采用了非相似余度,可靠性较高
主要缺点	重量和体积较大	两套动力失效后不能工作;由于控制阀存在节流损失,流量消耗大	由于主动通道为全功率,因此重量和体积较大;维护设备复杂	由于电机和马达的速度不相同,存在速度分配;维护设备复杂
应用机型	ERJ190、ARJ21、MA700	A320、A330、A340、A380 襟翼、A350 襟翼、C919	波音系列飞机	A380 缝翼、A350 缝翼

通过对三种构型进行综合对比分析可知,对于大型飞机而言,双液压马达方案输出功率大、体积小、重量轻,因此采用这种方案的机种众多。如果采用双液压方案,所消耗的液压流量并不大,考虑到 PDU 中的液压马达和控制阀等部件在飞机中应用广泛,技术非常成熟,因此双液压 PDU 方案是大型飞机的动力驱动装置的首选方案。

4.3.2.3　机械作动构型设计

从空客和波音系列飞机高升力系统驱动的现有技术状况看,高升力系统中驱动襟缝翼的作动器包含液压作动器、齿轮旋转作动器(GRA)和滚珠丝杠作动器(BSA)三种。根据图 4-6 高升力系统故障树分析及安全性指标分配结果,襟翼作动设备无法输出作动力矩的发

生概率应不大于 4×10^{-8}/FH。参考《非电产品可靠性数据分析手册》(NPRD-95)和《机械设备可靠性预计手册》(NSWC-06)的数据和计算方法,齿轮旋转作动器的失效概率约为 8×10^{-5}/FH,滚珠丝杠作动器的失效率约为 5×10^{-5}/FH。因此,为满足安全性要求,通常会采用两个作动器共同驱动一片襟翼翼面,以保证单个作动器断开连接后襟翼不会失控,同时也降低对作动器正常工作载荷的要求。

齿轮旋转作动器与滚珠丝杠作动器的选型设计考虑:

1)齿轮旋转作动器一般需要齿轮齿条、摇臂、导轨及滑轮架等配套运动机构,滚珠丝杠作动器则只需匹配相应的固定铰链支撑结构。

2)滚珠丝杠作动器的效率为 0.7～0.8,齿轮旋转作动器的效率为 0.3～0.5,因此在驱动相同气动载荷的情况下,滚珠丝杠作动器输出效率高,对 PDU 功率需求更低。

3)相同负载下,GRA 的重量会大于 BSA。

4)BSA 和 GRA 都直接和外部环境接触,承受湿热、砂尘、盐雾等腐蚀环境,GRA 采用全密封形式,BSA 则需要使用防尘、除冰、材料防腐等进行弥补。

5)GRA 采用较多的行星轮、三联齿以及复杂的外壳结构,BSA 相对而言复杂结构不多,因此通常 BSA 的价格比 GRA 便宜。

研究发现,除早期民用飞机缝翼采用了液压作动筒或滑轮架与丝杠驱动等机构外,后期飞机多采用了滑轮架与齿轮齿条结构,依靠旋转作动器作动。空客系列飞机(如 A320、A340、A350 和 A380 等)襟缝翼作动器采用了旋转作动器;B747、B757、B767、B777 和 B787 缝翼采用旋转作动器,而后缘襟翼采用了滚珠丝杠作动器。

高升力系统作动器构型设计:首先,应结合飞机襟缝翼采用的支撑方式、安装空间、承载特性等约束,综合评估作动器的选型设计,使其达到结构尺寸尽量小、功重比尽量大;其次,应综合考虑线系参数配置(含传动比、线系速度、线系扭矩)等多重因素对系统整体的影响,基本原则为线系扭矩尽量小、线系速度尽量高,但也应考虑线系高速下的不稳定等因素;再次,应综合评估系统参数配置下机械传动线系的效率和重量;最后,应综合评估系统的可靠性、经济性和维修性等。

4.3.3 基于状态显示安全性需求的系统架构设计

襟翼位置及系统状态信号错误主要因素为襟翼位置反馈错误信号(如襟翼位置传感器反馈信号异常或受干扰)及襟翼控制计算机对位置信号的处理错误或与上位机通信故障等。其故障树如图 4-10 所示。

襟翼位置信号在余度设计和抗干扰能力方面应重点考虑。为满足单侧位置传感器反馈正常信号的 2.24×10^{-5}/FH 的安全性要求,通常会左右各配置一个两余度的位置传感器,构成四余度位置信号构型。同时还应考虑与襟翼控制计算机余度配置关系,一般每台襟翼控制计算机配置控制支路和监控支路,都会采集左右侧襟翼位置传感器的一个通道电气信号进行和值监控、解调和位置运算。如果左侧和右侧的襟翼位置有效,则使用左右侧襟翼位置之和的均值作为襟翼角度;如果任意一侧的襟翼位置传感器信号不一致,经襟翼位置信号有效性确认后,对故障通道襟翼位置信号进行故障隔离,并使用有效通道襟翼位置信号;如果左/右侧的两通道襟翼位置传感器均不正确,则使用故障前上一周期有效的襟翼位置信号,上报故障信息并执行故障保护。

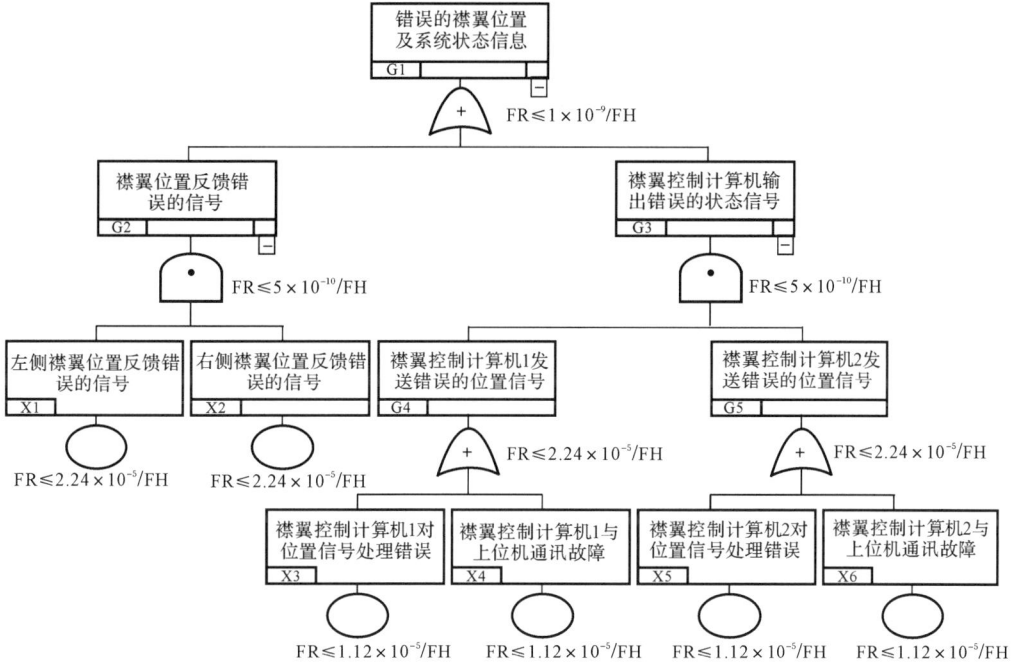

图 4-10　错误的襟翼位置及系统状态故障树

4.3.4　基于故障保护的系统架构设计

一般飞机对高升力系统的安全性要求:不对称运动过限、非指令运动、倾斜过限、超速收放等故障定义为灾难性事故,其发生概率应不大于 $1 \times 10^{-9}/\text{FH}$。本节以襟翼控制系统的不对称过限为例,采用故障树分析法对襟翼控制系统进行安全性分析,结果如图 4-11所示。

从上述故障树分析可知,驱动装置左右输出不一致、传动线系断裂或单侧襟翼卡滞均会导致襟翼发生不对称故障。若不对这些故障施加监控并进行制动保护,则无法满足 $1 \times 10^{-9}/\text{FH}$ 的安全性指标。

故障保护的主要作用在于当高升力系统出现线系断裂故障时,快速锁止机械传动线系,防止与 PDU 失去连接的操纵面在气动载荷的作用下回吹运动,从而实现故障保护。

不对称保护的功能一般是通过翼尖制动器(WTB)或无返回机构(No-Back Brake)来实现的。以空客为代表的机型通常采用 WTB 方案,以波音为代表的机型通常采用无返回机构方案。WTB 方案与无返回机构的对比结果:

1)如果采用无返回机构配置构型,需在每个作动器处设置一套无返回机构,对于多个作动器配置的襟翼系统,会增加无返回机构数量,增大设计难度和复杂度,降低了部件的可靠性,更会增加系统重量。若采用 WTB 配置构型,一般一个襟翼控制系统只需在左右襟翼翼尖处各布置一个 WTB 即可。

2)若系统中设置较多的无返回机构,系统机械传动效率会有明显降低,而采用 WTB 通过轴将线系连接,几乎没有机械传动效率损失。

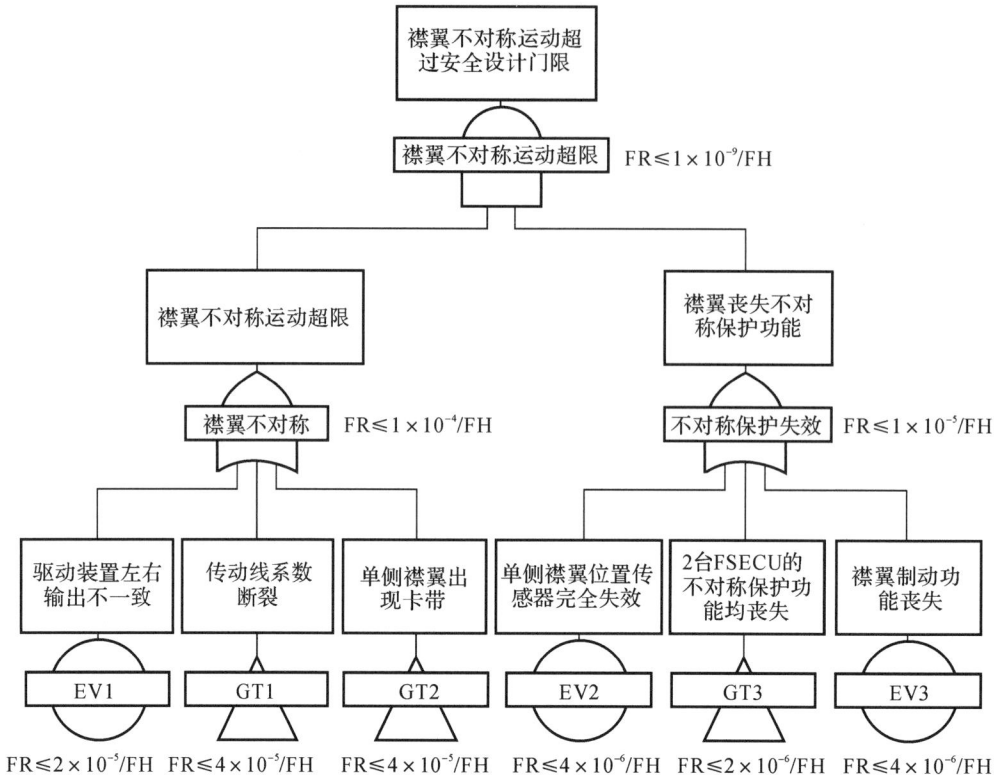

图 4-11 襟翼不对称运动超限故障树分析及安全性分配

3)一般无返回机构会集成在作动器内部,无法在线监测,只有在维护时才能发现故障,存在一定的隐蔽性;而采用 WTB 则可以较好通过 WTB 的制动/解制动状态、线圈故障信息等,在线判断 WTB 的状态,具有较好的测试性和故障隔离率。

相对于无返回机构,WTB 配置构型有着较为明显的优势,高升力系统采用 WTB 方案的机型应用更广。当系统监测到不对称、倾斜、非指令和超速等故障时,可快速向 WTB 和 PDU 发出主动制动信号,能够更好地实现机械传动线系故障保护,抑制危及飞行安全的故障进一步恶化。不对称故障保护构型如图 4-12 所示。

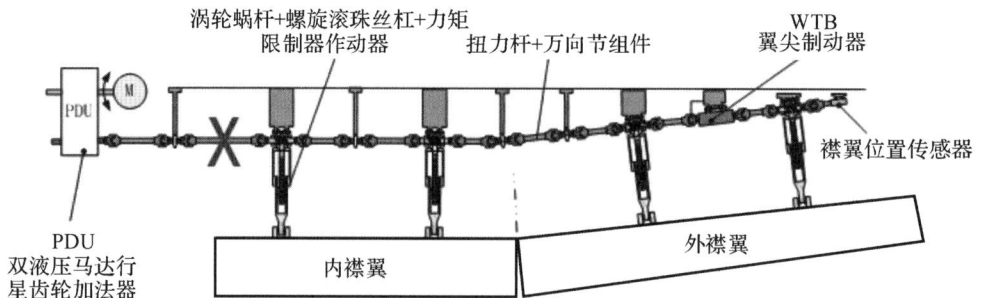

图 4-12 不对称故障保护构型

4.4　机械传动线系设计

机械传动线系是指由动力驱动装置、扭力杆、支撑轴承、角齿轮箱、作动器和翼尖制动器等组成,用于将动力源产生的功率(扭矩和转速),经扭力杆等机械传动部件传递到作动分系统(一般由旋转作动器或滚珠丝杠作动器,以及支撑和运动机构等构成),由作动系统驱动翼面偏转的一套机械刚性系统。

4.4.1　设计目的和原则

机械传动线系设计应遵循以下原则,以实现保证机械传动线系在全生命周内的结构完整性和较好的环境适应能力。

1)考虑机械传动线系布局的合理性;

2)考虑适应机翼变形的能力;

3)考虑适应机翼受温度等环境因素的能力;

4)考虑典型故障下的结构完整性;

5)考虑全生命周内的磨损、间隙等设计余量;

6)考虑适应扭力杆运动特性对自身以及周围系统或其他操纵系统的影响;

7)考虑适应系统全工况、全载荷包线的传递功率能力;

8)考虑气动载荷下的线系刚度等。

4.4.2　设计流程和一般设计要求

4.4.2.1　设计流程

机械传动线系设计流程如图 4 - 13 所示。

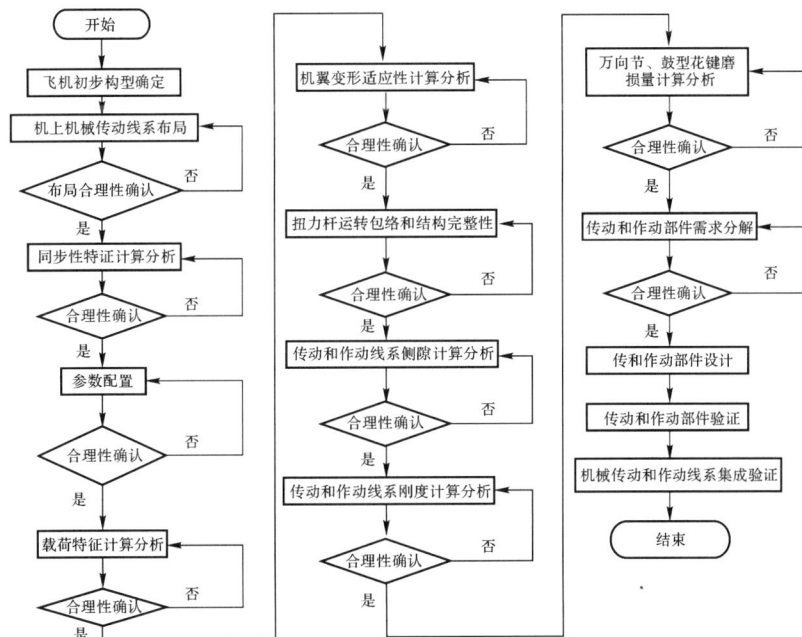

图 4 - 13　机械传动线系设计流程

4.4.2.2 一般设计要求

1.飞机初步构型确定

机械传动线系机上布局的前提条件是飞机初步构型已确定,并已建立构型基线。

飞机初步构型基线确定一般应包含以下基本条件:

1)飞机机翼/机身布局形式及操纵面分布与数量等信息已确认。

2)飞机机翼/机身支撑结构、大梁和肋等关键特征已初步确认。

2.机上机械传动线系布局

机械传动线系机上布局的主要步骤:

1)识别和确认飞机机翼/机身布局形式及操纵面分布与数量等信息;

2)识别和确认飞机机翼/机身支撑结构、大梁和肋等关键特征;

3)开展初步机械传动线系布局,如图 4-14 所示。首先,依据机械传动线系初步构建,初步确认机械传动线系布局特征。布局特征一般包含机上有几片翼面、每片翼面机械交连方式,即作动器站位数量、每个 LRU 与机上结构的机械交连形式等特征。其次,设置机械传动线系布局的起始站位。

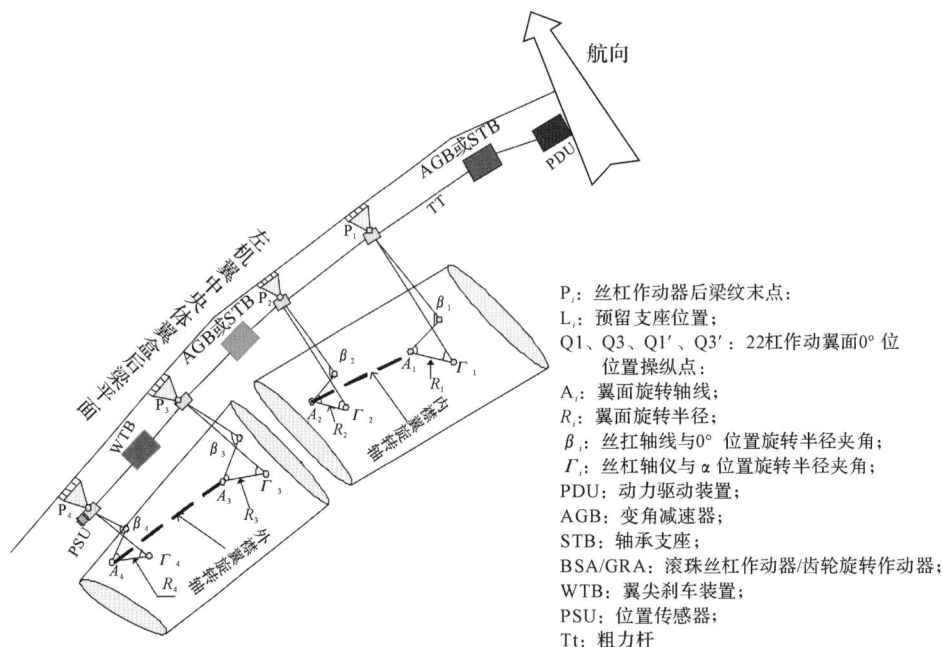

P_i:丝杠作动器后梁纹末点:
L_i:预留支座位置;
Q1、Q3、Q1′、Q3′:22杠作动翼面0°位位置操纵点;
A_i:翼面旋转轴线;
R_i:翼面旋转半径;
β_i:丝扛轴线与0°位置旋转半径夹角;
Γ_i:丝杠轴仪与α位置旋转半径夹角;
PDU:动力驱动装置;
AGB:变角减速器;
STB:轴承支座;
BSA/GRA:滚珠丝杠作动器/齿轮旋转作动器;
WTB:翼尖刹车装置;
PSU:位置传感器;
Tt:粗力杆

图 4-14 机上机械传动线系布局示意图

开展初步机上机械传动线系布局应注意以下事宜:

1)机上机械传动线系布局应以 LRU 为独立站位设计;

2)每个 LRU 机上布局时应采用机上全局坐标(X,Y,Z)方式定义每个 LRU 的坐标点;

3)每个 LRU 的坐标点应通过机上肋、大梁、机体结构及其周边其他设备为参考提取坐

标值,利用相对坐标方式定义每个 LRU 的坐标;

4)每个 LRU 采用全局坐标的方式,一是便于机械传动线系后期迭代过程的调整,二是便于后期 LRU 三维模型直接在机上机械传动线系的安装和调整。

3.同步性特征要求

机械传动线系布局构建后,应开展作动器的同步性特征计算分析。

同步性特征计算分析注意事项:

1)假设机械传动线系旋转运动过程无侧隙或侧隙对同步性影响不大。

2)同步性评价:构建机械传动线系转动角度、作动器偏转角度/行程和翼面偏转角度对应关系;应考虑机械传动和作动转角度、作动器偏转角度/行程与翼面偏转角度成非线性关系的情况,若存在非线性关系,应以翼面实际偏转角度为基准,进行同步性修正;高升力系统两侧襟缝翼翼面一般允许承受的不同步角度约为 $2.5°$,在非 0 挡位的缝翼控制精度不超过 $±1.1\%F \cdot S$,襟翼位置控制精度不超过 $±1.5\%F \cdot S$。

4.参数配置要求

机械传动线系参数配置主要注意事项如下:

1)参数配置主要包含机械传动线系传动比、转速。

2)传动比一般由动力驱动装置和作动器两部分的传动比组成。

3)传动比的选择应综合考虑系统工作载荷、线系转速及传动线系整体效率和重量等。

4)线系转速的选择一般应考虑扭力杆可承受的最大转速(影响因素包括径向跳动或挠度等)、承载特性及其长度等因素。

5)系统参数配置应基于输入和约束,开展系统级优化。优化目标一般为轻重量、高效率和安全性等。

6)系统参数配置谨记不能将局部最优视为系统整体最优,应开展系统级协同优化,获取全局最优。

5.载荷要求

机械传动线系载荷特征计算分析具体如下:

1)依据飞机获取翼面气动载荷或作动器轴向工作载荷。

2)在计算作动器、线系载荷过程中应考虑温度、摩擦和效率等因素。

3)依据翼面气动载荷或作动器轴向载荷反向计算获得机械传动线系上的驱动载荷。

4)推导动力驱动装置驱动载荷过程中,应考虑线系中摩擦、效率等因素(如采用集成有万向节的扭力杆方式时,应考虑每根扭力杆万向节传递效率)。

5)获得动力驱动装置驱动载荷后,选配驱动元件(电机、液压马达等)。

6)依据选配的驱动元件的驱动能力,应评估是否需要集成力矩限制器,以限制动力驱动装置的最大输出能力,从而在机械传动线系发生卡阻时,降低其承受的最大载荷。

7)机械传动线系应考虑其发生卡阻时的载荷承受能力,一般要求在故障载荷或线系限制载荷(一般取动力驱动装置的最大输出载荷的 1.5 倍)下,机械传动线系不应发生有害的永久变形;故障载荷或线系限制载荷应作为机械传动线系(含扭力杆、支撑部件、传动部件等)结构强度校核基准。

8)对于同一翼面由两个作动器共同驱动的构型,应考虑一个作动器断开时,另一个作动器具有保持翼面在当前故障位置的能力;对于集成有力矩限制器的作动器,其力矩限制器的最大输出应作为该作动器结构强度校核基准;通常在作动器失效把持载荷和作动器力矩限制上限之间取较大值作为作动器及其飞机连接结构的强度校核基准。

9)机械传动线系应考虑启动和制动时,其承受的冲击载荷,一般冲击载荷约为1.3~1.5倍的工作载荷。

10)机械传动线系应考虑机翼变形情况下产生沿线系轴向的轴向载荷。

11)工作载荷作为机械传动线系的驱动能力的输入。

12)应将动力驱动装置输出的限制载荷作为机械传动线系(含扭力杆、支撑部件、传动部件等)结构强度校核基准。

13)极限载荷一般为限制载荷的1.5倍,当采用极限载荷作为机械传动线系结构强度校核时,允许有变形,但不允许有结构破损。

6. 花键搭接量要求

对采用渐开线花键或鼓型花键连接的机械传动线系,具体要求如下:

1)依据机械传动线系承受的限制载荷,计算花键有效搭接量。

2)花键的承载搭接量取决于花键形式(渐开线花键、鼓型花键或矩型花键等)。对于鼓型花键,根据多个型号的研制经验,其承载搭接量一般为渐开线花键长度的2/3,且不应小于4 mm。

7. 机翼变形和安装环境适应性要求

机械传动线系机翼变形和机上安装环境适应性要求如下:

1)对于采用花键连接形式的机械传动线系,应综合考虑机翼变形和机上安装误差等对花键搭接量的影响。

2)如机翼变形引起花键搭接量变小,其花键搭接量应减去机翼变形量引起花键减小的量值。

3)如机上安装误差引起花键搭接量变小,其花键搭接量应减去机上安装误差引起花键减小的量值。

4)花键最小搭接量=花键有效长度-机上安装误差-LRU安装面到花键连接端面误差-机翼变形量(伸出量)。

5)花键最小搭接量应不小于花键有效搭接量,以保证花键能够有效承受机械线系传递的扭矩和转速。

6)动静件运动间隙。机械传动线系应考虑受到机翼变形量(压缩变形)、安装误差等因素影响,使扭力杆存在沿线系滑动的趋势,扭力杆(未固定段)端面与连接LRU存在接触可能的静止壳体端面之间的间隙。动静件间隙应考虑机翼变形等因素,避免动静件间产生运动干涉,一般取12.7 mm或以上。

7)扭力杆与连接LRU轴向花键端面间隙。机械传动线系应考虑因受到机翼变形量(压缩变形)、安装误差等因素影响,使扭力杆存在沿线系滑动的趋势,扭力杆(未固定段端面)与连接LRU的花键轴端面之间存在的间隙。

8)扭力杆与连接 LRU 轴向间隙应不小于零,以防止受到机翼变形、安装误差等因素使扭力杆与连接 LRU 的花键轴端面产生干涉。一旦存在干涉,扭力杆会受到轴向压力,存在扭力杆径向跳动、运动失稳甚至断开等危险情况。

8. 扭力杆运转包络和结构完整性要求

机械传动线系扭力杆运转包络和结构完整性要求如下:

1)扭力杆运转包络。机械传动线系扭力杆应考虑在承载工况、按设计转速运转时,扭力杆节组件产生径向跳动引起的运转包络范围。

2)运转包络范围应通过分析或试验获得。机械传动线系扭力杆运转包络范围内不应安装布局管路、作动连杆等操纵器件,以防止扭力杆运转时对其造成干涉或破坏。

3)结构完整性。机械传动线系扭力杆应考虑在最不利的载荷条件下保持结构完整,自身不发生结构损坏,也不使飞机结构和其他系统发生损坏。当扭力杆发生断开故障时,应考虑其高速旋转下,自由端头不受限制约束的高速摆动运转会产生不平衡力,从而打坏邻近系统或结构,因此一般应采用一定的防摆装置或等效措施来限制其作用范围。

4)扭力杆长度限制。用于传动动力源功率的扭力杆的长度和规格选取应考虑使用条件,并保证其正常运动或径向跳动量在可接受的范围内。扭力杆长度一般不大于 1.5 m,对于长度大于 1.5 m 的扭力杆,建议分析计算其在承受载荷和高速运转下的径向跳动或挠度,以保障其稳定运转。

9. 传动和作动线系侧隙要求

机械传动线系侧隙要求如下:

1)对于采用花键连接形式的机械传动线系,应考虑花键侧隙对系统控制精度的影响。

2)机械传动线系侧隙测量方式为,动力驱动装置把持不动,从线系末端施加一定扭矩,标定其偏转角度即为线系侧隙值。

3)机械传动线系应考虑全寿命周期的侧隙。

10. 刚度要求

机械传动线系刚度要求如下:

1)机械传动线系应具有承受翼面气动载荷扰动和不对称载荷的能力。

2)机械传动线系设计应考虑不对称载荷的影响。

3)机械传动线系刚度定义为动力驱动装置把持不动,翼面气动载荷反传到机械传动线系上,形成机械传动线系的扭转角度。

4)一般机械传动线系刚度应包含在系统控制精度内。

5)对于集中共轴式驱动方式的机械传动线系,其刚度一般约 0.1°~0.2°(折合翼面角度)。

6)需将机械传动线系刚度总体要求逐项分解至线系各个部件,特别是有传动作用的轴类零组件上,该刚度可作为传动轴类刚度设计要求。

11. 万向节、鼓型花键磨损量要求

对于采用集成有万向节、鼓型花键的扭力杆应考虑以下要求:

1)机械传动线系集成有万向节、鼓型花键的扭力杆应在全生命周期内考虑磨损,磨损会造成万向节转动间隙。

2)集成有万向节或鼓型花键的扭力杆在设计初期应充分考虑全生命周期的磨损量和承载能力,以保证机械传动线系累积间隙值不会使线系末端位置传感器产生较大回程误差,影响系统位置控制精度。

4.4.3 作动系统减速比配置

作动系统减速比配置原则如下:

1)作动器的减速比配置,特别是旋转作动器的减速比配置,需要基于经过验证且成熟的构型。

2)PDU 的减速比尽可能小,但是需要结合所选取的马达的特性以及作动器的减速比协调定义。

3)需要配置一系列的作动器减速比,结合驱动装置定义的构型,权衡定义作动器和PDU 的减速比。

4)权衡时可能具有多个目标,但必须以经济性为基础(技术成熟且可借鉴的产品),以性能为基本要求,满足系统重量需求;如果能源系统提出了限流的强制性要求,则尽可能地确保作动器的减速比配置(数量多),牺牲 PDU 的经济性。

旋转作动器减速比配置可不改变成熟的功率级减速比,通过调整输入级的减速比实现总减速比的变化。当定义系列化的减速比之后,可根据经验假设最严酷环境工况下作动器的效率和摩擦力矩,以计算作动器所需的输入载荷。同时,根据系统作动时间和行程的要求,在不考虑加速和减速的情况下,计算传动线系的平均转速;然后,根据经验假设最严酷工况下传动部件的效率、摩擦力矩等,计算 PDU 的输出端载荷以及转速。

PDU 减速比尽可能小的原因是减小传动线系卡阻时的惯量载荷。有些 PDU 在输出端集成了制动式系统力矩限制器,但该力矩限制器的主要功能是限制输出的载荷,而不是执行缓冲功能。在不考虑 PDU 安装其他保护设备的条件下,马达惯量等效到 PDU 输出端的惯量 $J_{等效}$ 等于马达惯量 $J_{马达}$ 乘以减速比的二次方。最严酷工况为,当 PDU 连接的第一个作动器出现卡阻故障时,PDU 输出端的载荷可简化计算为

$$T_{PDU输出端} = T_{PDU最大} + \omega \sqrt{J \cdot K}$$

式中:J 为马达到输出端的等效惯量;K 为刚度,如果使用力矩限制器则 K 是齿轮箱的刚度,如果未使用力矩限制器则 K 是 PDU 输出端第一根传动轴的刚度;ω 为系统运转最大速度;$T_{PDU最大}$ 为 PDU 的堵转力矩。在系统转速已定义并且不考虑 PDU 堵转的情况下,要么减小 PDU 的减速比,要么降低第一根传动轴的刚度,才能减小 PDU 输出端的载荷。一般情况下,传动轴的长度和尺寸受安装、强度的限制,很难改变,所以一般需要减小 PDU 的减速比,同时使用小惯量的马达。

如果 PDU 使用制动式的力矩限制器,则该力矩限制器应集成冲击能量吸收机构,以防止力矩限制器限制冲击载荷时造成内部齿轮断裂。如果使用打滑式的力矩限制器,则需要确保力矩限制器具有良好的散热(如采用油浸方式)性能,防止打滑造成摩擦片粘连,导致力矩门限升高。如果 PDU 不使用力矩限制器,则 PDU 到可能卡阻点的刚度需要符合上述公式的要求,并且控制系统需要对马达的输出扭矩进行检测和限制。

4.4.4 动力驱动装置构型权衡

PDU 构型权衡研究基于以下方面：

1）系统的作动功能可用性要求。系统作动功能可用性要求一般在系统的 SFHA 中定义，例如"在飞机降落阶段，丧失襟翼下放功能的失效概率应小于 1×10^{-7}/FH"。

2）机上能源系统的可用性（是否可用以及使用限制）及失效概率。机上能源系统主要包括电源和液压源，在联合论证时会定义能源系统的可用性，例如"不允许使用液压驱动或者液压驱动的流量限制为 80 L/min"。

更为关键的是由客户明确能源系统的架构以及提供给驱动装置可用能源的失效率。一般要求液压接口的失效率不小于 1×10^{-4}/FH，电源接口的失效率不小于 1×10^{-4}/FH。

3）提供潜在方案所使用部件的功能失效概率。

4）PDU 构型定义。

权衡驱动装置的具体组成、工作模式以及对机上能源系统的初步需求，评估其技术成熟度以及潜在的成本（开发成本和产品成本）。

在不考虑 PDU 失效的条件下，当单个能源的失效率等于或大于系统可用性要求时，需要最少配置 2 套完全独立的动力源，分别给 PDU 的驱动通道 1 和驱动通道 2 提供动力，两个通道经过动力综合之后经减速机构输出，其原理示意图如图 4 - 15 所示。

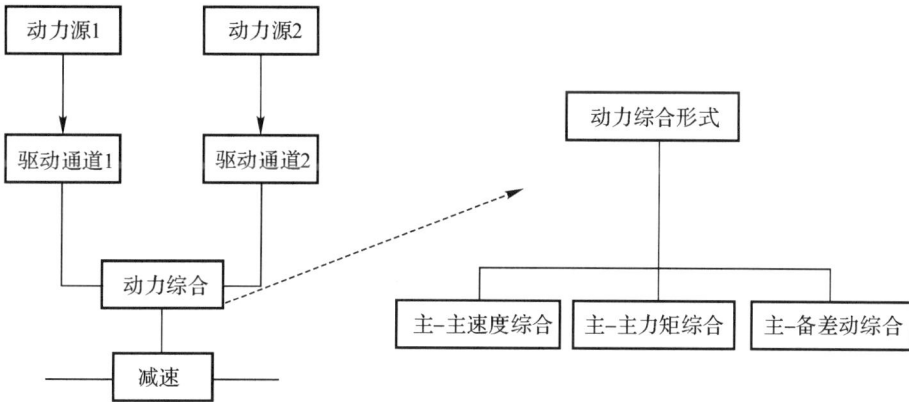

图 4 - 15 双余度构型 PDU

有些系统在 PDU 中安装监控设备状态用的速度传感器（如 A320 高升力系统 PDU 中安装 IPPU）是出于可维护性的考虑。系统如果需要提升位置反馈信号的完整性，也可以在 PDU 输出端或者内部安装位置传感器。

在完成 PDU 的架构设计之后，其工作模式将作为系统的工作模式。例如主-主速度综合的 PDU，其工作模式包括正常模式（双通道工作，正常速度）、降级模式（一个通道工作，一个通道故障后制动，速度减半）和无法工作模式（双通道故障后制动），如图 4 - 16 所示。

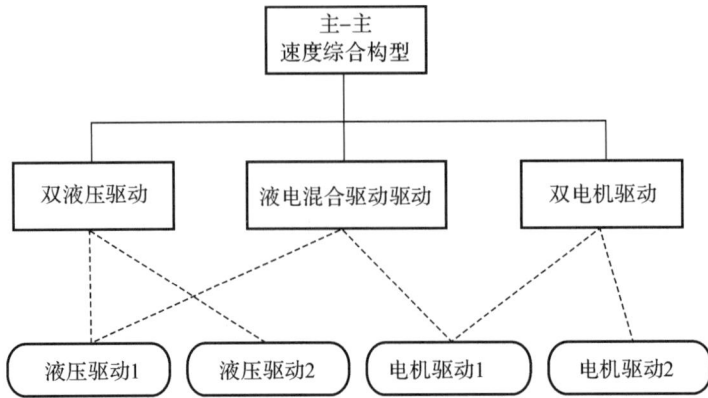

图 4-16 主-主速度综合 PDU 类型

4.4.5 作动系统控制时序

控制时序是定义在不同工况下,作动系统中各个被控的作动电气部件的开启、关闭次序。控制律则主要是指位置闭环控制时的速度控制律,实现速度闭环的伺服控制律在详细设计阶段进行。

由于作动系统在使用过程中都受载,所以从静止状态到运动状态的作动时序一般为:马达起动,制动器解刹。为防止冲击和制动器过度磨损,从运动状态到静止状态的作动时序一般为:马达停止,制动器制动。当系统出现故障时,不论马达处于何种状态,都需要制动器制动,以确保系统"失效-安全"。

位置闭环控制时的速度控制律设计需要与驱动控制通道设计相结合,并基于驱动通道的动态特性定义。

从以下几个方面来考虑设计速度控制律:

1)有新指令时,位置容差为多少时开始响应新指令,不同位置容差是不是使用相同的速度控制律。一般情况下,为了系统鲁棒性(健壮性)更好,采用基本相同的速度控制律,如果速度控制律设置过多,会使控制律边界定义困难,同时会增加系统故障监控逻辑的设计难度。

2)到位控制时的位置容差定义为多少,与新指令的位置容差之间是什么关系,使用什么样的减速曲线(方程)。

到位时的位置容差一般与位置控制精度要求相关。如果新指令的位置容差在到位控制的容差范围之内,则不产生新的速度指令;否则参考1)。

如果要保证高的位置控制精度,一般采用到位阶梯减速,或者采用二次曲线减速,这取决于被控对象的特性以及系统的惯量负载。

3)运动过程中输入新指令如何响应。运动过程中输入新指令存在以下工况:运动刚开始处于加速阶段,指令方向相反;运动到恒速阶段,指令方向相反;运动到减速阶段(即将到位),指令方向相反或者通向新的指令。对于以上工况,特别是因需要反向运动而可能带来问题时,需要与控制系统设计人员进行沟通。

4.5　集中式驱动架构分析

4.5.1　组成及原理

集中式驱动架构是当前国内外运输机高升力控制系统使用的主流架构,系统由大量的纯机械部件、机电部件、机液部件和电子设备组成,如图 4-17 所示。

缝翼齿轮齿条　变角齿轮箱　转置齿轮箱　支撑轴承组件
缝翼齿轮旋转作动器　缝翼　襟翼　动力驱动装置　襟翼位置输出机构
襟缝翼操作手柄　襟翼滚珠丝杠作动器
襟缝翼控制计算机　襟缝齿轮旋转作动器　翼尖制作器　万向节扭力杆组件　倾斜传感器

图 4-17　典型的喷气式飞机集中式驱动高升力控制系统组成

根据图 4-17 定义的高升力控制系统功能分系统,每个功能分系统主要的设备组成如图 4-18 所示。其中,控制分系统一般由 2 台可互换的高升力计算机组成,根据位置控制指令、传感器分系统的反馈信号以及外部输入信号等,执行指令生成、系统健康状态监控、关联设备健康状态在线监控等功能;驱动分系统由襟翼和缝翼动力驱动装置组成,接收控制分系统的指令,将飞机动力系统提供的电能或者液压能转换成动能,并传递给传动分系统,同时还具备制动、力矩限制等功能;传动分系统由扭力杆、支撑轴承和翼尖制动器等组成,将驱动分系统的动力传递给各个作动器并执行整个系统的制动保护功能;作动分系统由直接驱动襟翼和缝翼的作动器以及相关的运动机构(如齿条和小齿轮)组成;传感器分系统主要由安装在驱动分系统、传动分系统、作动分系统中的各种传感器组成,执行位置测量、作动器扭矩测量等功能;座舱显控分系统由襟缝翼操纵手柄、超控开关以及显示襟缝翼位置和状态信息的设备组成,给飞行员提供人机交互界面和操作接口,一般情况下显示和告警功能由航电系统实现。

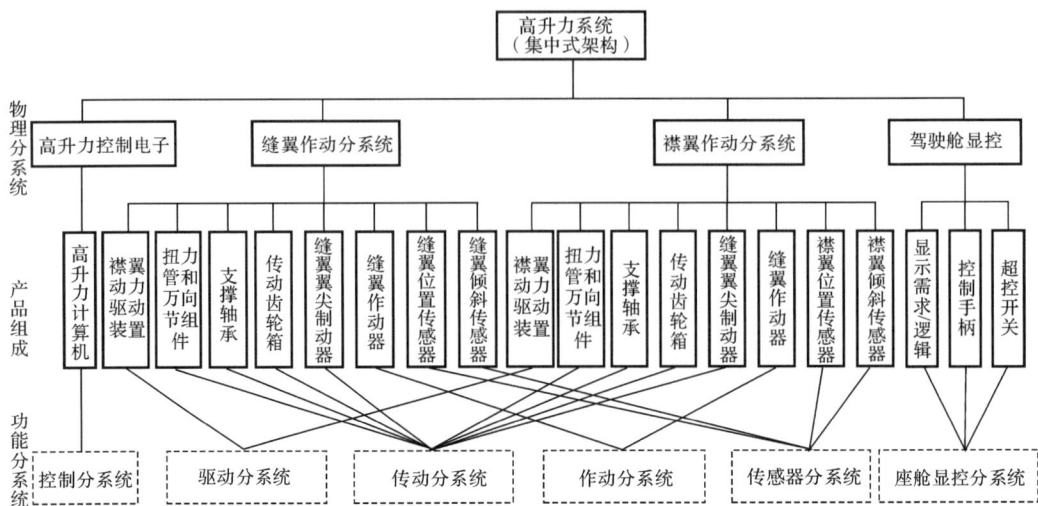

图 4-18 高升力控制系统的功能分系统组成

由于飞机单套能源系统的失效率无法满足高升力控制系统的可用性指标需求,集中式驱动高升力控制系统的驱动分系统一般配置两个完全独立的驱动通道,分别由机上独立的能源系统提供动力;两个驱动通道通过主-主速度综合形式、主-备形式等将驱动动力进行综合,输出给传动分系统。每个驱动通道一般由独立的控制通道控制,实现每个驱动通道的独立性;与之相适应,传感器分系统中的传感器、显控分系统中的襟缝翼操纵手柄分别给每个控制通道提供独立的信号,每个控制通道也给显控分系统发送独立的系统状态等信息,所有控制通道组成控制分系统,如图 4-19 所示。

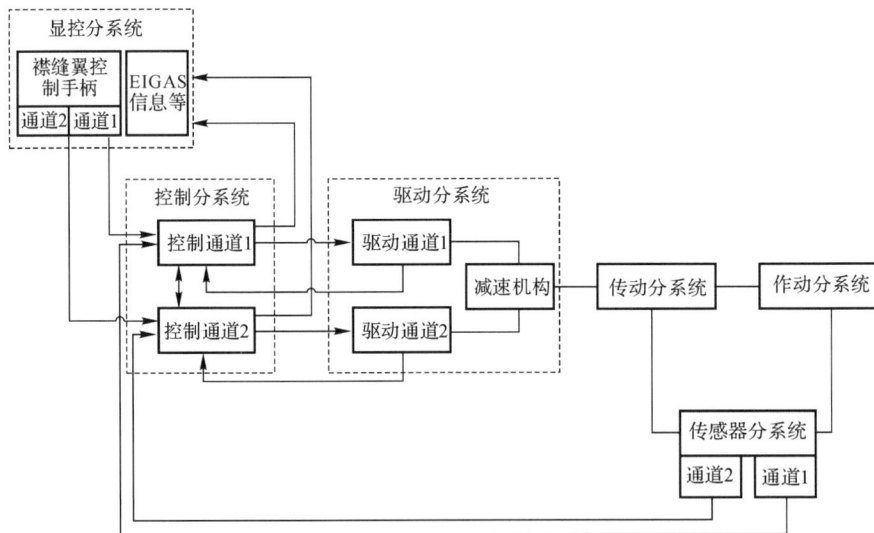

图 4-19 集中式驱动高升力控制系统余度架构

有时,为了进一步提高驱动通道的可用性,控制分系统可采用交叉方式控制驱动通道,但这种方式会增大系统的开发难度,降低系统的维护性。

集中式驱动高升力控制一般采用双环控制,外环为位置环,内环为速度环(见图 4 - 20);当使用电机时还会涉及电流环。控制分系统的每个通道分别执行位置环控制,系统根据指令位置与翼面位置的差生成速度指令并发送给对应的驱动通道,驱动通道根据速度指令执行速度伺服控制。对于液压驱动的系统,由于电子驱动控制器件功率很小,可与控制通道的电子设备一起集成在高升力计算机中;但对于电驱动系统,由于电机控制器除电子控制器件外还包括功率驱动电路等大功率电路,从电磁兼容等角度考虑可以独立成一个产品。为了便于描述,本书中凡涉及电驱动,其独立的控制器均属于驱动分系统。

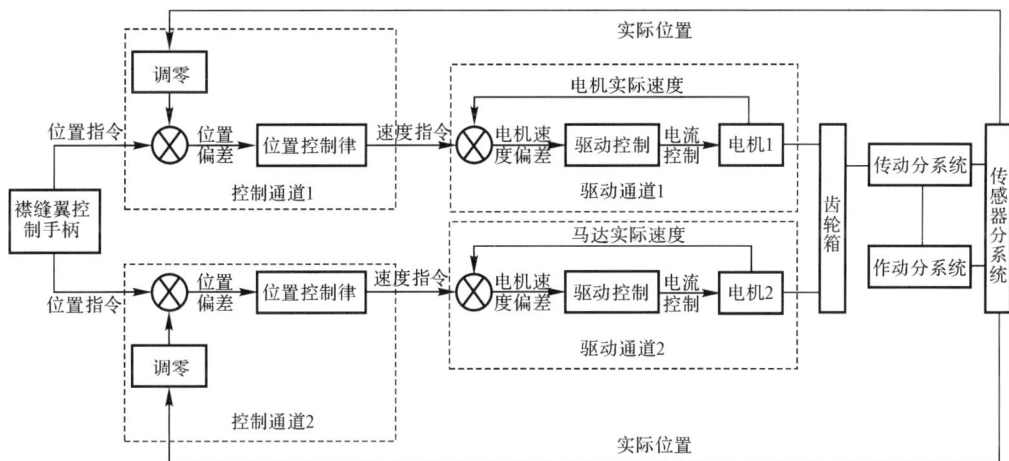

图 4 - 20　集中式驱动高升力控制系统典型控制律

在某些高升力控制系统中会使用超控开关,其优先级要高于襟缝翼操纵手柄。这种设计主要是基于以下方面考虑:

1)襟缝翼操纵手柄卡阻会导致飞行员无法控制襟缝翼;

2)高升力计算机可靠性较低,不能满足任务可靠性要求。

如果考虑襟缝翼操纵手柄卡阻,则超控开关作为襟缝翼操纵手柄的备份。不论使用襟缝翼操纵手柄还是超控开关,系统的工作模式都不会改变;如果基于高升力计算机失效后采用一种备用(紧急)操作模式,则超控开关提供的是一种完全不同的操作模式,可能是在系统无监控情况下的一种开环控制。这种设计方式较常见于军用运输机,可提高系统的可用性,但给操作人员带来额外的工作负担和操作风险。

4.5.1.1　控制分系统

控制分系统通常采用 2×2 余度架构,但在满足可用性的前提下,也可以采用诸如 3×1 余度架构,本章节仅对 2×2 余度架构控制分系统进行简单介绍。对于 2×2 余度架构,每个高升力计算机的通道内部均采用非相似的双支路设计以满足系统的安全性需求;有时为了更好地解决共模问题[9],缝翼通道和襟翼通道也采用非相似设计,但这种设计会带来巨大的研发成本和后期的维护成本,所以在设计时需要综合权衡。当高升力计算机可靠性满足需求时,襟缝翼通道可共用一套硬件,以节省硬件研发成本,简化系统工作模式,例如 C919 飞机高升力控制系统的襟缝翼控制计算机。但这种设计也存在诸多的缺点,例如,没有实现缝翼功能和襟翼功能的独立性,增大软件研发和维护成本,任意一台高升力计算机失效会导致襟翼和缝翼同时降级等。

图 4-21 是典型 2×2 余度架构控制分系统,每台高升力计算机中包括两个完全独立的缝翼通道和襟翼通道,这种配置能够保证单台计算机中缝翼通道或者襟翼通道出现故障不会引起另外一个通道失效,提升系统的可用性。

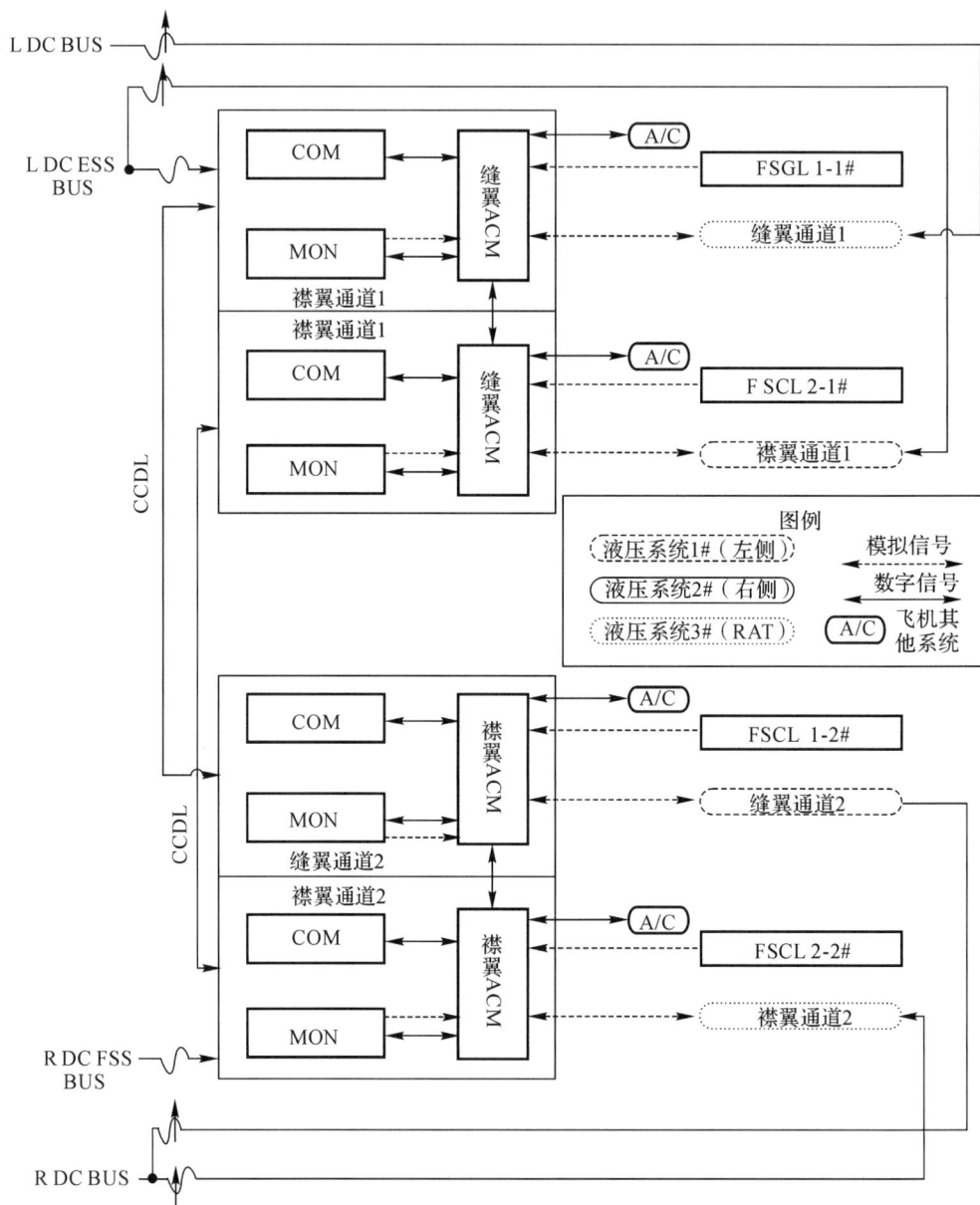

图 4-21 典型控制分系统架构图

每个通道中有两个完全独立的支路:控制支路(COM)和监控支路(MON)。控制支路主要执行系统的控制和影响系统安全的不对称超限等状态监控,监控支路执行和控制支路基本相同的功能,典型的控制支路和监控支路功能配置框图如图 4-22 和图 4-23 所示。结合系统安全性要求和 ARP4754A《民用飞机和系统开发指南》中对研发保证等级的要求,对比图 4-22 和图 4-23 可看出,图 4-22 的监控支路和控制支路可采用不同的研发保证等级进行开发,而图 4-23 则必须使用相同的研发保证等级。通常情况下,为避免共模故障,控制支路和监控支路可根据具体情况采用多种方法实现非相似。例如,COM 和 MON 硬件架构相似但元器件非相似且两个支路采用的软件语言非相似,两个支路的设计和验证团队也相互独立,或者 MON 采用硬件实现,COM 采用软件实现。

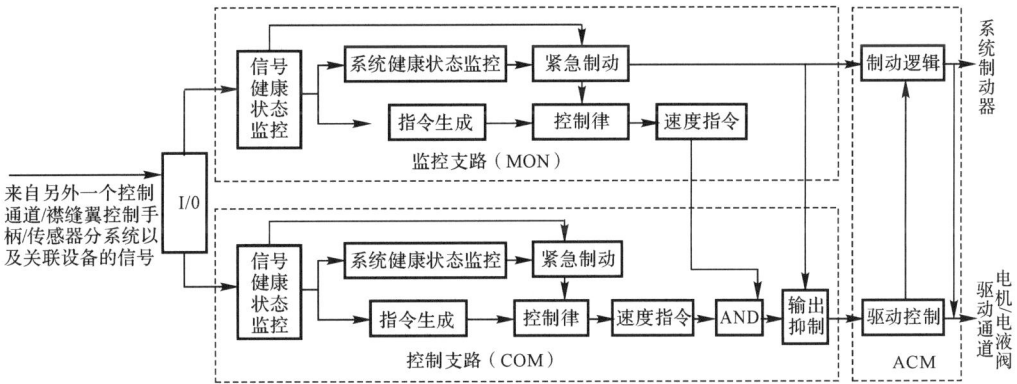

图 4-22　控制支路(COM)和监控支路(MON)的典型功能框图 1

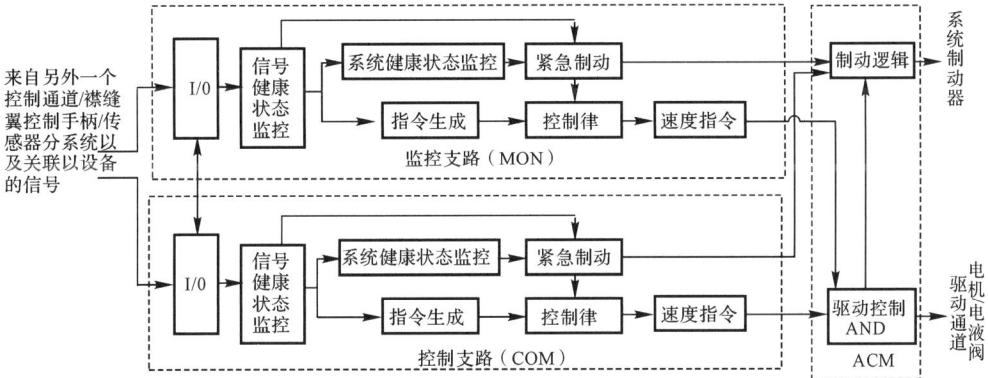

图 4-23　控制支路(COM)和监控支路(MON)的典型功能框图 2

为进一步介绍控制分系统,下面从安全性设计、非相似设计和操作安全性方面详细描述。

1. 安全性设计

通道内的安全性设计基于系统可用性构型和系统 SFHA。例如,系统采用完全独立双通道架构,要满足"在飞机降落阶段,襟翼不对称超过 3°的失效概率小于 1×10^{-9}/FH"。具体设计时需要确保每个控制通道对"不对称失效"监控的失效概率小于 1×10^{-9}/FH 并且需要设置相关的保护措施。通道内可采用图 4-22 或图 4-23 所示的构型对该状态进行监控,并且使用主动式保护(翼尖制动器 WTB)或者被动式保护(无返回装置 NBD)对失效后的系统进行保护。

图 4-24 和图 4-25 展示了襟翼通道 1 的安全性架构设计过程,在此过程中还需要伴随着安全性评估,定义每个模块的研发保证等级。图 4-24 定义了满足安全性要求的状态监控设计,COM 和 MON 同时执行不对称监测并生成控制指令,液压驱动控制模块采用"OR"逻辑执行控制。但考虑到控制通道中的液压驱动控制模块难以实现 $1 \times 10^{-9}/\text{FH}$ 的制动控制要求,所以额外增加翼尖制动器(WTB),紧急制动模块也采用"OR"逻辑控制WTB 的通断。如果采用图 4-22 所示的架构,则监控支路的研发保证等级为 A(DAL A),控制支路的研发保证等级可以为 C(DAL C),作动控制模块(ACM)的研发保证等级为 A(DAL A)。如果采用图 4-23 所示的架构,则监控支路和控制支路的研发保证等级可以都为 B(DAL B)或者都为 A(DAL A),但 ACM 模块研发保证等级必须是 A(DAL A)。需要注意的是,研发保证等级的定义一定基于 ARP4754A 中的要求,并且采用 ARP4761 中定义的安全性评估方法,研发保证等级过高会造成研发成本激增,过低则不满足安全性要求。

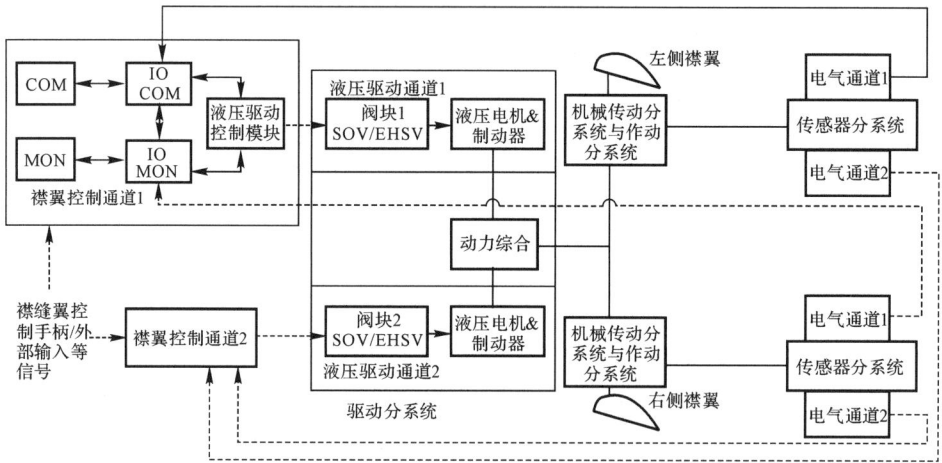

图 4-24 通道内的安全性监测构型

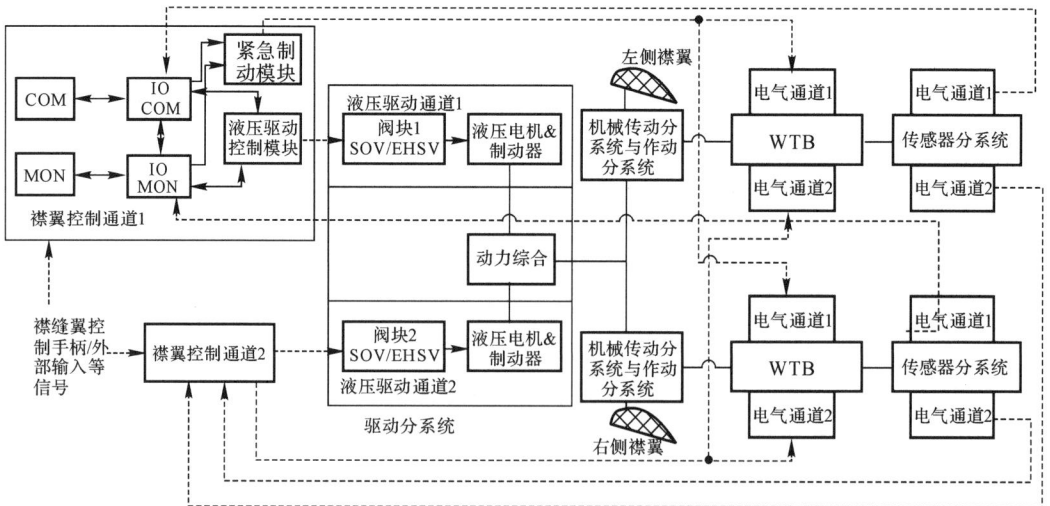

图 4-25 通道内的安全性监测+控制构型

2.非相似设计

非相似设计的目的是避免共模故障(具体定义参考 ARP4754A)。对于控制器的非相似[10]设计,主要是各个支路硬件非相似以及各支路软件非相似。根据电子硬件和产品研发要求,需要独立的设计工程师与验证工程师,如果一个控制器中定义 2 个非相似的 CCM、2套非相似的复杂软件以及配套的电源、I/O 等,那么所需要的设计工程师和验证工程师的数量将十分庞大,研发成本将难以承受。因此,非相似设计需要在成本、周期和人力资源的限定条件下进行。

一般硬件的非相似设计在定义相同的顶层架构后,由不同的研发团队进行详细设计和验证,并且所选用的关键元器件应来自不同的供应商或不同的型号。软件的非相似设计方法包括使用不同的语言、相同的算法,或者不同的算法、相同的语言,在使用相同的语言时,所采用的开发和编译工具不同。

除软硬件非相似设计之外,还需要避免外部信号源头的共因故障导致系统发生安全性事故。

对于较为简单的系统,高升力计算机可以采用非相似设计(见图 4 - 26),采用这种设计的原因:

1)这个系统较为简单,即使采用非相似设计,所需要的人力资源也较少。

2)降低软件取证难度,降低软件开发成本。一般电子产品 DAL A 的取证难度要小于软件 DAL A。

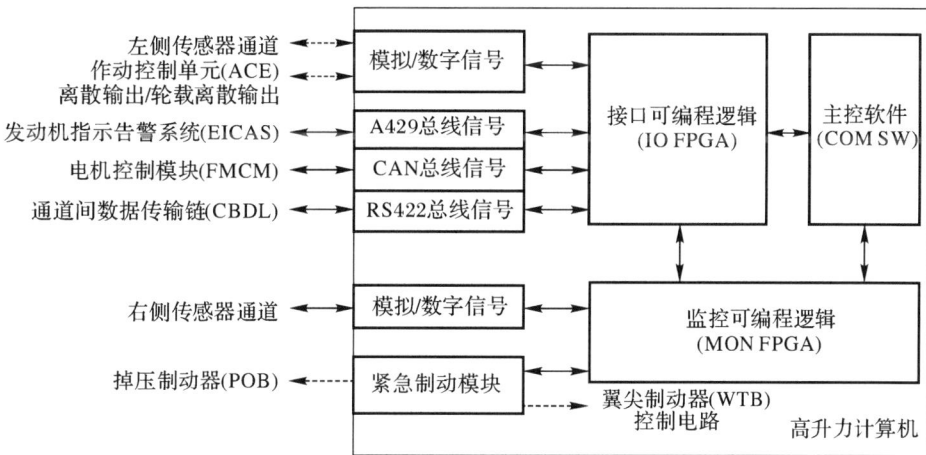

图 4 - 26　完全非相似高升力计算机架构

3.常用的安全性监测措施

(1)输入信号健康状态监测。

系统的输入信号包括外部系统或者内部设备通过 A429、RS422、CAN 等总线发送的信号、轮载等发送的离散信号、传感器反馈的模拟信号/离散信号。

总线信号健康状态判断较为成熟,例如,A429 通过奇偶校验等方式进行信号健康状态判断。但是,需要根据信号的用途提出信号的完整性要求,如果完整性要求满足,使用的时候按照信号的可用性顺序选取;如果不满足,则考虑可用信号的一致性比较后再使用。

外部输入的离散信号则需要根据其执行的系统功能决定是否进行健康状态监控。例如:需要使用轮载信号设计 MBIT 的地面状态判断逻辑(防止在飞行中触发 MBIT,如果触发则引发非指令收放,无法满足 1×10^{-9}/FH 的安全性要求),则需要通过总线额外引入轮载信号进行地面状态判断,同时注意引入的总线轮载信号需与离散轮载信号不同源(一个从轮载控制计算机的支路 1 发出,一个从轮载计算机的支路 2 发出)。

RVDT、LVDT 和 Resolver 的反馈电压经解调之后可通过电压和值监测或者 AD 转换后进行和值监测,有时为了满足信号的完整性要求,需要引入另外的健康的信号进行信号的完整性判断。例如,为防止位置传感器解调或者 AD 转换过程中出现问题导致引入错误的信号,可能需要使用具有线性比例关系的倾斜传感器数据进行校验,这方面的内容需要根据具体系统进行定义。对于电位计等传感器,需要在一个支路内引入至少 2 路机械上互相隔离的信号,通过一致性比较确认健康状态。

(2)输出信号监控(Monitor)。

系统的输出信号包括给外部系统和设备的总线信号、输出的模拟量和离散量。

输出的总线信号通过回采监控,技术较为成熟,不进行赘述。

输出的模拟量主要包括被控的 SOV、EHSV 等,通过对输出的模拟量回采进行健康状态监测,确保输出信号的完整性。输出的离散量也通过回采的方式进行健康状态监测。

(3)操作安全性监控设计。

系统的操作安全性监测包括被控部件的状态监控、关键输入信号监控以及系统状态监控。被控部件一般包括 SOV、EHSV、电机、电磁铁等,这些部件基本都通过电流和电压监测断路和短路。系统的操作安全性监控逻辑设计依据安全性要求,基于余度架构进行设计。操纵安全性监测基于输入信号有效、被控部件健康且控制器自身健康的条件进行。对于高升力控制系统,典型的系统操作安全性监测的内容包括输入指令监控、不对称监控、倾斜监控、非指令运动监控、超速及欠速监控。

系统操作安全性逻辑需要采用渐进的方式设计,并且需要不间断地进行安全性评估。系统操作安全性监控逻辑设计中的一个关键点和难点是监控阈值定义,这些阈值与作动系统的特性、控制器运行周期和失效监控延时(持续监控时间)密切相关,需要通过仿真、地面试验和飞行验证不断完善。

4.5.1.2 驱动分系统

高升力控制系统的功能失效概率(可用性要求)一般要求小于 1×10^{-7}/FH,但不论是飞机单通道电源还是液压源都不能满足该需求。所以,高升力控制系统的驱动分系统一般都使用独立双驱动通道构型,采用动力综合机构对两个通道的动力进行综合后输出给传动分系统,如图 4 - 27 所示。

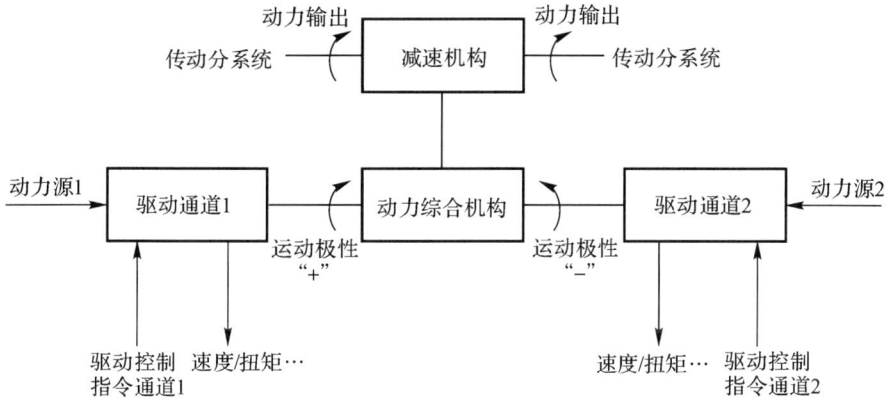

图 4 - 27 驱动分系统基本构型

动力综合机构可实现两个驱动通道主-主或主-备的工作模式。对于主-主工作模式,其可将驱动通道的动力综合之后分为力矩综合和速度综合两种输出形式,而主-备工作模式则每次运行仅允许一个驱动通道工作,另外一个驱动通道处于把持状态。根据输出形式以及系统可用的液压驱动和电驱动两种驱动形式,驱动分系统可分为六大类(见图 4 - 28)。对于使用双液压马达的驱动分系统,一般物理集成后称为动力驱动装置(PDU);但是如果驱动分系统中使用了电机驱动,则一般物理集成后包括两部分,一部分是将电机、制动器、齿轮箱等机械部件物理集成为动力驱动装置(PDU),另一部分是电机控制器,其为独立的产品或者与高升力计算机集成。

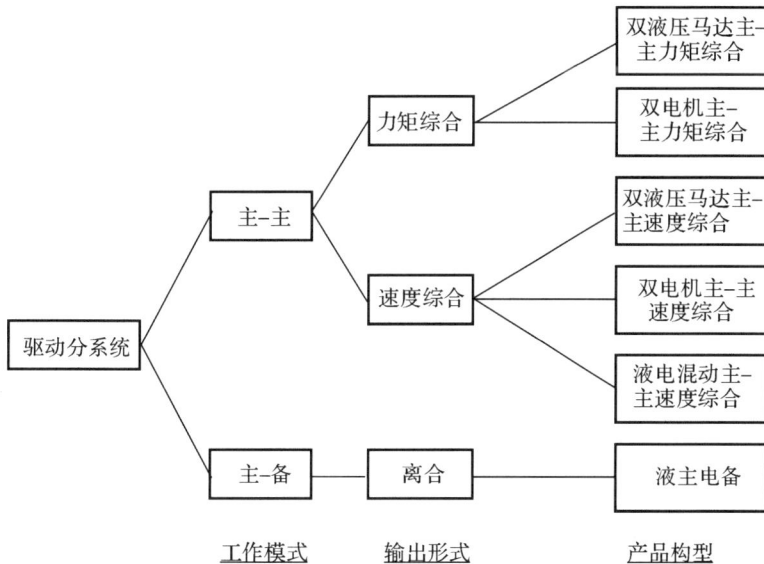

图 4 - 28 驱动分系统类型

主-主力矩综合的动力驱动装置一般都用于老旧机型,其双通道输出时的扭矩是单通道的两倍,这种电机一般采用开环控制。主-主速度综合的动力驱动装置较为常见,其单通道输出速度是双通道输出速度的一半,但是输出的扭矩和双通道时一致,国产的 C919、ARJ21飞机,空客的 A320、A330、A340、A380、A350 飞机以及俄罗斯的 MC21 飞机等都采用该构型。主-备工作的动力驱动装置常见于波音系列飞机的高升力控制系统,例如波音 737、757、767、777 和 787。这种动力驱动装置的电备份与超控工作模式相配合则是波音基于完全非相似驱动设计理念的一种体现。

不论是主-主还是主-备,每个驱动通道都集成有"失效-安全"构型的制动器,该制动器能够在驱动通道不工作时把持系统,在驱动通道出现故障时紧急制动该通道。对于主-主驱动构型,如果一个通道的制动器失效,就会造成整个驱动分系统失效。

对于大型运输机,为防止系统卡阻后造成高升力传动分系统或作动分系统部件损坏,一般都在每个作动点和驱动装置的每个输出端集成机械式的力矩限制器或者扭矩传感器,这种设计能够极大地减轻系统重量。但对于小型运输机而言,由于机械式的力矩限制器门限值范围较大,不适合用于单边力矩限制,所以一般不使用。此外,为防止驱动装置输出端的传动部件或者作动部件卡阻的冲击载荷,大型运输机驱动装置中一般都集成有冲击载荷减缓设备或者采用柔性较好的传动轴,小型运输机驱动装置中一般集成打滑式力矩限制器,通过摩擦将额外的冲击负载消耗。

4.5.1.3 传动分系统

传动分系统通常由扭力杆、支撑轴承、传动齿轮箱以及翼尖制动器等组成(见图 4-29),执行系统的动能传递、紧急制动以及动能转换(转换为弹性势能)功能。

图 4-29 传动分系统基本组成

扭力杆是传动分系统中的关键部件,一般构型为两端带万向节的扭力杆,能够在传递驱动分系统动能的同时,适应机翼变形、制造公差以及环境温度造成的两端与被连接件之间出现空间位置的变换。因此,其在安装时,需要一端与被连接件固连,另一端保持可轴向滑动。除必须的强度要求外,扭力杆的刚度和磨损也是设计中需要关注的关键点,刚度过大会影响整个系统和机械接口强度,过小则会影响运转挠度,磨损会影响系统位置控制精度。需要注意的是,万向节随着使用角度的增大会造成传动效率的急剧下降和磨损加剧。通常,万向节的角度不宜大于 6°。为保证万向节两端传递速度的一致性,一般两端万向节需要在空间方向上保持平行或者近似平行。

支撑轴承的主要作用是给扭力杆提供支撑,避免扭力杆过长造成的运动包络过大,同时能够根据结构或其他系统安装需求进行动能传递路径小角度的调整。

传动齿轮箱一般包括不带减速比的转置齿轮箱和角齿轮箱[11],但某些机型会根据需求在传动线系上,特别是在动力驱动装置的输出端,安装带一定减速比的传动齿轮箱。转置齿轮箱和角齿轮箱都使用在扭力杆无法提供更大传动角度的位置。其中,转置齿轮箱通过在空间平移输入端和输出端改变动力传递路径,角齿轮箱则是通过在空间中改变输入端和输出端的夹角改变传动角度。通常,为便于控制、提升系统的可维护性,传动齿轮箱的输入旋向和输出旋向保持一致。

翼尖制动器是传动分系统中的关键部件,也是高升力控制系统中的关键部件。在系统正常工作时,翼尖制动器传递动能;当传动分系统中的部件断开,导致系统发生不对称或者控制分系统发生非指令运动时,翼尖制动器将制动整个传动分系统。翼尖制动器通常都由控制分系统直接控制。为保证在各种失效工况下翼尖制动器都能够制动系统,一般将其安装在左右两侧缝翼或者左右两侧襟翼最外侧两个作动器之间,同时适用"失效-安全"制动构型。根据其使用的动力源形式分为电磁式翼尖制动器和液压式翼尖制动器,翼尖制动器的余度需要与系统的余度保持一致。

4.5.1.4　作动器

作动器通常由直接驱动襟翼运动机构或者缝翼运动机构的作动器、齿条和小齿轮组成,通过减速以较大的扭矩或者推力作动襟缝翼。

作动器主要包括液压作动器、齿轮旋转作动器[12]和滚珠丝杠作动器[13]三种形式。液压作动器仅在早期机型中有过少量应用,因而在此不对其进行详细描述。齿轮旋转作动器包括用于缝翼作动的旋转作动器和用于襟翼作动的旋转作动器。由于前缘翼型齐整、安装的其他系统设备较少且载荷较小,缝翼旋转作动器一般采用共轴输入、输出和动能传递的简单构型。后缘襟翼则由于载荷大,内外襟翼存在角度差,还安装有扰流板作动器、液压管路等,空间狭小,襟翼旋转作动器一般由转置齿轮箱和大减速比齿轮箱组成,其输入轴和动能传递轴共轴。丝杠作动器主要用于襟翼作动,一般由转置齿轮箱和滚珠丝杠作动器组成。由于旋转作动器具有维护间隔周期长、安装空间小的特点,所以大型民用飞机一般都使用旋转作动器。对于支线飞机或者军用运输机,一般使用维护简单、价格更加低廉的丝杠旋转作动器。在某些情况下,襟翼运动机构的形式也会限制作动器的形式,例如采用导轨滑轮架结构的富勒襟翼,由于运动到最大角度时滑轮架会有反向运动,所以可能无法使用丝杠作动器。

4.5.1.5　传感器

传感器主要是指用于襟翼/缝翼位置、扭矩等测量的传感器。一般情况下,控制分系统通过传感器直接或者间接测量襟缝翼位置,执行襟缝翼位置控制、翼面倾斜探测、不对称探测。力传感器一般用于探测襟翼运动机构等关键部位的承载和襟翼倾斜探测。

根据位置测量的用途,传感器分为位置传感器和倾斜传感器。位置传感器一般使用集成了减速器的 Resolver,安装在传动分系统的两端,控制分系统通过两端的平均值计算翼面位置,通过差值探测是否发生不对称。倾斜传感器包括若干形式,例如后缘襟翼使用的连杆式 Resolver、LVDT,前缘缝翼使用的钢索式倾斜传感器、齿条式和小齿轮式 Resolver 以及磁靶式传感器等。

目前,倾斜探测是高升力控制系统研究的重点和难点,倾斜与翼面刚度、翼面支撑刚度、传动分系统刚度、作动分系统刚度和强度、相邻翼面的干涉角度设计以及设备安装布局空间等密切相关。如果翼面刚度和翼面支撑刚度较大,在翼面发生倾斜后作动分系统有足够的支撑刚度,则翼面倾斜角度可能不会发生超限等。

4.5.1.6 *座舱显控分系统*

早期机型的座舱显控分系统包括指示襟缝翼位置的仪表、状态指示灯等状态显示设备,以及控制襟缝翼的手柄或/和开关。随着航空电子技术的发展,高升力控制系统相关的显示和告警都由航电系统实现,高升力控制系统提供所需的各种显示信号以及告警逻辑。但由于高升力控制系统功能的独立性,驾驶舱内的襟缝翼操纵手柄和/或超控开关一直被保留。

高升力控制分系统的每个通道一般通过总线将襟缝翼位置和系统状态信息发送给航电系统,航电系统通过高升力控制系统提供的位置显示要求和故障综合逻辑,在 EICAS、PFD 等显示设备上显示襟缝翼位置、系统状态等信息。

襟缝翼操纵手柄提供飞行员和系统的人机操作接口。当飞行员操纵襟缝翼操纵手柄到定义的挡位之后,襟缝翼操纵手柄中的传感器将挡位定义的电信号发送给控制分系统中的襟缝翼控制计算机,襟缝翼控制计算机则根据这些定义的电信号控制襟缝翼构型。

综上所述,随着航空电子技术的进一步发展,座舱显控高度集成化、模块化以及采用总线进行信息输入和输出集成已成为一种趋势,高升力控制系统在座舱显控方面的研制范畴也仅限于提供显示需求、故障综合逻辑等设计方面的内容以及实现人机操纵接口。

4.5.2 内部交联关系

高升力控制系统的内部交联包括电气交联和机械交联,表现为传感器激励与信号采集、驱动设备控制、动能传输三个方面。

图 4-30 展示了集中驱动架构高升力控制系统各分系统之间典型的内部交联关系。控制分系统执行系统内部几乎所有传感器的激励和解调,执行驱动分系统的控制同时执行分系统内部设备之间的信息交互,是整个高升力控制系统的核心。驱动分系统将液压能或者电能转换为机械动能之后,通过传动分系统传递给作动分系统中的各个部件,作动分系统的各个部件驱动襟翼/缝翼运动。当运转过程中传动分系统、作动分系统或者驱动分系统出现卡阻时,机械动能将转化为弹性势能或者通过热的形式消耗。传感器分系统执行系统位置、速度、扭矩等信息的采集,将其传输给控制分系统。

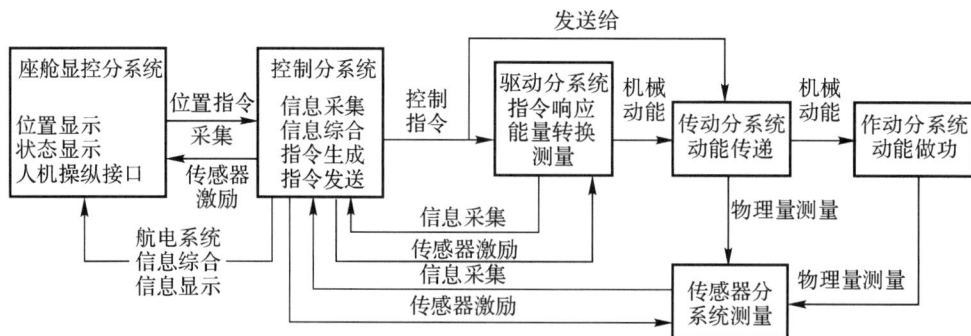

图 4-30 集中式高升力控制系统各分系统内部交联关系

高升力控制系统内部电气接口(见图 4-31)一般采用的形式及数据类型如下。

1)两台高升力计算机(FSECU)之间采用 A429、RS422 或者其他类型的数据总线,交叉传输系统各个通道之间的状态、MBIT 指令等,使得每个通道可执行系统 EICAS 逻辑综合、系统调零、自动测试等功能。通常为保证通道的独立性,用于通道控制和状态监控的信号不进行交叉传输,除非交叉传输的信号不会影响通道的独立性。

2)每台高升力计算机发送给驱动装置(PDU)或者翼尖制动器(WTB)对应通道的离散量、模拟量信号,用于实现系统驱动/制动控制。

3)系统中所有传感器均由对应的高升力计算机(FSECU)激励和解调。

4)对于动力驱动装置中的电驱动通道,高升力计算机(FSECU)一般通过 A825(CAN)或者其他类型的数据总线和电驱动通道中的控制器通信;如果使用液压驱动通道,一般将伺服驱动模块集成到高升力计算机(FSECU)中。

高升力控制系统内部机械接口主要用来满足动能的传输,主要涉及驱动分系统、传动分系统、作动分系统和传感器分系统。其中,传感器分系统中的各类传感器除安装在襟翼/缝翼结构上的之外,其他的一般都通过花键和传动分系统、作动分系统中的产品固定连接。驱动分系统、传动分系统和作动分系统之间一般通过花键连接,连接时还需要考虑机翼弯曲变形以及安装公差带来的影响。花键除满足刚度和强度的关系之外,一般还需要根据系统在机上安装的精度要求定义花键的数量。

4.5.3　外部交联关系

集中式架构高升力控制系统的外部交联关系与分布式架构高升力控制系统的基本一致,包括电气接口、能源接口和机械接口。

高升力控制系统的电气接口与飞机航电、主飞控等系统的总体架构设计相协同。一般情况下,系统需要将襟缝翼操纵手柄的挡位、襟/缝翼位置和状态、系统状态、设备状态等信息通过总线或者离散信号发送给外部系统,供外部系统显示、控制使用。系统需要通过总线接收外部系统的空速、高度、轮载等信息,接收中央维护系统的调零、测试、重置等指令。图4-32 是一个典型的系统电气接口图,展示了高升力计算机与外部系统的交联关系以及系统电气接口的余度配置关系。

系统的能源接口包括电源接口和液压源接口。总体的配置原则是:高升力计算机的电源接口应能满足"电源一次失效正常工作,二次失效安全",动力设备的电源和液压源则需要保证独立性,防止动力源失效导致系统丧失驱动能力。图 4-33 为典型的系统电源配置,该配置能够确保电源失效时至少有 1 台高升力计算机(FSECU)能够使用电源执行系统的监控。图 4-34 则是根据典型的机上双液压系统配置的液压接口,该配置能够确保飞机双发失效时,至少还能够操纵襟翼,但在该工况下,也需要注意系统的 28 VDC 电源配置,确保控制系统可用。图 4-33 和图 4-34 仅供参考,对于具体系统的电源配置和液压源配置,还需要与飞机电源系统和液压系统的总体设计相关联。

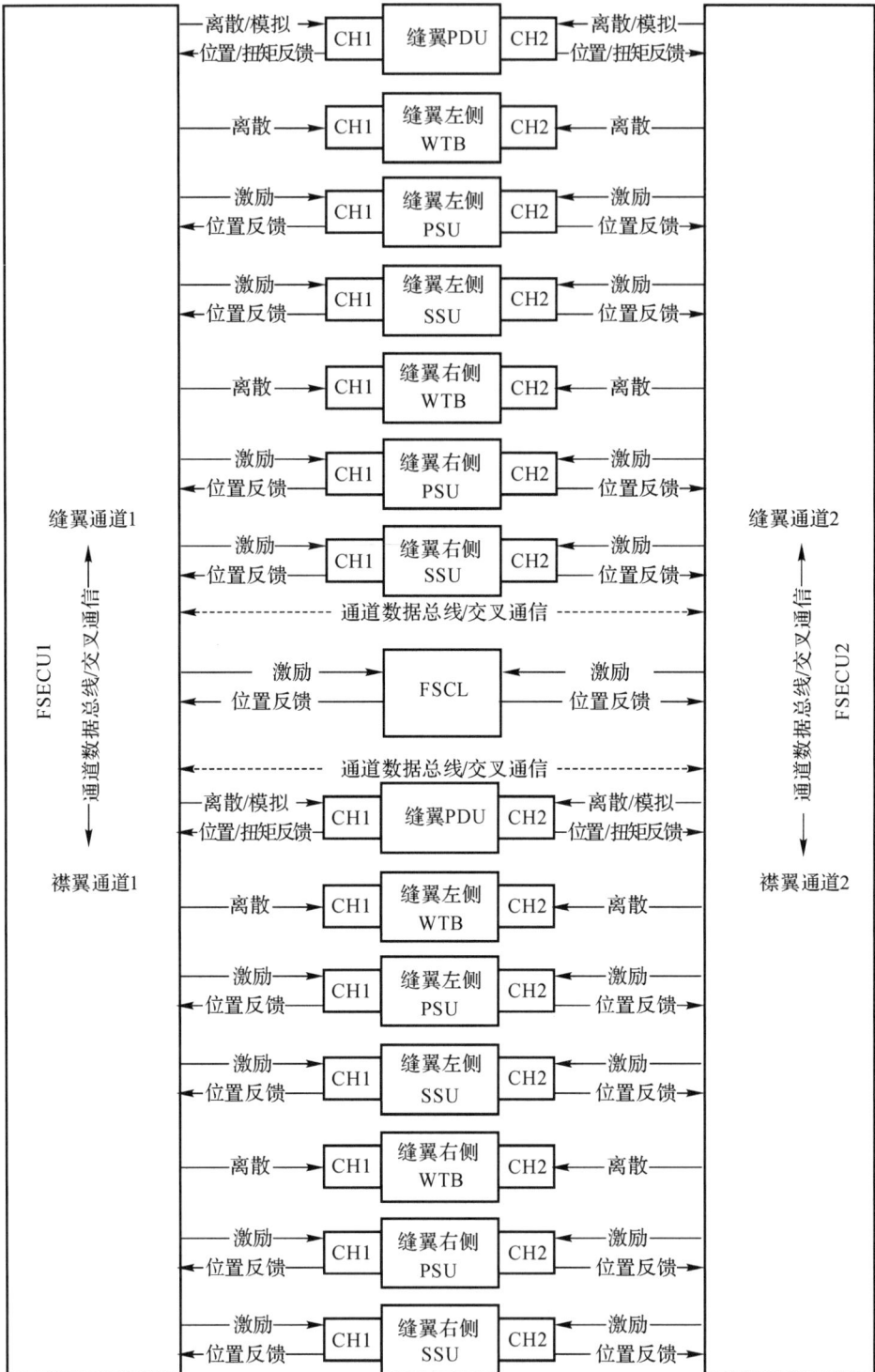

图 4‑31 典型集中式高升力控制系统内部电气交联关系

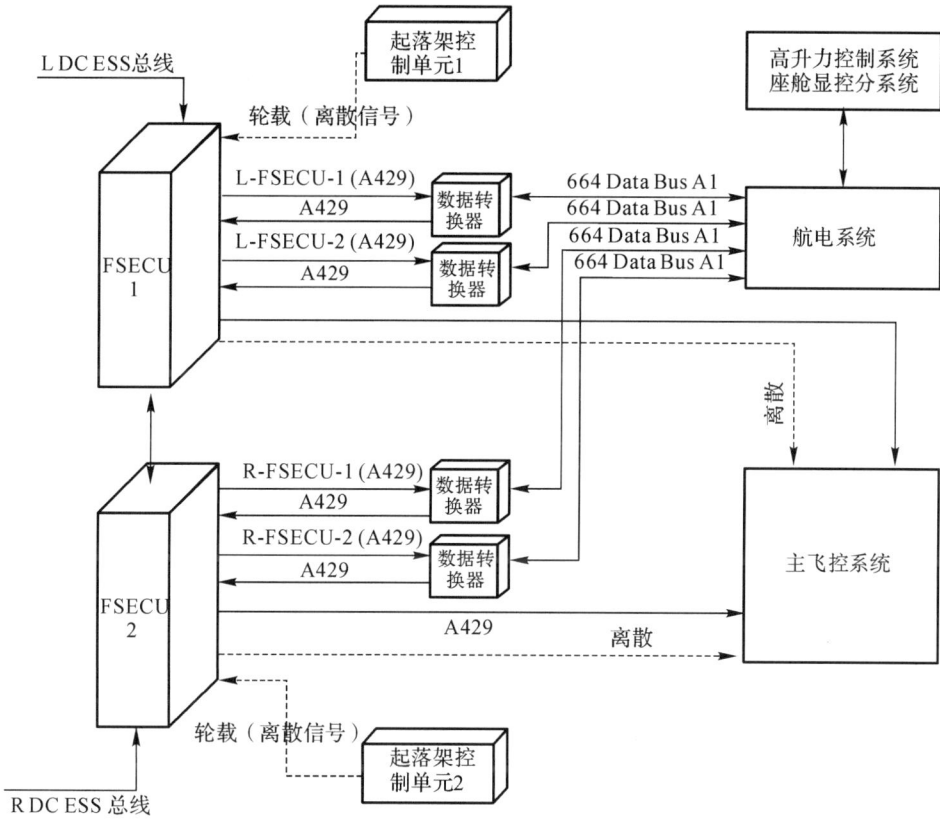

图 4 - 32　集中式驱动高升力控制系统典型外部电气交联关系

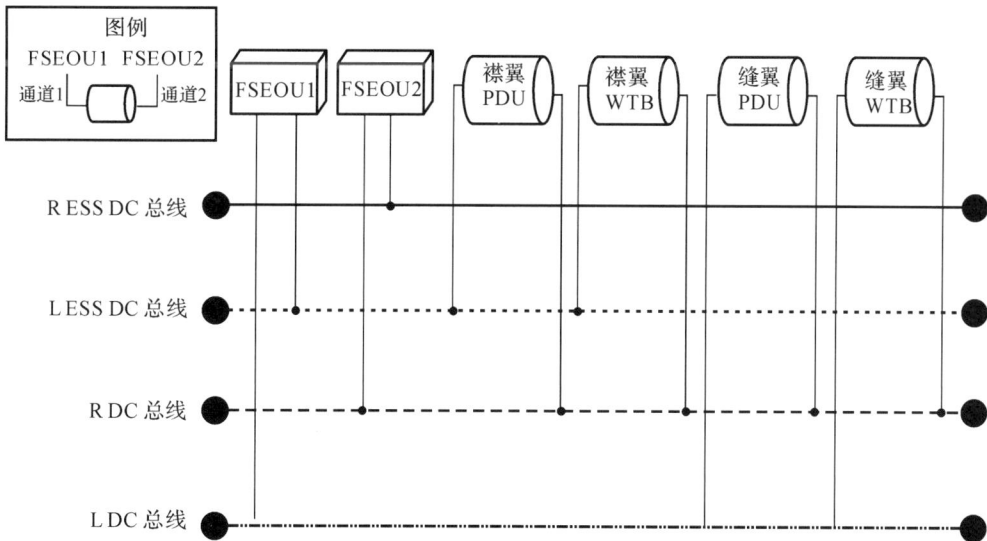

图 4 - 33　典型系统的 28 V DC 电源系统供电配置

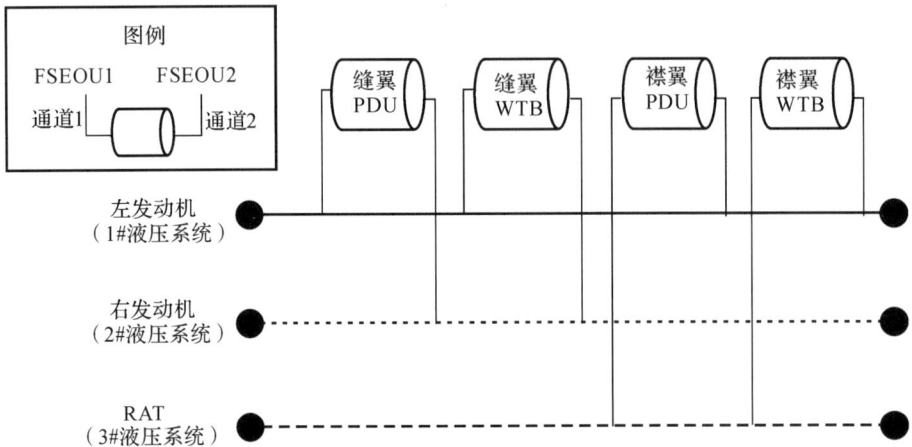

图 4-34 典型系统液压动力配置

4.5.4 技术特点分析

集中式驱动系统架构可以概括为"双通道控制,双驱动通道集中驱动,共轴传动,机械作动"。双通道控制和双通道驱动可确保系统的可用性,其中每个控制通道内双支路配置为系统的安全性提供基础保障。相较于分布式架构,集中驱动、共轴传动的形式能更好地保证系统收放襟缝翼时的同步性,但由于增加了大量的传动部件,系统的整体作动效率偏低,也意味着需要更多的重量,部件增多也降低了系统的基本可靠性。

集中式系统在设计时,需要重点关注以下方面:

1)协调其与安装在后缘和前缘其他设备的安装空间,避免运动干涉,同时结合传动部件的失效模式进行全面的区域安全性分析,例如,安装在后缘的传动部件需要协调与扰流板作动器、液压管路等的空间布局、运动、区域安全性分析等。

2)传动部件之间的机械接口需要考虑受机翼变形、温度等影响而产生的轴向长度变化。

3)在机体结构上安装的作动类部件,需要考虑接口的失效安全,例如:采用法兰连接时,连接孔至少要有 3 个,并且考虑 1 个失效时另外 2 个还能可靠地连接部件;对于关键作动产品与飞机的机械接口,需要采用 4 个或者多于 4 个的连接或者使用更高的安全系数,如旋转作动器一般使用 4 个、6 个或 8 个螺栓与飞机连接,丝杠作动器与飞机结构连接的部位使用 3.3 或者大于 3.3 的结构强度安全系数。

4)共轴传动时需要确保翼面运动的同步性需求,给安装在不同位置的作动器减速比、导程等协调设计带来挑战,仅靠作动器本身很难实现完全同步,一般需要与运动机构协调设计。

5)为避免共模故障降低系统的可用性,动力驱动装置的动力源一般需要完全独立,控制分系统中的功能相同的电子设备也使用完全独立的电源。

6)由于传动环节多,所以需要建立各个部件运动极性与襟缝翼收/放方向的关系,并且通过仿真等方法进行验证。

7)对于使用超控控制的系统,一般需要在定义优先级的基础上,从安全性角度或者从可用性出发定义超控的工作模式。

8)通常,通道一定要体现独立性,避免直接交叉引用位置信号生成控制指令,这可能会造成共模故障或者潜在的安全性风险;但是为提升系统的可用性时,可交叉引用襟缝翼操纵手柄信号。

9)每个控制通道内的支路需要考虑非相似设计,避免共模故障。

4.6　分布式驱动系统架构分析

4.6.1　组成及其原理

高升力控制分系统的分布式系统架构主要应用于早期机型,这些机型大都采用液压同步的方式控制并驱动翼面。例如,麦道 87 使用液压作动筒驱动襟翼,巴西航空工业 EMB 120 使用液压作动筒驱动襟翼,ART72 飞机使用液压作动筒驱动襟翼。近年来,随着电子技术的发展、液电作动器技术的进一步成熟,国外开始研究采用电气同步的分布式系统架构。

液压同步分布式驱动架构,采用集中的液压阀块控制每个作动筒同步运动。为了防止翼面倾斜超限、不对称超限等灾难级故障,系统一般都安装有位置传感器进行不对称探测,翼面之间采用结构连接防止倾斜超限(失效安全设置)。以 ART72 飞机高升力控制系统(见图 4-35)为例,其控制后缘左、右各两块襟翼,实现 0°(巡航构型)、15°(起飞构型)和 30°(降落构型)的襟翼构型位置控制,此外还具备不对称保护和异常收起告警等功能。系统由襟缝翼操纵手柄、襟翼控制器(MFC,FLAPS ASYM,FLAPS UNLK)、襟翼控制阀块、液压作动筒(每个襟翼上一个)、两侧内襟翼之间的铰链机构、内外襟翼铰链机构、位置传感器、显示面板、测试开关等组成。当飞行员根据飞行任务操纵襟翼操纵手柄到 0°、17°或者 35°时,襟翼控制器能根据襟翼操纵手柄中的开关信号和位置传感器信号生成控制指令,控制阀块按照指令给作动筒供压,实现襟翼收起或者下放;当左右两侧位置传感器监测到不对称达到 6.7°,控制器将发送停止指令,液压作动筒将襟翼把持在当前位置。需要说明的是,ART72 飞机采用双液压系统供压、单套液压作动的动力源配置。由于该类型分布式高升力控制系统相对简单,技术较为陈旧,此处不进行详细描述。

近年来研究的热点是电气同步分布式驱动[7]高升力控制系统,这种控制系统主要是为了解决集中式驱动架构高升力控制系统存在的重量大、产品数量多、维护不便的问题,并拓展高升力控制系统的功能,使其能够更容易地实现内外襟翼差动,实现飞机的巡航变弯度[8]功能以及潜在的襟副翼和辅助配平功能,提升系统的可用性。需要注意的是,由于前缘缝翼之间不存在运动的角度差、布局较为齐整且作动点较多,所以从经济性上考虑,缝翼一般不采用电气同步分布式驱动架构。

从满足系统的可用性出发,电气同步分布式驱动高升力控制系统基本采用电气双余度,主要包括 2 种架构：一种架构如图 4-36 所示，每块翼面采用当前的"集中式驱动架构"，确保每块翼面两个作动点之间机械同步，翼面之间电气同步；另一种架构如图 4-37 所示，每个作动位置使用独立的 EHA、EMA 驱动，实现完全的电气同步。不论采用何种架构，首先要解决的问题是电气同步的可靠性以及飞机顶层对故障重构需求的定义，此外还要满足CCAR 25.701"缝翼和襟翼交联"中的要求"飞机对称面两边的襟翼或缝翼的运动，必须通过机械交联或经批准的等效手段保持同步，除非当一边襟翼或缝翼收上而另一边襟翼或缝翼放下时，飞机具有安全的飞行特性"。

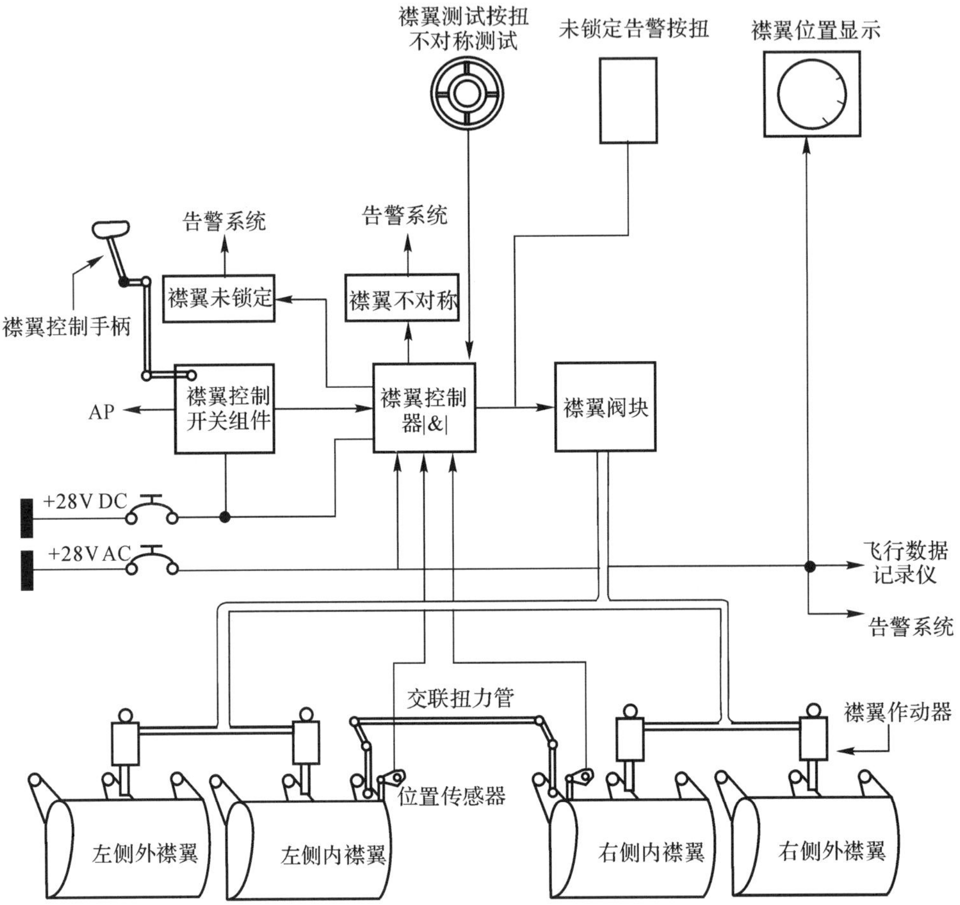

图 4-35 ATR72 高升力控制系统原理图

4.6.2 内部交联关系

电气同步分布式架构高升力控制系统内部电气交联一般采用总线信号、离散信号和模拟信号的形式，如图 4-38 所示。总线信号包括高升力计算机之间的 A429 或者 RS422 交叉通信总线以及高升力计算机与驱动控制器之间的 TTP 总线，或者其他能保证同步控制的总线；离散信号主要是驱动控制器为驱动装置制动器提供的制动/解制动通断控制信号及为开关电磁阀提供的接通/断开信号；模拟信号主要包括襟翼操纵手柄中传感器的指令信号，驱动装置给驱动控制器反馈的位置、载荷等信号。

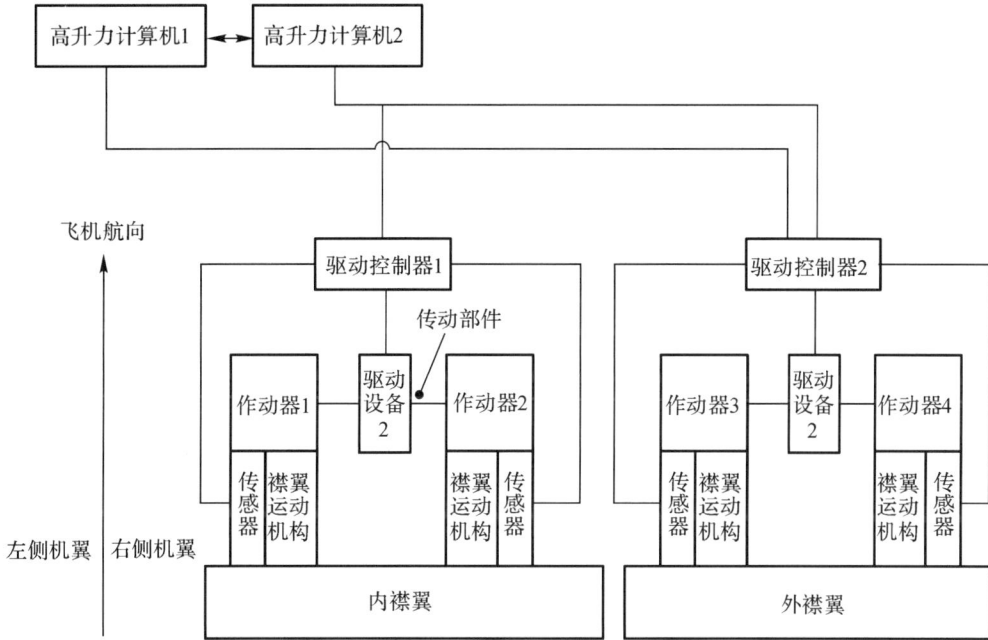

图 4-36 襟翼独立驱动的分布式系统架构

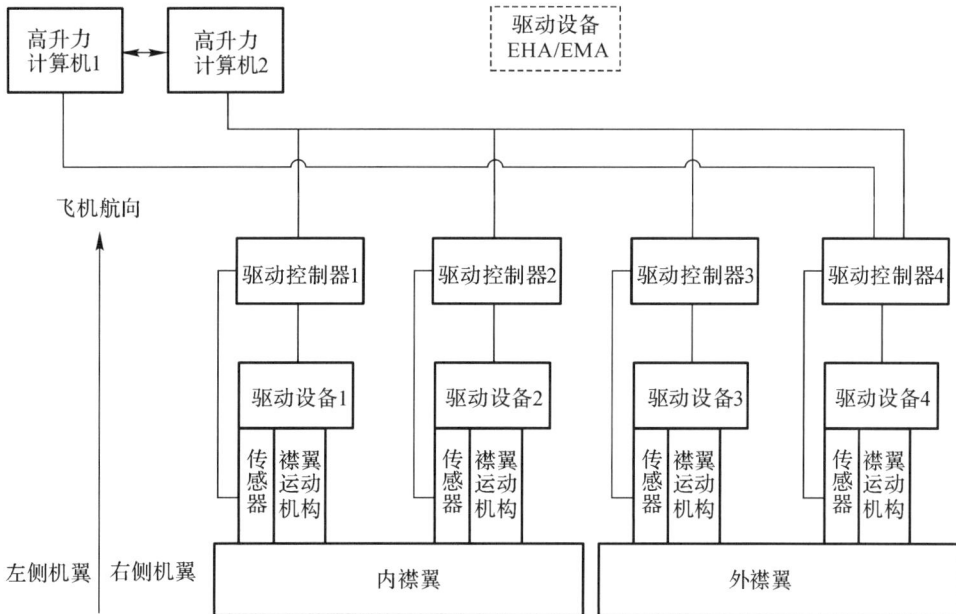

图 4-37 襟翼各操纵点完全独立驱动的分布式系统架构

早期的分布式架构高升力控制系统内部机械交联较为复杂,除了左、右侧翼面之间使用机械连接保证左、右侧翼面同步之外,同侧翼面之间有些也使用了机械连接,确保同侧翼面同步。随着高升力控制系统开始具备巡航变弯度、襟翼差动等功能,高升力控制系统内部基本无机械交联,整个系统更加便于安装、维护。

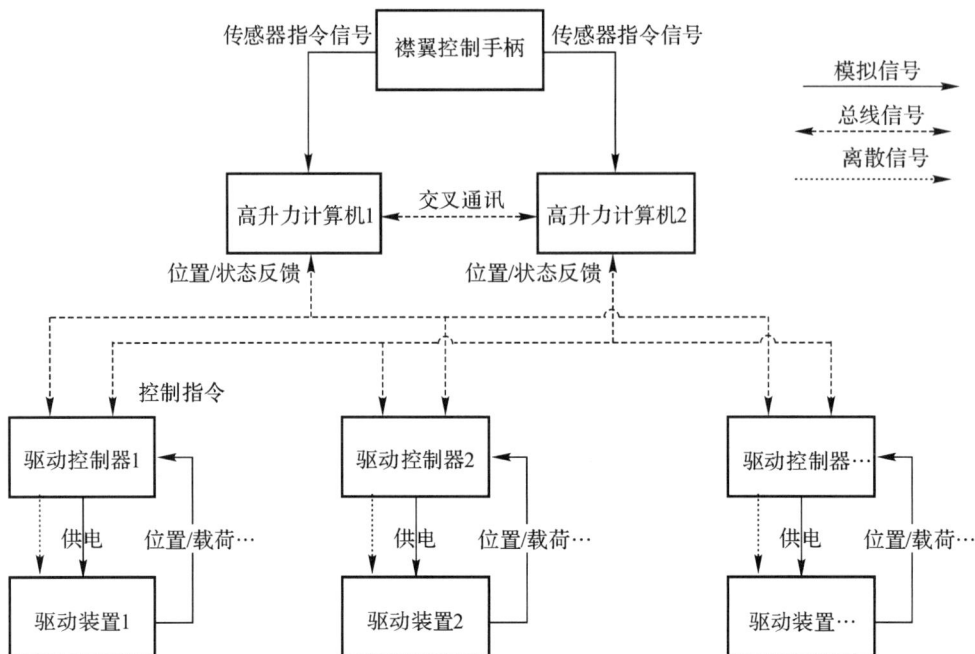

图 4-38　分布式驱动系统内部电气交联关系

4.6.3　外部交联关系

电气同步分布式高升力控制系统外部交联关系包括五大类,即动力输入接口、动力输出接口、信息输入接口、信息输出接口和设备安装接口,如图 4-39 所示。

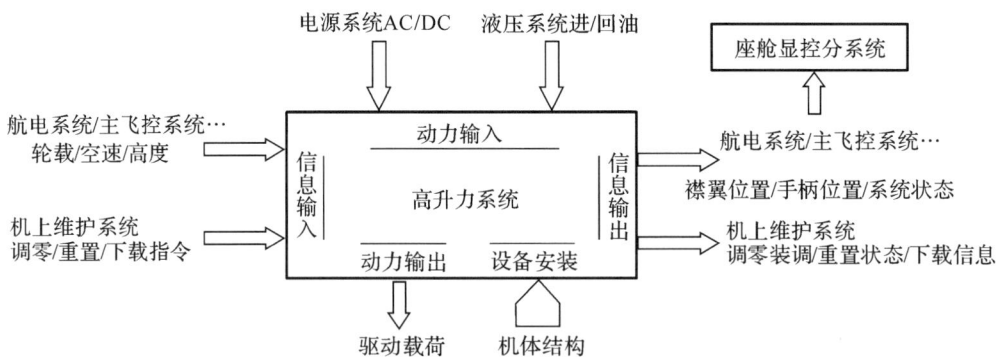

图 4-39　分布式驱动系统外部交联关系

动力输入接口一般包括 28 V 直流电源接口,以及根据驱动设备不同可能使用电驱动所需的交流电源接口或者使用液压驱动所需的液压接口。随着技术的发展,民用飞机上最新的交流电源为 230 V AC,液压源的压力为 35 MPa(5 000 psi)。

动力输出接口是指作动器和襟翼运动机构连接的机械接口,作动器通过该接口将驱动动力传递给襟翼。

信息输入接口包括执行飞行任务所需的航电、主飞控等接口,这些接口以总线或者离散信号的形式给高升力系统提供飞机的空速、高度、轮载、变弯度控制等信号,系统使用这些信号可执行自动控制或者主动保护功能;同时,随着可维护性要求的提高,机上维护系统可通过总线给系统发送自动调零、重置、NVRAM 下载、自动测试甚至软件加载等功能。

信息输出接口包括通过总线发送给航电系统和主飞控系统的襟翼位置,以及发送给航电系统的手柄挡位、系统状态等信息;有时为提高信号的完整性和可用性,会额外通过离散量给主飞控系统发送襟翼的收放状态信息。此外,输出接口还包括高升力系统给机上维护系统发送的各种维护状态信息。

系统的各种部件都根据布局要求通过螺栓、销轴等与机体结构连接。

4.6.4　技术特点分析

以前采用液压同步的分布式高升力控制系统架构仅可实现襟翼收放功能,没有充分体现出分布式系统架构的灵活性和可拓展性;同时,当作动筒数量较多时,系统的可靠性降低,所以常用于系统作动筒数量少、技术难度低的涡桨支线运输机。

随着国内外科研人员对空气动力学研究的不断深入以及电子、控制等技术的进步,国内外研究逐渐聚焦在分布式主动控制、独立作动器的分布式架构上。这种分布式架构是一个技术的飞跃,而不是对液压分布式或者集中驱动式架构的升级。一旦将额外的灵活性功能纳入并发展到最先进的水平,就有可能通过扩展附加功能并增强对该体系架构的可靠性,进一步实现技术发展。

4.7　分布式驱动系统架构权衡

国外以 A320 飞机传统的集中式襟翼驱动架构为基线,对 3 种不同分布式架构 DSA1、DSA2 和 DSA3(DSA 即 Distribution System Architecture,分布式系统架构)进行了对比研究。DSA1 采用完全独立的分布式系统架构(见图 4 - 40),每个操纵点采用 EHA(见图 4 - 41)或者 EMA(见图 4 - 42)驱动[14],取消了传统的传动部件和动力驱动装置(Power Drive Unit,PDU)。每个 EHA 或 EMA 都有一个制动器和一个位置传感器,以实现对作动器的测量和制动,实现内襟翼和外襟翼的非指令运动保护功能。每块襟翼有 2 个独立的电源给作动器和制动器供电,控制和监控设备主要执行分布式电机和制动器的控制、对各种故障以及非期望的功能的探测,确保系统安全运行。例如,位置传感器能探测到襟翼非指令或不对称运动。控制和监控设备更进一步能保证每个作动器的同步性以防止倾斜。

DSA2 是在 DSA1 的基础上演化出的架构(见图 4 - 43),内襟翼和外襟翼的两个操纵点之间使用扭力杆连接,这样能够保证两个作动器的同步性。对于每一块襟翼,只需要一个制动器和一个位置传感器。当一个作动器失效,另一个作动器可驱动襟翼降级操作。对比DSA1,制动器以及一些电缆可以取消掉。如果更进一步,独立的控制和监控设备也可以取消,进而使用系统控制器。

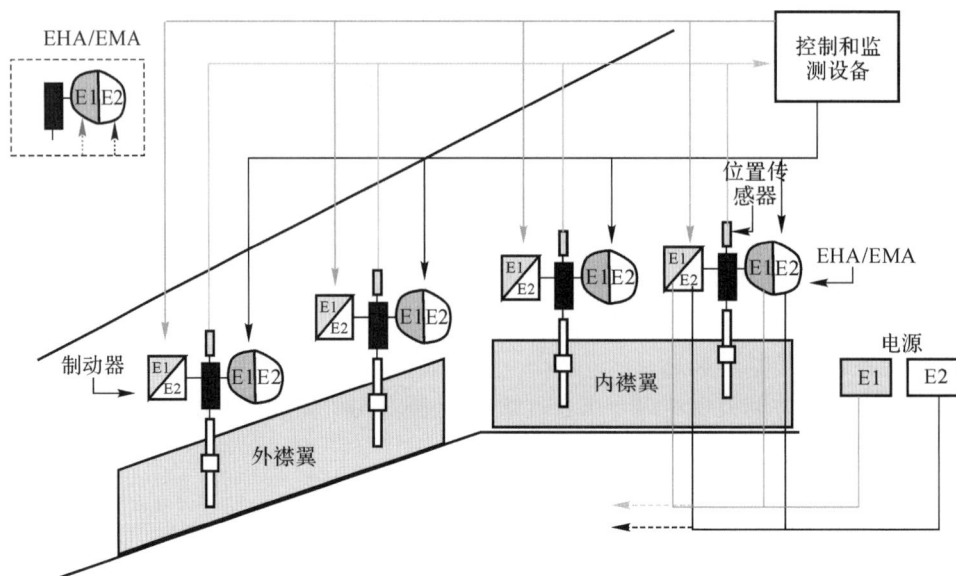

图 4 - 40   分布式系统架构 1(DSA1)

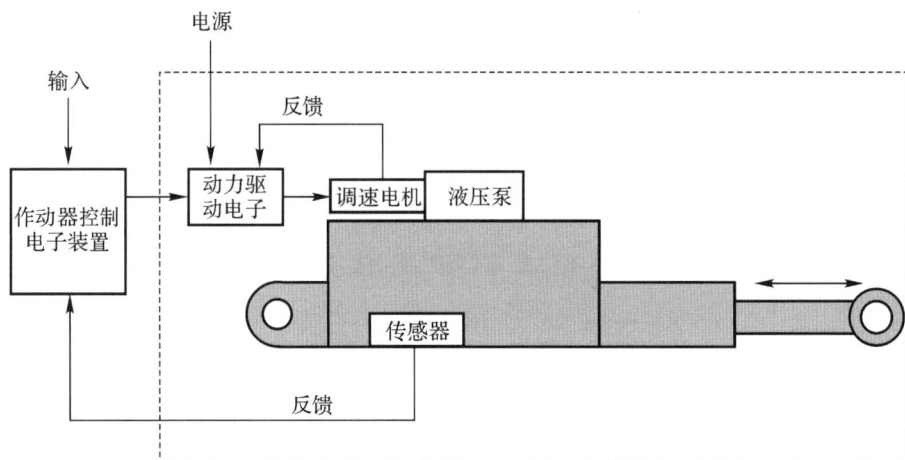

图 4 - 41   EHA 原理图

另一种研发的架构为 DSA3(见图 4 - 44),每个襟翼只有一个驱动装置驱动,通过扭力杆将动力传送给作动位置的齿轮旋转作动器。为满足系统可用性要求,驱动装置应具有 2 个独立的电源。

通过对 DSA1、DSA2 和 DSA3 的安全性和可靠性评估(见图 4 - 45)可看出,系统都能满足安全性要求(如不对称超限、非指令运动超限满足小于 $1×10^{-9}$/FH)。DSA2 和 DSA3 可完全满足襟翼倾斜的安全性要求($<1×10^{-9}$/FH),这主要是由于其同块翼面两个作动器之间使用机械连接。需要注意的是,系统失效概率需要满足可用性指标要求。

系统的重量评估包括了襟翼运动机构,同时考虑 2% 的影响系数。根据评估结果绘制

图 4-46 所示的对比图,除了使用 EHA 的 DSA3,其他分布式架构都比参考的传统集中式架构(RSA)重量轻。这主要归功于取消掉了大量的传动部件,例如传动齿轮箱。DSA3 使用 EHA 后重量变重的主要原因是考虑了安全性。对于 EHA,需要考虑双余度或者主-主构型以满足操作安全性要求。对于使用 EMA 的 DSA3 架构,虽然使用双电气余度,但其对重量的影响很小。

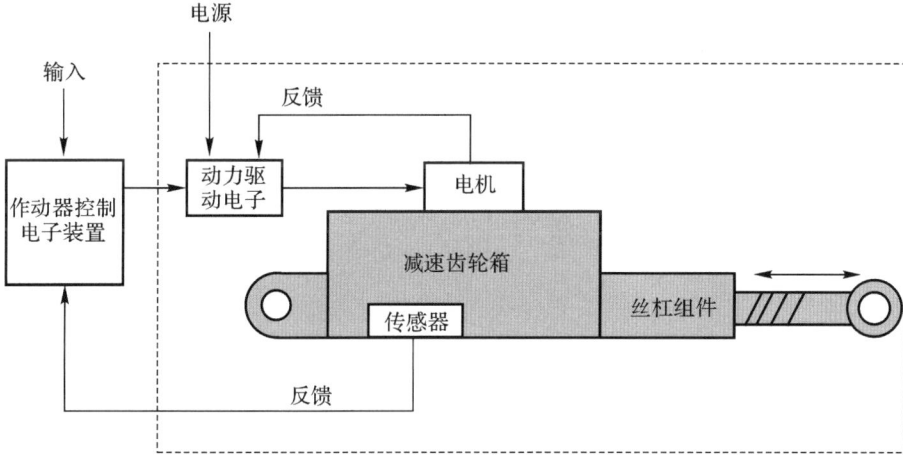

图 4-42 EMA 原理图

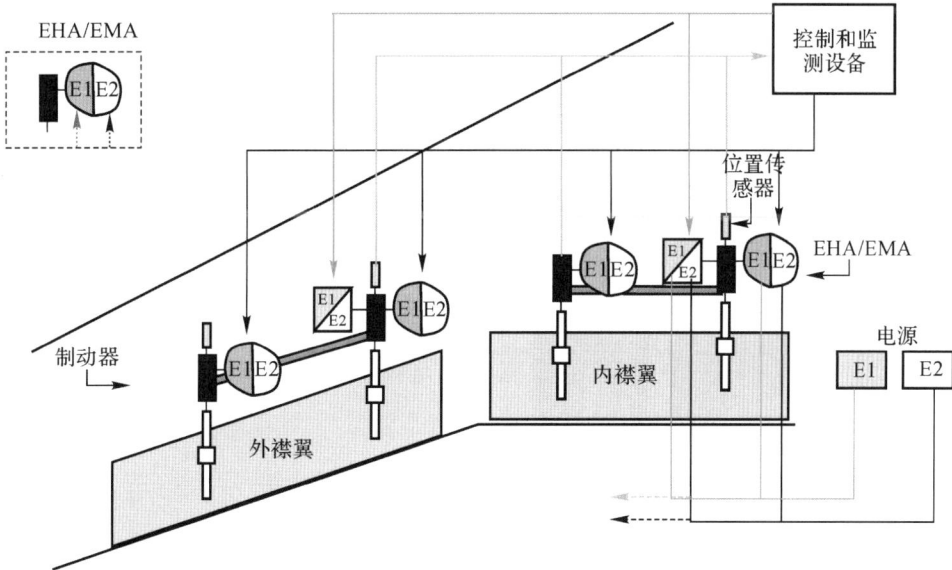

图 4-43 分布式系统架构 2(DSA2)

对于运输类飞机,其全生命周期的直接运行成本(DOCs)由各种成本组成,包括飞行员成本、所有系统部件的折旧成本、燃油成本、系统的直接维护成本(DMC)、保证系统持续可用的备件成本(SHC)以及航班延误或者取消造成的成本等。系统架构评估的 DOCs 假设:10 架飞机平均每架每年飞行 1 000 个起落,每次飞行 3.6 h。其中,飞行员成本不受系统架构的影响。根据图 4-48 分析的数据,除了使用 EHA 的 DSA3 架构外,其余的分布式架构直接运行成本都比 RSA 低。同样,主要的原因是 EHA 使用双余度,需要更多的 DMC 和 SHC,只有 DSA3 的 EMA 架构的成本最低。

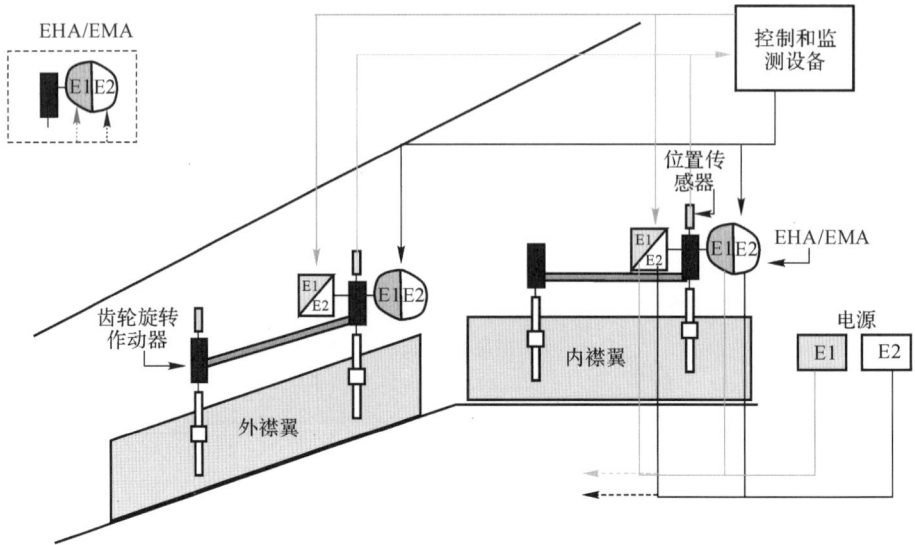

图 4-44　分布式系统架构 3(DSA3)

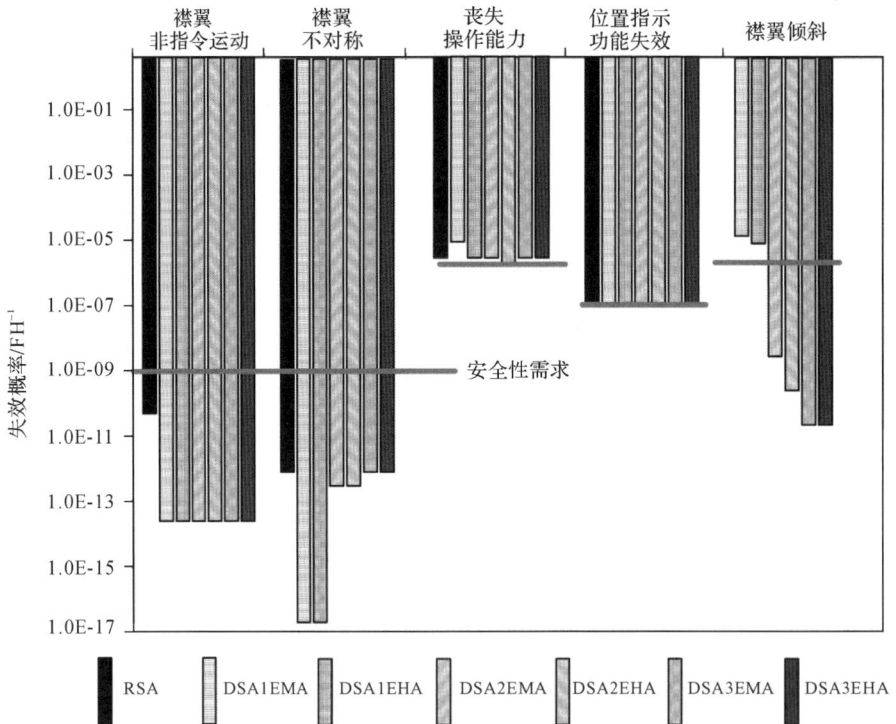

图 4-45　系统失效概率评估结果

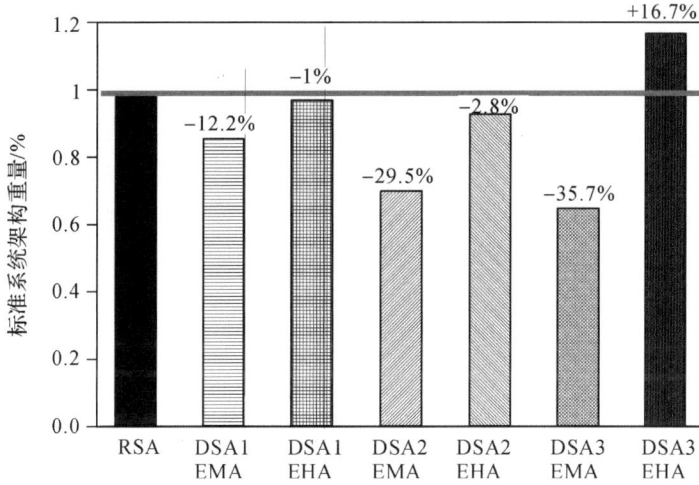

图 4-46　标准的系统重量结果

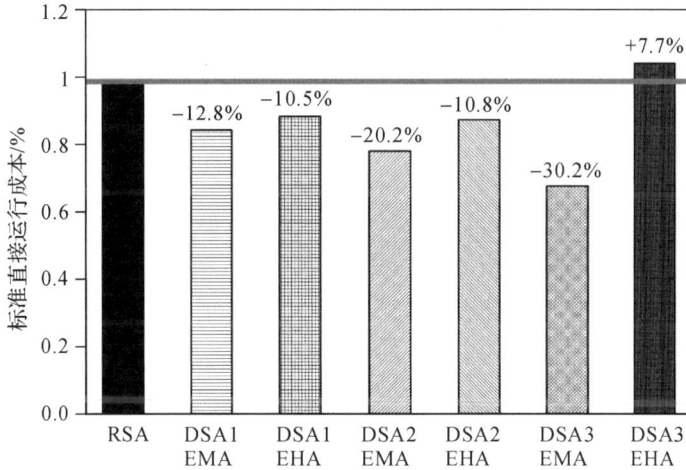

图 4-47　标准的直接运行成本结果

　　根据以上对比,只有 DSA3 的 EMA 架构在满足安全性需要的基础上,重量以及直接运行成本最低。但 EMA 中的丝杠存在高速运转时卡阻失效工况,这种失效工况会降低系统的可用性。EHA 的特性可更好地满足襟翼高速作动的要求并且可提供进一步的辅助功能,例如襟翼差动、襟翼作为副翼的备份等。基于这种考虑,使用 EHA 的 DSA2 也许是未来的选择方向。

参 考 文 献

[1]　张新慧,李晶,任宝平. 大型先进民用飞机高升力控制系统架构研究[J]. 测控技术,2020,39(10):124-129.

[2]　杜永良,高亚奎. 某运输机高升力控制系统设计[J]. 中国科学:技术科学,2018,48

（3）：289 - 298.

[3]　魏博，赵春玲，徐见源，等. 民用飞机系统需求确认研究[J]. 航空电子技术，2012，43(1)：6 - 9.

[4]　陶斌斌. 基于技术成熟度的复杂产品研制流程研究[D]. 南昌：南昌航空大学，2017.

[5]　李哲. 飞控产品研发中的通用化设计理念[J]. 航空标准化与质量，2009(2)：14 - 18.

[6]　LANDI A，NICHOLSON M. Guidelines for development of civil aircraft and systems：enhancements，novelties and key topics：ARP4754A/ED - 79A [S]. Warrendale：Society of Automotive Engineers，2010.

[7]　王德义，付永领. 多机电作动器同步控制器设计与实现[J]. 机床与液压，2015，43(7)：127 - 130.

[8]　何萌，杨体浩，白俊强，等. 基于后缘襟翼偏转的大型客机变弯度技术减阻收益[J]. 航空学报，2020，41(7)：123462.

[9]　孔凡凡，孙有朝，王伟. 民用飞机共模故障分析方法研究[J]. 中国民航大学学报，2008，26(5)：49 - 51.

[10]　秦旭东，陈宗基，李卫琪. 大型民机的非相似余度飞控计算机研究[J]. 航空学报，2008，29(3)：686 - 694.

[11]　徐向荣，孙军帅. 民用飞机高升力系统浅析[J]. 中国制造业信息化，2011，40(19)：61 - 63.

[12]　史佑民,席军社,何卫红. 齿轮旋转作动器在飞机高升力系统中的应用[C]//中国航空学会青年工作委员会. 探索 创新 交流：第三届中国航空学会青年科技论坛文集（第三集）. 西安:中国一航庆安航空设备有限公司,2008:7.

[13]　朱凯. 某型机内襟翼运动机构方案设计[D]. 哈尔滨：哈尔滨工业大学，2016.

[14]　夏泽斌. 飞机 EMA/EHA 作动器的多学科协同设计优化[D]. 大连：大连理工大学，2018.

第 5 章　控制分系统

5.1　概　　述

高升力控制分系统是高升力系统的核心分系统之一,目前高升力控制分系统主要有传统的集中式和先进的分布式两种高升力控制分系统架构形式。两种架构已在第 4 章中阐述,本章重点对集中式高升力控制分系统的设计过程进行阐述。

传统的集中式高升力控制分系统主要由安装于驾驶舱操纵台的襟缝翼操纵手柄(FSCL)、安装在电子设备架的襟缝翼控制计算机(FSECU)、安装在机身的动力驱动装置(PDU)、安装于翼面下方的襟缝翼位置传感器、襟缝翼倾斜传感器以及翼尖制动器等组成。图 5 - 1 为典型的集中式高升力控制分系统组成及安装位置示意图[1]。

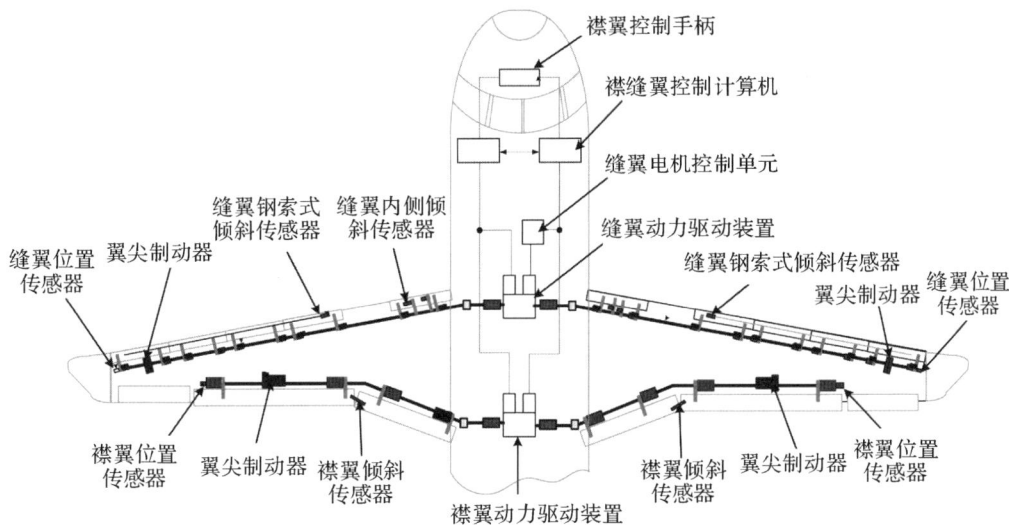

图 5 - 1　典型的集中式高升力控制分系统组成

5.2　高升力控制分系统功能

简单来说,高升力控制分系统的主要功能为控制与监控,具体为接收飞行员操纵指令、襟缝翼位置控制、系统状态监控与检测,以及与外部系统通信等功能。

5.2.1 接收飞行员操纵指令

通常情况下,高升力控制分系统中的 FSCL 可将飞行员的操纵指令转换为电信号传输给 FSECU,并由 FSECU 完成操纵指令的解算与确认。

5.2.2 襟缝翼位置控制

襟缝翼位置控制主要指 FSECU 通过生成有效的襟缝翼控制指令、有效的襟缝翼位置指示,并结合襟缝翼自动控制、时序控制及系统的余度管理策略,实现襟缝翼的偏转功能。

1. 襟缝翼自动控制功能[2]

民用飞机高升力控制系统中襟缝翼自动控制功能主要包括襟翼自动收回、襟翼载荷减缓和缝翼低速大迎角锁定。

襟翼自动收回功能用于在襟翼载荷减缓功能启用,约束条件解除后自动收回襟翼,可以帮助飞机员减轻操作负担,其约束条件主要有空速、高度和位置信号等。

襟翼载荷减缓功能用于巡航阶段,防止襟翼载荷过大而损坏襟翼结构,该功能主要受空速和位置信号等约束。

缝翼低速大迎角锁定功能用于抑制缝翼在低速或大迎角状态下收回,防止飞机进入失速或过多损失高度状态,该功能主要受空速、高度、迎角及位置信号等约束。

2. 襟缝翼时序控制功能

根据飞机起飞和着陆对高升力控制分系统构型的要求;襟缝翼下放时,一般采用缝翼先放、襟翼后放的时序;襟缝翼收起时,一般采用襟翼先收、缝翼后收的时序[3]。

5.2.3 系统状态监控与检测

系统状态监控与检测功能是指对高升力系统中的电气故障(如 FSECU、FSCL、PDU 等故障)与机械故障(不对称、倾斜、非指令和卡阻等)的监控与检测。

5.2.4 系统通信功能

高升力控制分系统的通信功能用以支持飞机 EICAS 显示高升力系统状态,支持飞机简图页显示襟缝翼位置、襟缝翼手柄指令等信息,支持主飞控系统控制律调参,支持飞参记录、系统数据记录,等等。

5.3　高升力控制分系统设计

5.3.1 高升力控制分系统架构设计

高升力系统架构设计流程及方法已在第 4 章进行描述,本节仅针对高升力控制分系统的架构设计过程进行详述。

高升力系统的安全性要求对高升力控制分系统余度架构设计尤为重要,影响控制分系统余度架构设计的安全性要求主要包括系统的可用性和完整性要求。系统可用性要求直接影响高升力控制分系统中襟缝翼操纵手柄、襟缝翼控制计算机、襟缝翼位置传感器、襟缝翼倾斜传感器、动力驱动装置以及翼尖制动器的余度形式,系统的完整性要求直接影响高升力控制分系统的余度管理策略。

1)襟缝翼操纵手柄、襟缝翼位置传感器、翼尖制动器以及襟缝翼倾斜传感器部件的余度架构主要取决于其内部组成及各组成部分的功能失效概率是否满足系统可用性的要求。例如:某高升力系统 SFHA 中定义"在飞机降落阶段丧失襟翼下放功能的概率应小于 1×10^{-5}/FH",结合系统功能清单及功能架构,襟翼位置传感器测量襟翼位置功能的失效概率应至少要小于 1×10^{-5}/FH,考虑到襟翼位置传感器组成中 Resolver/RVDT 单余度的失效概率约为 1×10^{-3}/FH(机械结构的失效概率基本在 1×10^{-7}/FH 数量级)无法满足要求,襟翼位置传感器中 Resolver/RVDT 双余度的失效概率为 1×10^{-6}/FH,可满足"在飞机降落阶段丧失襟翼下放功能的概率应小于 1×10^{-5}/FH"的安全性需求,为此襟翼位置传感器一般会采用双余度设计。

2)对于动力驱动装置的余度架构形式,首先需考虑内部组成以及各组成部分的功能失效概率是否满足系统可用性要求,其次需要考虑驱动部件的动力源形式以及动力源的失效概率是否满足系统可用性要求。例如:在某大型宽体飞机的高升力系统 SFHA 中要求"提供缝翼作动动力功能的失效概率应小于 1×10^{-7}/FH",依据工程经验得知,两套液压源/电源同时失效的概率约为 1×10^{-7}/FH,而单套液压源与单套电源同时失效概率约为 1×10^{-8}/FH,因此该系统中驱动部件需采用两种非相似的动力源进行架构设计。

3)襟缝翼控制计算机的余度架构设计需按照系统余度管理的策略、安装位置的区域安全性影响、交联电气部件的余度形式、特定功能完整性要求以及非相似要求等进行设计。例如:某飞机高升力系统 SFHA 中定义"在飞机降落阶段丧失襟翼下放功能的概率应小于 1×10^{-5}/FH",首先结合系统功能清单及功能架构,电子部件(主要指襟缝翼控制计算机)提供计算襟翼位置功能、生成襟翼位置控制指令功能的概率应至少要小于 1×10^{-5}/FH,考虑到单台电子部件特定功能的失效概率无法达到 1×10^{-5}/FH 的要求;其次考虑交联电气部件传感器双余度构型以及其电子部件的安装区域可能存在的区域安全性的影响,一般考虑应采用 2 台独立的襟缝翼控制计算机进行架构设计。确定采用 2 台独立的襟缝翼控制计算机后,依据系统特定功能的完整性要求对襟缝翼控制计算机内部架构进行设计。例如:对于"生成错误的襟翼位置信号的概率应小于 1×10^{-9}/FH"的系统信号完整性要求,一般可以采用"COM＋MON,MON 抑制输出"的架构或者采用多余度表决的构型来进行设计,而对于多余度表决构型要求所交联的襟缝翼控制计算机的电气余度至少为 3,因此结合本节电气部件及机电部件的余度构型,选用"COM＋MON,MON 抑制输出"的架构,如图 5-2 所示。

对于图 5-3 中的"多余度表决输出"构型中的某一支路可以采用解析余度方式实现,即采用通过创建被控对象的数学模型,根据数学模型中输入变量与输出变量之间的对应关系,实现对其他两条支路的输出结果的监控。

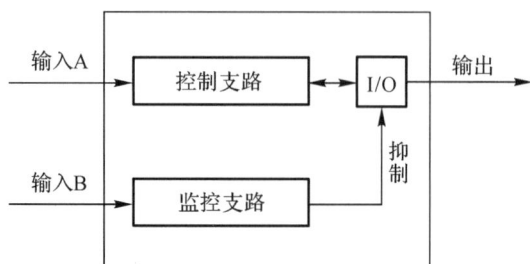

图 5-2   电子设备"COM+MON,MON 抑制输出"构型

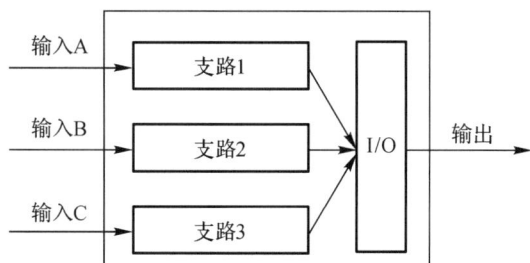

图 5-3   电子设备"多余度表决输出"构型

5.3.2   高升力控制分系统余度管理策略设计

高升力控制分系统通常采用增加余度的方式提高系统的任务可靠性。为了保证系统功能在发生故障时不失效、性能降低最小,并对故障瞬态提供保护,引入余度管理策略对系统进行控制。余度管理策略的优劣直接影响着系统余度架构的可靠性、复杂性、重量、体积以及成本等,这是高升力控制分系统设计的核心。余度管理策略主要包括表决监控面设置、监控表决逻辑设计、故障综合、故障处理、故障重构与恢复[4]。本节对表决监控面设置和监控表决逻辑设计进行详述,故障重构、故障处理等见后续章节。

5.3.2.1   表决监控面设置

高升力控制分系统余度架构中大多采用双余度部件。在对系统中不同部件的输入信号进行监控选择时,为了能够及时地检测出部件级故障,需要在高升力控制分系统中设置表决监控面。设置表决监控面的原则如下:

1)满足可靠性指标要求。表决监控面的设置是将余度系统分为若干通道,使生存通道增多,可靠性提高;但通道过多,系统将变得过于复杂,反而不利。

2)满足(在线可更换单元 LRU)级"故障-工作"容错能力的要求。

3)满足信号一致性要求。防止输出到动力驱动装置的驱动信号是错误的信号,造成高升力控制系统发生非指令故障。因此，需要设置表决面进行信号选择，如图 5-4 所示。

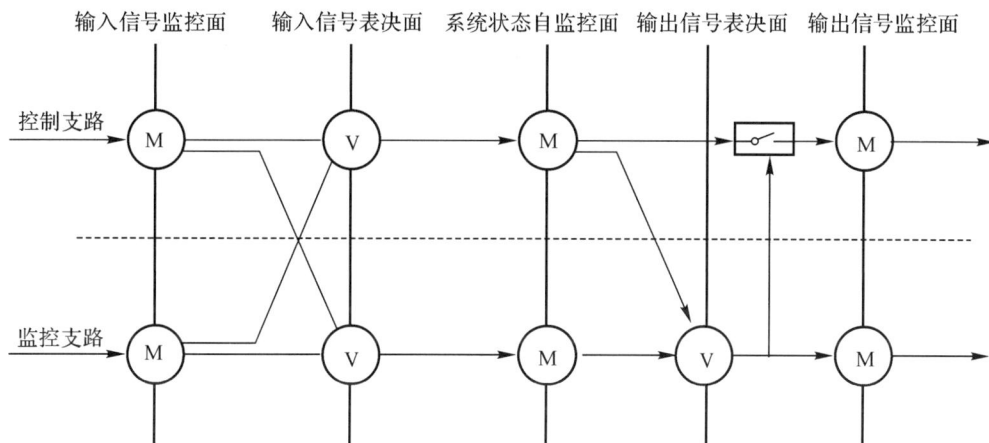

图 5-4　高升力控制分系统常见的表决监控面配置

5.3.2.2　监控表决逻辑设计

1. 监控

高升力控制分系统一般包括比较监控和自监控两种。比较监控有跨通道的比较监控（输入与输入比较）、跨表决器的比较监控（输入与输出比较）以及模型比较监控（构造一个简单的相似数字或数学模型与真实物件的输出进行比较）。跨通道的比较监控是将所有通道输入信号都进行两两比较，取其差值，当其差值超过规定的监控门限时，其结果与其他通道监控结果相"与"，并依此结果判断故障通道。跨表决器比较监控是将各通道输入信号经信号表决器后选择一个正确的信号输出，然后将输入信号与该正确信号进行比较，若某通道的差值超过规定门限，即可判定该通道故障。模型比较监控即构造一个简单的、与高升力控制系统中部件的实物动静态特征相似的数学模型，在输入信号相同的条件下，通过比较输出来判断实物系统是否故障。为了提高输入信号的完整性要求，通常将外部输入的空速、轮载、高度和攻角等信号进行比较监控。

自监控不需要外部相似数据作基准，而是在被监控对象本身建立基准，完全依靠自身的基准而监控自身故障。具体的自监控（自检测）方法，应依对象的特性进行专门设计。高升力控制分系统中通常采用内部自测试和内部电路环绕测试实现 FSECU 的自监控。例如：通过运行简单运算测试中央处理器（CPU），通过读写操作测试非易失性随机存储器（NVRAM），通过内部监控电路实现对电源的监控。

2. 表决

高升力控制分系统中余度管理的表决算法通常由软件实现。目前常采用多数表决（参与表决的信号大于设定值，如空速、高度和迎角等信号）或一致性表决（参与表决的信号为 2 个，如 FSCL 传感器信号、襟缝翼位置传感器信号等）。

5.3.3 高升力控制分系统 BIT 实现方式设计

高升力控制分系统 BIT 功能主要实现系统的状态检测、故障诊断和维修决策等，使复杂的维修变得快捷、方便，最大程度地减少了系统的故障排除和维修时间。

高升力控制分系统 BIT 功能设计一般包括上电机内自检测（PUBIT）、持续机内自检测（CBIT）、维护机内自检测（MBIT）以及启动机内自检测（IBIT）[5]。BIT 测试过程中发现的故障将记录并存储到 NVRAM 中。

5.3.3.1 PUBIT 设计

PUBIT 用于系统上电过程中，对 FSECU 内部关键硬件状态进行监控，确保 FSECU 能够正常工作。PUBIT 在系统上电或者复位后自动运行，主要检测的项目包括 CPU、RAM、FLASH、NVRAM、看门狗、定时器和电源等关键硬件。

5.3.3.2 CBIT 设计

CBIT 用于系统执行周期任务时，对执行系统和设备状态进行监控。CBIT 的主要检测项目包括 FSECU 的自监控、LRU 监控（如 PDU、FSCL 和 WTB 等）、传感器监控（如位置传感器和倾斜传感器）和系统级故障状态监控。其中系统故障状态监控主要包括襟缝翼不对称故障、襟缝翼非指令运动故障以及襟缝翼倾斜故障等可能导致系统发生Ⅰ类（灾难级）故障的系统状态。

1. 襟缝翼不对称故障

高升力控制系统中的襟缝翼不对称故障是指左侧与右侧襟缝翼翼面角度不一致且超过门限。造成襟翼或缝翼不对称故障的主要原因是襟缝翼传动线系断开。

2. 襟/缝翼非指令运动故障

高升力控制系统的襟缝翼非指令故障是指系统发生非指令运动、到位未停止或者襟缝翼运动反向。襟翼或缝翼非指令运动现象如下：

1）未产生运动指令，异常运动；

2）产生运动指令，到达目标指令后未停止，运动过限；

3）产生运动指令，运动方向与指令方向相反。

3. 襟缝翼倾斜故障

襟缝翼倾斜故障是指同一块襟缝翼的两个作动点不同步或不同襟缝翼之间不同步而超过规定的门限值。造成襟缝翼倾斜故障的原因包括：

1）作动器内部断开；

2）作动器卡阻；

3）作动器与襟缝翼运动机构连接处断开；

4）襟缝翼运动机构与襟缝翼连接处断开。

4.故障监控门限

故障监控门限是高升力控制分系统设计的难点之一,监控门限设计不合理,可能造成系统虚警率过高,降低系统可用性,还可能造成翼面结构损坏、影响飞行安全。表 5-1 为国内民用飞机襟缝翼故障监控常用门限值。

表 5-1　国内部分民用飞机襟缝翼故障监控门限值

机型	襟翼故障监控门限值/(°)			缝翼故障监控门限值/(°)		
	不对称角度	倾斜角度	非指令	不对称	倾斜角度	非指令
C919	3	13%全行程	7	3	25%全行程	5
MA700	3	—	3	—	—	—
AG600	5	—	3	—	—	—

高升力控制分系统常见的故障监控门限主要包括:襟翼不对称故障监控门限、缝翼不对称故障监控门限、襟翼非指令故障监控门限、缝翼非指令故障监控门限、襟翼倾斜监控门限以及缝翼倾斜监控门限。上述监控门限应综合考虑以下几方面因素进行设计:

1)故障监控门限的设置应充分考虑防止飞机失速或者结构破坏;

2)故障监控门限的设置应在飞机的滚转效应纠正的范围内;

3)故障监控门限的设置应考虑襟缝翼的位置控制精度;

4)故障监控门限的设置应考虑故障检测周期内襟缝翼偏转角度的最大值;

5)故障监控门限的设置应考虑故障保护指令发出后到翼尖制动器响应时间内襟缝翼偏转角度的最大值。

5.3.3.3　MBIT 设计

MBIT 用于在地面状态下,通过中央维护系统或者地面简易维护设备对系统进行调试、监控器重置以及构型数据下载。

1)调试。MBIT 模式下的调试功能用于对系统中的位置传感器进行调零,确保系统中位置传感器的电气零位与机械零位保持一致。

2)监控器重置。监控器重置功能用于对系统运行过程检测且锁存的故障进行清零处理,防止系统故障修复后出现虚假故障。

3)构型数据下载。在 MBIT 模式下,可以支持将存储于 NVRAM 的系统构型数据下载到其他存储设备中。下载的构型数据一般包括硬件版本号、软件版本号和计算机上电或者复位次数等。

5.3.3.4　IBIT 设计

IBIT 用于在地面状态下检测其他 BIT 模式下无法检测的系统或部件故障。一般 IBIT 是通过中央维护面板手动触发,触发后系统将自动运行,IBIT 主要进行以下测试:

1)缝翼通道完整性测试和缝翼通道制动能力测试;

2)襟翼通道完整性测试和襟翼通道制动能力测试。

5.3.3.5　BIT 执行时间要求

一般 FSECU 执行 BIT 的时间应以不影响系统正常运行为原则。GJB 2191—1994《有人驾驶飞机飞行控制系统通用规范》规定:歼强类飞机在飞控系统通电后,预热时间应不超过 90 s,其他类型飞机应不超过 180 s;JSSG—2008《联合军种规范指南》建议,驾驶员在预热后 300 s 内完成所有飞行前测试,飞行前 BIT 要在 120 s 之内完成所有测试。因此,对于军用飞机高升力控制系统,PUBIT 和飞行前 BIT 时间加起来不应该超过 180 s,而民用飞机高升力控制系统的 PUBIT 一般不超过 3 s。

MBIT 用于系统维护,以测试的完整性为主要目标,对时间不做严格要求。

5.3.4 高升力控制分系统控制律设计

根据驱动分系统的驱动构型(液压驱动或电驱动),高升力控制分系统一般采用位置和速度闭环控制方式,对于电驱动形式一般除采用位置和速度闭环控制外,还会采用电流环闭环控制。典型的位置、速度和电流的闭环控制原理如图 5-5 所示。

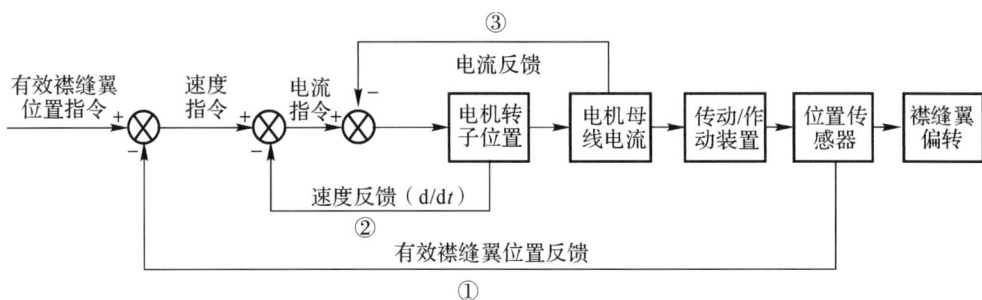

说明:①为位置环;②为速度环;③为电流环。

图 5-5　典型的位置、速度和电流闭环控制原理

位置环通过对有效的襟缝翼位置指令与襟缝翼位置求差,根据位置差产生液压马达/电机的速度指令;速度环通常采用比例(P)、积分(I)和微分(D)(简称 PID)的经典控制算法对液压马达/电机的输出速度进行闭环伺服控制。图 5-6 为典型的速度控制律曲线,速度环控制曲线一般分为 3 个阶段,即加速阶段($t_0 \rightarrow t_1$)、匀速阶段($t_1 \rightarrow t_2$)和减速阶段($t_2 \rightarrow t_3$);电流环通常也采用 PID 的经典控制算法对电机的母线电流进行闭环控制。

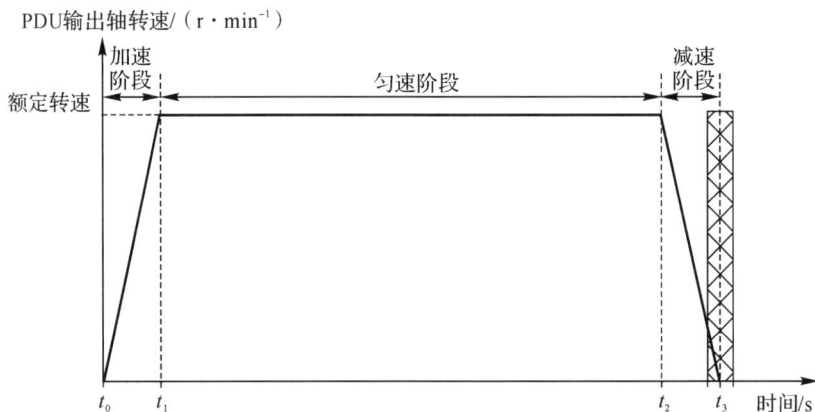

图 5-6　典型的速度控制律曲线

位置控制律设计在考虑进行"位置环""速度环"和"电流环"设计的同时,还需考虑作动时序、各部件响应时间和位置控制精度等因素。

5.3.5 高升力控制分系统故障综合与故障保护设计

1.故障综合

高升力控制分系统中的故障综合与余度架构及余度管理的策略密切相关。故障综合的过程可以分为单控制计算机内部的故障综合与双控制计算机之间的故障综合,如图 5-7 所示。

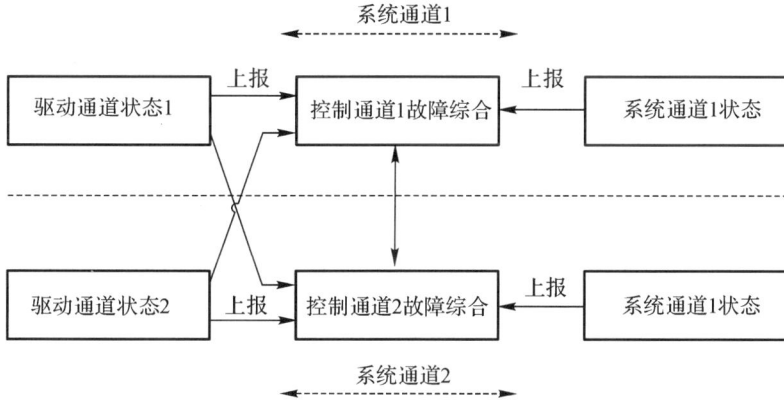

图 5-7 典型的控制分系统故障综合过程

2.故障处理

高升力控制分系统中 FSECU 将检测到的故障,根据严重等级分为Ⅰ类故障、Ⅱ类故障和Ⅲ类故障。

1)Ⅰ类故障是指直接导致飞行安全性的系统级故障,如不对称、非指令和倾斜故障等。当Ⅰ类故障发生后,FSECU 在上报和存储故障的同时,还将发出控制信号使系统处于安全状态。

2)Ⅱ类故障是指影响高升力控制系统正常工作的故障,如高升力控制分系统中的 LRU 功能失效。当Ⅱ类故障发生后,FSECU(假设当前 FSECU 未失效)在上报和存储故障的同时,还将当前故障通道关闭(即制动)。

3)Ⅲ类故障是指不影响高升力控制系统正常工作的潜在或瞬时故障,如温度过高或者任务超时等。当Ⅲ类故障发生后,FSECU 仅存储故障。

3.重构与恢复

高升力控制分系统中的重构与恢复是指余度通道发生故障时,使系统转入新的工作模式而采用的余度管理措施,其核心是余度模式的切换。一般而言,重构包含以下两种形式:

1)物理意义上的重构。高升力控制分系统中的某一通道发生故障时,整个高升力控制系统的性能发生变化,这种重构通常需要由特殊硬件来实现。

2)逻辑意义上的重构。当高升力控制系统发生暂态故障时,系统上报故障,随后待故障消除后(手动或自动,如高升力控制系统作动器结冰卡滞故障),系统恢复到正常状态,重构后的系统还原到重构前的运行状态,即系统恢复。

5.3.6 高升力控制分系统接口设计

5.3.6.1 机械接口设计

高升力系统机械接口设计是依据座舱显控、控制、驱动、传动和作动分系统各部件三维 CATIA 模型，以及在机上的安装布局，结合产品接口载荷、机上可维护性要求和失效安全设计特征等形成高升力系统产品的机械接口。

通常高升力系统机械接口设计还应涵盖接口载荷定义，主制造商根据该接口载荷进行机上安装结构的强度校核，因此产品接口载荷需考虑产品在正常和失效（如卡阻或断开）工况下其机械接口承受的载荷；此外，对于关键部件还应考虑失效安全设计特征，例如动力驱动装置采用 4 个连接点与飞机结构进行连接，当任意一个连接点断开时，动力驱动装置应能正常工作；对于翼尖制动器采用 2 个连接端面（双载荷路径连接），每个连接端面均采用 4 个螺栓固定，任意一个连接端面失效，翼尖制动器应仍然能够实现产品的功能和性能。

此外，机械接口设计过程中，应考虑襟缝翼作动系统受制造公差、温度及机翼变形引起的轴向误差和角向误差，以便设计襟缝翼作动系统各部件之间连接的机械接口；例如高升力襟缝翼传动线系通常使用万向节和花键进行载荷与运动传递，其中万向节用于调整角向误差，花键用于调整轴向误差。高升力系统中各部件机械接口定义还需考虑维护性，襟缝翼作动器、支撑轴承、角齿轮箱等部件的安装位置应处于维护口盖处或靠近维护口盖，以便维护检查。

高升力系统机械接口定义需要在联合定义、初步设计、详细设计及集成验证等不同研发过程中逐步细化和确认，且在研制过程中对于机械接口的设计变更进行严格的构型管理。

5.3.6.2 电气接口设计

高升力控制分系统电气接口一般涉及外部接口与内部接口设计。

外部接口设计指高升力控制分系统与主飞控系统、起落架系统、航电系统及电源系统的驾驶舱照明等系统的模拟信号（如导光板照明信号）、离散信号（如轮载信号）、总线信号（如 A429 总线信号）定义，模拟与离散信号定义的参数一般包括信号名称、信号逻辑状态、负载阻抗、源阻抗、精度、所属连接器型号以及线缆规格等，总线信号一般以通信协议形式进行明确，参数包括信号名称、信号源、信号范围、分辨率、精度、传输类型、更新速度以及数据格式等。

内部接口设计指高升力控制分系统内部各电气设备之间的接口定义，主要涉及的信号类型也为模拟信号（如传感器信号）、离散信号（如开关信号）和总线信号（如 A429、A825 以及 RS232 信号等）。

接口设计应依据系统安全性、可靠性需求，基于系统需求及架构，进行信号余度、类型及参数的设计和定义。

5.4 高升力控制分系统关键部件

5.4.1 襟缝翼控制计算机（FSECU）

襟缝翼控制计算机作为高升力控制系统中最复杂的电子设备，负责对整个系统的控制与监控。通常高升力控制系统存在襟缝翼不对称、非指令和倾斜等 A 类事件，根据系统安全性分析中功能研制保证等级(FDAL)及设备研制保证等级(IDAL)的分配原则,目前大多数民用飞机高升力控制系统中 FSECU 的 IDAL 为 A。为了满足系统的任务可靠性要求,FSECU 通常采用余度设计[6],并采用软/硬件非相似设计以避免或降低软/硬件的共因或共模影响。

5.4.1.1　常见 FSECU 的余度架构

国内外军/民用飞机的高升力控制系统中 FSECU 多采用两余度构型,部分也采用软硬件非相似设计。表 5-2 为国内外相关机型 FSECU 的余度配置。

表 5-2　国内外相关机型 FSECU 的余度配置

机型	襟缝翼控制计算机的余度配置	相似设计
A319/320	两余度	软硬件非相似
A330	两余度	软硬件非相似
A340	两余度	软硬件非相似
ARJ21	两余度	软硬件非相似
B747	两余度	软硬件非相似
B777	两余度	硬件非相似
C919	两余度	硬件非相似
AG600	两余度	硬件非相似
MA700	两余度	硬件非相似

1)双支路构型 FSECU。出于区域安全影响分析以及共模分析,大多数民用飞机高升力控制系统中 FSECU 均采用两余度构型,即每台 FSECU 均由 2 个核心处理模块(CCM)组成,且每个核心处理模块均采用不同的硬件和软件进行设计。典型的两余度构型 FSECU 如图 5-8 所示。

2)三支路构型 FSECU。少数的民用飞机(如 B747 飞机)高升力控制系统的 FSECU 采用 3×1 余度构型,即 1 台计算机由 3 个 CCM 组成,且 CCM 均采用非相似设计[7]。典型的 3×1 余度构型 FSECU 如图 5-9 所示。

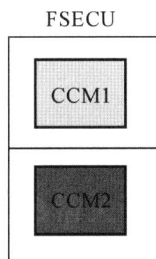

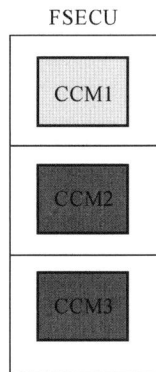

图 5-8　典型的 2×1 余度架构的 FSECU　　　图 5-9　典型的 1×3 余度架构的 FSECU

5.4.1.2 FSECU 功能

通常 FSECU 主要有输入信号处理（总线、模拟以及离散等信号）、提供外部电气设备激励、襟缝翼指令与位置解算、执行襟/缝翼位置控制、在线电气 LRU 及系统状态监控、支持维护 BIT 及数据上报等功能。

5.4.1.3 FSECU 组成

FSECU 通常由机箱、电子硬件和软件组成。

1. FSECU 机箱

通常 FSECU 的机箱采用 ARINC600 标准，比较常见的有 3MCU、4MCU 和 6MCU，图 5-10 为 AG600 飞机高升力控制系统的 FSECU 采用的 4MCU 机箱。

图 5-10 AG600 飞机高升力控制系统 FSECU 机箱外形

2. FSECU 电子硬件

FSECU 电子硬件主要包括电子元器件、印制板、连接器、锁紧条和内部安装框架等，安装有电子元器件的印制板分别通过锁紧条（核心处理模块）或安装框架（滤波板）进行固定，通过板间连接器进行连接。图 5-11 为某型飞机高升力控制系统 FSECU 内部组成，图 5-12 为典型的 FSECU 内部电子硬件组成。

FSECU 通常会使用到的电子元器件主要包括 CPU、PLD、A/D、D/A、Flash、NVRAM、二极管和光耦等。

一般一台两余度的 FSECU 电子硬件包括的印制板有监控板、控制板、作动控制模块板、母板和滤波板，具体功能如下：

1）监控/控制板主要负责模数转换、数据采集、通信接口、控制律运算、控制信号产生、故障监控与保护等功能。

2）作动控制模块主要负责二次电源转换、传感器激励与解调、电磁阀与伺服阀的驱动等功能。

3）母板主要负责提供各个模块板之间的互联。

4)滤波板则主要负责 EMI 与雷电防护功能。

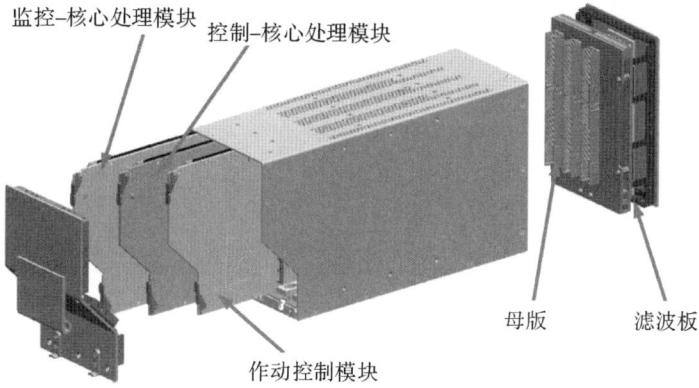

图 5 - 11　某型飞机高升力控制系统 FSECU 内部组成

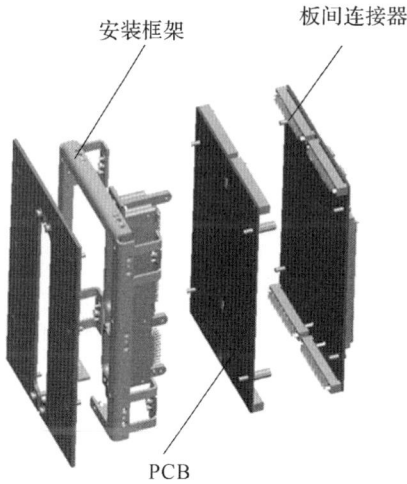

图 5 - 12　典型的 FSECU 内部电子硬件组成

3. FSECU 电子软件

FSECU 电子软件通常包括硬件层软件、操作系统软件及应用层软件。硬件层软件主要实现测试支持及关键硬件的 BIT 测试等；操作系统软件主要实现应用层软件的任务调度、分区管理和中断管理等；应用层软件即高升力系统控制分系统软件将在 5.5 节进行详述。

5.4.1.4　FSECU 接口

FSECU 的外部接口一般分为两类，分别为其与飞机其他系统之间的接口以及其与系统内部各电气部件(如 FSCL、FSOS、EMCU、HCU、FPSU 等)之间的接口。

1. 与飞机其他系统之间的接口

通常 FSECU 是通过采用总线信号和离散信号与飞机其他系统进行交联。

1）FSECU 通过数据总线向航电显示系统发送高升力控制系统的襟/缝翼位置指令、襟/缝翼位置及系统状态等信息，支持显示系统中告警系统、简图页以及中央维护系统等完成显示功能。

2）FSECU 通过数据总线直接或间接（通过航电交联）与飞控系统进行通信，主要向主飞控系统发送高升力控制系统的襟缝翼位置指令、襟缝翼位置以及系统状态等信息，协助主飞控系统完成构型调参功能。

3）FSECU 通过数据总线与航电系统交联获取高升力控制系统所需的空速、高度和迎角等信息；高升力控制系统向航电系统发送襟缝翼位置指令、襟缝翼位置以及系统状态等信息，支持其他系统及设备完成相应的功能。例如，支持显示系统完成显示功能，飞行记录仪完成数据记录功能。

2. 与系统内部各电气部件的接口

通常 FSECU 是通过采用总线信号、模拟信号和离散信号与系统内部其他电气部件进行交联，共同协作完成高升力控制系统的正常工作。

1）FSECU 通常采用模拟信号与 FSCL 中的电位计传感器或 RVDT 传感器进行连接，激励 FSCL 中的传感器，并接收 FSCL 位置反馈。

2）FSECU 通常采用模拟信号与 FPSU/SPSU 中的 Rosolver 传感器进行连接，激励 FPSU/SPSU 中的传感器，并接收 FPSU 位置反馈。

3）FSECU 通常采用总线信号和离散信号与 EMCU 进行连接，总线信号主要用于指令、监控状态和维护数据的传输，而离散信号主要在紧急制动时使用。

4）FSECU 与 HCU 的电气接口与其和 EMCU 之间的电气接口类似。

5.4.2 EMCU

5.4.2.1 EMCU 功能

电机控制模块简称 EMCU，EMCU 与 FSECU 和动力驱动装置（PDU）直接相连，用于控制和驱动 PDU 中电驱动通道（电机和电磁制动器），具有通信、伺服控制、监控和自检测（BIT）等功能。大部分飞机高升力系统采用独立 EMCU，安装于 PDU 附近，如 MA700 飞机、A380 飞机；也有部分飞机高升力系统将 EMCU 与 FSECU 集成于一体，如 ARJ－21 飞机。

1）通信功能。EMCU 与 FSECU 之间通过数据总线进行指令、状态和维护数据的传输。

2）伺服控制功能。EMCU 完成对 PDU 电驱动通道的速度环和电流环控制。

3）监控功能。EMCU 对所交联部件 PDU 的状态监控包括 PDU 自身状态监控和 PDU 运转状态监控，PDU 自身状态主要包括电机故障、PDU 速度传感器故障和 PDU 制动器故障,PDU 运转状态主要包括 PDU 电机超速或低速故障。

4)自检测功能。EMCU 通过内部设计的监控电路和软件对自身状态进行检测。

5.4.2.2　EMCU 组成

EMCU 通常也是由机箱、电子硬件和软件组成。

1. 机箱

考虑传输路径线缆长度以及电磁环境的影响,EMCU 一般安装于机身中央 PDU 附近并采用非标准机箱设计。图 5 - 13 为 MA700 飞机高升力系统的 EMCU 机箱。

图 5 - 13　MA700 飞机高升力系统 EMCU 机箱外形

2. 电子硬件

EMCU 与 FSECU 的电子硬件组成类似,主要包括电子元器件、印制板、连接器、锁紧条和内部安装框架等。

EMCU 中主要印制板包括主控电路板、电源转换板以及驱动板。

1)主控电路板主要功能为控制律运算和控制信号输出、与 FSECU 进行通信、任务管理、信号采集和 BIT 等。

2)电源转换板主要功能为对飞机电源进行转换,并为其他电路和电力驱动通道中的传感器和翼尖制动器供电。

3)驱动电路主要功能为将控制信号进行功率放大后向电机输出驱动电流。

3. 电子软件

本节仅介绍 EMCU 电子软件的功能,有关于 EMCU 软件设计方面内容参考 5.4.1.3 小节"FSECU 电子软件"部分。

EMCU 软件的主要功能是处理 FSECU 指令、BIT 和伺服控制等。

1)处理 FSECU 指令:处理解算 FSECU 指令。

2)BIT:完成 PUBIT、CBIT 和支持完成 FSECU 执行的 MBIT 功能。

3)伺服控制：根据 FSECU 速度指令执行速度闭环控制。

5.4.2.3 EMCU 接口

EMCU 的接口主要为包括其与 FSECU 和 PDU 之间的电气接口。

1)EMCU 与 PDU 之间的电气接口。EMCU 通常采用模拟信号和离散信号与 PDU 进行连接，模型信号主要用于传感器激励及反馈和电机驱动等，离线信号则用于 POB 制动/解制动控制和温度传感器反馈等。

2)EMCU 与 PDU 之间的电气接口。EMCU 通常采用总线信号和离散信号与 FSECU 进行连接，总线信号主要用于指令、监控状态和维护数据的传输，而离散信号主要在紧急制动时使用。

5.4.3 HCU

5.4.3.1 HCU 的功能

液压马达控制模块简称 HCU，HCU 与 FSECU 和动力驱动装置（PDU）直接相连，用于控制和驱动 PDU 中电驱动通道（电机和电磁制动器），具有通信、伺服控制、监控和自检测（BIT）等功能。

通常 HCU 集成于 FSECU 内部，主要具备伺服驱动功能，该部分功能主要由 FSECU 其他内部模式实现。HCU 的伺服驱动功能为对 PDU 液压驱动通道的速度和扭矩进行有效控制。

5.4.3.2 HCU 的组成

大多数液压驱动的高升力控制系统，HCU 都集成于 FSECU 中，例如 A320 飞机高升力系统、C919 飞机高升力系统以及 AG600 飞机高升力系统。集成的 HCU 通常由电子硬件、印制板、板间连接器和锁紧条组成。图 5-14 为某型飞机高升力系统 HCU 模块外形图。

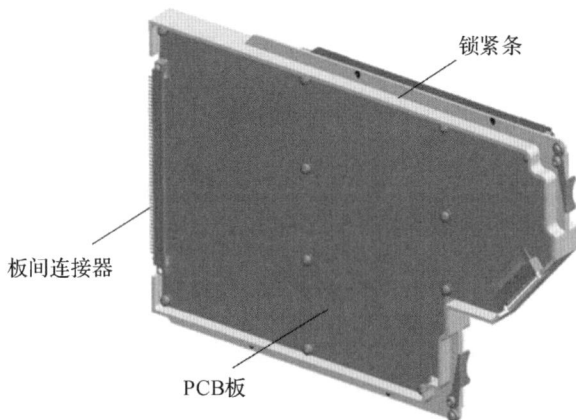

图 5-14 某型飞机高升力控制系统 HCU 模块外形图

HCU 主要的电子硬件包括驱动电路和激励解调电路。

1）驱动电路的主要功能为将控制信号进行功率放大后向马达输出驱动电流。

2）激励解调电路的主要功能为对 PDU 的速度传感器进行激励，并对反馈信号进行解调。

5.4.3.3　HCU 接口

HCU 集成于 FSECU 内部，与之相交联的外部接口主要通过 FSECU 外部连接器实现，如其与 PDU 之间的接口。

5.5　高升力控制分系统软件

高升力控制分系统软件的主要功能是对襟缝翼操纵手柄（指令传感器）、襟翼位置传感器、襟翼倾斜传感器、缝翼位置传感器和缝翼倾斜传感器进行采集后，通过机载软件中的控制律计算模块实现对襟翼位置、襟翼倾斜角度、缝翼位置和缝翼倾斜角度等的计算，并通过机载软件中的故障综合与保护模块实现襟翼不同步保护、襟翼不对称保护、襟翼非指令运动保护、缝翼不同步保护、缝翼不对称保护和缝翼非指令运动保护等，将控制律解算的结果发送至襟缝翼动力驱动装置，驱动襟缝翼收放，将故障告警等信息发送至中央维护系统、EICAS 和告警系统等。

此外高升力控制分系统软件还具有 BIT 检测能力，包括 PUBIT、CBIT、MBIT 和 IBIT。

5.5.1　高升力控制分系统软件功能的定义与组成

高升力控制系统软件的整体执行流程采用结构化设计方法[8]，具体如下：

1）系统上电后的第一步执行 PUBIT 检测工作，上电结束后根据上电前系统状态选择，进入 MBIT 或正常运行。如果地面连锁条件成立，则进入 MBIT 工作模式。维护模式是一个人机交互过程，通过菜单可以对检测项进行单独检测。

2）系统进入 MBIT 后，通过菜单选择 IBIT 模式，并触发 CMS 自检指令，则进入 IBIT 检测模式。

3）周期任务的执行依赖于定时器的时钟中断。系统分为 20 ms 任务、40 ms 任务和后台任务（120 ms）。当时钟中断到来时，系统会执行对应的任务；如果任务超时，会触发看门狗报警，系统执行故障处理功能。

4）20 ms 任务主要完成传感器信号采集、输入信号比较表决、控制律计算、输出信号比较表决，向 PDU 发送控制指令，40 ms 任务主要完成与航电系统和主飞控系统的通信。由于 20 ms 任务和 40 ms 任务存在处理频率差，航电和飞控的信号每两次参与一次计算，因此计算时需要保存一次的信号，图 5 - 15 所示为典型的高升力控制系统软件执行流程。

典型的高升力控制系统机载软件功能组成，如图 5 - 16 所示。

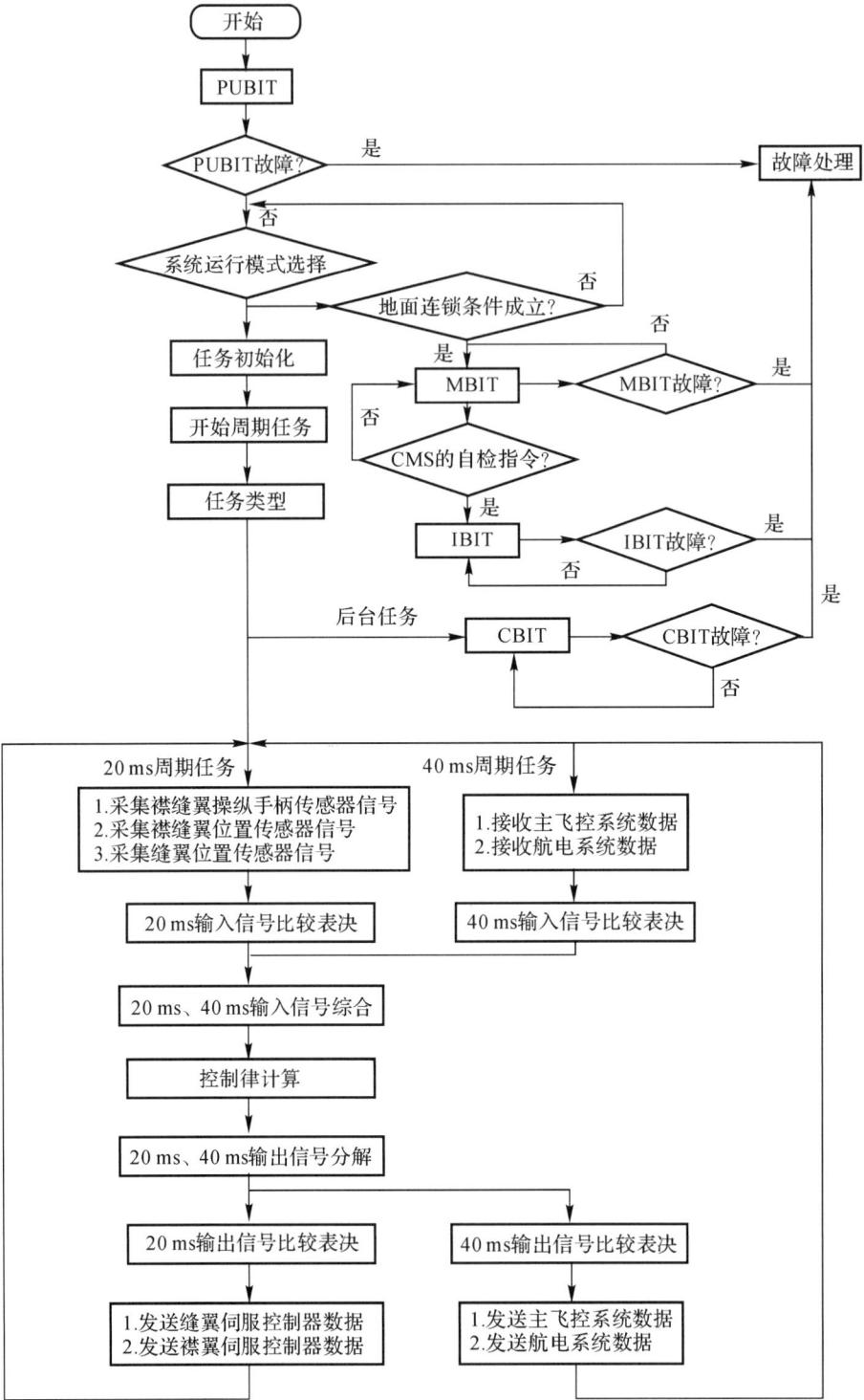

图 5-15　高升力控制系统软件执行流程

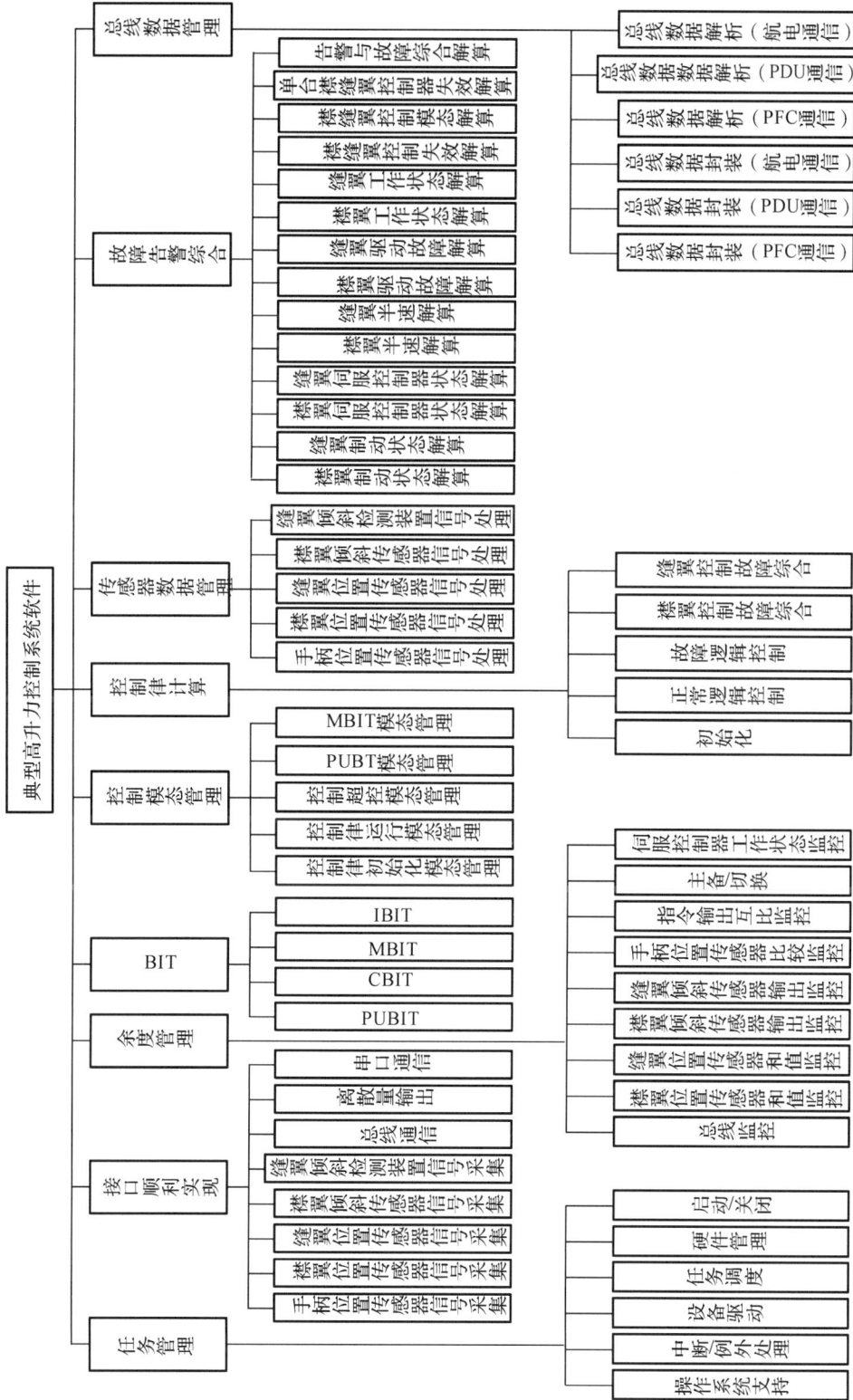

图 5-16　典型高升力控制分系统软件功能组成

由图 5 - 16 可见,高升力控制系统机载软件一般由任务管理、接口管理、传感器数据管理、总线数据管理、余度管理、系统 BIT、控制模态管理、控制律计算和故障告警综合九部分组成。

1)任务管理功能主要实现对实时操纵系统的支持、对系统中断/例外的及时处理、硬件资源的驱动与管理,以及对系统整体任务进行统一协调调度与管理。

2)接口管理功能主要完成 FSECU 与外部交联系统或设备的数据采集和输出。

3)传感器数据管理功能是将传感器原始信号转换为控制律计算所需的具有物理含义的信号数据。

4)总线数据管理功能是将不同的航空总线(具有不同的物理及电气特性),根据系统应用层通信协议进行解析和封装,形成标准的总线通信格式。

5)余度管理功能对系统进行故障监控、信号表决,包括总线信号、传感器状态、多通道输出指令以及多通道故障隔离和故障重构等。

6)系统 BIT 功能是采用不同的速率组执行高升力控制系统 PUBIT、CBIT、MBIT 和 IBIT。

7)控制模态管理功能主要负责对各种模态进行管理,包括进入、运行、退出和挂起等。

8)控制律计算功能负责正常控制逻辑和异常控制逻辑指令的计算,并实时监测舵面控制故障,产生对系统进行保护的指令。

9)故障告警综合功能模块是对影响飞机飞行安全或需向飞机员提供的故障或信息进行综合解算,并通过总线传递给显示及记录设备,以辅助飞行员进行相关故障处置。

5.5.2 高升力控制系统软件架构

软件架构设计是软件设计过程中的一个层次,这一层次超越计算过程中的算法设计和数据结构设计,其目的是解决整体系统结构设计和描述方面的一些问题。软件架构设计涵盖的内容太多,因此采用"分而治之"的办法从不同视角分别进行设计。

软件的逻辑架构规定了软件系统由哪些逻辑元素组成以及这些逻辑元素之间的关系[6]。

逻辑架构中关于职责划分的决策,体现为层、子系统和模块等的划分,从静态视角为详细设计和编程提供切实的指导。有了分解就必然产生协作,逻辑架构还规定了不同逻辑单元之间的交互接口和交互机制,而编程工作必须实现这些接口和机制。

高升力控制系统软件架构的设计以逻辑架构设计为主,结合系统运行框架的特点,通过层次结构建立软件的整体开发架构,依据系统的状态转换和时序逻辑提出高升力控制系统软件的动态特性及运行架构。

5.5.2.1 软件开发架构

分层架构设计模式是开发架构设计的主要手段。分层架构的最大优点是将整体问题局部化,把可能的变化分别封装在不同的层中,最终可使系统被规划为一个的分层体系,有利于修改、扩展和替换。

软件层次结构设计使设计者可以把一个复杂系统按递增的步骤进行分解。每一层为上层服务,并作为下层客户。系统中除了必要的输出函数外,内部的层只对相邻的层可见。每一层至多和相邻的上、下层交互,因此功能的改变最多影响相邻的上、下层,这样可以很好地支持功能增量设计。另外,只要提供的服务接口定义不变,允许每层用不同的方法实现,就可以定义一组标准的接口,层内部允许各种不同的实现方法,以提高软件的重用性。

高升力控制系统软件整体采用层次化结构的软件框架设计,如图 5-17 所示。软件层次由低到高分为硬件软件、操作系统软件及应用层软件。

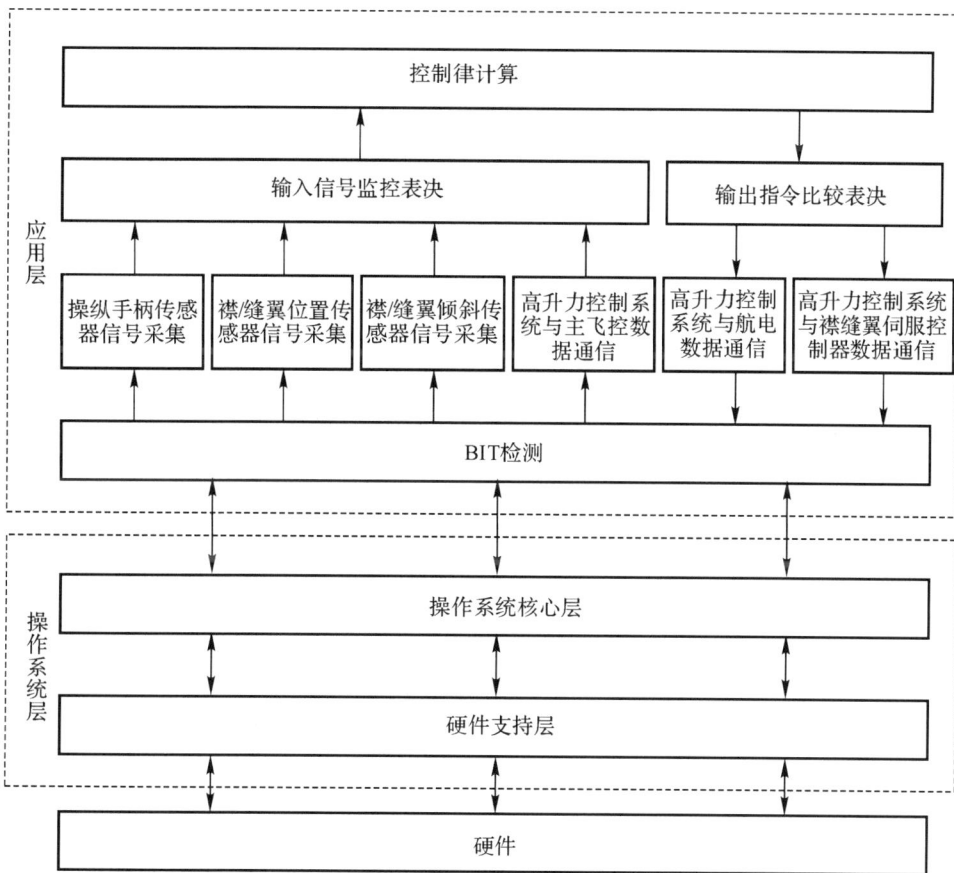

图 5-17　高升力控制系统软件层次结构

从图 5-17 可以看出,高升力控制系统的所有控制功能都可设计在应用层完成,由低到高又细分如下:

1)BIT 检测层。该层与硬件关联度较高,因此位于应用层的最底层,完成系统常规的自检测,主要包括 PUBIT、CBIT、MBIT 和 IBIT,其中 PUBIT 和 CBIT 由 BIT 检测层独立完成系统自检；MBIT 和 IBIT 与上层应用交联，由上层应用负责统一调度，并且为上层应用提供检测结果服务。

2）数据传输层。该层负责控制与 FSECU 所有交联系统数据的输入/输出通信，由上层应用统一调度，为上层应用提供数据输入管理服务，接收上层的数据输出。

3）余度管理层。该层负责 BIT 检测层检测结果的综合处理，包括对余度输入信号进行监控表决、向控制律计算层提供信号表决、控制律重构运算、FSECU 内部支路间控制指令表决以及两台 FSECU 的主/备工作方式管理。

4）控制律计算层。该层负责高升力控制系统的所有控制和计算功能。

5.5.2.2　软件状态转换逻辑

运行框架的设计重点关注进程、线程和对象等的运行，以及相关的并发、同步和通信等。

运行架构和开发架构的关系非常值得研究。开发架构一般偏重静态依赖关系，而这些静态元素运行起来后，则会表现为对象、进程和状态等。因此，在逻辑架构设计过程中，运行架构更多的是去考虑系统全局及局部的控制流、状态转换、资源竞争和同步异步等。

状态图是系统分析的一种常用工具，通过建立类对象的生存周期模型来描述对象随时间变化的动态行为。状态图包含了一个类的对象在其生命周期间所有状态的序列以及对象对接收到的事件所产生的反应。

状态图由表示状态的节点和表示状态之间转换的带箭头的线条组成。若干个状态由一条或多条转换箭头连接，状态的转换由事件触发。模型元素的行为可以由状态图中的一条通路表示，沿着此通路状态机随之执行了一系列动作。状态机主要由状态、转换、事件和动作四部分组成。

1）状态由一个带圆角的矩形表示，状态图的图标可以分为名称、内部转换和嵌套状态。

2）转换用带箭头的线条表示，分别连接源状态和目标状态。当源状态接收到一个事件并且监控条件得到满足，则执行相应的动作，同时从源状态转换到目标状态。如果转换上没有标注触发转换的事件，则表示此转换为自动进行。

3）初始状态代表状态图的起始位置，起始状态在一个状态图中只允许有一个，用一个实心圆表示。

4）终止状态是一个状态图的终止点，它用一个含有实心圆的空心圆表示。

5）事件表示在某一特定的时间或空间出现的能够引发状态改变的运动变化。事件分为入口事件、出口事件、动作事件、信号事件、调用事件、修改事件、时间事件、延迟事件。

6）动作是一组可执行语句或计算处理过程。动作一般包括发送消息给另一个对象、操作调用、设置返回值、创建和销毁对象等。

高升力控制系统软件架构设计使用状态转换逻辑对软件运行架构进行分析，可以使结构模式简单、层次分明、易读易懂、易排错，容易构成良好的同步时序逻辑，提高系统可靠性，易于对非法状态进行控制。高升力控制系统软件可根据系统需求分解为以下状态（见

图 5-18)。

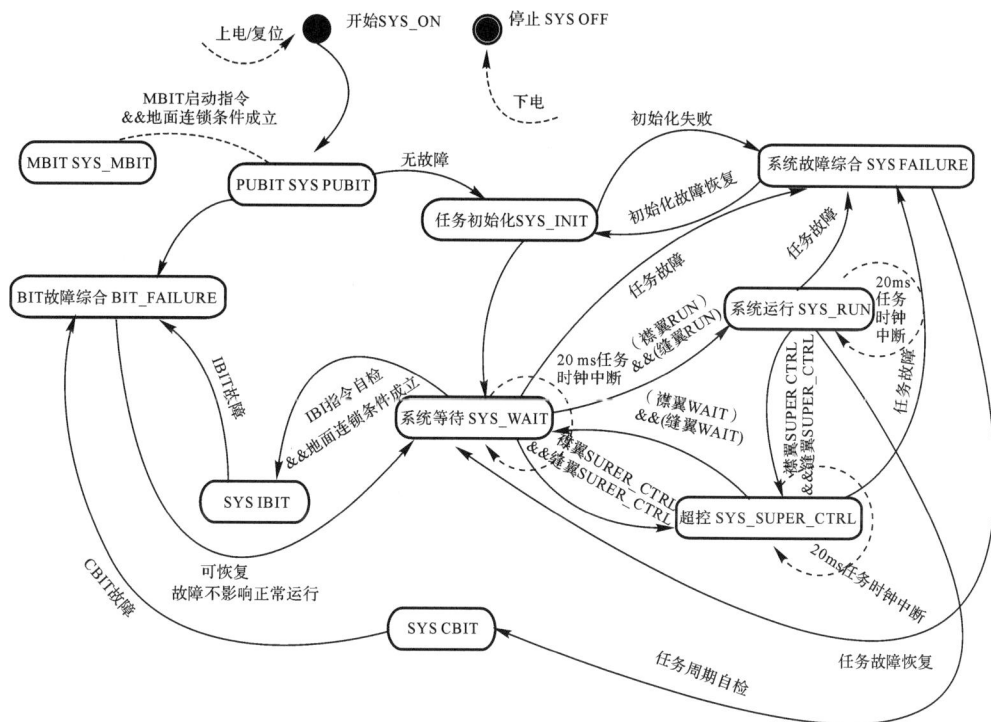

图 5-18　高升力控制系统软件状态转换

1)开始状态(SYS_ON)。计算机上电/人工复位后系统进入开始状态,该状态是一个过渡状态。

2)停止状态(SYS_OFF)。计算机下电后系统进入停止状态,该状态是一个过渡状态。

3)PUBIT 状态(SYS_PUBIT)。PUBIT 是 FSECU 在上电启动过程中进行的一种自检,主要是检测 FSECU 的基本硬件完好程度的机内自检测模式。

4)IBIT 状态(SYS_IBIT)。IBIT 是 FSECU 在地面工作状态下,接收 CMS 的自检指令后对其他 BIT 无法检测的故障进行检测。

5)MBIT 状态(SYS_MBIT)。MBIT 是 FSECU 在连接地面开发、维护设备时对 FSECU 自身的资源及高升力控制系统其他部件进行的检测。

6)CBIT 状态(SYS_CBIT)。CBIT 是飞行中以 BIT 作为后台任务,在不影响飞行任务及飞行安全情况下,FSECU 对自身资源的检测。

7)BIT 故障综合状态(BIT_FAILURE)。当 BIT 检测出故障时,进入 BIT 故障综合状态,该状态下由 BIT 故障综合功能模块裁决该类故障对系统的影响程度,通过影响程度来决定系统应该迁移到的状态。

8)任务初始化状态(SYS_INIT)。该状态主要完成整个系统的初始化工作,其中包括软件变量列表的初始化、PUBIT 和 CBIT 后被改变的存储器值的初始化、为周期任务建立环境等。

9) 系统等待状态 (SYS_WAIT)。该状态是一种过渡状态,当没有任务要执行时,系统处于该状态。

10) 系统运行状态 (SYS_RUN)。在该状态下,系统进行实时周期任务运算,主要包括传感器信号采集、总线数据通信、控制律计算和余度比较表决。

11) 系统故障状态 (SYS_FAILURE)。该状态对控制律计算过程中发生的襟翼不对称保护、襟翼不同步保护、襟翼非指令运动保护、缝翼倾斜角度解算、缝翼不对称保护、缝翼不同步保护、缝翼非指令运动保护故障进行处理。另外,当系统发生瞬态故障和可恢复的故障时在该状态下进行恢复。

12) 超控状态 (SYS_SUPER_CTRL)。该状态下 FSECU 对 PDU 的控制权交由超控控制组件,飞行员操作超控组件直接给 PDU 发出指令,控制襟缝翼的收放,此状态下控制过程为开环控制,传感器不反馈信号,FSECU 不参与控制。

状态的转换依据当前状态及触发条件来决定应该切换到的下一个状态的情况。因此,状态转换是当前状态和触发条件的函数,表示为 next_state = FSTATE(current_state, condition。

5.5.2.3 各种状态下的软件时序逻辑

逻辑架构设计还规定了一个重要的内容,即关于不同逻辑单元之间的使用交互机制。

所谓交互机制,是指不同软件单元之间交互的手段。交互机制的例子有方法调用和发送消息等。

时序图 (Sequence Diagram),也称为序列图或循序图。它通过描述对象之间发送消息的时间顺序显示多个对象之间的动态协作。它可以表示用例的行为顺序,当执行一个用例行为时,时序图中的每条消息对应了一个类操作或状态机中引起转换的触发事件。对时序图的解读如下:时序图是强调消息时间顺序的交互图;时序图描述了对象之间传送消息的时间顺序,用来表示行为的顺序;时序图将交互关系表示为一个二维图,其中纵轴是时间轴,时间沿竖线向下延伸,横轴代表了在协作中各独立的对象。

时序图的主要构成元素包括角色、对象、生命线、激活期和消息。详细描述如下:

角色 (Actor),系统角色,可以是人或者其他系统、子系统。

对象 (Object),对象代表时序图中的对象在交互中所扮演的角色,位于时序图顶部。

生命线 (Lifeline),生命线代表时序图中的对象在一段时期内的存在。时序图中每个对象和底部中心都有一条垂直的虚线,这就是对象的生命线,对象间的消息存在于两条虚线间。

激活期 (Activation),激活期代表时序图中的对象执行一项操作的时期,在时序图中每条生命线上的窄的矩形代表活动期。

消息 (Message),定义交互和协作中交换信息的类,用于对实体间的通信内容建模,在实体间传递信息,允许实体请求其他的服务,类角色通过发送和接收信息进行通信。

1. 系统等待状态时序逻辑

等待状态是系统上电后完成 PUBIT 和系统初始化后自动进入的状态,图 5－18 描述了该状态下的系统时序逻辑。襟缝翼控制计算机(FSECU)、缝翼电机控制单元(缝翼 EMCU)和襟翼电机控制单元(襟翼 EMCU)分别进入各自的等待状态,FSECU 向缝翼 EMCU 和襟翼 EMCU 广播发送 SYS_WAIT 消息,缝翼 EMCU 和襟翼 EMCU 分别向 FSECU 上报各自的 SYS_WAIT 状态,该过程完成后系统进入同步等待状态。

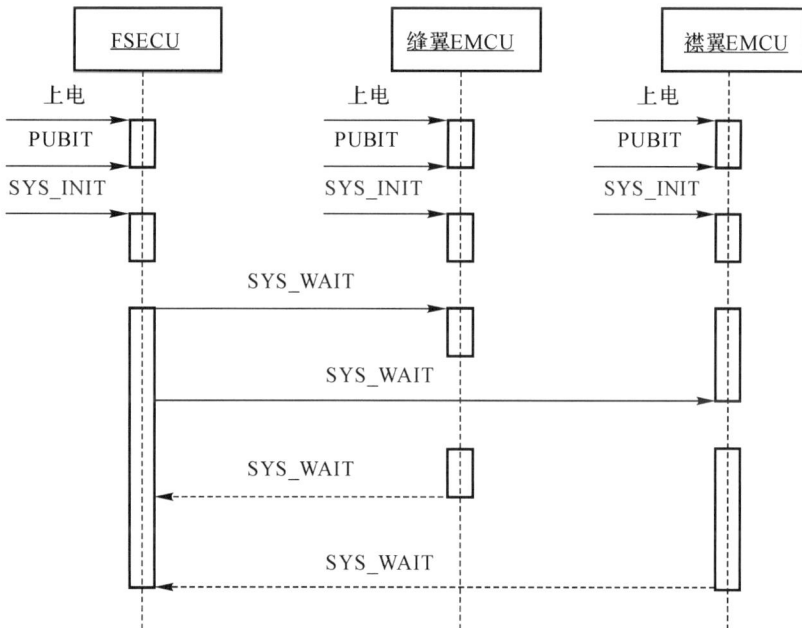

图 5－19　系统等待状态时序图

2. 系统 IBIT 状态时序逻辑

如图 5－20 所示,系统 IBIT 状态的进入需要复杂的连锁条件来产生。在这个过程中,飞行员(或地勤人员)需作为执行指令的发布者参与进来。FSECU、缝翼 EMCU 和襟翼 EMCU 三个系统均需运行在 SYS_WAIT 状态,在收到 IBIT 检测指令的下一时钟周期,FSECU 向缝翼 EMCU 和襟翼 EMCU 广播发送 SYS_IBIT 消息,缝翼 EMCU 和襟翼 EMCU 分别向 FSECU 上报各自的 SYS_IBIT 状态,系统进入 IBIT 检测状态。

系统 IBIT 检测过程,即 FSECU 向缝翼 EMCU 和襟翼 EMCU 广播发送 SYS_PBIT 消息,缝翼 EMCU 和襟翼 EMCU 分别向 FSECU 上报各自的 IBIT 检测结果。

系统 IBIT 状态的退出过程,即 FSECU 向缝翼 EMCU 和襟翼 EMCU 广播发送 SYS_IBIT 消息,缝翼 EMCU 和襟翼 EMCU 分别向 FSECU 上报各自的 SYS_WAIT 消息,则系统退出 IBIT 状态。

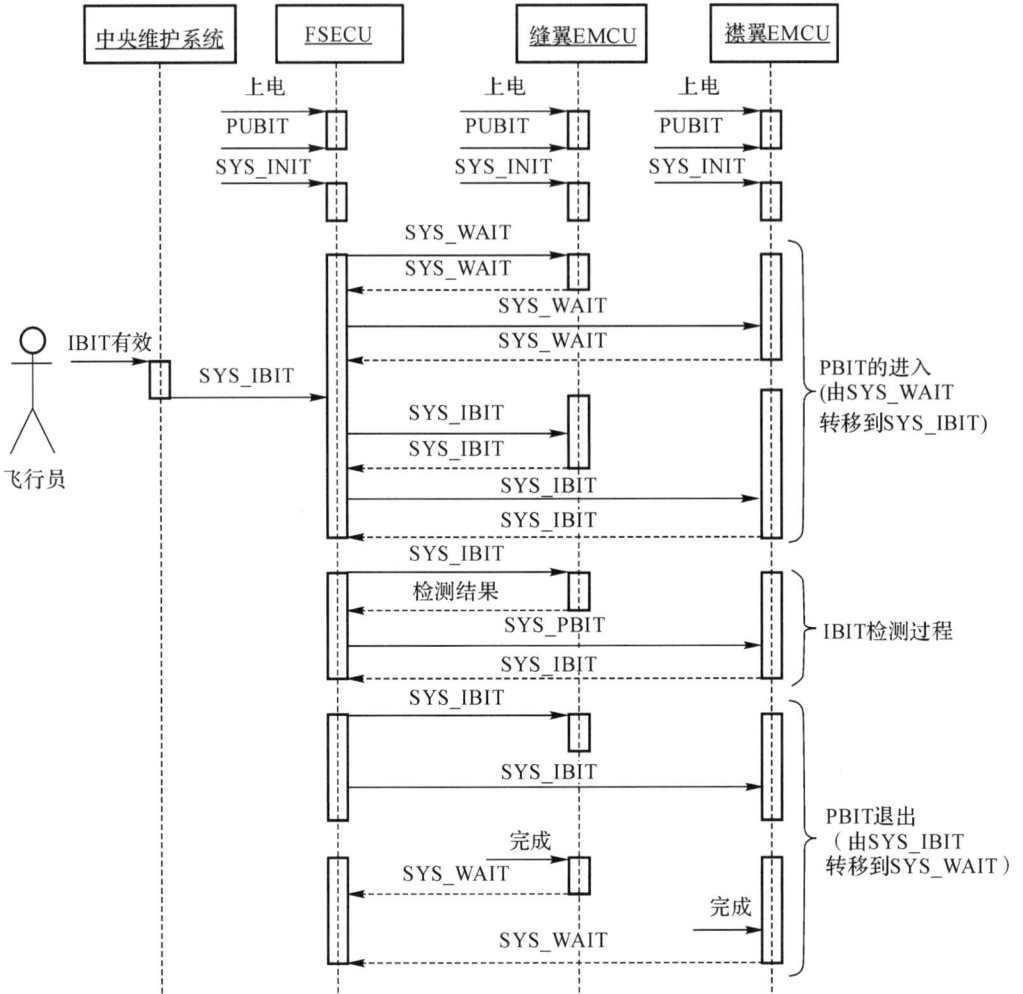

图 5-20　系统 IBIT 状态时序图

3.系统运行状态时序逻辑

如图 5-21 所示,系统运行状态的进入需要 FSECU、缝翼 EMCU 和襟翼 EMCU 三个系统运行在 SYS_WAIT 状态,FSECU 向缝翼 EMCU 和襟翼 EMCU 广播发送 SYS_RUN 消息,缝翼 EMCU 和襟翼 EMCU 分别向 FSECU 上报各自的 SYS_RUN 状态,系统进入运行状态。

系统运行过程,即 FSECU 向缝翼 EMCU 和襟翼 EMCU 广播发送 SYS_RUN 状态指令和控制指令消息,缝翼 EMCU 和襟翼 EMCU 分别向 FSECU 上报各自的 SYS_RUN 状态。

系统运行状态的退出过程,即 FSECU 向缝翼 EMCU 和襟翼 EMCU 广播发送 SYS_

RUN 消息,此时如果超控有效,则缝翼 EMCU 和襟翼 EMCU 分别向 FSECU 上报各自的 SYS_SUPER_CTRL 消息,系统退出运行状态。

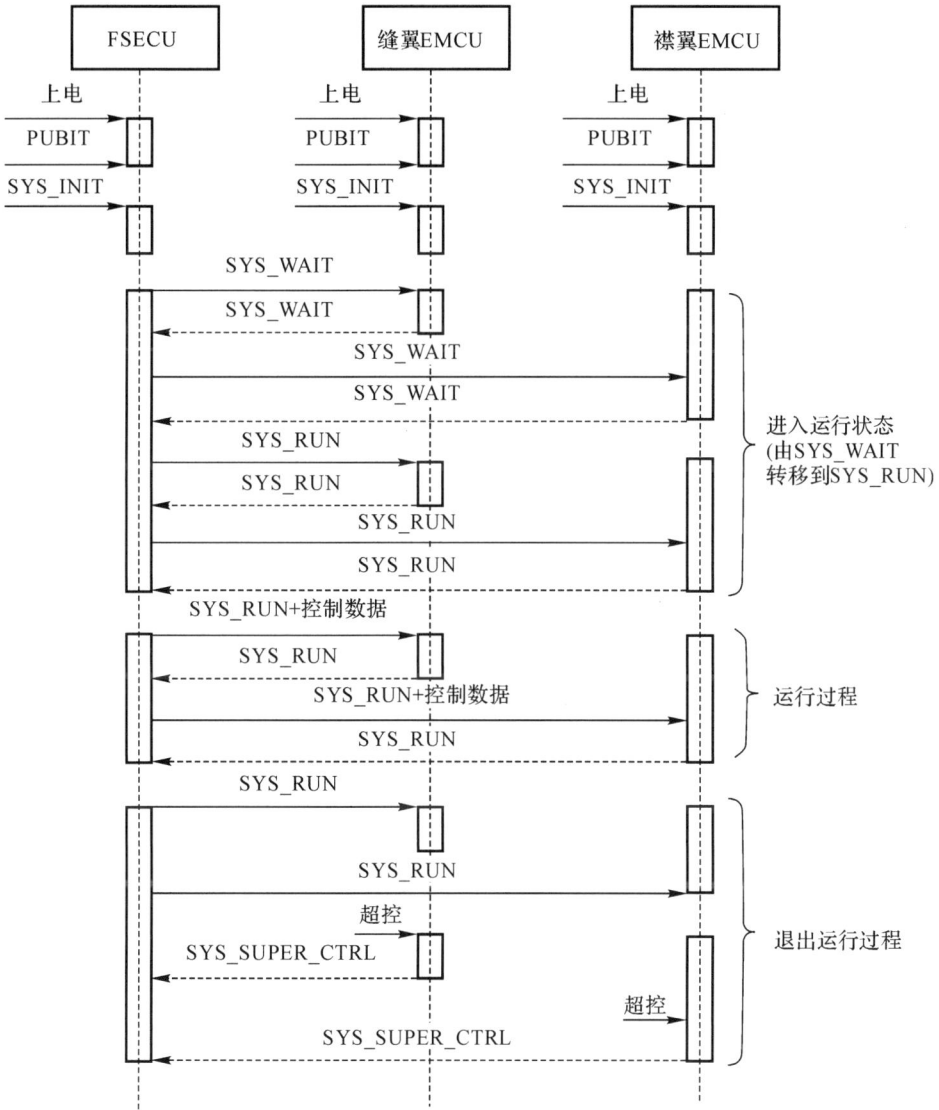

图 5 - 21　系统运行状态时序图

5.5.3　软件开发模型设计

在开发产品或构建系统时,遵循一个科学的、成熟的系统模型,合理组织这些过程很重要。这些模型好比路线图,为软件工程师及管理人员提供了稳定、可控、有组织、有质量保证的开发蓝图。目前应用比较广的软件开发模型有瀑布式开发模型、增量式开发模型和演进式开发模型[3,9]。

1. 瀑布式开发模型[10]

瀑布式开发模型是在需求确定的前提下,将软件研制的各个过程以线性顺序连接,最终得到软件产品。其适用的项目特点为需求稳定、技术相对成熟、项目风险低、软件产品整体一次交付。

瀑布式开发模型的优点是可靠性高。其每个阶段都有严格的论证,保证相对正确后才进行下一步,因而软件开发的质量有保证,并且可以尽早发现隐患、减少风险、避免损失。瀑布式开发模型的缺点是时间周期长,不能应对变化较大的需求。瀑布式模型由于有严格的顺序过程,负责后面流程的成员要等待其所依赖的前一步的任务才能进行,很有可能出现等待时间比开发时间长的"堵塞状态"。此外,用户一旦提出需求变更,将会给软件开发带来严重的后果,前期的工作有可能被全部否定,带来大量的人力、物力、财力损耗。

瀑布式开发模型的开发过程如图 5-22 所示。瀑布式开发模型基本上是一次设计、一次通过的策略,确定用户需求、定义需求、设计软件、实现软件、测试、验收和交付,每一步设计都是完整的软件产品。

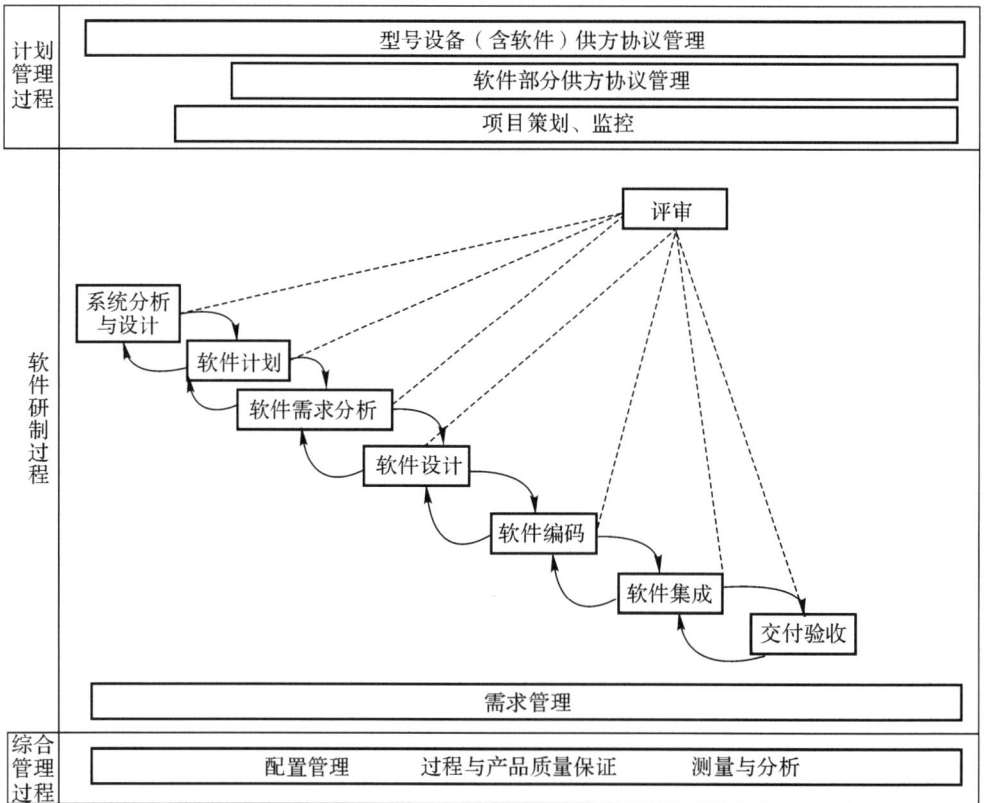

图 5-22 瀑布式开发模型

2.增量式开发模型

增量式开发模型的开发过程如图 5-23 所示。增量式开发模型是在确定系统分配的软件需求后,依次完成其余的开发任务,首先开发部分能力,再增加一些能力等,直到软件全部完成。其适用的项目特点为软件需求相对稳定、软件规模大、研制进度紧、软件产品不需要整体一次交付。

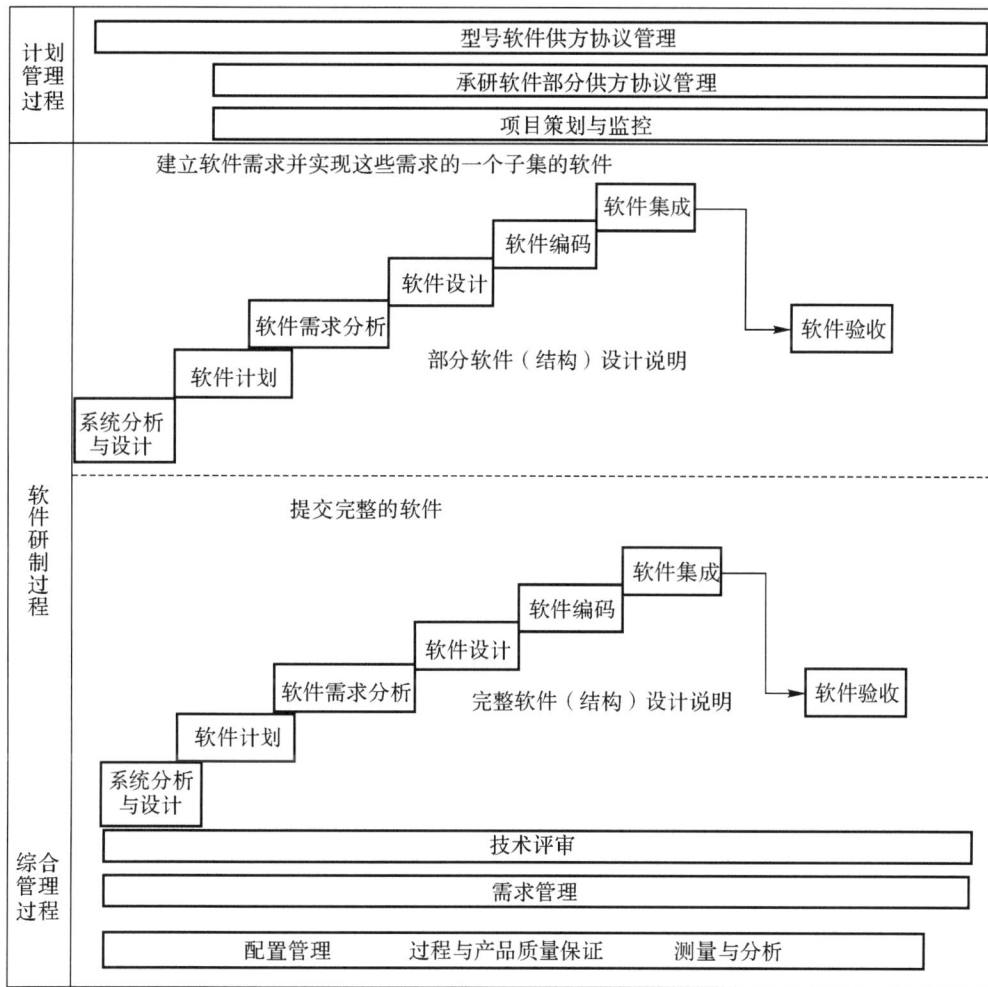

图 5-23　增量式开发模型

增量式开发模型的优点:一是由于增量模型可以最先把核心功能模块交付给用户,因此能够解决用户的一些急用功能;二是这种分批交付方式使得研发单位能够更灵活地安排人员、资金。增量式开发模型的缺点主要体现在风险性上,由于每个模块是按流水线方式呈现的线性序列,逐步进行需求分析、设计、实现并提交。前后模块的设计、开发交错进行并互相关联,这时若前模块设计有误,会影响以后的各模块,因此存在研发费用增加的潜在风险。

增量式开发模型在初次开发时定义软件所有需求,确定软件架构,依次设计实现,直到软件开发全部完成。针对设计实现的部分功能,开展软件的测试。

3.演进式开发模型

演进式开发模型用于用户需求不完全清楚的情况,不可能预先定义全部需求的情况,用户需求和软件需求仅被部分地定义,然后在每个随后的版本中逐步完善。该模型采用循环的方式逐步加深系统定义和实现的深度,同时降低风险,确定一系列里程碑,确保项目开发过程中的相关利益者都支持可行的和令人满意的系统解决方案。其适用的项目特点为软件需求前期不完整,客户需要开发中间产品逐步确认软件功能。

演进式开发模型的优点在于采用螺旋式多次迭代,逐步加深软件需求定义和实现的深度,可提前识别风险,减少损失。

演进式开发模型的缺点在于迭代次数过多,研发成本和周期增加。

演进式开发模型开发过程如图 5-24 所示。初期向用户交付的为一个运行原型,在软件开发策划时对于初期交付的软件版本进行详细策划,概要策划后期对最终需要交付软件产品的开发过程逐步细化,在开发后期最终需要交付软件产品前,应制订详细的开发计划。

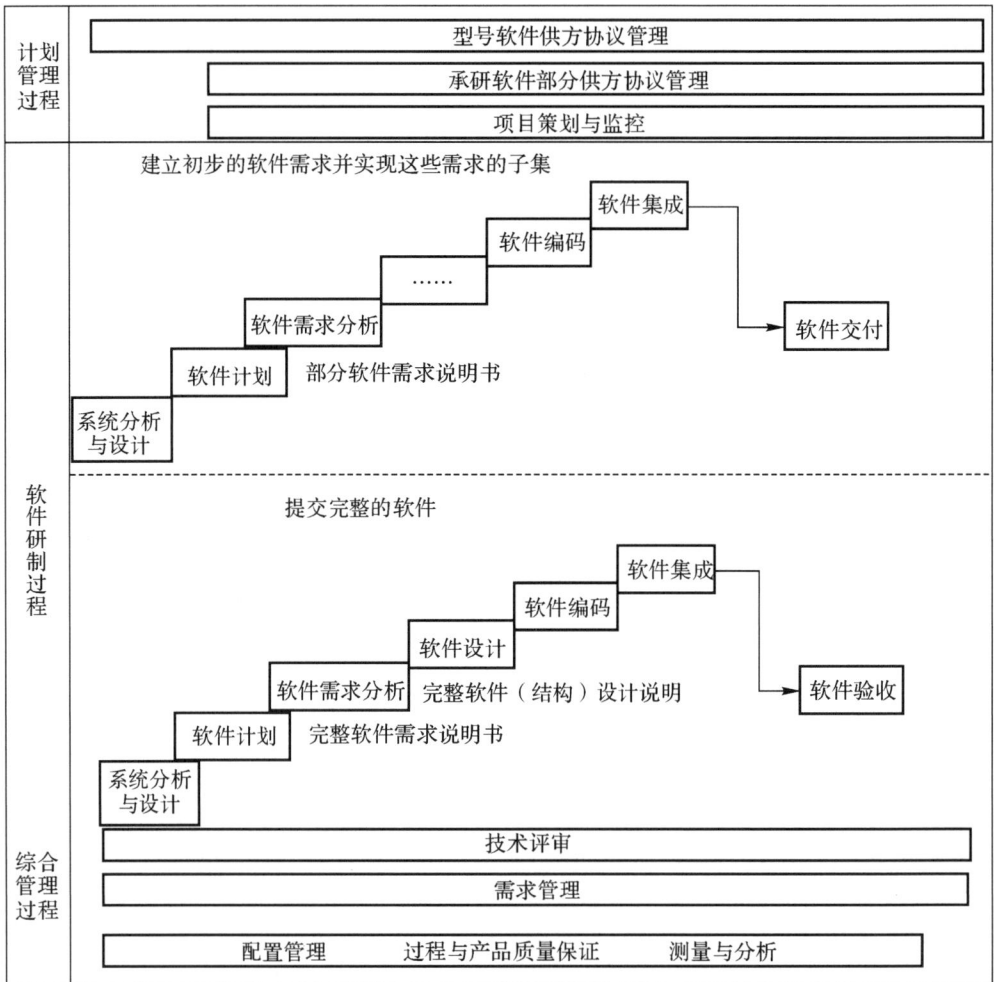

图 5-24 演进式开发模型

4.高升力控制系统软件开发模型

高升力控制系统软件的需求清晰稳定,软件规模相对较小,功能单一,与其他系统(如航电系统、主飞控系统等)外部接口明确,项目风险低,且软件产品需要整体一次性交付,因此选择瀑布式开发模型。按照瀑布型开发模型,规定高升力控制软件开发的过程框架(见表5-3),包括:

1)项目阶段的划分,在各个阶段结束时要经过严格的评审,只有当能够确认一个阶段的开发成果是正确的时,才能够进入下一阶段的开发;

2)各个过程的活动在阶段内的配置,除完成基本活动外,都必须进行项目管理、质量保证和配置管理等;

3)阶段产出物及其状态。

表 5-3　高升力控制系统软件开发的过程

阶段名称	主要活动	所需资源及依赖关系
系统分析与设计	(1)参加软件研制任务书沟通、软件研制任务书技术评审; (2)完成软件研制任务书验证,任务书确认评审	系统详细方案
软件计划	(1)编制软件开发计划、软件配置管理计划、软件质量保证计划、软件合格审查计划、软件验证计划、软件设计标准、软件编码标准、软件配置状态报告; (2)完成软件计划阶段产品的验证、软件计划阶段评审	软件研制任务书
软件需求分析	(1)编制软件需求规格说明、软件配置状态报告、软件安全性分析报告; (2)完成软件需求分析阶段产品验证、软件需求分析阶段评审	软件研制任务书
软件设计	(1)编制软件概要设计说明、软件详细设计说明、软件测试计划、软件测试说明、软件配置状态报告; (2)完成软件设计阶段产品验证、设计阶段评审	需求分析
软件编码	(1)软件编码、软件单元测试; (2)编制软件配置状态报告	软件设计
软件集成	软件集成,编制软件集成计划、集成报告,编制软件配置状态报告	软件编码
软件测试	软件测试、编制软件测试报告、软件系统测试报告	软件需求、设计、编码、集成调试
软件验收与交付	软件验收报告、验收阶段评审	系统软件集成

参 考 文 献

[1] 杜永良，高亚奎. 某运输机高升力控制系统设计[J]. 中国科学：技术科学，2018，48(3)：289 - 298.

[2] 朱妍，王博，安刚，等. 大型飞机襟缝翼自动保护控制律设计与仿真[J]. 飞行力学，2015，33(4)：324 - 327.

[3] 朱妍，郭润兆，安刚. 大型运输机高升力系统安全控制策略研究[J]. 航空科学技术，2016，27(9)：40 - 44.

[4] 杜永良，潘妍红. 波音 777 飞机高升力控制系统余度管理分析[J]. 民用飞机设计与研究，2012(3)：33 - 34.

[5] 董妍，程俊强. 飞行控制计算机中的 BIT 技术及其测试方法[J]. 航空计算技术，2013，43(2)：103 - 105.

[6] 徐昇，夏德天，郑久寿. 高升力系统控制计算机容错技术研究[J]. 微电子学与计算机，2015，32(6)：36 - 40.

[7] 柳孔明，徐宏哲，黄俊. 三余度飞控计算机架构及其可靠性研究[J]. 现代电子技术，2012，35(6)：102 - 106.

[8] 梁森，何嘉航. 某型飞机高升力控制系统软件设计[J]. 航空科学技术，2014，25(3)：31 - 34.

[9] 黄晓芳，任延超，张巧，等. 基于制导武器系统软件开发模型研究[J]. 信息通信，2016，29(9)：96 - 97.

[10] 孙丽. 经典软件开发模型综述[J]. 产业与科技论坛，2014，13(15)：94 - 94.

第6章 驱动分系统

6.1 概 述

驱动分系统主要用于实现高升力控制系统的动力控制、动力转换与驱动故障保护等功能。驱动分系统由襟缝翼动力驱动装置(PDU)及其驱动控制装置组成,是集机、电、液于一体,高度集成并有多学科融合的复杂系统。

对于采用集中驱动架构的高升力系统,驱动分系统中的 PDU 一般安装在襟缝翼传动线系的中间位置,驱动控制装置一般集成在高升力计算机(FSECU)中或单独安装在 PDU 附近;对于采用分布式驱动架构的高升力系统,其驱动装置一般与作动部件集成设计,甚至于控制器集成设计,该部分内容将在第8章中描述。本章重点阐述采用集中驱动架构的高升力系统的驱动分系统。

为满足高升力系统的可用性要求,驱动分系统常采用双动力源驱动的构型,其按照动力源的类型或工作方式可为不同的类型,见表4-2。

6.2 功能定义与性能要求

6.2.1 功能定义

1. 能量转换

驱动分系统可将飞机提供的液压能源或电力能源转换为扭矩和转速。

2. 动力综合

驱动分系统具有两套完全独立的动力,两套动力一般经过齿轮箱进行力矩或速度综合后输出。

对于主-主式驱动分系统,采用速度综合时,两套动力通道同时工作时输出 100% 的速度和扭矩,其中一套动力通道故障时,输出 50% 的速度和 100% 的扭矩。

对于主-备式驱动分系统,两套动力单独输出,主动力通道工作时输出 100% 的速度和扭矩;当主动力通道故障,备用动力通道工作时,输出 100% 的扭矩,输出速度降低。

3. 制动/把持

驱动分系统可根据指令实现对输出端的制动和把持。在制动/把持状态下,驱动分系统输出端可承受传动线系的载荷且保持不运动。

4. 力矩限制

驱动分系统可限制自身的最大输出力矩不超过设定的门限值,可通过物理装置或控制方法实现。

物理装置一般为机械式力矩限制器,有打滑式和制动式两种类型。

控制方法一般是通过扭矩传感器对变排量液压马达或电机的扭矩进行主动控制。

5. 冲击载荷缓冲

驱动分系统一般通过物理装置或控制方法,降低机械传动线系卡滞故障时引起 PDU 内部冲击载荷的峰值。

物理装置一般为组合式的环形弹簧结构,在自身受力变形过程中将机械冲击能量以摩擦发热的形式消耗掉。

控制方法一般是通过扭矩传感器对变排量液压马达或电机的扭矩进行主动控制。

6. 功率限制

驱动分系统一般通过物理装置或控制方法实现并限制自身的最大消耗功率不超过设定的门限值。

物理装置一般是在液压驱动系统中设置流量限制阀,保证其最大流量不超过设定值。

控制方法一般是对液压马达的速度进行控制或对电机的电流进行控制。

7. 行程限制

驱动分系统一般通过物理装置或控制方法实现并限制自身的最大输出角度不超过设定的门限值。

物理装置一般为机械式行程限制装置。

控制方法一般是通过角位移传感器或到位开关进行位置控制。

8. 通信功能

驱动分系统可通过通信接口接收并执行 FSECU 的指令,并反馈驱动分系统的状态信息。

9. 伺服控制功能

驱动分系统可实现位置或速度闭环控制。

10. 自检测(BIT)功能

驱动分系统具有 BIT 功能或支持高升力系统 BIT 的功能。

11. 健康状态监控

驱动分系统可监控自身的健康状态并向 FSECU 反馈状态信号。

6.2.2　性能要求

驱动分系统的主要性能要求如下：

1）极性。驱动分系统输出端可双向旋转，其旋转方向应与高升力系统指令要求的旋转方向一致。

2）位置精度。位置精度规定了驱动分系统的输出角度的误差范围，驱动分系统的位置精度是根据高升力系统的角度误差及其传动线系的减速比确定的。

3）速度和加速度。速度和加速度规定了驱动分系统的速度特性，在规定的工作包线内，其速度和加速度应满足要求。典型的速度和加速度曲线如图 6-1 所示。

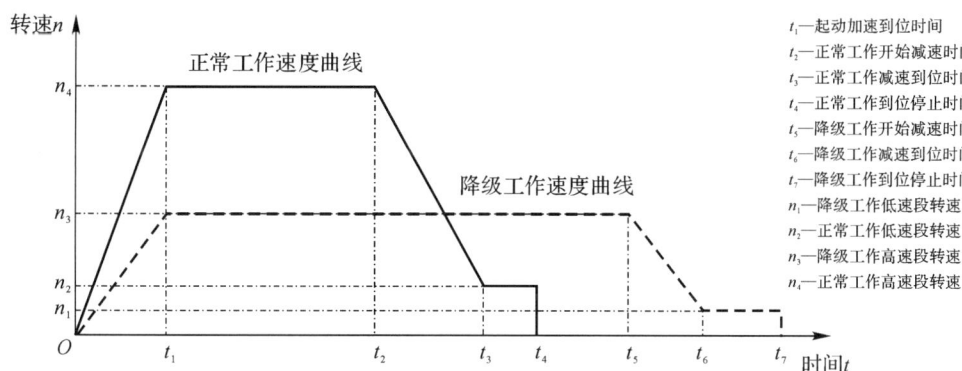

图 6-1　驱动分系统典型速度曲线

4）载荷。载荷规定了驱动分系统在各种工况和环境下的输出扭矩，在此载荷下，驱动分系统的输出速度应满足相应的要求。

5）力矩限制门限。力矩限制门限规定了驱动分系统的最大和最小输出力矩范围，力矩限制门限是根据最大工作载荷和力矩限制器/扭矩传感器的精度确定的。

6）制动力矩。制动力矩规定了驱动分系统在制动/把持状态下能承受的最大载荷，制动力矩是根据液压马达/电机的最大输出力矩和驱动分系统承受的最大负载力矩确定的。

7）游隙。游隙规定了驱动分系统的机械间隙，主要由齿轮箱中的齿轮副、花键副的配合间隙产生，该指标是根据齿轮、花键加工精度及其使用过程中齿面磨损量确定的，一般在 PDU 的输出端进行测量。

8）转动惯量。转动惯量规定了驱动分系统中所有旋转运动零件的转动惯量，一般为换算至驱动分系统输出端的惯量。

9）液压。液压要求规定了工作压力、流量、泄漏、工作介质、污染度和油液温度等要求。

工作压力规定了各种工作状态下驱动分系统的供油压力和回油压力指标，该指标是根据飞机液压系统的压力要求确定的。

流量规定了各种工作状态下驱动分系统的流量指标，该指标是根据飞机液压系统的流量要求确定的。

泄漏规定了各种工作状态下驱动分系统的内部泄漏和外部泄漏指标。内部泄漏是根据各种液压控制阀（电磁阀、电液伺服阀和关闭阀等）的泄漏量确定的。外部泄漏是根据液压马达的轴尾泄漏指标确定的。

工作介质规定了液压油的技术要求和牌号，该指标是根据飞机液压系统的工作介质要求确定的。

污染度规定了驱动分系统耐油液污染的能力，在规定的油液污染度范围内，驱动分系统应满足功能和性能要求，该指标是根据飞机液压系统的油液污染度要求确定的。

油液温度规定了工作介质的温度范围，在规定的油液温度范围内，驱动分系统应满足功能或性能要求，该指标是根据飞机液压系统的油液温度要求确定的。

10) 电源。电源指标规定了飞机对驱动分系统提供的电压和功率指标，供电电压是根据飞机电源确定的，一般为 115 VAC/230 VAC/28 VDC。电源功率根据驱动分系统的输出功率和效率确定。

11) 起动/制动时间。起动/制动时间规定了驱动分系统的动态特性，启动/制动时间一般为驱动分系统从接收到运动/停止指令至输出端开始运动/停止运动的时间。

6.3 组成与工作原理

按照功能，驱动分系统主要由两个驱动与控制通道和一个通道综合与故障保护装置组成，如图 6-2 所示。

根据动力源的不同，驱动分系统主要有双电驱动分系统、液电驱动分系统和双液驱动分系统三种类型，典型的驱动分系统产品如图 6-3～图 6-5 所示。

驱动分系统具有三种工作模式，分别为正常工作模式、降级工作模式和把持工作模式（不工作模式）。

在正常工作模式下，对于采用主-主工作模式的驱动分系统，驱动分系统中的两个驱动与控制通道同时工作，此时驱动分系统输出 100% 扭矩和转速；对于采用主-备工作模式的驱动分系统，驱动分系统中的主驱动与控制通道工作，备份驱动与控制通道处于把持状态，此时驱动分系统输出 100% 扭矩和转速。

在降级工作模式下，对于采用主-主工作模式、速度综合的驱动分系统，驱动分系统中的一个驱动与控制通道工作，另一个驱动与控制通道处于故障把持状态，此时驱动分系统输出 100% 扭矩，输出转速降低为 50%；对于采用主-备工作模式的驱动分系统，驱动分系统中的备份驱动与控制通道工作，主驱动与控制通道处于把持状态，此时驱动分系统输出 100% 扭矩，输出转速降低，通常备份驱动通道输出转速为 20%。

在把持工作模式下，驱动分系统中的两个驱动与控制通道同时处于把持状态，此时驱动分系统可承受翼面的气动载荷并保持其输出端固定在当前位置。

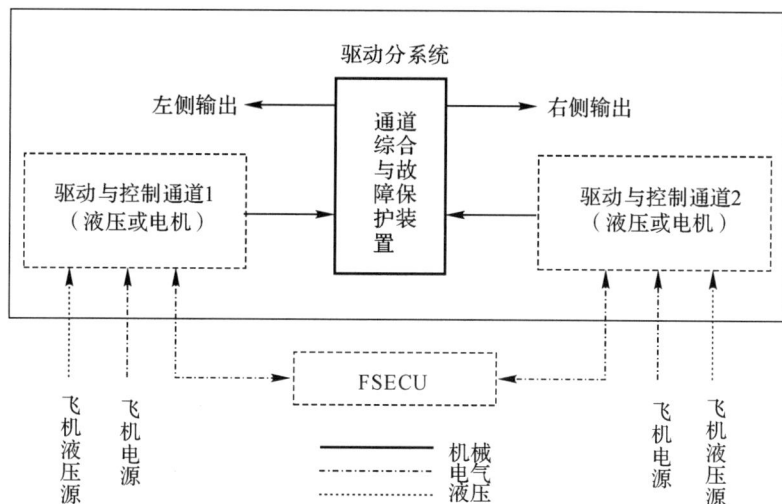

图 6-2 驱动分系统组成

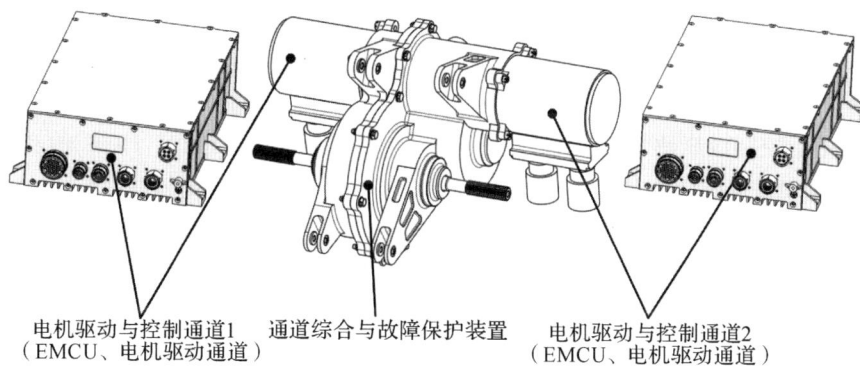

电机驱动与控制通道1　　通道综合与故障保护装置　　电机驱动与控制通道2
（EMCU、电机驱动通道）　　　　　　　　　　　　　（EMCU、电机驱动通道）

图 6-3 典型双电驱动分系统产品

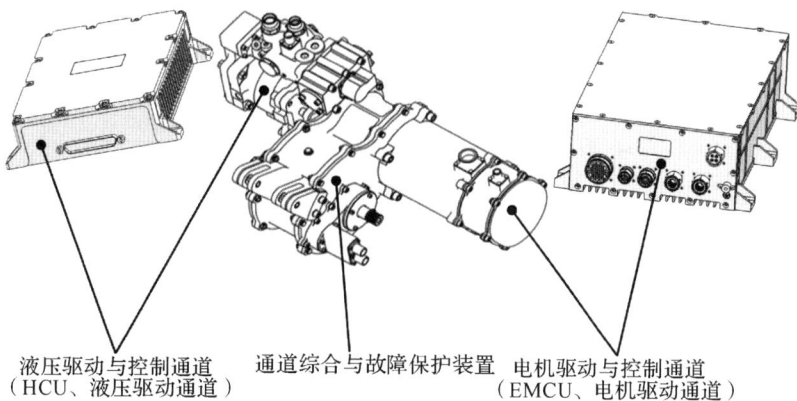

液压驱动与控制通道　　通道综合与故障保护装置　　电机驱动与控制通道
（HCU、液压驱动通道）　　　　　　　　　　　　　（EMCU、电机驱动通道）

图 6-4 典型液-电驱动分系统产品

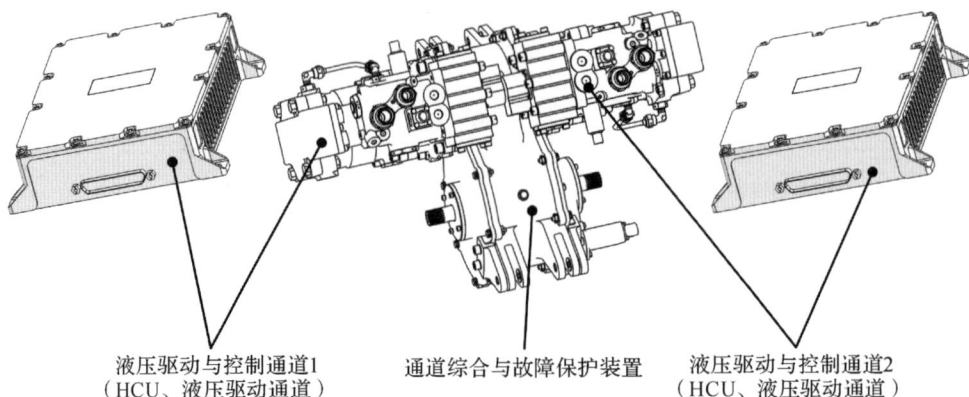

液压驱动与控制通道1
（HCU、液压驱动通道）　　　　通道综合与故障保护装置　　　　液压驱动与控制通道2
　　　　　　　　　　　　　　　　　　　　　　　　　　　　　　　（HCU、液压驱动通道）

图 6-5　典型双液驱动分系统产品

6.3.1　液压驱动与控制

　　液压驱动与控制通过液压马达控制模块（HCU）和液压驱动通道实现，以下分别对液压马达控制模块和液压驱动通道进行介绍。

6.3.1.1　HCU

　　HCU 用于控制液压驱动通道，对于不同类型的液压驱动通道，其 HCU 的功能和组成也不同。一般情况 HCU 会集成在高升力控制计算机内，以提高系统集成度。

　　以电液伺服阀控定排量液压马达驱动通道为例，HCU 具有通信、伺服控制、监控和自检测（BIT）等功能。按照功能划分，HCU 主要由控制模块、监控模块、驱动模块和电源模块等组成。HCU 一般集成于 FSECU 中，也可作为单独的装置。典型的 HCU 组成如图 6-6和图 6-7 所示。

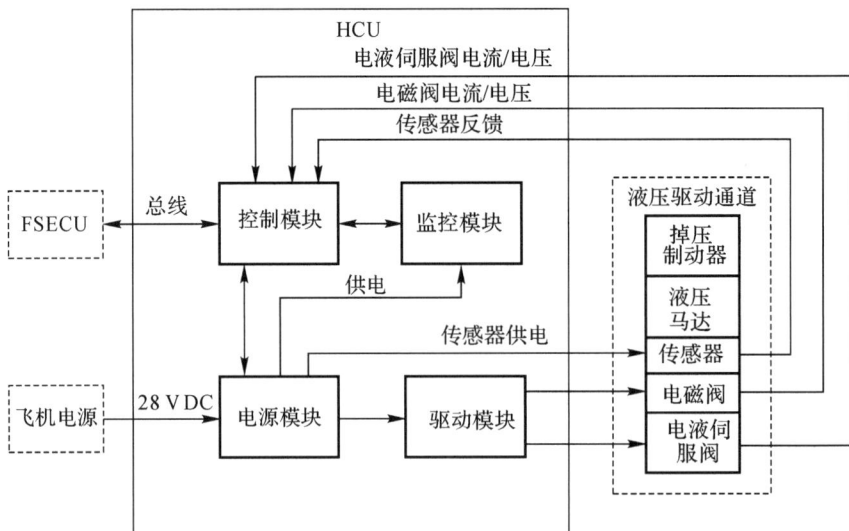

图 6-6　典型液压驱动通道 HCU 组成框图

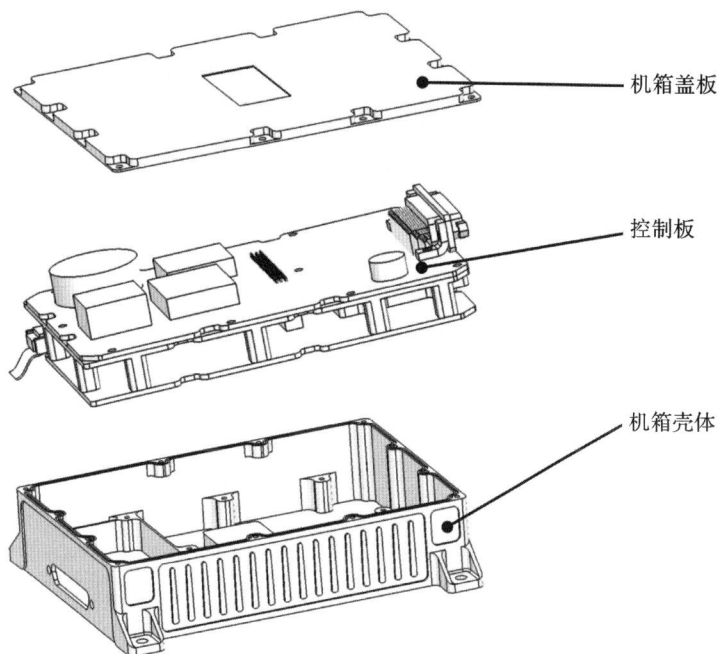

图 6 - 7　典型的 HCU 产品示意图

控制模块的主要功能为控制律运算、控制信号输出、与 FSECU 进行通信、任务管理、信号采集和 BIT 等。

监控模块的主要功能为对重要电路和液压驱动通道进行监控，包括二次转换电源的电压监控、液压驱动通道中的电液伺服阀电流/电压监控、电磁阀电流/电压监控和传感器反馈监控。

驱动模块的主要功能为将控制电路的控制信号进行功率放大后向电液伺服阀和电磁阀输出驱动信号。

电源模块的主要功能为对飞机电源进行转换，并为其液压驱动通道中的传感器供电。

液压驱动通道一般采用速度闭环控制，控制原理如图 6 - 8 所示。

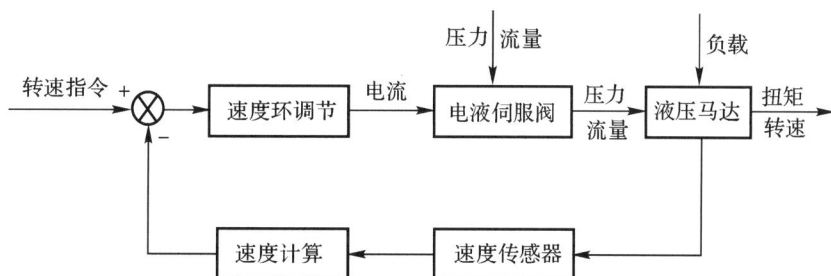

图 6 - 8　典型液压驱动通道控制原理框图

6.3.1.2 液压驱动通道

液压驱动通道主要由液压控制阀块、液压马达、掉压制动器和速度传感器等组成。有的液压驱动通道也会集成压力传感器。典型的液压驱动通道组成如图6-9所示。

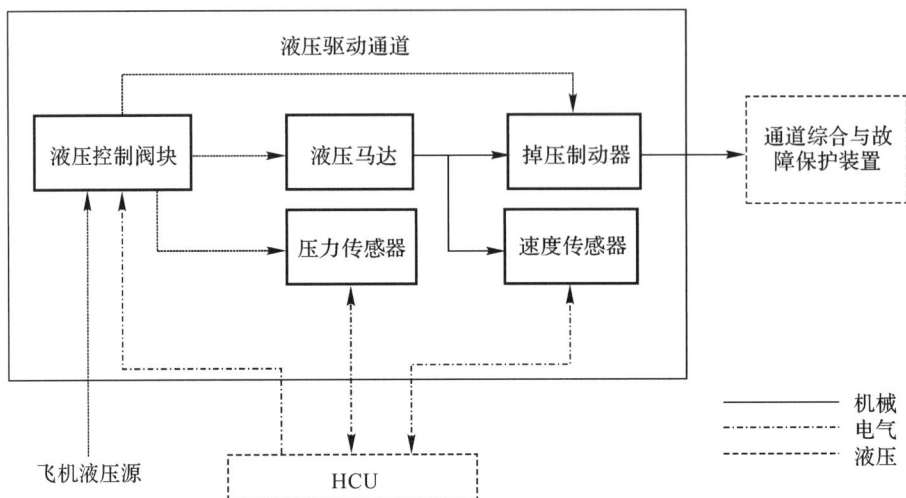

图6-9 典型的液压驱动组成图

液压控制阀块主要由液压壳体、液压阀、电液控制阀(电磁阀、电液伺服阀)等组成,用于液压流量和方向的控制。

液压马达一般采用轴向柱塞式,有定排量和变排量两种类型,用于能量的转换,将液压能源转换为扭矩和转速。

掉压制动器采用失效安全即掉压制动的逻辑,用于对液压马达的制动或解除制动。

速度传感器一般采用磁阻式旋转变压器,用于测量液压马达的转速。

压力传感器一般采用压阻式压力传感器,用于测量供油压力。

液压驱动通道有多种构型,按照速度控制方式可分为两类:一类为高-低速控制,采用电磁阀控定排量液压马达结构;一类为速度伺服控制,采用电液伺服阀控定排量液压马达或变排量液压马达结构。以下对不同构型的液压驱动通道分别进行介绍。

1.高-低速控制液压驱动通道

高-低速控制液压驱动通道有固定节流式和液压调速式两种构型。

固定节流式液压驱动通道采用固定节流口对液压流量进行限制,进而实现对液压马达的速度限制,其组成如图6-10所示。

液压调速式液压驱动通道采用流量控制阀对液压流量进行自适应调节,进而实现对液压马达的速度控制,其组成如图6-11所示。

高-低速控制液压驱动通道具有结构简单、可靠性高和控制简单的优点,但存在输出速度受负载影响大及系统起动和高-低速转换时冲击大的问题,影响飞机的飞行品质。

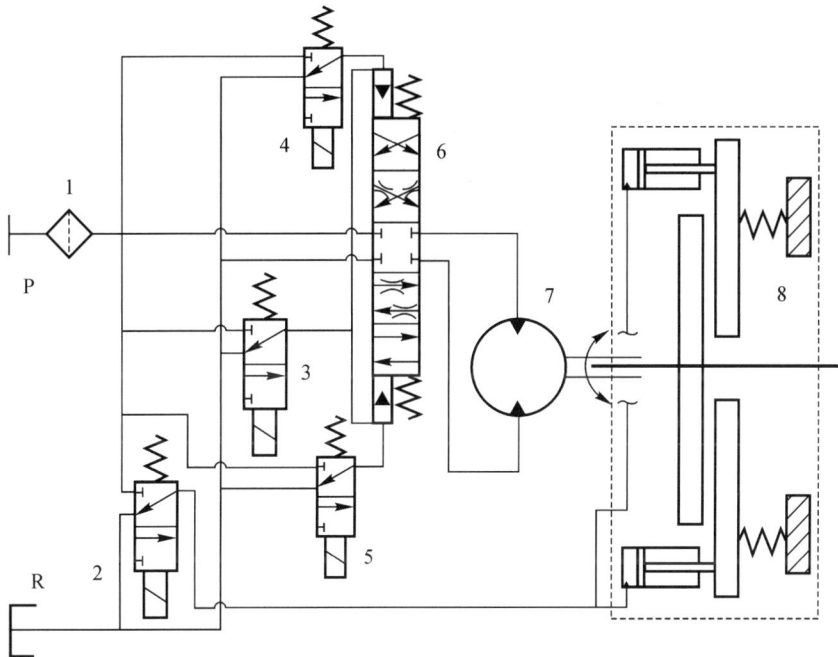

图 6 - 10　固定节流式液压驱动通道组成图

1—油滤；2—制动器电磁阀；3—高-低速电磁阀；4—伸出方向电磁阀；5—收回方向电磁阀；

6—主控阀；7—液压马达；8—掉压制动器

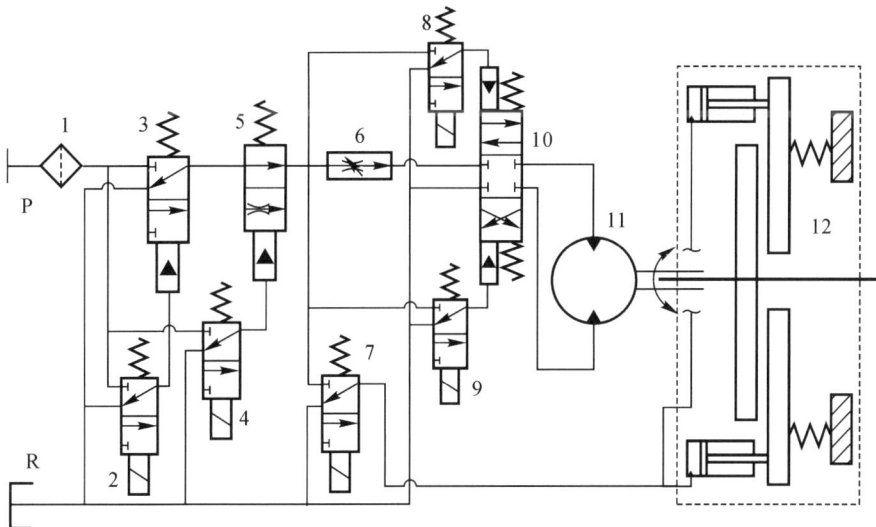

图 6 - 11　液压调速式液压驱动通道组成图

1—油滤；2—关闭阀电磁阀；3—关闭阀；4—高-低速电磁阀；5—高-低速阀；6—流量控制阀；

7—制动器电磁阀；8—伸出方向电磁阀；9—收回方向电磁阀；10—方向控制阀；11—液压马达；12—掉压制动器

固定节流式液压驱动通道的输出速度和流量受负载变化影响较大,输出速度和消耗流量变化范围较大,需要设置流量限制装置以限制高升力控制系统的总流量。早期的 A320、A340 飞机高升力控制系统采用了固定节流式液压驱动通道。

液压调速式液压驱动通道在一定的负载变化范围内,其流量和速度受影响相对较小,输出速度和消耗流量变化范围较小。B777、B787 飞机高升力控制系统均采用了液压调速式液压驱动通道。

2．速度伺服控制液压驱动通道

伺服控制液压驱动通道有定排量液压马达和变排量液压马达两种构型。

定排量液压马达驱动通道采用电液伺服阀控制液压马达的流量,通过速度传感器实现对液压马达的速度闭环控制。其组成如图 6 – 12 所示。

变排量液压马达驱动通道采用容积控制方法,通过电液伺服阀控制液压马达的排量变化,实现对液压马达输出速度和扭矩的控制,其组成如图 6 – 13 所示。

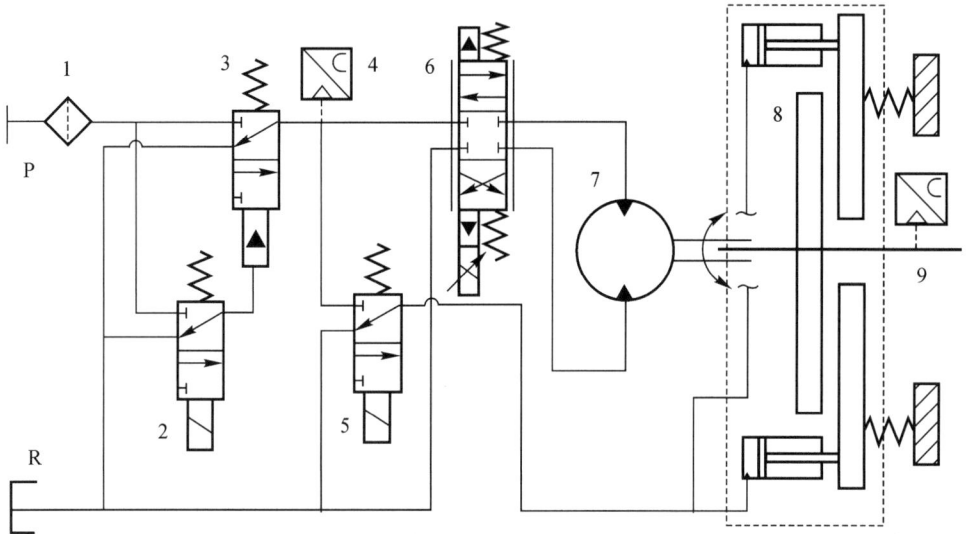

图 6 – 12　定排量液压马达驱动通道组成图
1—油滤;2—关闭阀电磁阀;3—关闭阀;4—压力传感器;5—制动器电磁阀;
6—电液伺服阀;7—液压马达;8—掉压制动器;9—速度传感器

相比高-低速控制液压驱动通道,伺服控制液压驱动通道具有调速特性和运动品质好的优点,输出速度不受负载影响。

定排量液压马达驱动通道具有技术成熟、可靠性高的优点,但存在节流控制导致的液压效率低的缺点,同时受高压、大流量电液伺服阀元件的技术限制,在宽体飞机中的应用受限。国产 C919 飞机高升力控制系统采用了定排量液压马达驱动通道。

变排量液压马达驱动通道具有效率高的优点,但控制系统较复杂,成本较高,可靠性低于其他类型的液压驱动通道[1]。A380、A350 飞机高升力控制系统均采用了变排量液压马达驱动通道。

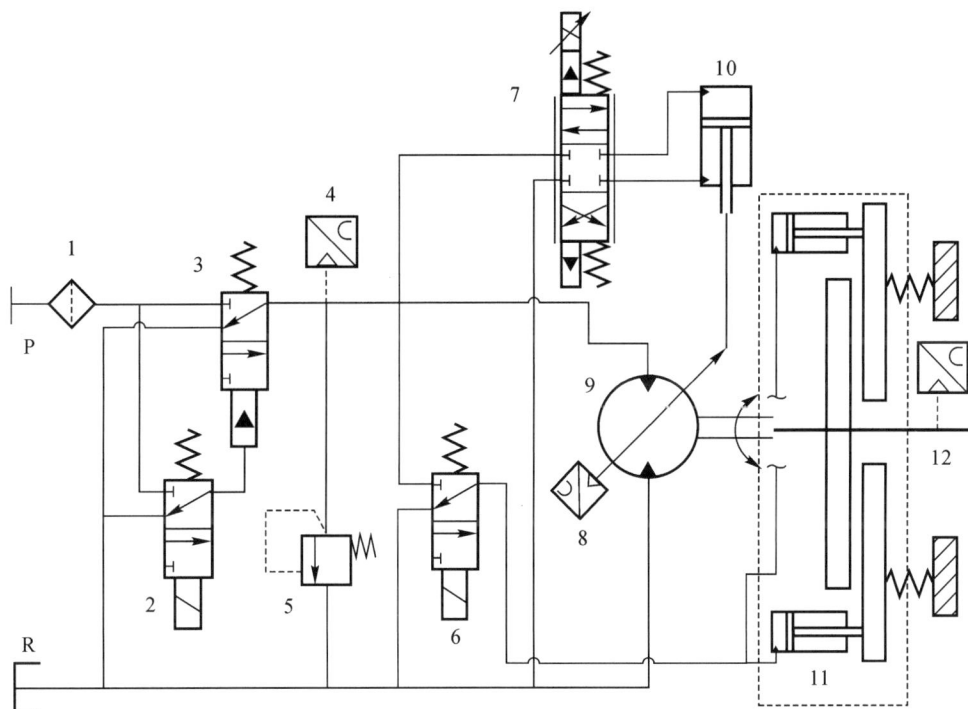

图 6 - 13 变排量液压马达驱动通道组成图

1—油滤；2—关闭阀电磁阀；3—关闭阀；4—压力传感器；5—溢流阀；6—制动器电磁阀；

7—电液伺服阀；8—马达斜盘角度传感器；9—变排量液压马达；10—马达斜盘作动活塞；

11—掉压制动器；12—速度传感器

6.3.2 电机驱动与控制

电机驱动与控制通道主要由 EMCU 和电机驱动通道组成，以下分别对 EMCU 和电机驱动通道进行介绍。

6.3.2.1 EMCU

EMCU 用于控制电力驱动通道(电机和掉电制动器)，具有通信、伺服控制、监控、自检测(BIT)等功能。由于 EMCU 一般采用高压、大电流设计，通常情况下会与高升力控制计算机采用物理隔离设计。按照功能划分，EMCU 主要由控制模块、监控模块、驱动模块和电源模块等组成。典型的 EMCU 的组成如图 6 - 14 和图 6 - 15 所示。

控制模块的主要功能为控制律运算、控制信号输出、与 FSECU 进行通信、任务管理、信号采集和 BIT 等。

监控模块的主要功能为对重要电路和电力驱动通道进行监控，主要包括二次转换电源的电压监控、电力驱动通道中的电机电流监控、掉电制动器电流监控和传感器反馈监控。

驱动模块的主要功能为将控制电路的控制信号进行功率放大后向电机输出驱动电流。

电源模块的主要功能为对飞机电源进行转换,并为其他电路和电力驱动通道中的传感器和掉电制动器供电。

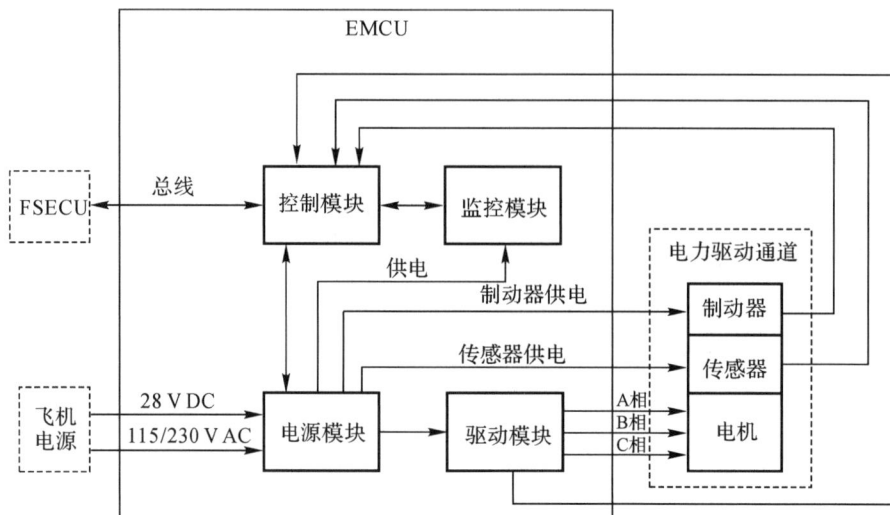

图 6-14 典型的 EMCU 组成框图

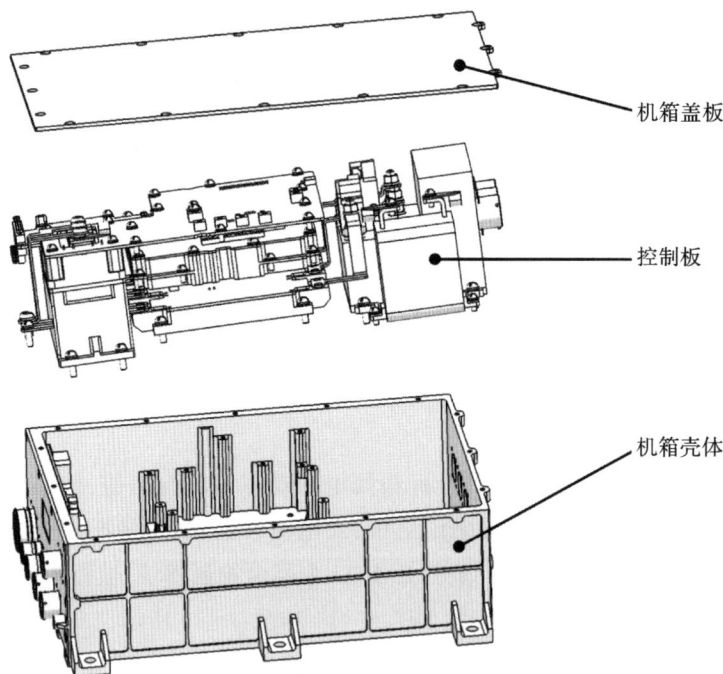

图 6-15 典型的 EMCU 产品示意图

电力驱动通道一般采用速度和电流双闭环调速控制,典型的控制原理如图 6-16 所示。电机速度环控制电机转速跟随指令转速变化,稳态时可减小转速误差,同时对负载变化起抗扰作用。速度环输出信号为电流环给定信号,速度环输出信号的限幅值决定电机允许的最大电流。

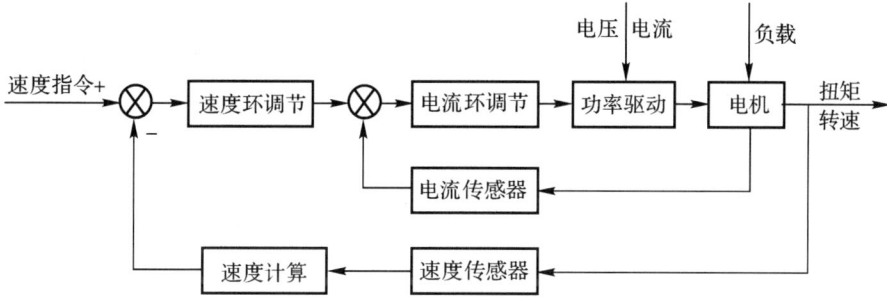

图 6-16　典型电力驱动通电控制原理框图

电流环作为电机调速内环,其作用是控制电机电流跟随指令电流变化,对母线电压的波动起抗扰作用。在转速变化过程中,电流环保证电机获得允许的最大电流,从而加快变化过程;当电机过载或堵转时,限制电机电流,起到快速保护作用。

6.3.2.2　电机驱动通道

电机驱动通道主要由电动机(交流或直流电动机)、掉电制动器和速度传感器等组成。典型的电机驱动通道组成如图 6-17 所示。

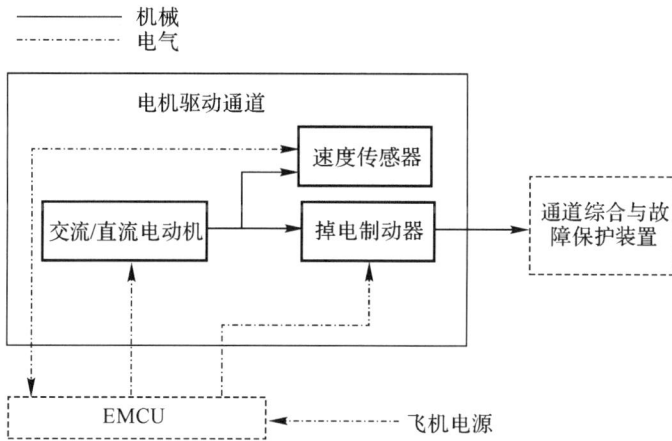

图 6-17　典型的电力驱动通道组成图

电机用于能量的转换,将电能转换为扭矩和转速输出。高升力控制系统应用的电机有直流电机和交流电机两种类型,波音早期的机型均采用交流电机。目前新型的宽体客机都采用无刷直流电机,包括 A380、A350 和 B787 等。从目前飞机使用情况来看,无刷直流电机的应用是高升力控制系统的发展趋势。

直流电机一般采用永磁直流无刷电动机,其具有调速范围广、调速特性平滑和过载能力强的特点。

交流电机一般采用三相感应电动机,其具有结构简单、工作可靠、效率高和价格低的特点。

掉电制动器采用失效安全,即掉电制动的策略,用于对电机的制动或解除制动。

速度传感器一般采用磁阻式旋转变压器,用于测量电机的转速。

6.3.3 通道综合与故障保护

通道综合与故障保护主要由差动齿轮箱和力矩限制器组成,以下分别对差动齿轮箱和力矩限制器进行介绍。

6.3.3.1 差动齿轮箱

差动齿轮箱的主要功能为减速和动力综合,其结构主要由减速机构和动力综合机构组成。减速机构用于实现减速比,对输入转速和扭矩进行减速和放大。动力综合机构用于实现两套输入动力的综合。其根据差动齿轮箱的动力综合方式,可分为力矩综合和速度综合两种类型。

力矩综合相比速度综合具有结构简单、重量轻、体积小、可靠性高的优点,但当一个通道出现特定故障(例如卡阻时),会导致另一个通道无法工作,使驱动分系统丧失驱动功能。因此,为满足高升力控制系统在各种工况下的功能需求,要求减速机构的两个通道具有一定的独立性。采用差动行星齿轮传动的速度综合减速机构,其两个通道可独立工作,能更好地满足高升力控制系统的需求。

1. 力矩综合减速机构

按照齿轮的类型,力矩综合减速机构一般分为锥齿轮和圆柱齿轮两种,其动力综合机构原理分别如图 6-18 和图 6-19 所示。动力综合机构主要由两个输入齿轮(Z1、Z2)和一个输出齿轮(Z3)组成。齿轮 Z1、Z2 同时与齿轮 Z3 相啮合,两套动力分别通过齿轮 Z1、Z2 输入,通过齿轮 Z3 进行力矩综合后输出。

对于主-主工作的力矩综合减速机构,其两个驱动通道的减速比相同,齿轮 Z1、Z2 同时输入时,输出 100% 的转速和扭矩;齿轮 Z1、Z2 其中一个输入时,输出 100% 的转速和 50% 的扭矩。

对于主-备工作的力矩综合减速机构,其两个驱动通道的减速比不同,主驱动通道工作时,输出 100% 的转速和扭矩;备驱动通道工作时,输出 100% 的扭矩,输出转速降低。

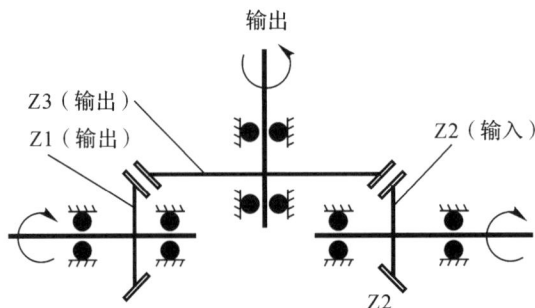

图 6-18 锥齿轮力矩综合减速机构原理图

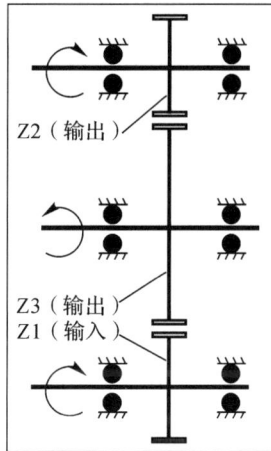

图 6 - 19 圆柱齿轮力矩综合减速机构原理图

力矩综合减速机构结构简单,但主-主工作时两个驱动通道之间存在力纷争,会对结构造成疲劳破坏或损伤。当一个驱动通道故障需要降级为单通道工作时,故障通道需要保持随动才能实现降级工作,一旦故障通道为卡滞故障或随动功能失效,会影响无故障通道的正常工作。因此,力矩综合齿轮箱在高升力控制系统应用较少。

2. 速度综合减速机构

速度综合减速机构一般采用差动行星齿轮结构,该结构有三个可动外接构件,具有两个自由度,只有其中两个可动构件的运动确定后,其余构件的运动才能确定[2]。

按照齿轮的类型,速度综合减速机构可分为锥齿轮和圆柱齿轮两种,其中圆柱齿轮速度综合减速机构根据工作方式可分为主-主式和主-备式两类。

(1)锥齿轮速度综合减速机构。

锥齿轮速度综合减速机构原理如图 6 - 20 所示。动力综合机构主要由两个输入齿轮(Z1、Z2)、行星齿轮(Z3)和一个行星架(X)组成。齿轮 Z1、Z2 同时与齿轮 Z3 相啮合,两套动力分别通过齿轮 Z1、Z2 输入,驱动行星齿轮 Z3 绕行星架进行公转,实现速度综合,最后由行星齿轮 Z3 驱动行星架 X 输出。

对于锥齿轮速度综合减速机构,其两个驱动通道的减速比相同,齿轮 Z1、Z2 同时输入时,输出 100% 的转速和扭矩;齿轮 Z1、Z2 其中一个输入时,输出 50% 的转速和 100% 的扭矩。

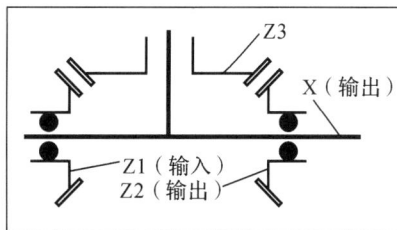

图 6 - 20 锥齿轮速度综合减速机构原理图

锥齿轮速度综合减速机构具有加工难度大、成本高和体积大的缺点,在高升力控制系统应用较少,早期的部分飞机采用该类型的齿轮箱,例如伊尔-76 的襟缝翼 PDU。

(2)主-主式圆柱齿轮速度综合减速机构。

主-主式圆柱齿轮速度综合减速机构,一般由多级定轴圆柱齿轮副组成,动力综合机构一般有内啮合和外啮合两种结构形式,两种动力综合机构的传动原理相同。

主-主式圆柱齿轮速度综合减速机构两个驱动通道通常采用相同的减速比,当两个驱动通道同时输入相同的速度时,输出 100% 的速度和扭矩;当其中一个驱动通道输入时,输出 50% 的速度和 100% 的扭矩。

典型的主-主式圆柱齿轮速度综合减速机构原理分别如图 6-21 和图 6-22 所示。典型的主-主式圆柱齿轮速度综合减速机构产品如图 6-23 所示。目前大部分飞机的高升力控制系统均采用主-主式圆柱齿轮速度综合减速机构,例如空客系列的飞机。

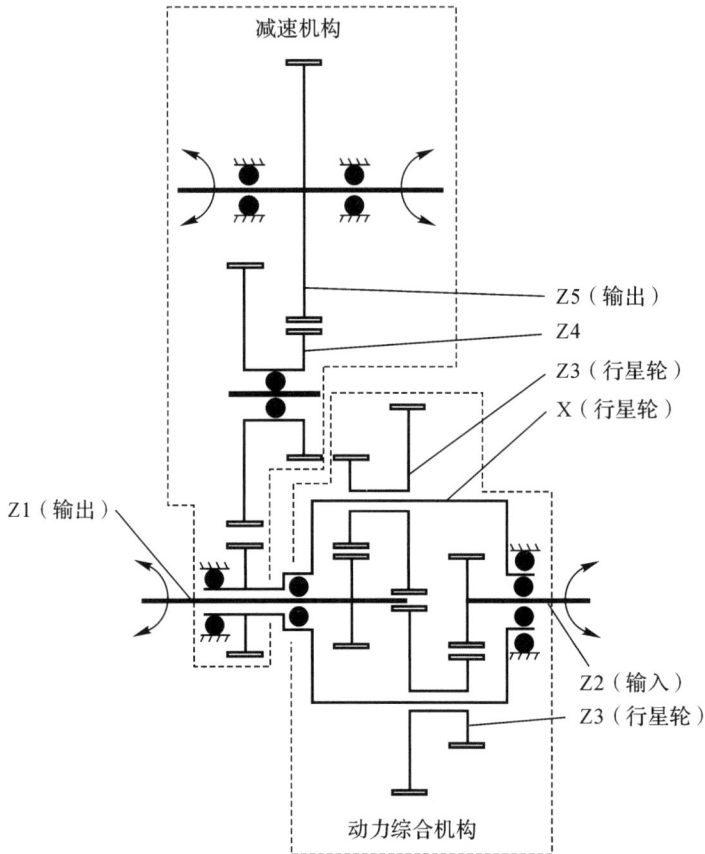

图 6-21 主-主式圆柱齿轮速度综合减速机构原理(外啮合)

3. 主-备式圆柱齿轮速度综合减速机构

主-备式圆柱齿轮速度综合减速机构一般由多级定轴圆柱齿轮副或 2Z-X 型行星齿轮组成,动力综合机构一般采用 2Z-X 型行星齿轮。2Z-X 型行星齿轮传动具有结构简单、制造容易、外形尺寸小、质量小和传动效率高等特点[3]。

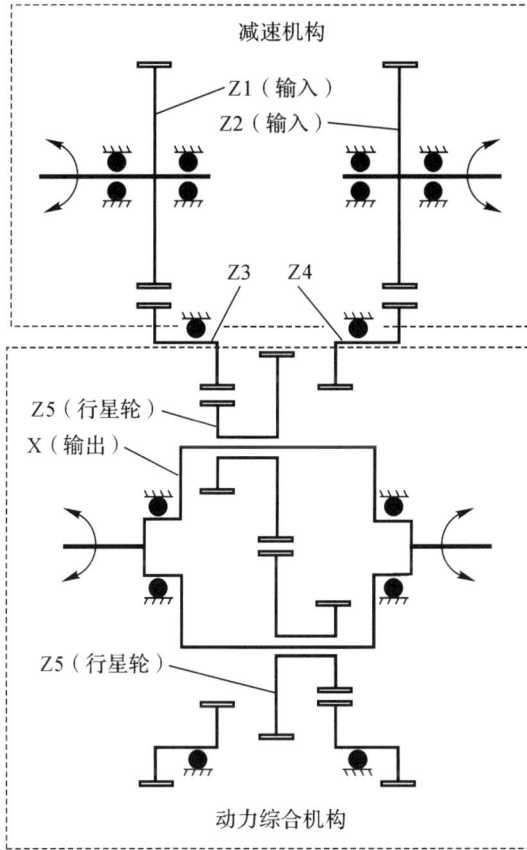

图 6‑22　主‑主式圆柱齿轮速度综合减速机构原理(内啮合)

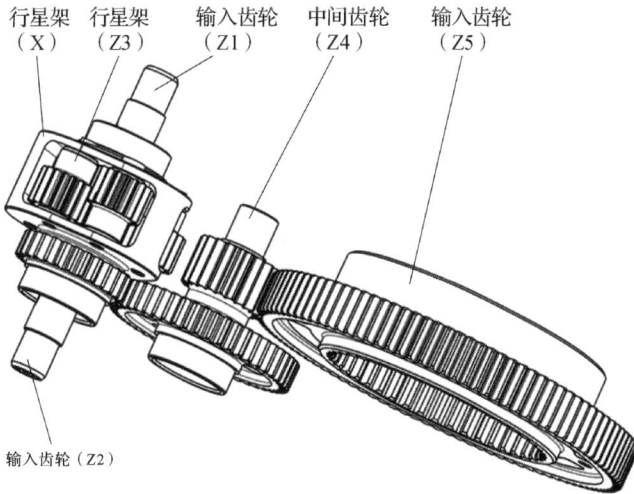

图 6‑23　典型的主‑主式圆柱齿轮速度综合减速机构(外啮合)

主-备式圆柱齿轮速度综合减速机构两个驱动通道的减速比不相同,由于备工作模式下输出功率较小,因此备驱动通道的减速比要大于主工作通道。主驱动通道工作时,输出100%的速度和扭矩;当备驱动通道工作时,输出100%的扭矩,输出速度降低。

典型的主-备式圆柱齿轮速度综合减速机构原理见图6-24所示。典型的主-备式圆柱齿轮速度综合减速机构产品如图6-25所示。

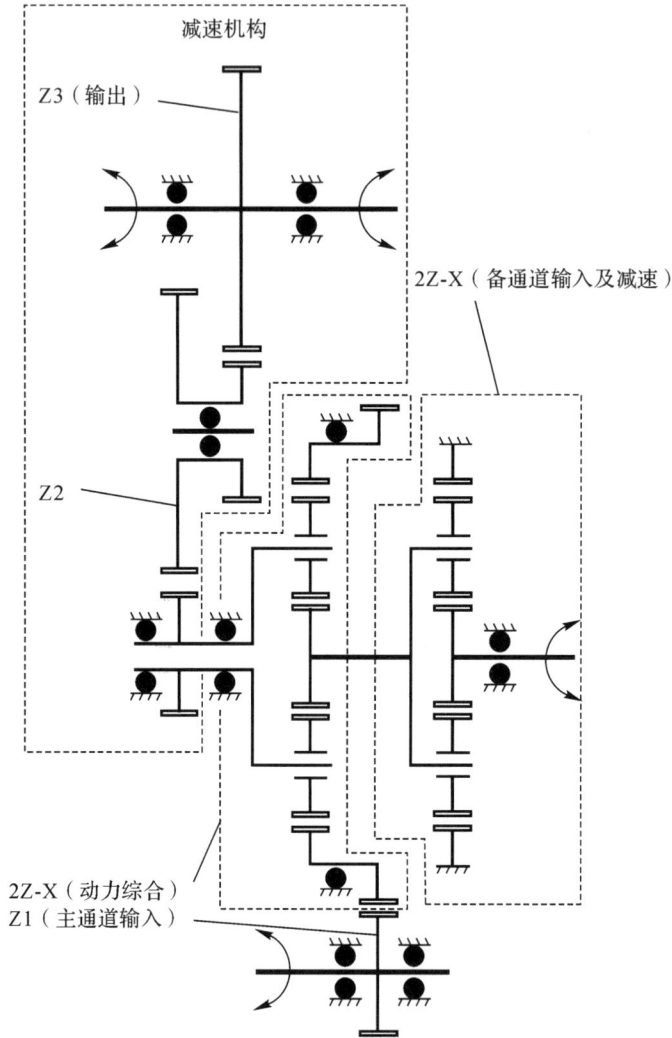

图 6-24　典型的主-备式圆柱齿轮速度综合减速机构原理

6.3.3.2　力矩限制器

驱动分系统中常用的力矩限制器有打滑式和钢球-轨道制动式两种类型,与作动分系统中同类型的力矩限制器原理相同。打滑式力矩限制器一般用于双电驱动分系统;钢球-轨道制动式力矩限制器一般用于双液驱动分系统,这是由电机和液压马达的堵转性能差异决定的。

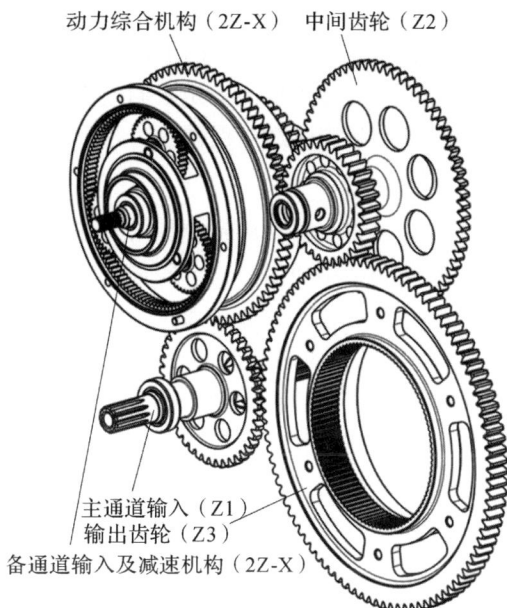

动力综合机构（2Z-X）　中间齿轮（Z2）

主通道输入（Z1）
输出齿轮（Z3）
备通道输入及减速机构（2Z-X）

图 6 – 25　典型的主-备式圆柱齿轮速度减速机构

1.打滑式力矩限制器

打滑式力矩限制器主要由输入齿轮、摩擦副、弹簧、输入球道盘、钢球、输出球道盘和输出轴等组成,其原理和结构如图 6 – 26 所示。

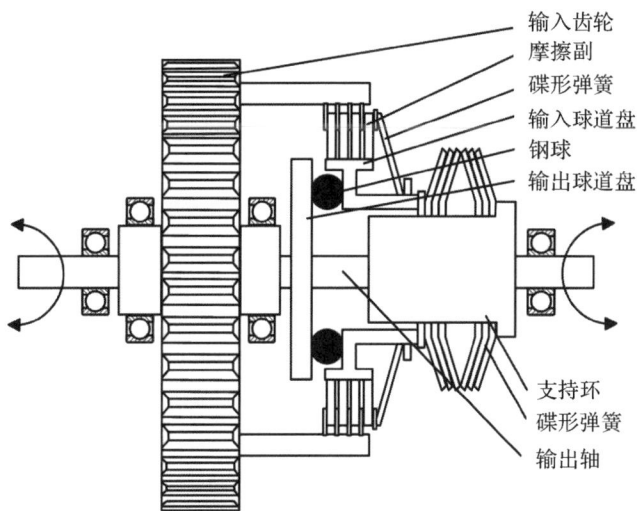

输入齿轮
摩擦副
碟形弹簧
输入球道盘
钢球
输出球道盘

支持环
碟形弹簧
输出轴

图 6 – 26　打滑式力矩限制器工作原理

正常工作时,整个力矩限制器作为一个整体传递扭矩和转速。当出现过载工况(负载大于力矩限制器门限值)时,力矩限制器中的球道盘零件上的轴向力超过弹簧的预压力,钢球开始爬升,输入球道盘压缩弹簧产生轴向位移,此时摩擦副中的动摩擦片和静摩擦片产生间隙,动摩擦片和静摩擦片开始打滑,限制输出端的扭矩增加。

打滑式力矩限制器通过其输入转速和输出转速的差异来判断是否出现过载打滑,过载打滑时摩擦副摩擦时间长,为保证全寿命周期内力矩限制门限的稳定性,要求摩擦副具有较好的耐磨性,结构比较简单,重量轻,且当过载工况消失时,可恢复正常输出。

2. 钢球-轨道制动式力矩限制器

钢球-轨道制动式力矩限制器主要由输入齿轮、摩擦副、弹簧、输入球道盘、钢球、输出球道盘和输出花键轴等组成,其原理和结构如图 6-27 所示。

正常工作时,整个力矩限制器作为一个整体传递扭矩和转速。当出现过载工况时(负载大于力矩限制器门限值),力矩限制器中的球道盘零件上的轴向力超过弹簧的预压力,钢球开始爬升,输出球道盘压缩弹簧产生轴向位移,压紧摩擦副,使得整个传动线系制动。

钢球-轨道制动式力矩限制器出现过载工况后,立即制动,摩擦副摩擦时间短,全寿命周期内力矩限制门限的稳定性较好,结构较复杂,重量重。当过载工况消失后,需要进行反向运动,解除制动后方可恢复正常输出。

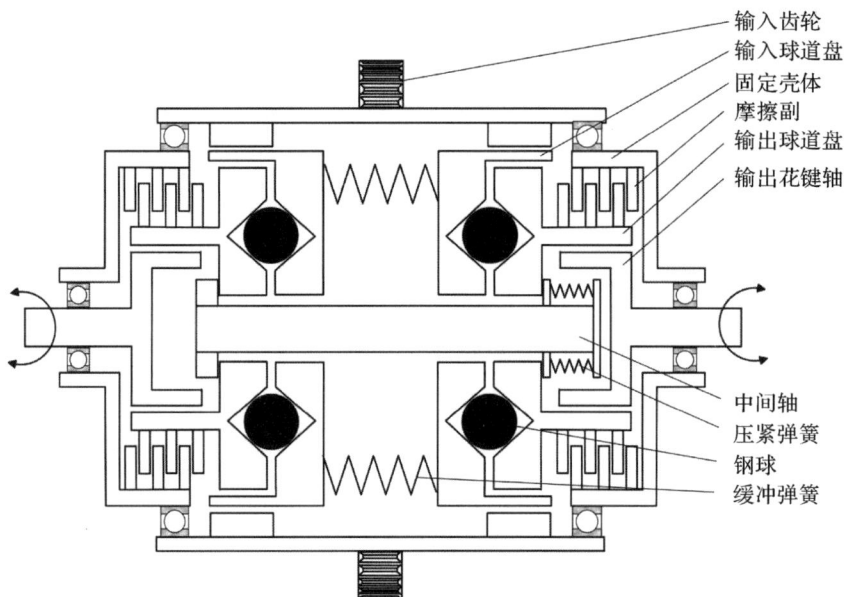

图 6-27　钢球-轨道制动式力矩限制器工作原理

6.4　内部及外部交联关系

6.4.1　内部交联关系

内部交联关系主要为驱动与控制通道的内部相互交联,均为电气交联关系。

以液-电驱动分系统为例,其内部交联关系如图 6-28 所示。内部交联关系主要为

HCU 与液压驱动通道、EMCU 与电力驱动通道的交联。HCU 为液压驱动通道中的电液伺服阀提供控制电流，为液压驱动通道中的电磁阀提供 28 V DC 控制电压；为液压驱动通道中的传感器（速度传感器和压力传感器等）提供激磁电源并接收其反馈信号。EMCU 一般为电力驱动通道中的电机和制动器提供 270 V DC/540 V DC 或 115/230 V AC 电源，为电力驱动通道中的速度传感器提供激磁，并接收反馈信号。

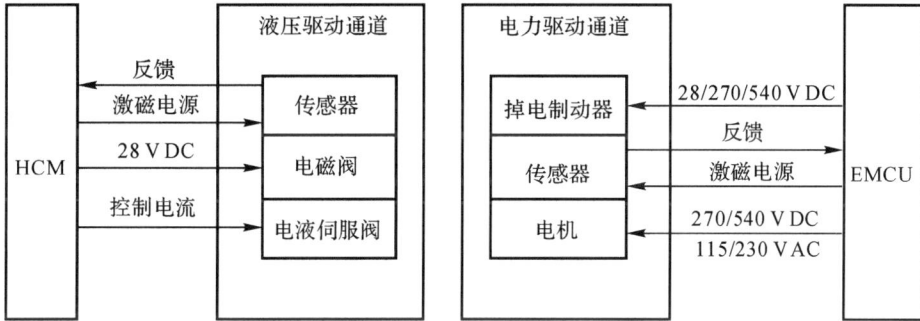

图 6 - 28　液-电驱动分系统内部交联关系

6.4.2　外部交联关系

外部交联关系主要为驱动分系统与飞机电源、液压源、结构和高升力控制系统之间的相互交联，包含机械、电气及液压交联关系。

以液-电驱动分系统为例，其外部交联关系如图 6 - 29 所示。飞机电源为驱动分系统中的 HCU 提供 28 V DC 电源，为驱动分系统中的 EMCU 提供 115/230 V AC 电源；飞机液压源为驱动分系统中的液压驱动通道供油 21/35 MPa(3 000/5 000 psi) 及回油；飞机结构为驱动分系统中的 PDU 和 EMCU 提供安装接口；FSECU 通过总线向驱动分系统中的 HCU、EMCU 发出控制指令并接收其状态反馈信号；高升力控制系统传动轴与驱动分系统中的 PDU 输出轴通过花键连接，传递扭矩和转速。

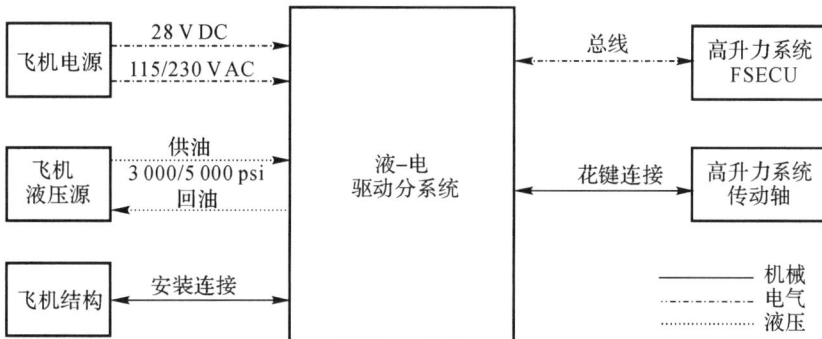

图 6 - 29　液-电驱动分系统外部交联关系

6.5 发展趋势及新技术

国际先进大型飞机以多电、全电和绿色环保为牵引,对驱动分系统开展了多项先进技术研究和应用,引领驱动分系统向轻量化和智能化方向发展。空客、波音公司飞机驱动分系统技术发展路线如图 6-30 所示。

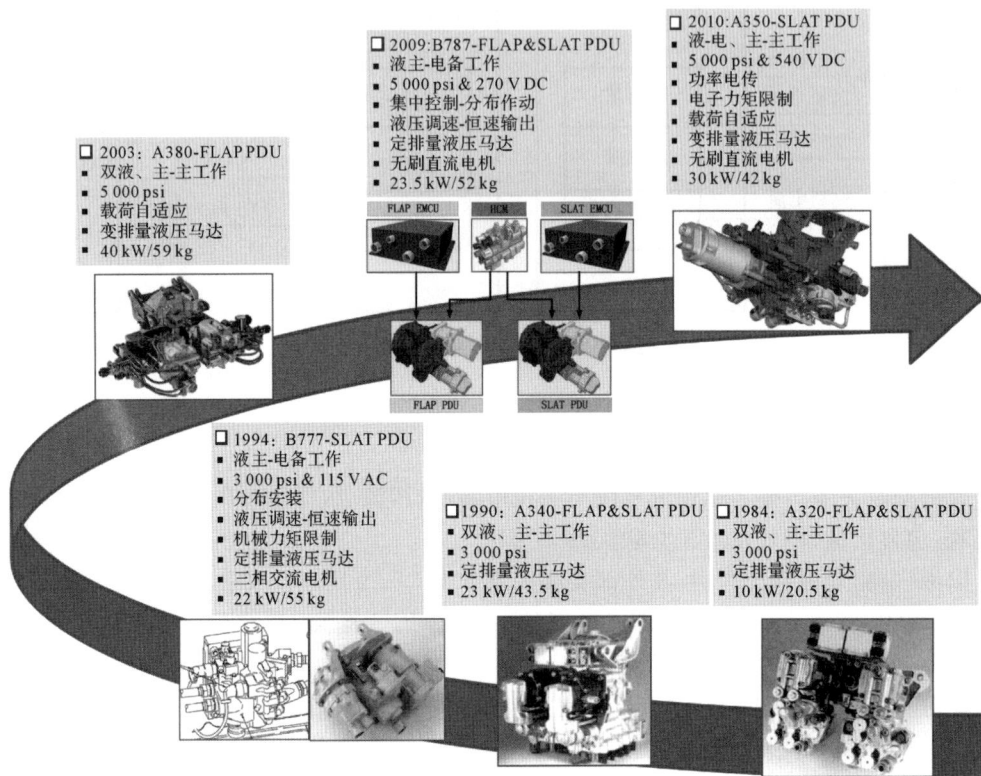

图 6-30 空客、波音公司飞机驱动分系统技术发展路线

6.5.1 轻量化

轻量化是航空电液作动类产品发展的永恒追求,空客飞机驱动分系统功率与重量比值的变化趋势如图 6-31 所示。目前围绕驱动分系统轻量化的研究与应用热点主要是提高液压系统压力、电源系统电压及采用增材制造技术。

1.高压驱动

国外近 30 年来的大量研究表明:飞机电液作动类产品减小体积和减轻重量的最有效途径是提高工作压力和电压。国外飞机高压化发展趋势如图 6-32 所示,可见民用飞机高升力系统中驱动分系统的工作压力由传统的 21 MPa(3 000 psi)提高至 35 MPa(5 000 psi),未来甚至可进一步提高到 55 MPa(8 000 psi)[4]。同时美国海军的研究表明,对于钛合金管路飞机,液压系统的最优工作压力为 55 MPa(8 000 psi)[5]。

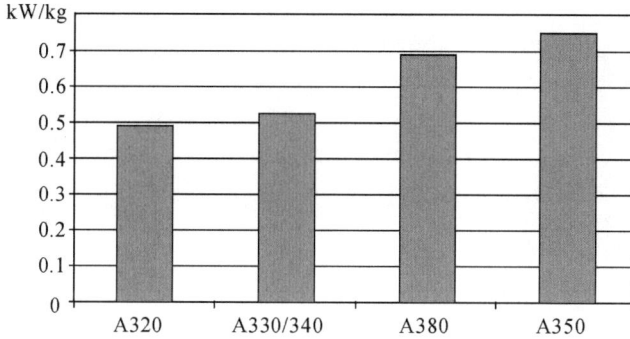

图 6-31　空客飞机驱动分系统功率与重量比值变化趋势

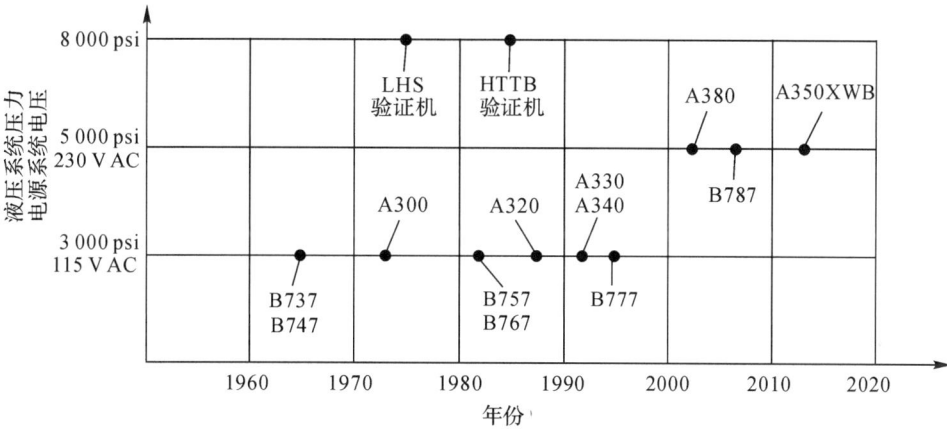

图 6-32　驱动分系统高压化发展趋势

2.增材制造

高性能金属构件增材制造技术是以金属粉末为原料,通过高能激光逐层熔化沉积生长(增材制造),直接从零件数字化模型一步实现大型复杂整体高性能金属构件的"近终成形"。将增材制造技术应用于民机产品中的复杂液压壳体零件,通过流道优化、拓扑优化和工艺优化后,可显著降低液压产品重量[6]。

如图 6-33 所示,以德国利勃海尔公司为例,通过使用增材制造技术,使 A380 液压作动器重量减轻 35%,体积减小 15%,同时产品零件的数量也减少了 15%[7],提升了产品可靠性。驱动分系统中的其他复杂壳体零件与液压壳体有类似的设计方法,增材制造技术完全可以作为液压系统部件的减重手段,实现液压系统的轻量化。

6.5.2　智能化

随着电力电子、计算机技术和传感器技术的发展,对驱动分系统状态参数和健康状态的监控也不断完善,使驱动分系统逐步变得智能化。

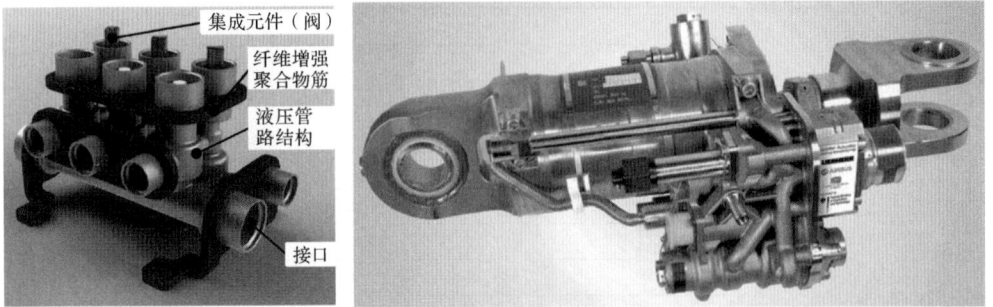

图 6-33　增材制造技术在航空电液作动类产品中的应用

1. 自适应驱动

提高液压系统压力会带来一系列的好处,但随着液压系统压力和功率的增加,发热量、部件磨损程度也随之增加,因而减少液压系统的发热量、提高能源利用效率又成为需要解决的主要问题;同时根据国外对大型飞机飞行中的压力和流量统计研究,飞行过程中飞机需要在高压或大流量状态下的工作时间是很短的,仅限于飞行中的某些短时间,如起飞和着陆等阶段,这类飞行状态约占飞行时间的 10%,其余飞行状态(90% 飞行时间)下,低压就能保证飞机控制的全部需要[7]。因此,具有节能和发热量小的优点的变压力液压系统是未来大型飞机液压系统的发展趋势。

为适应未来大型飞机变压力液压系统和绿色环保的需求,驱动分系统通过采用新结构的变排量液压马达及其控制方法,可实现压力和负载自适应驱动;通过采用压力自适应驱动技术,可保证驱动分系统在不同压力下输出扭矩性能不降低;通过采用负载自适应驱动技术,根据负载需求自适应匹配输出功率,可实现系统的能量优化控制,降低高升力控制系统的能量消耗。

空客公司在 A380 飞机上首次应用了基于变排量液压马达的自适应驱动技术,相比传统的定排量液压马达产品,高升力系统的最大液压流量消耗降低了 30% 以上。

2. 故障预测与健康管理

随着传感器技术的发展,可对驱动分系统的压力、速度、扭矩和温度等状态进行实时监控,实现对驱动分系统的健康状态监测与故障预测,为高升力系统自动控制和故障重构提供支持。

健康状态监测与故障预测能力的提升不仅可以在产品发生故障前发出警告,避免因发生故障可能导致的严重后果,而且可以通过寿命预测,合理灵活地安排维修任务,降低了外场维护需求,提高了民机的利用率和经济性[8]。

参 考 文 献

[1]　马俊功，杨晓月. 基于模糊 PID 控制的变排量液压马达系统仿真[J]. 计算机测量与控制，2018，26(10)：61－65.

[2]　饶振纲. 行星齿轮传动设计[M]. 北京：化学工业出版社，2003.

[3]　肖敏，曾小兰. 三种计算行星齿轮机构传动比的方法及其比较[J]. 机械工程师，2006(11)：113－114.

[4]　欧旭坡，朱亮，徐东光. 民机飞控系统适航性设计与验证[M]. 上海：上海交通大学出版社，2015.

[5]　王占林，陈斌，裴丽华. 飞机液压系统的主要发展趋势[J]. 液压气动与密封，2000，20(1)：14－18.

[6]　杨恩泉. 3D 打印技术对航空制造业发展的影响[J]. 航空科学技术，2013，24(1)：13－17.

[7]　焦裕松. 民用飞机液压系统发展与展望[J]. 航空科学技术，2019，30(12)：1－6.

[8]　陈丽君，姚建勇. 机载液压系统故障诊断与健康管理[J]. 航空精密制造技术，2016，52(2)：5－9.

第 7 章 传动分系统

7.1 概 述

集中驱动式构架高升力系统传动分系统一般由传动齿轮箱、传动杆系、翼尖制动器等组成,如图 7-1 所示。传动分系统具备将动力驱动装置(PDU)输出功率传输给各作动部件,同时在系统故障模式下承受限制系统运动载荷的功能。

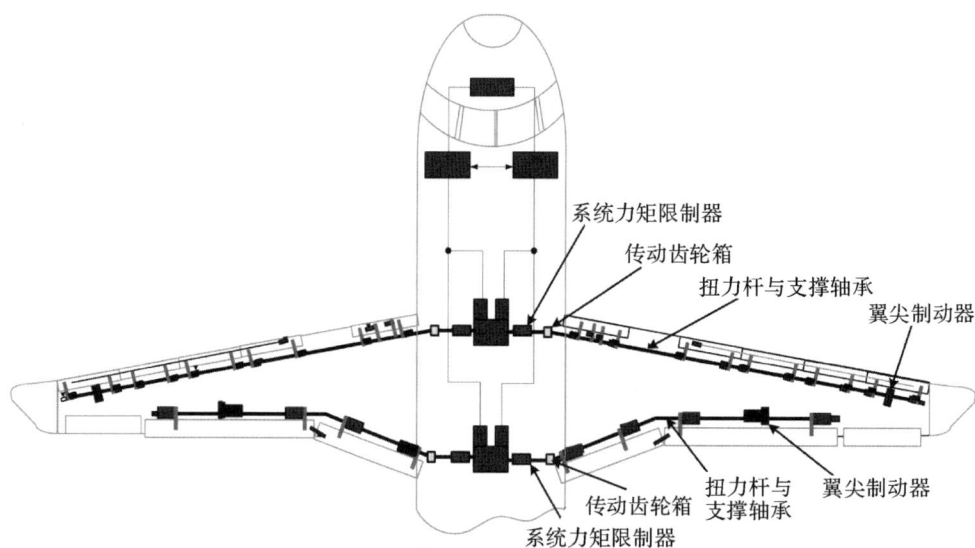

图 7-1 高升力传动设备在飞机上的安装布局

襟翼与缝翼传动分系统配置基本一致,通常由执行限制 PDU 输出载荷的系统力矩限制器、执行功率传动与传动角度变换和位置转置的传动齿轮箱、执行功率传动与空间小角度自适应的扭力杆、执行功率传动与线系刚度支撑的支撑轴承、执行功率传动与故障制动保护的翼尖制动器组成。

7.2 传动齿轮箱

7.2.1 功能定义与性能要求

一般情况下,传动齿轮箱分为两种构型,一种为角齿轮箱,一种为转置齿轮箱。两种构型传动齿轮箱的功能均为与扭力杆连接并传递 PDU 的输出功率。其中角齿轮箱用于适应传动线系夹角,转置齿轮箱用于适应不同区域传动线系的高度差。

角动齿轮箱主要用于调整因机翼结构空间限制导致扭力杆无法调整或扭力杆集成的万向节角度过大的空间角。通常角齿轮箱的调整角度范围限定在 $90°\sim174°$。转置齿轮箱则需要根据传递的载荷、空间尺寸限制等开展针对性设计。一般使用传动齿轮箱时,不应改变输入和输出的运动方向。

传动齿轮箱的性能主要体现在物理特性、强度特性、运动特性和环境应用特性。其中,物理特性主要包含轴交角、中心距和重量等要求,强度特性主要包含静强度和疲劳强度要求,运动特性主要包含摩擦力矩、传动效率、减速比和自由间隙等要求,环境应用特性主要需考虑高温、低温、湿热、盐雾、振动和冲击等自然环境和机械环境。

7.2.2 组成与工作原理

1. 角齿轮箱

角齿轮箱主要通过锥齿轮副实现固定偏角的传动功能,主要由输入锥齿轮、输出锥齿轮、角接触球轴承、壳体、轴承套、端盖、密封件、锁紧螺母、连接螺栓副组成,如图 7 - 2 所示。

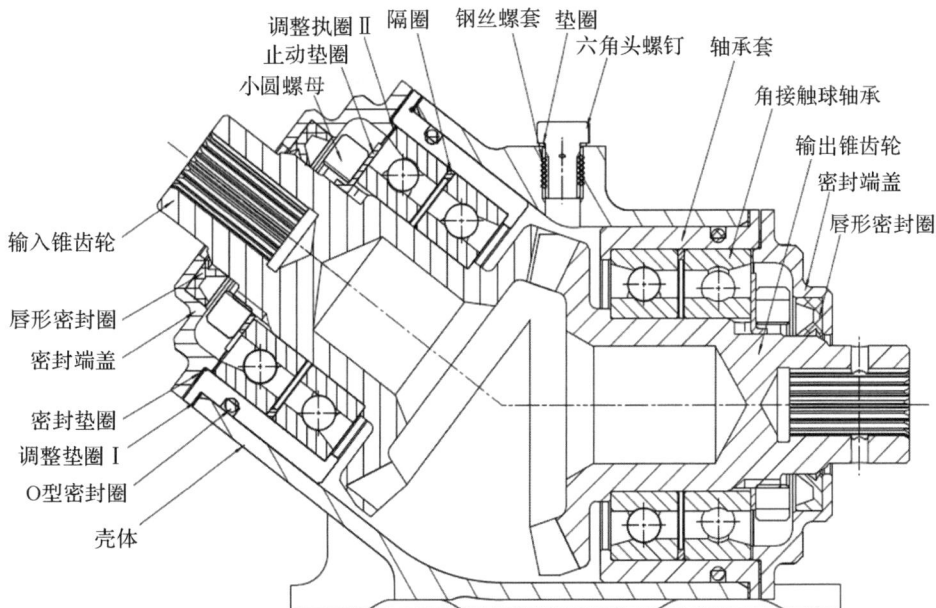

图 7 - 2 角齿轮箱组成示意图

通常情况下,角齿轮箱采用脂润滑方式,一般设计有便于检查和维护的润滑接口。

2.偏置齿轮箱

偏置齿轮箱主要通过定轴齿轮系实现输入轴与输出轴的高度差,由两级定轴齿轮系、支撑轴承、壳体和密封件组成,如图7-3所示。

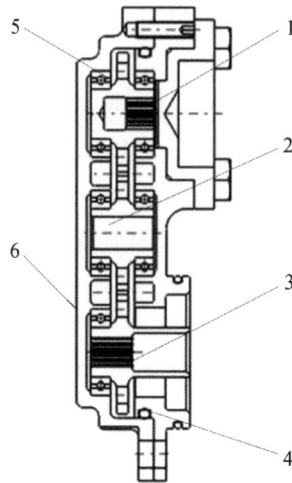

图7-3 偏置齿轮箱

1—输入齿轮;2—中间齿轮;3—输出齿轮;4—密封件;5—轴承;6—壳体

转置齿轮箱通常采用3个外啮合的圆柱齿轮,实现输入和输出的运动方向相同。

7.2.3 外部及内部接口

传动齿轮箱一般采用端部或法兰的连接方式,使用不少于3个连接点与机体连接。输入、输出端通常使用花键与扭力杆连接,如图7-4所示。

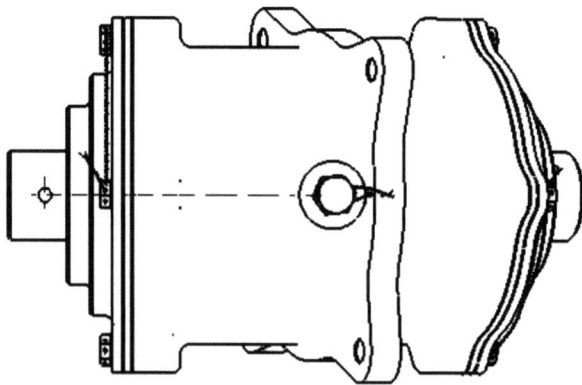

图7-4 传动齿轮箱内外部连接形式示意图

7.3　传　动　杆　系

7.3.1　功能定义与性能要求

传动杆系在高升力系统中连接传动齿轮箱、作动器和翼尖制动器等各单元,可在机翼变形、高低温环境下实现可靠连接。传动杆系主要包含扭力杆、支撑轴承和动能吸收轴三类产品,也是在系统中数量最多的独立 LRU。

传动杆系的性能主要体现在物理特性、强度特性、运动特性、环境应用特性。其中,物理特性主要包含工作夹角、扭转刚度、长度和重量等要求;强度特性主要包含静强度和疲劳强度要求;运动特性主要包含扭转游隙、传动效率、转动包络等要求;环境应用特性主要需考虑高温、低温、湿热、盐雾、振动和冲击等自然环境和机械环境等要求。

7.3.2　组成与工作原理

1.扭力杆

扭力杆由扭力管和两端连接接头组成。大角度动力传输时两端接头通常采用万向节,小角度动力传输时两端接头通常采用鼓型花键。为保证传动的平稳性,两端接头形式应一致。

1)十字轴万向节扭力杆。十字轴万向节扭力杆主要由万向节、扭力杆及连接件组成。万向节组件主要由叉耳接头、十字轴、端盖、密封件等组成,如图 7 - 5 所示。其工作原理为通过万向节来实现补充系统变形时的角度变化,通过对扭力杆连接花键长度及系统安装时花键搭接量的控制,来适应变形时长度的变化,避免变形下扭力杆脱开或受挤"顶死"的现象。

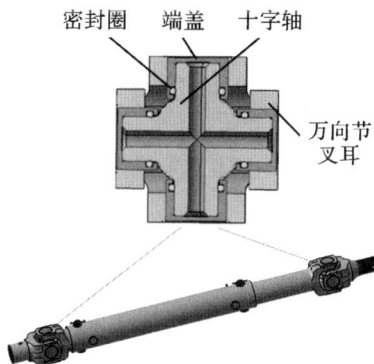

图 7 - 5　万向节组成示意图

这种形式的扭力杆适应偏转角大的情况,受十字轴与端盖组成的滑动摩擦副接触应力限制,承载能力与耐磨损能力较弱。随着自润滑材料的发展,其耐磨损能力弱的问题已得到了解决,在空客系列飞机上大量应用。同时,B787、A350XWB 飞机的高升力系统采用了复合材料扭力杆,减轻了系统重量,提高了可维护性,并改善了环境适应性[1]。

2)鼓型花键。鼓型花键主要由花键套和扭力管组成,与其他功能部件通过鼓型花键副连接,如图 7-6 所示。该构型扭力杆结构简单,承载能力大,但可适应的偏转角度较小,一般不超 2°。

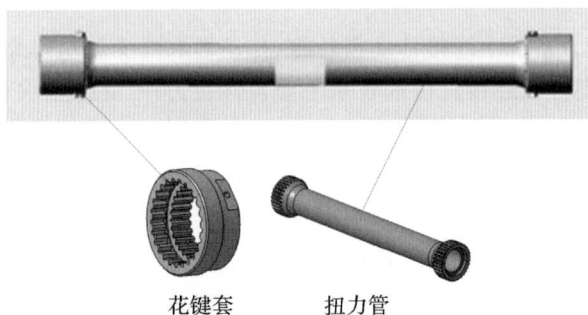

花键套　　扭力管

图 7-6　鼓型花键组成示意图

2.支撑轴承

扭力杆过长会导致运转包络过大而与其他部件发生潜在碰撞,需要在中间位置安装一个支撑轴承。支撑轴承主要由轴承座、轴承、中心轴和弹性挡圈组成,如图 7-7 所示。

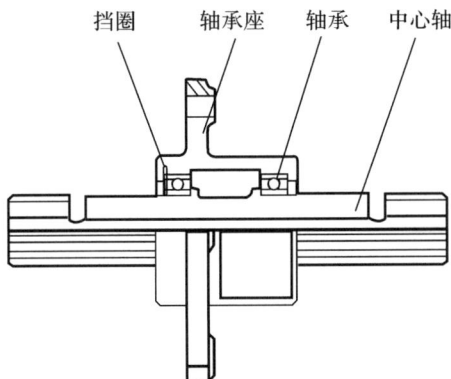

挡圈　　轴承座　　轴承　　中心轴

图 7-7　支撑轴承组成示意图

3.动能吸收轴

动能吸收轴(见图 7-8)一般在 PDU 输出端,其主要功能是吸收 PDU 输出端第一个作动/传动部件卡阻时的 PUD 惯性负载。动能吸收轴可采用实心轴,也可采用空心轴,其核心是能够通过可恢复的变形吸收冲击动能。

图 7-8　动能吸收轴

7.3.3　外部及内部接口

传动杆系外部连接一般采用花键连接,花键一端与被连接件固定,一端轴向自由且留有足够长度,来适应机翼变形带来的轴承长度变化。扭力杆安装示意图如图7-9所示。

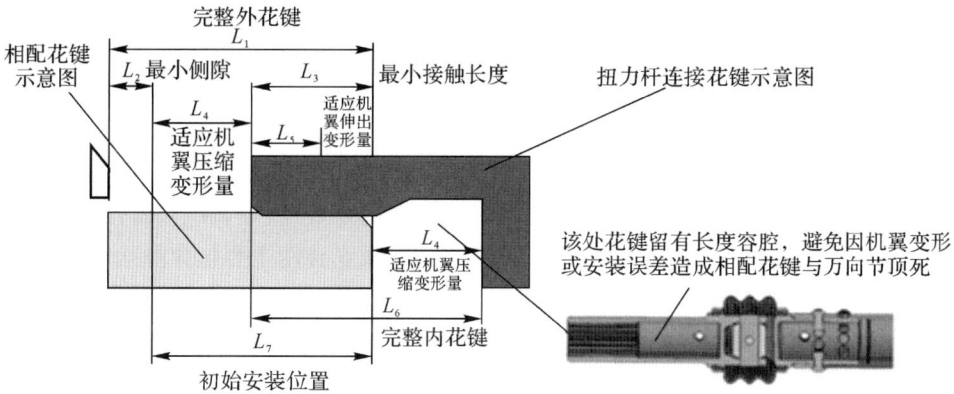

图7-9 扭力杆安装示意图

无论是十字轴万向节扭力杆还是齿式扭力杆,其与万向节或鼓型花键副的连接采用的形式有焊接形式、法兰螺栓连接形式、铆接形式、十字螺栓连接形式和挤压变形连接形式,如图7-10所示。连接形式的选取与扭力杆材料有关,万向节或鼓型花键副一般采用钢质材料。选用钢质扭力杆(薄壁钢管)时,万向节可采用焊接形式、法兰连接形式、变形压接,该类连接形式结构简单、外形空间小[2]。铆接、十字螺栓连接和变形压接多用于铝合金扭力杆的连接。

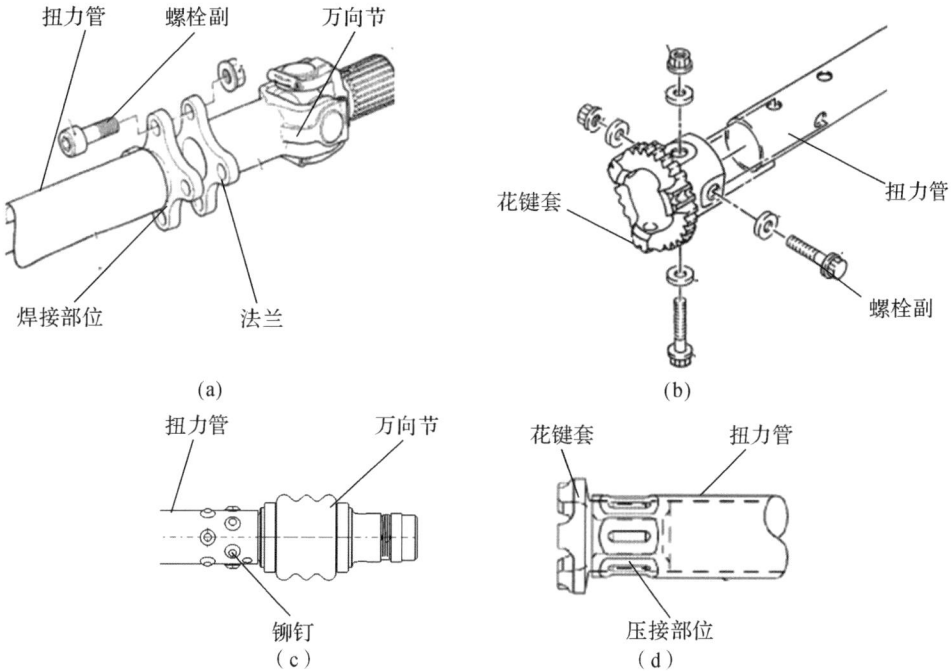

图7-10 杆端连接形式示意图

(a)焊接+法兰连接;(b)螺栓连接;(c)铆接;(d)变形压接

7.4 翼尖制动器

7.4.1 功能定义与性能要求

采用集中驱动构架高升力系统的 PDU 一侧传动线系出现卡阻、断开、非指令运动等故障时,系统通常使用集成的故障保护制动并把持襟缝翼[3]。

翼尖制动器的性能主要包括物理特性、强度特性、运动特性、环境应用特性。其中,物理特性主要包括传动力矩、把持力矩、外形、重量等要求,强度特性主要包含静强度和疲劳强度要求,运动特性主要包含静摩擦力矩、制动时间、解制动时间等要求,环境应用特性主要需考虑高温、低温、湿热、盐雾、振动、冲击等自然环境和机械环境等要求。

7.4.2 组成与工作原理

翼尖制动器主要采用摩擦片进行制动,提供摩擦片制动力的形式可分为液压制动、电磁制动,具体见表 7-1。液压制动器结构成熟,相同体积可实现大制动力矩,在空客系列飞机中广泛使用。电磁制动器响应快,但受电磁力的限制,制动力矩较小,要实现大制动力矩需设置制动力矩放大机构(如 2 级制动),结构相对复杂。

表 7-1 几种机型制动方式

序号	动力来源	制动方式	代表机型
1	液压制动	摩擦片制动	A320、A340
2	电磁制动	摩擦片制动	安系列飞机、A380

1.液压式翼尖制动器

液压式翼尖制动器主要由中心轴、摩擦副组件、碟簧组件、活塞组件和壳体组件组成,如图 7-11 所示。液压式翼尖制动器一般采用双液压和双电气余度设计,利用两套独立的液压壳体、活塞、电磁阀和进回油管接头来实现双余度功能。两套液压系统相互独立,当系统Ⅰ或系统Ⅱ出现故障时,另外一个系统可以独立工作,保证产品正常工作。

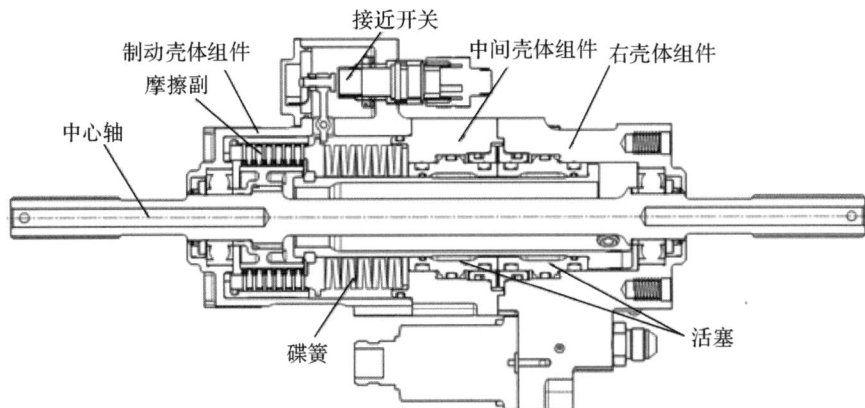

图 7-11 液压式翼尖制动器组成图

其工作原理(见图 7-12)为:在线系正常工作时,电磁阀接收高升力系统的通电信号而打开进油通道,活塞在油压的作用下带动碟簧压盘向右移动,释放摩擦副,从而使产品能够正常运转;当电磁阀接收高升力系统的断电信号而打开回油通道时,油压力消失,碟簧压盘在碟簧力的作用下压紧摩擦副,把持中心轴,线系制动,同时由接近开关向襟翼计算机反馈制动信号。

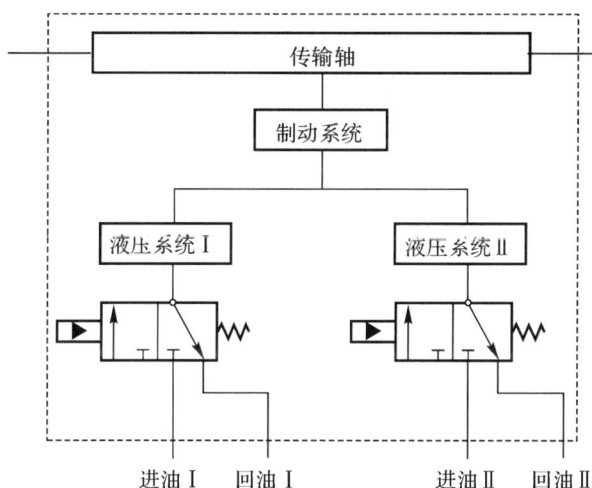

图 7-12 液压式翼尖制动器原理图

2. 电磁式翼尖制动器

电磁式翼尖制动器主要由电磁铁组件、主级摩擦副组件、次级摩擦副组件、球道盘触发机构和状态反馈开关等组成,如图 7-13 所示。

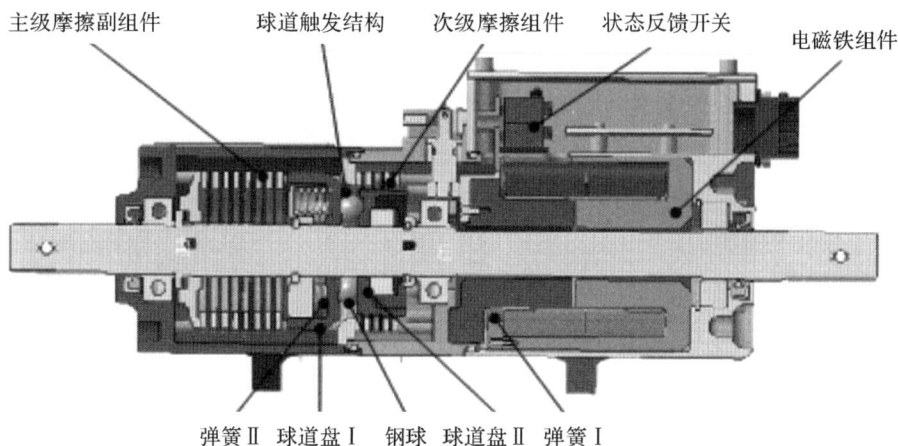

图 7-13 电磁式翼尖制动器结构组成示意图

传动功能:当电磁铁通电后,依靠电磁力作用压缩弹簧Ⅰ,弹簧Ⅰ解除对次级摩擦副的预紧力,在弹簧Ⅱ的力的作用下,钢球复位,球道盘Ⅰ向右轴向运动,主级摩擦副解除对传动轴的制动。

制动功能:当电磁铁断电后,电磁力消失,弹簧Ⅰ在预紧力的作用下挤压次级摩擦副,球道盘Ⅱ制动,当传动轴转动时,球道盘Ⅰ随传动轴旋转时,球道盘Ⅰ相对球道盘Ⅱ发生转动,钢球在球道盘球窝处开始爬升,球道盘Ⅰ在向左轴向分力的作用下,产生轴向位移,将主级摩擦副压紧,制动转动轴。

状态反馈功能:电磁铁接收到制动(解制动)信号后,电磁铁断电(通电),在弹簧Ⅰ和电磁力作用下,使动衔铁向左(向右)运动,推动微动开关的运动,产生制动与解制动信号。

7.4.3 外部及内部接口

翼尖制动器作为支撑件需与机体连接,一般情况下采用法兰或支座形式连接。翼尖制动器输入、输出端通过扭力杆与其他传动部件相连,连接形式一般采用花键连接。

7.5 发展趋势及新技术

随着飞机性能发展需求,传动分系统传递负载逐渐增大,特别是运输机对传动线系还提出了大刚度、轻重量、免维护和高可靠等新需求,本节重点对自润滑万向传动技术、复合材料扭力杆传动技术和高电压大吸力电磁制动技术等进行研究和分析。

7.5.1 自润滑万向传动技术

传统的扭力杆万向节一般会采用轴承或衬套等万向传动方式,其润滑方式一般采用润滑脂润滑。扭力杆万向节在长期使用中润滑效果下降,轴承或衬套磨损严重,会引起磨损严重、侧隙增大甚至卡阻等问题。B787、A350等飞机上扭力杆万向节中使用了自润滑镶嵌轴承或衬套(见图7-14)技术,提高了扭力杆万向节的传动效率、使用寿命和刚度,减少磨损和侧隙,减小了专有润滑结构和润滑脂用量,结构简单,解决了传动扭力杆定期维护问题和因润滑不到位导致卡阻的问题,提高了可靠性。

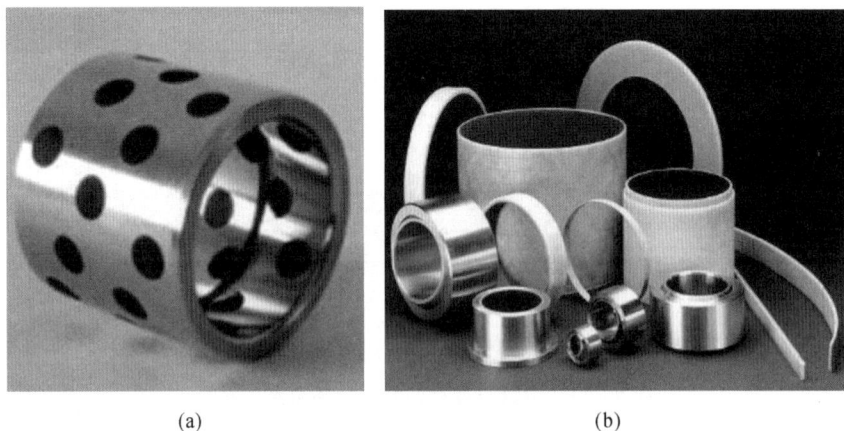

(a)   (b)

图7-14 自润滑镶嵌轴承或衬套

(a)自润滑镶嵌轴承;(b)自润滑衬套

7.5.2　复合材料扭力杆传动技术

21 世纪以来,美国波音公司大力开展扩大先进复合材料在民用飞机上应用的研究,取得很大成绩。

碳纤维复合材料(Carbon Fiber Reinforced Polymer,CFRP)扭力杆(见图 7 – 15)在国外的研究始于 1970 年,Derek N. Yates 等人公布了"碳纤维复合材料扭力杆"的专利,提出了 CFRP 传动轴的概念,美国、德国和韩国等国家对 CFRP 扭力杆开展了相关研究[4]。

图 7 – 15　碳纤维复合材料扭力杆

碳纤维复合材料相对于金属材料,具有比强度、比模量大,性能各向异性、可设计性强,破裂安全性能良好及抗疲劳性能良好等优点。

目前,复合材料的使用已是飞机结构设计的关键问题,复合材料的使用占比和结构重量占比已成为衡量一种机型水平的重要指标。近几十年来复合材料在国外军机和民机上的应用都得到了长足的发展。碳纤维复合材料扭力杆已在 A340、A380、B747 和 B777 等先进民用飞机的高升力系统传动分系统扭力杆上大量应用。

7.5.3　高电压大吸力电磁制动技术

目前国内外飞机应用的电磁制动器主要有小吸力单级式电磁制动器和小吸力两级式可反向解制动的电磁制动器两种类型,它们在国内外战机或民机中均有应用。为了提高电磁制动器的可靠性和响应速度,有人提出了一种高电压、大吸力电磁技术,该技术已在 F – 35 飞机前襟系统得以应用,采用该技术的电磁制动器具有结构简单、响应速度快的优点,大大提高了系统的可靠性和安全性,目前国内高校和部分企业也正在开展相关技术的研究工作。

参 考 文 献

［1］ 马立敏，张嘉振，岳广全，等. 复合材料在新一代大型民用飞机中的应用［J］. 复合材料学报，2015，32（2）：317 - 322.

［2］ 中国航空工业总工司. 有人驾驶飞机飞行控制系统通用规范：GJB 2191—1994［S］. 北京：国防科学技术工业委员会，1994.

［3］ 王丽丽，赵朋林. 大型飞机襟缝翼系统翼尖刹车研究与分析［C］//2018（第七届）民用飞机航电国际论坛论文集，上海：中国航空学会，2018：37 - 40.

［4］ 杜善义，关志东. 我国大型客机先进复合材料技术应对策略思考［J］. 复合材料学报，2008，25（1）：1 - 10.

第8章 作动分系统

8.1 概　　述

高升力系统中驱动分系统产生的扭矩和转速,经传动分系统传递给作动分系统,再由作动分系统中的作动器实现运动转换,进而实现襟缝翼的伸出和收回。为了实现超载、超程和气动载荷回吹保护功能,作动分系统一般会集成力矩限制、超程保护和气动载荷回传抑制等功能机构。

因集中式高升力系统和分布式高升力系统架构形式不同,其相应的作动形式也不同。早期飞机的高升力翼面多采用分布式作动,每块缝/襟翼分别由一个作动筒作动,整个系统各舵面依靠作动筒的同步收放实现同步控制。随着技术发展,分布式作动还成为适用于柔性机翼的研究热点。

目前在役的飞机,考虑安全性和分布式架构在高升力系统应用技术成熟度不高等因素,一般多采用技术成熟度较高的"集中式驱动,多点作动"系统架构。该类架构中作动器一般有齿轮旋转作动器和螺旋作动器两种类型。通常缝翼作动分系统多采用齿轮旋转作动器驱动齿轮齿条机构的作动形式,来适应缝翼气动外形和狭小空间;襟翼作动分系统中的作动器则需要根据总体运动形式或空间约束等,评估选用旋转作动器还是螺旋作动器。通常一块襟翼面由两个作动器同步作动,作动器在高升力系统的分布如图8-1所示。

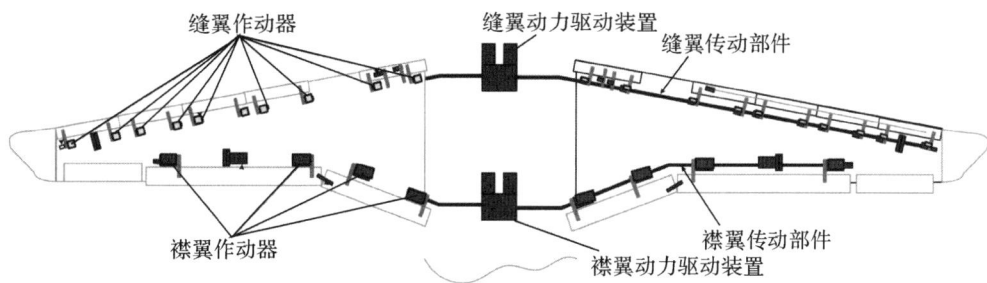

图 8-1　典型集中式作动器

本章以集中式高升力作动分系统为对象,重点介绍旋转作动器及螺旋作动器两种典型作动器,论述作动器的基本功能、性能等基本设计需求,介绍两种作动器常见的配置、组成以及工作原理,最后介绍作动器的内部、外部接口及交联关系。

8.2　作动器的功能和性能

8.2.1　功能要求

作动器的功能包括正常模式下的基本功能和故障模式下的保护功能。

作动分系统应具备的基本功能一般包括以下三种。

1.连接功能

作动器的连接形式一般有与传动分系统中的扭力杆连接、与机上后梁或肋连接和襟缝翼运动机构或襟缝翼连接三种。这些连接实现将传动分系统传递的扭矩和转速转换运动形式后作动，并实现襟缝翼的伸出和收回运动。

2.运转转换功能

运动转换功能是将驱动分系统、传动分系统的传递能量转换为能够作动于襟缝翼并实现其伸出和收回的运动。

作动器的运动转换功能一般包含运动转换及功率转换两种形式。运动转换是将传动分系统的旋转运动转换为襟缝翼伸出和收回的运动形式，功率转换是将传动分系统传递过来的高转速、小扭矩转换为低转速、大载荷的作动形式。

3.保护功能

作动器一般会集成力矩限制、超程限位和无返回保护等机构。

1)力矩限制功能。力矩限制功能是考虑作动器或襟缝翼运动和支撑机构出现卡阻时的一种保护形式。一般力矩限制功能实现方式有过载制动和过载打滑。

力矩限制主要用于限制作动器载荷输入过大，实现对作动器和机上结构的保护。

2)超程保护功能。超程保护功能是防止高升力系统控制功能失效引发作动器运动超出有效行程，保护机上机构。超程保护功能一般采用在作动器中设定超程机械限位机构来实现。如在缝翼齿轮齿条作动机构两端设置机械限位结构，在旋转作动摇臂结构中设定机械限位机构。

3)无返回保护功能。无返回保护一般用于抑制襟缝翼气动载荷回传给传动分系统，当传动分系统发生传动部件(如扭力杆)断开故障时，防止飞机左右襟/缝翼发生不对称，并产生滚转效应，危及飞行安全。一般的无返回机构通常集成在作动器内部。

作动器设置无返回机构一般主要应对以下工况：传动分系统传动部件断开，气动载荷回吹襟缝翼，通过无返回机构抑制气动载荷回吹，并将襟缝翼把持在当前位置；襟缝翼顺载收回工况下，通过无返回机构产生阻尼力矩抑制襟缝翼气动载荷，并防止作动器因收回速度过快而失控。

一般高升力系统会采用无返回保护或翼尖制动器中的一种保护形式，有的飞机也会采用两种保护形式，采用哪种保护形式一般取决于飞机总体安全性和可靠性需求。

8.2.2　性能要求

作动器的性能一般包括承载能力、运转性能、刚度和寿命等要求。

1.承载能力

1)额定工作载荷。额定工作载荷是指作动器在额定工况下,襟缝翼收放过程中作动器输出端所承受的工作载荷。

2)最大工作载荷。最大工作载荷是指作动器在正常运转工况下,在襟缝翼收放过程中作动器输出端承受的最大工作载荷。

3)把持载荷。把持载荷是指作动器在输入端把持工况下,为抵抗襟缝翼气动载荷作动器输出端所承受的载荷。

4)故障载荷。故障载荷是指两个作动器共同作动于同一襟缝翼,当其中一个作动器发生断开故障时,另一个作动器承受的最大载荷。作动器一般应承受限制载荷,不允许有有害的永久变形,或变形不得妨碍安全。

5)限制载荷。限制载荷是指作动器在服役中预期承受的最大载荷,该载荷一般应考虑作动器力矩限制上限对应的最大(卡阻)载荷以及故障载荷。在作动器设计时一般会选取两种载荷中最大载荷作为作动器结构强度输入载荷。

6)极限载荷。作动器极限载荷的值是限制载荷乘以规定的安全系数,一般为极限载荷的1.5倍。在该载荷下要求作动器不能发生断裂破坏,但是允许发生一定的塑性变形[1]。

作动器一般应能够承受极限载荷至少3 s而不破坏;当使用模拟真实载荷情况的动力试验来验证强度的符合性时,3 s的限制要求一般不适用;极限载荷的静力试验一般应考虑加载引起的极限变位和极限变形;当采用分析方法来证明符合极限载荷强度要求时,一般应表明符合变形的影响不显著、分析中已充分考虑所有涉及的变形,以及所用的方法和假设足以考虑这些变形的影响等情况。

7)安全系数。安全系数是作动器的承受负载能力的安全余度。除非另有规定,当以限制载荷作为作动器结构的设计载荷时,一般会选取1.5的安全系数;当用极限载荷来规定受载情况时,一般安全系数大于1即可[2]。

对于强度不宜确定、强度在产品服役中可能降低和制造工艺或检验方法中存在不确定等可能时,一般在安全系数基础上乘以一定的特殊系数,如铸件系数、支撑系数和接头系数等。

2.运转性能

1)运转摩擦力矩。作动器在运转过程中的摩擦力矩是衡量作动器从启动到平稳工作的性能参数,包括静摩擦力矩及动摩擦力矩。

2)传动效率。传动效率是衡量作动器工作过程中能量转换能力的技术指标,包括正传效率和反传效率。

正传效率为作动器在工作过程中,从输入端到负载端克服负载工况下的作动效率。作动器传动效率一般指正传效率,正传效率越高,意味着克服负载需要的驱动能量越低,有利于作动器承载能力提升和产品减重。

反传效率是作动器从负载端逆向传动到输入端的能量损失水平。反传效率越低,意味着作动器需要克服的把持载荷和驱动负载越小。通常情况下,作动器的正传效率越高,反传效率往往也越高,反之亦然,因此设计时需要综合权衡。

3)转速。转速是作动器在工作过程中应承受的速度,一般包括额定转速及最大转速。

作动器设计时运转速度应明确相应的工作负载。

4)传动比及运动极性。作动器传动比是指作动器输入端转动角度与输出端转动角度的比值。如:旋转作动器传动比是指其输入端与输出端角度的比值。运动极性一般具有方向性,即作动器输入端与输出端运动方向的对应关系。

5)运动行程及精度。运动行程及精度是反映作动器推动襟缝翼需要的空间位移/角度及误差。如:旋转作动器的运动行程是指其输出端旋转角度,一般包括传动游隙及传动误差;螺旋作动器运动行程是指丝杠螺母收放过程中的直线位移。精度为输入端到输出端运动位移或角度的偏离程度。

3.刚度和寿命

1)刚度。刚度是作动器承受载荷工况下变形的程度。作动器刚度设计中一般应考虑其运转性能。对于同一襟缝翼共同连接的两个作动器,还应考虑作动器之间的刚度匹配来保证其承受合理的载荷。

2)寿命。作动器寿命是指在工作负载下,作动器应满足的使用工作循环或日历时间要求的能力。一般寿命包括耐久寿命和疲劳寿命。耐久寿命表述形式一般有工作循环、起落次数或日历年限等。在耐久寿命的基础上考虑一定分散系数,即为疲劳寿命。分散系数取决于作动器疲劳离散程度以及作动器安全需求,一般分散系数范围为3~6。

8.3　组成及原理

8.3.1　概述

1.典型缝翼作动分系统

通常前缘缝翼是机翼前缘的一段或几段狭长翼面,通过增大飞机临界迎角来提高升力。除早期民用飞机缝翼采用了液压作动筒或滑轮架与螺旋作动器驱动外,后期飞机普遍采用了滑轮架与齿轮齿条结构,依靠旋转作动器作动[3]。

典型的缝翼运动机构如图8-2所示,整个作动分系统是由旋转作动器、齿轮、齿条、滑轮架和滑轨组成的。这种齿轮齿条传动副的特点是机构简单、可靠,能够高质量地保证缝翼的收放运动[4]。

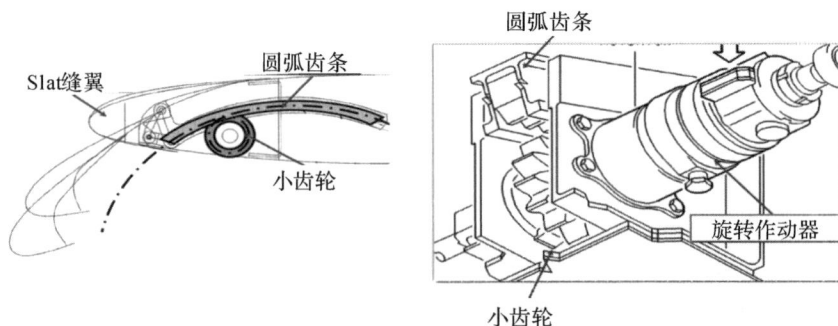

图8-2　典型缝翼运动机构[5]

典型的缝翼作动器往往通过两套作动器驱动一块舵面实现收放功能；同时一般会根据缝翼长度，考虑配置一定数量的辅助支撑装置。

2. 典型襟翼作动分系统

一般后缘襟翼会通过作动器围绕其转轴作向后直线或圆弧曲线运动，增大机翼面积和弯度，达到增加升力和控制阻力的目的。飞机襟翼作动分系统一般包括襟翼作动器和襟翼运动机构[3]。

襟翼作动器本身结构复杂，且各机型应用情况不一，并无固定的组成形式。其一般有旋转作动器(GRA)旋转运动和螺旋作动器(BSA)直线运动两种运动形式，如图 8-3 所示。

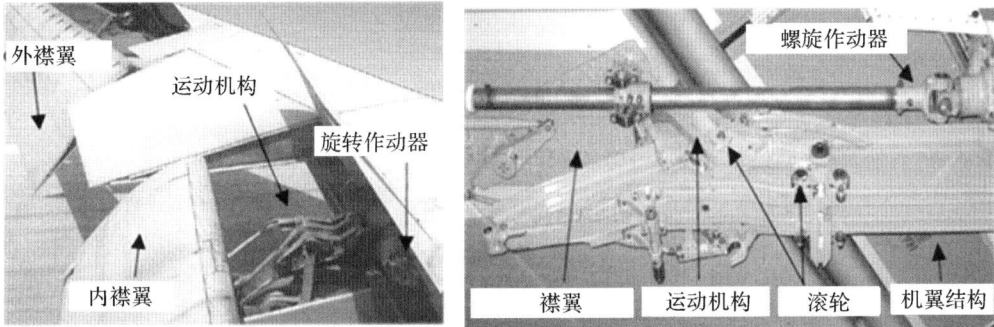

图 8-3　典型襟翼作动器(GRA 作动/BSA 作动)[6]

1)襟翼旋转运动机构。襟翼旋转运动机构一般由驱动摇臂、连杆、偏转连杆、滑轮架和滑轨等组成。作动器与驱动摇臂连接，驱动摇臂与连杆连接，连杆与滑轮架连接，滑轮架与滑轨连接，偏转连杆与襟翼连接。图 8-4 为 A320 襟翼作动分系统的收放示意图。

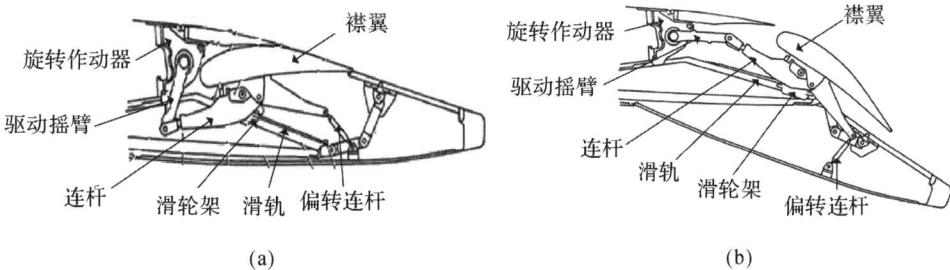

(a)　　　　　　　　　　　　　　　　(b)

图 8-4　A320 襟翼作动分系统的收放示意图[5]
(a)襟翼收上位置；(b)襟翼完全下放位置

襟翼旋转运动机构工作一般包括正常与故障两种模式。

正常模式下，旋转作动器将传动分系统的能量，经驱动摇臂、连杆、滑轮架和滑轨传递到襟翼上，克服气动载荷，从而实现襟翼的伸出；在襟翼伸出过程中，襟翼受到偏转连杆的约束会产生偏转运动，进而实现襟翼的弯度运动。

所谓的故障模式一般是指旋转作动器及运动机构出现卡阻或过载故障的保护模式。一般情况下,旋转作动器会集成力矩限制器、卡阻或过载指示器。当旋转作动器及运动机构出现卡阻或过载故障时,旋转作动器驱动负载增加,触发集成在旋转作动器上的力矩限制器制动,将旋转作动器和运动机构把持在当前位置。高升力系统依靠卡阻或过载故障监测,上报系统卡阻或过载故障。对于有过载指示功能的作动器,卡阻和过载会触发卡阻或过载指示器弹开,便于地面检测开展故障定位。

2)襟翼螺旋运动机构。襟翼螺旋运动机构一般包括驱动臂、后支撑梁、偏转连杆、襟翼支架和后襟翼推杆、后襟翼滑轮架等。B777飞机内襟翼运动机构如图8-5所示。驱动臂、襟翼支架、后支撑梁和偏转连杆等构成颠倒/垂直的四连杆机构,后襟翼推杆和后襟翼滑轮架用于后襟翼的推出运动。螺旋作动器用于将旋转运动转换为驱动舵面机构需要的直线运动,而连杆机构将螺旋作动器的直线运动转换为襟翼预设的运动轨迹。螺旋作动器通过该四连杆机构、后襟翼推杆和后襟翼滑轮架,实现前、后襟翼的伸出和偏转运动。当运动机构或螺旋作动器发生卡阻故障时,一般集成螺旋作动器内的力矩限制装置或无返回装置可实现制动保持,保护运动机构和螺旋作动器免于损伤。

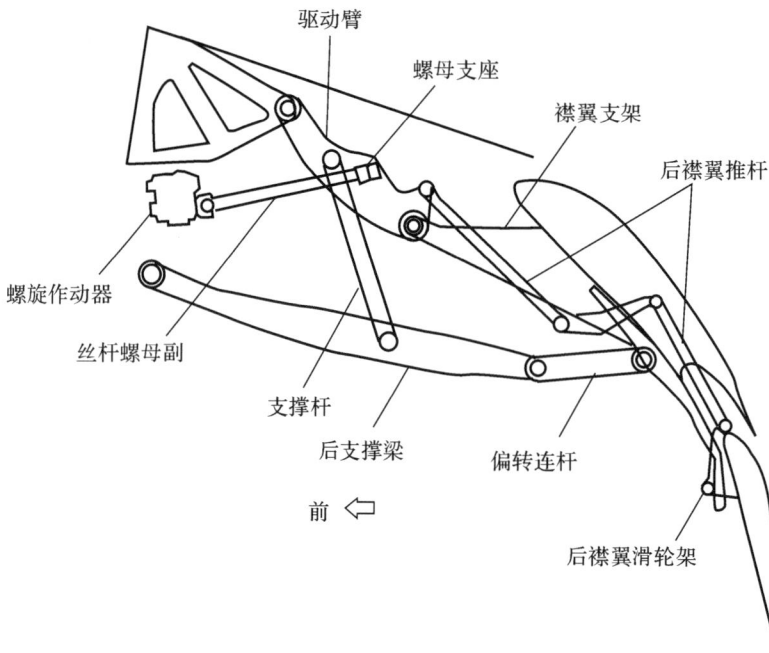

图 8-5 B777 内襟翼运动机构[5]

8.3.2 旋转作动器应用及原理

1.旋转作动器的应用

旋转作动器(GRA)属于高升力系统中典型的作动器之一。自B747飞机缝翼系统使用旋转作动器以来,其在B757缝翼、A320襟缝翼、A340襟缝翼和B767襟缝翼等多个机型均得到应用,见表8-1。

表 8-1　典型飞机高升力系统作动器应用情况

空客系列			波音系列			国内民机		
型号	前缘	后缘	型号	前缘	后缘	型号	前缘	后缘
A320	GRA	GRA	B707	—	BSA	ARJ21	GRA	BSA
A330/340	GRA	GRA	B727	—	BSA	C919	GRA	GRA
A350	GRA	GRA	B737	—	BSA			
A380	GRA	GRA	B747	GRA	BSA			
A400M	GRA	GRA	B747SP	GRA	GRA			
			B757	GRA	BSA			
			B767	GRA	GRA			
			B777	GRA	BSA			
			B787	GRA	GRA			

注:GRA 为旋转作动器;BSA 为螺旋作动器。

2.旋转作动器典型构型

旋转作动器一般包括对称 3K、多级 2K、非对称 3K、两联齿及封闭等构型,各构型基本结构及特点如下。

1)对称 3K 构型。对称 3K 构型由中心轮、行星轮、固定齿圈和输出齿圈等组成,其工作原理为:中心轮接收来自传动分系统的功率,经各行星轮分流后,由固定齿圈支撑,驱动输出齿圈作动。该构型结构及原理如图 8-6 所示。

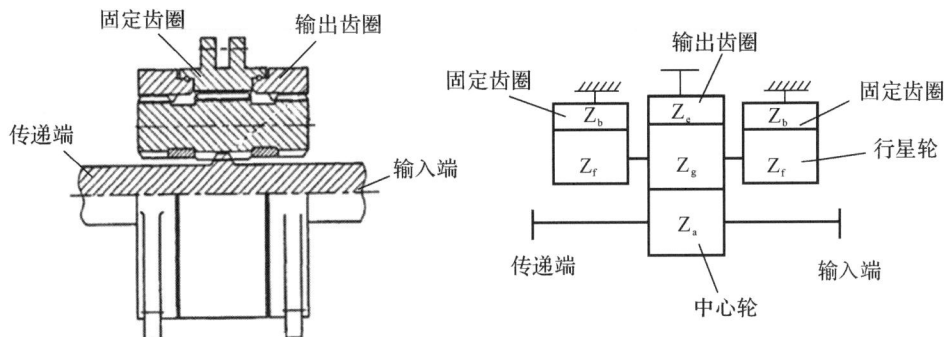

图 8-6　对称 3K 构型及其原理

该构型技术特点是输出齿圈与两边固定齿圈呈位置对称,各行星轮采用浮动支撑,各行星轮能够相互平衡径向载荷,具有较好的轮间均载效果。其总体结构具有单级传动、结构简单的特点,但是这种结构仅依靠单级 3K 传动,其受传动效率的影响使得传动比不宜过大[7]。

2）多级 2K 构型。多级 2K 构型由 2～3 排 2K 机构串联组成，每组 2K 由中心轮、行星架、行星轮及固定齿圈等组成。其结构及原理如图 8-7 所示。

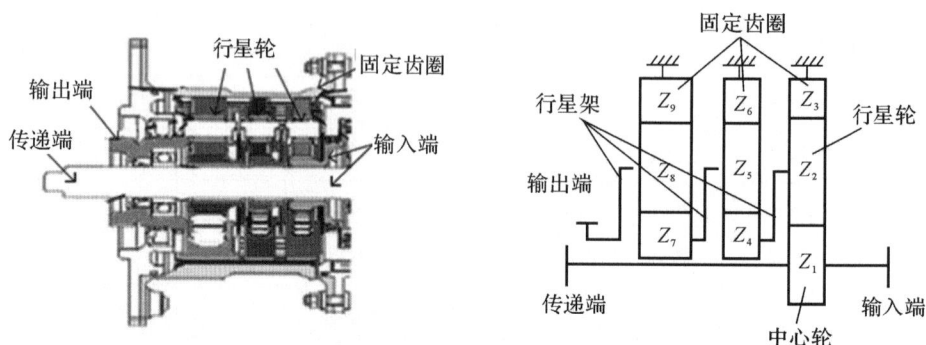

图 8-7　多级 2K 构型及其原理

该构型采用 2K 机构，传动效率较高，多级 2K 可实现较大传动比。该构型相对单级 3K 构型传动构件数目多，均载分流的行星数量相对较少，仅依靠最后一级 2K 机构承载，为此一般在负载不大的作动器中应用。

3）非对称 3K 构型。非对称 3K 构型由中心轮、行星轮、固定齿圈和输出齿圈等组成，其结构及工作原理与对称 3K 构型基本相同，如图 8-8 所示。

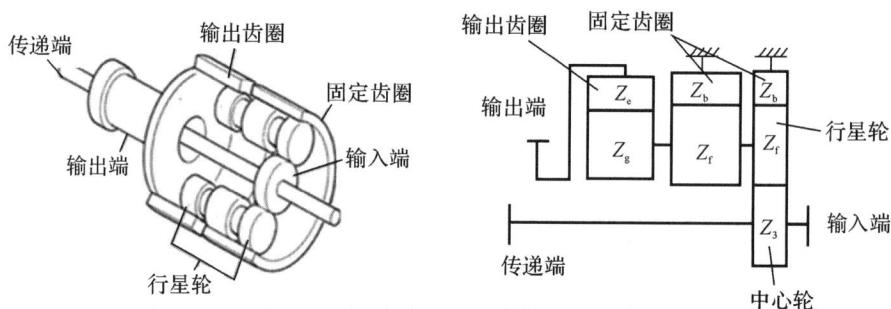

图 8-8　非对称三联齿构型及其原理

相对于对称 3K 构型，该构型采用单侧输出形式，可有效地利用轴向空间。由于非对称性承载特点，其内部存在倾翻力矩，该力矩需要依靠行星轮附加轴来平衡。该构型一般应用于负载较小、空间狭小的缝翼作动器中。

4）两联齿构型。两联齿构型由中心轮、行星轮、固定齿圈、输出齿圈及行星架等组成，该构型为单边输出结构，同样存在内部倾翻力矩，但不同于非对称 3K 构型，它可通过行星架平衡倾翻力矩。该构型一般多用于轴向空间较小的作动器中。其结构及原理如图 8-9 所示。

5）封闭构型。封闭构型由前置级 2K 以及功率级 3K 组成。其中，前置级 2K 由 2K 中心轮、2K 行星轮及 2K 行星架组成，功率级 3K 由 3K 中心轮、3K 行星轮、固定齿圈及输出齿圈等组成。其结构及原理如图 8-10 所示。

该构型通过前置级 2K 和 3K 功率级实现功率封闭耦合,具有对称承载、单边输出和 3K 行星轮数量较多的特点,一般被广泛应用于襟翼大承载作动器中。

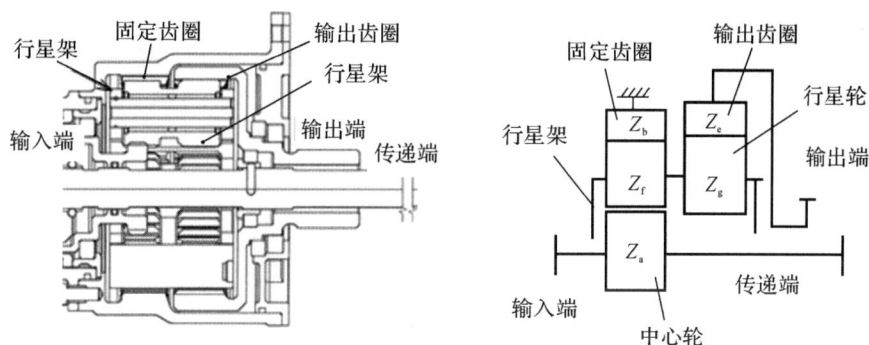

图 8 - 9　两联齿构型及其原理

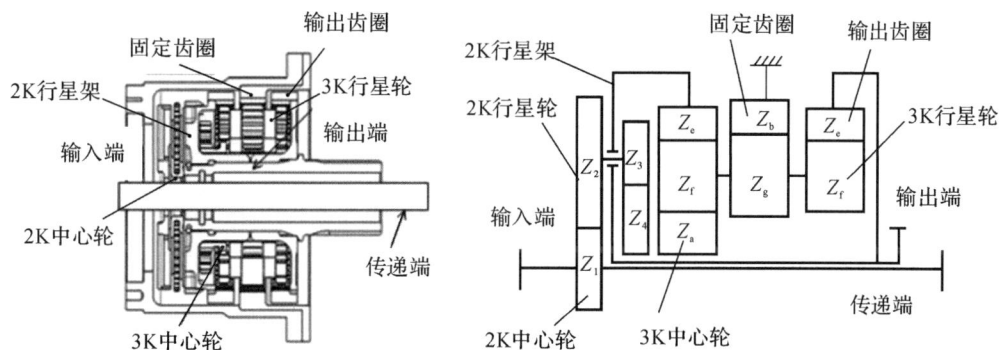

图 8 - 10　封闭构型及其原理

3.各构型特点对比

旋转作动器典型构型及应用见表 8 - 2。

表 8 - 2　旋转作动器构型及应用

构型	应用特点	局限条件	应用机型
对称 3K 构型	• 传动比为 15～100,传动效率为 45%～80%; • 承载平衡,承载 600～2 000 N·m; • 结构紧凑,对接口要求高	中间输出的接口形式	B767 缝翼
多级 2K 构型	• 传动比范围大,为 10～300,传动效率为 80%～90%; • 仅末端承载,承载较小; • 行星轮多,轴承多,结构复杂	• 行星轮分流数量有限,承载小; • 零器件多,结构复杂	B777 缝翼

构型	应用特点	局限条件	应用机型
非对称3K型	• 传动比为 15～100,传动效率为 40%～70%; • 非平衡输出,承载 300～900 N·m; • 单边输出,适合狭长包络空间	• 三联齿承载存在侧翻载荷,承载有限; • 作动效率较低	A320 缝翼、A340 缝翼、A380 缝翼、C919 缝翼、ARJ21 缝翼
两联齿构型	• 传动比为 15～200,效率为 60～90%; • 非平衡输出,承载 500～1 500 N·m; • 行星轮双级齿可简化为同一齿; • 适合扁平空间	• 两联齿的侧翻载荷需要依靠其他结构来平衡; • 直径包络大	B757 缝翼、B787 缝翼
封闭构型	• 大传动比为 120～2 000,效率为 50%～80%; • 行星轮对称承载,自平衡,承载 1 000～5 000 N·m; • 直径大,制造、装配复杂	需要前置机构封闭作动,零件数量多,结构复杂;对直径空间依赖大	A320 襟翼、A340 前缘内侧克鲁格襟翼/后缘襟翼、A380 前缘内侧克鲁格襟翼/后缘襟翼、B767 襟翼、B767 襟翼

8.3.3 螺旋作动器应用及原理

1.螺旋作动器的应用

根据螺旋作动器回珠方式,一般将其分为插管式外循环、反向器内循环及开槽式外循环 3 种典型构型,见表 8-3。

表 8-3 螺旋作动器 BSA 回珠构型及其应用

构型		应用
构型 1	插管式外循环	B707、B737、B747、B757、B777 襟翼 伊尔 76 襟翼 BAE 146 襟翼 EMBRAER 190 襟翼 A320、B737、B747、B757、B787 水平安定面
构型 2	反向器内循环	A300、A310 襟翼 A300 缝翼 LockheedL - 1011 前缘缝翼 DHC - 8 襟翼 Rockwell B - 1 B 变扫掠
构型 3	开槽式外循环	运-8、新舟 60

2. 典型螺旋作动形式

1) 插管式外循环。插管式外循环的滚珠丝杠副主要由丝杠、螺母、挡珠器、回珠管、固定套和钢球组成。采用外置回珠管作为钢球的回珠通道,回珠管的两端插入螺母与滚道相切的两个通孔中;挡珠器固定安装在螺母上,挡珠器的舌型端面分别与丝杠滚道及螺母上的回珠管孔衔接,当钢球运转到此处时抵挡钢球,改变钢球的运动方向并将其引入回珠管中,进而使钢球沿回珠管返回工作圈的另一端,形成完整封闭的工作循环。其结构组成如图 8 - 11 所示。

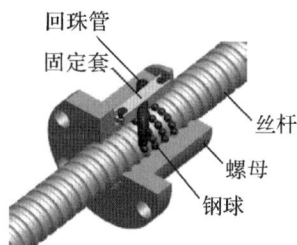

图 8 - 11　插管式外循环滚珠丝杠副

插管式外循环可实现多种圈数和列数组合,以适应不同工况的需求,即表示为圈数(1.5、2.5、3.5、4.5)×列数(1、2、3)。在安装空间确定的情况下,插管式外循环可实现较大的承载能力,同时可在工作圈数相同时采取较少的列数,减少钢球在返回装置中卡滞的概率。

插管式外循环回珠结构由挡珠器和回珠管等组成,结构相对较复杂,为实现良好的回珠流畅性,对挡珠器、回珠管的加工和安装精度要求较高;当公称直径较小时,回珠管弯曲半径受限,加工难度大。随着工艺水平的提高及新工艺(如粉末冶金成型、3D 打印等)的出现,其加工难度和工艺性等问题得到有效解决。

2) 反向器内循环结构。反向器内循环滚珠丝杠副主要由丝杠、螺母、反向器和钢球等组成。其回珠结构是每一圈为一个钢球循环,反向器跨越两个相邻的滚道,钢球从一个滚道沿反向器的引导槽越过丝杠牙顶进入另一个滚道,实现运动及扭矩的转换传递。其结构组成如图 8 - 12 所示。

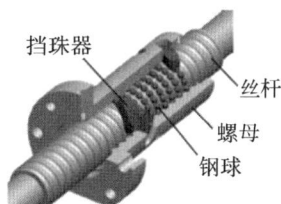

图 8 - 12　反向器内循环滚珠丝杠副

反向器内循环滚珠丝杠副列数通常为 2～4 列,最多不超过 6 列。列数越少,钢球数量少,阻力小,则回珠流畅性更好,传动效率更高。

反向器内循环滚珠丝杠副结构简单,安装方便,适于批量生产。反向器回珠槽为空间曲面,呈 S 形。经过多年的研究和应用,反向器内循环滚珠丝杠副的回珠曲线已优化,回珠流畅性好。当前反向器已实现了标准化。

3)开槽式外循环结构。开槽式外循环结构的滚珠丝杠副主要由螺母、丝杠、挡珠器、钢球和套筒等组成。滚珠螺母上加工的钢球回珠槽连接一圈钢球循环的起始与终止。螺母的钢球循环起始端与终止端分别安装有挡珠器,实现了钢球一圈的循环运动。套筒覆盖在螺母的钢球轨道槽上,防止钢球脱落。其结构组成如图 8-13 所示。

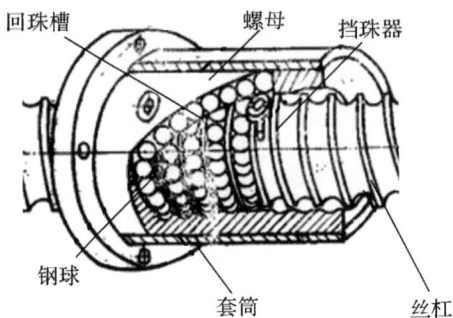

图 8-13　开槽式外循环螺旋作动器

开槽式外循环一般采用单列和双列,滚珠运动链长,运行阻力大,且螺母体上回珠槽与回珠孔不易准确平滑连接,拐弯处曲率半径小,回珠流畅性差。由于制造、检测工艺复杂,开槽式外循环滚珠丝杠螺母副应用较少。

3.各构型特点分析

螺旋作动器各回珠构型的特点对比见表 8-4。

表 8-4　螺旋作动器回珠构型特点对比

构型	应用特点	局限条件
插管式外循环结构	·在一个回珠循环中,可布置多列钢球,减少反向器数量; ·螺母轴向尺寸短,重量轻; ·当发生钢球脱落故障时,挡珠器会作为衔接件,将螺母与丝杠连接,避免螺母在丝杠上自由滑脱,安全性高	·零件数量多,结构复杂; ·挡珠器、回珠管加工工艺性差,装配质量一致性差; ·回珠管外露,易磕碰变形; ·挡珠器端面易磨损
反向器内循环结构	·反向器为标准件,质量一致性好; ·钢球内部循环,不易受外部碰撞的影响	·反向器数量多,出现卡阻概率大; ·钢球循环过程中会与丝杠接触,有害摩擦大,且出现卡阻故障的概率大; ·螺母轴向尺寸长,螺母壁厚较厚,重量重

续表

构型	应用特点	局限条件
开槽式外循环结构	·在一个回珠循环中,可布置多列钢球,减少反向器数量; ·回珠不易受磕碰的影响	·回珠槽形状复杂,工艺性差,且回珠通道较长,对回珠通道型面和粗糙度要求高,否则通道内的钢珠可能会卡滞; ·为保障钢球更稳定地进入回珠通道,需按要求对安装的挡珠器进行大量修配,质量一致性差; ·回珠半径小,回珠流畅性差; ·由于需在螺母上开槽,使得螺母外径变大,重量重

8.3.4 保护单元的应用及原理

1. 保护单元的应用

一般在作动器上集成力矩限制器(TL)和无返回保护功能(NB)机构,具体应用见表 8 - 5。

表 8 - 5 高升力集成保护机构类型及其应用

机型	前缘	后缘	备注
A320	TL	TL	
A340	TL	TL	
A380	TL	TL	TL 集成在前置齿轮箱中
B737	—	TL＋NB	螺旋作动构型
B747	—	TL＋NB	螺旋作动构型
B757	TL＋NB	TL＋NB	螺旋作动构型
B767	NB	TL＋NB	缝翼 NB 集成在前置齿轮箱中
B777	NB	TL＋NB	缝翼 NB 集成在前置齿轮箱中,襟翼为螺旋作动
B787	TL	TL＋NB	前缘内、外侧作动器,克鲁格作动器未集成
C919	TL	TL	
ARJ21 - 700	TL＋NB	TL＋NB	螺旋作动构型

2. 力矩限制器(TL)

力矩限制器依据其工作原理一般分为钢球-轨道式、剪断式和卷簧式力矩限制装置。

1)钢球-轨道式力矩限制装置。钢球-轨道式力矩限制装置结构如图 8 - 14 所示。其利用球道盘和一组动静摩擦片组合实现力矩限制功能。

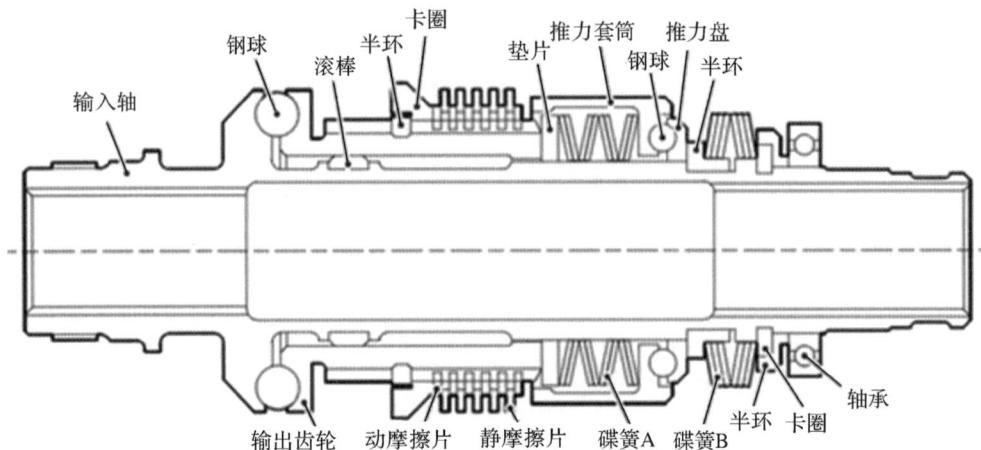

图 8 - 14　钢球-轨道式力矩限制装置结构图[9]

当输入力矩值超出力矩范围时,将触发钢球爬坡,使球道盘向轴向移动,给动静摩擦副端面施加正压力,动静摩擦片之间产生摩擦力矩,此时输入轴传递的力矩通过动静摩擦片、静摩擦片花键传递给壳体,进而保护输出齿轮后端的结构。

当输入力矩恢复正常时,钢球回到球道盘底部,作用于摩擦副的正压力取消,输入轴的力矩可以通过钢球传递给输出齿轮后端的结构。

2)剪断式力矩限制装置。剪断式力矩限制装置主要由输入轴、输出轴、剪断销或剪断槽组成,具体结构如图 8 - 15 所示。

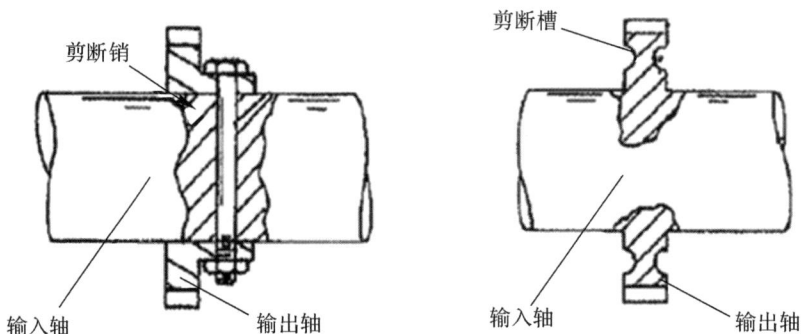

图 8 - 15　剪断式力矩限制装置结构图

剪断式力矩限制装置利用过载机构断裂实现力矩限制的功能,当力矩在设计范围内时,输入轴的力矩通过剪断销或剪断槽将力矩传递给输出轴,当结构承受的力矩超出设定载荷时,剪断销或剪断槽断裂,输入轴和输出轴完全断开。

剪断式力矩限制装置具有重量轻、所占空间小的优点,但这种结构在设计时需要解决剪断后该机构处于自由状态的问题。

B767 缝翼系统力矩限制装置安装于缝翼内侧和外侧前置齿轮箱装置内,如图 8 - 16 所示。

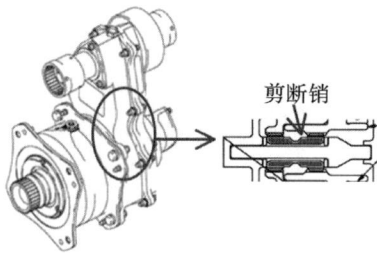

图 8 - 16 B777 缝翼内侧和外侧前置齿轮箱和剪断销结构图[8]

3)卷簧式力矩限制装置。卷簧式力矩限制装置主要由输入轴、驱动套筒、矩形键、卷簧、负载套筒和输出轴等组成,其结构组成如图 8 - 17 所示。

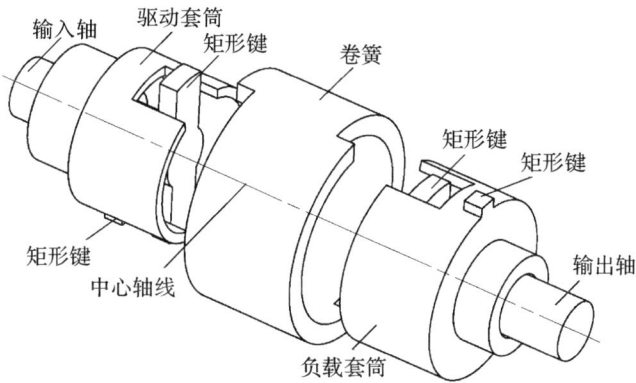

图 8 - 17 卷簧式力矩限制装置(卷簧)结构图

卷簧式力矩限制装置采用卷簧限制力矩结构。

当卷簧承受力矩在力矩限制范围内时,卷簧在自身预紧力作用下不沿周向展开,输入轴上的矩形键与驱动套筒接触,将驱动力矩传递给驱动套筒,驱动套筒上的矩形键与卷簧的一端接触,负载套筒的矩形键与卷簧的另一端接触,作用于驱动套筒的力矩通过卷簧传递给负载套筒,负载套筒通过与输出轴上的矩形键接触将力矩传递给输出轴。

当卷簧承受力矩超过力矩限制范围时,也即超出卷簧自身的预紧力时,其沿周向展开,周向直径增加,卷簧的外侧与配合套筒内壁的正压力产生接触摩擦力矩,用于限制负载套筒上承受过大载荷,实现结构保护。

3. 无返回机构(NB)

无返回机构按照结构形式一般分为直线式和旋转式。直线式无返回机构一般采用棘轮棘爪结构,依靠轴向载荷触发;旋转式无返回机构一般采用传统盘式制动结构,依靠扭矩载荷触发。

1)棘轮棘爪式。棘轮棘爪式无返回机构一般由棘轮、棘爪、滚棒摩擦副等组成,如图 8 - 18 所示。

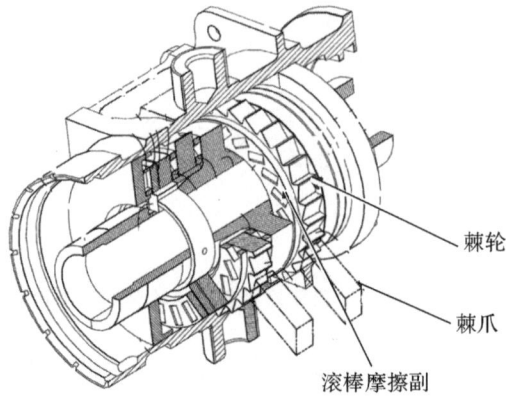

棘轮

棘爪

滚棒摩擦副

图 8‑18 棘轮棘爪式无返回机构结构简图

棘轮棘爪式无返回机构多应用于螺旋作动器,使用过程中,在滚珠丝杠提供的轴向力作用下,棘轮被棘爪止动,充当静摩擦副,与斜滚棒组成动静摩擦副,产生摩擦力矩。

正向传递载荷:螺旋作动器一般通过齿轮或蜗轮蜗杆机构接受载荷后转动,将转矩转化为螺母的直线运动,产生轴向力。襟缝翼气动载荷通过螺旋作动器内螺母、丝杠施加反作用力于滚棒上。在轴向力作用下,斜滚棒带动棘轮转动,棘轮转动方向与棘爪止动方向相反,棘轮能够单向转动。

逆向载荷制动:襟缝翼在气动载荷作用下推动螺旋作动器内丝杠、螺母逆向转动。气动载荷通过丝杠对滚棒施加轴向力,而棘轮在棘爪作用下止动,滚棒摩擦副与棘轮在轴向力作用下产生摩擦制动力矩,将丝杠把持制动,进而将襟缝翼把持住。

2)旋转钢球式。旋转钢球式无返回机构一般采用传统盘式制动结构,由碟簧、动摩擦片、静摩擦片、弹簧、钢球等组成。典型的旋转钢球式无返回机构如图 8‑19 所示。

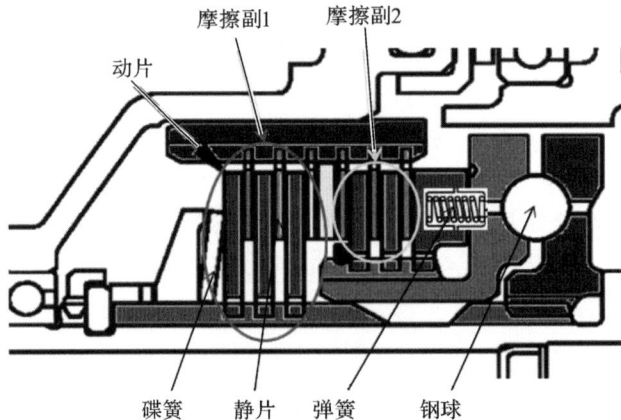

摩擦副1   摩擦副2

动片

碟簧   静片   弹簧   钢球

图 8‑19 旋转钢球式无返回机构结构简图

旋转钢球式无返回机构一般采用盘式摩擦结构实现逆向制动,具有结构简单、径向尺寸小、制动性能稳定、维修方便和制动轴不受弯矩等优点,近年来得到了广泛应用。

　　旋转钢球式无返回机构在正向传递过程中,通过盘式摩擦结构向后端传递载荷,传递过程中需克服初始摩擦力矩,传递效率降低。

　　旋转钢球式无返回机构制动角度较大,一般为 5°～10°;同时,在无返回机构正向传递载荷过程中存在一定的空行程,空行程角度一般为 5°～20°,该空行程应结合作动器传动比综合设计。

8.4　作动器接口

　　作动器与高升力传动分系统、飞机结构和运动机构等存在交联接口,如图 8-20 所示。

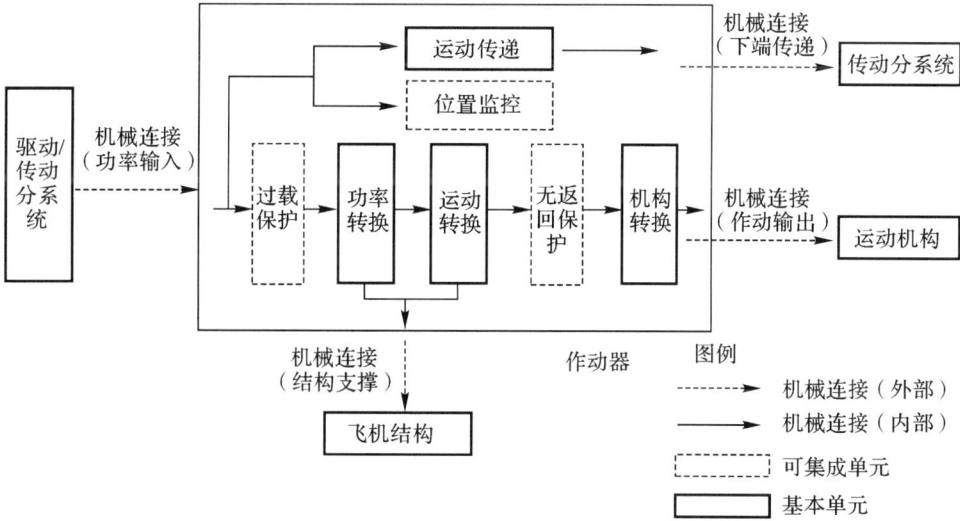

图 8-20　外部交联关系

　　典型旋转作动器接口如图 8-21 所示,其包括输入端(与驱动或前端传动分系统的接口)、输出端(与运动机构的接口)、传递端(与后端传动分系统的接口)以及固定端(与飞机结构的接口)。末端作动器不需要向后端传递功率,一般会集成翼尖传感器,用于检测飞机襟缝翼运动的位置及一致性。

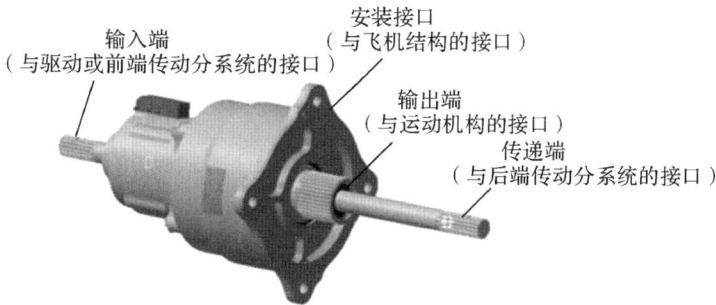

图 8-21　典型旋转作动器接口

典型螺旋作动器接口如图 8-22 所示，螺旋作动器包括输入端（与驱动或前端传动分系统的接口）、输出端（与运动机构的接口）、传递端（与后端传动分系统的接口）以及安装接口（与机体的接口）。通常螺旋作动器后端丝杠与齿轮箱之间设置万向节连接，以适应运动机构相对结构的上下偏转。

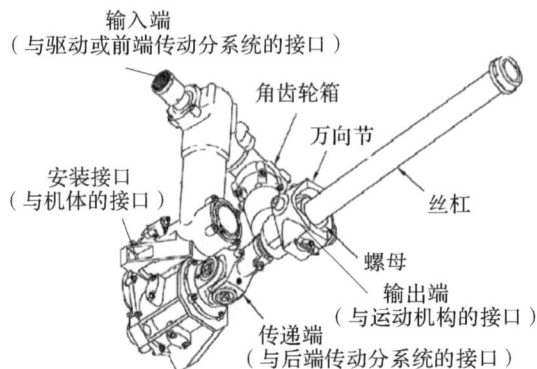

图 8-22　典型螺旋作动器接口

8.5　发展趋势及新技术

高升力系统作动器是克服襟缝翼气动载荷、实现襟缝翼作动的关键装置，其可靠性、轻量化等一直是主要的研究方向。目前国内外在端面齿轮作动、行星滚珠丝杠作动等新技术方面开展了相关研究。

8.5.1　端面齿轮作动技术

目前高升力系统缝翼一般多采用旋转作动器，为实现大的传动比，结构上采用多节多排行星齿轮副结构，该类型行星齿轮副制造成本高、可靠性低。如果旋转作动器中任一齿轮出现断齿或轴承卡阻，就会导致作动器丧失作动功能，进而影响襟缝翼收放，甚至危及飞机安全。

近年来，出现了新型的端面齿轮作动技术，其通过蜗杆齿轮与端面齿轮啮合，实现大传动比作动。其优点是零件数量少、结构简单和可靠性高；缺点是该结构一般为单级作动，承载能力较弱，蜗杆和端面齿轮的制造精度要求大，直径包络大。目前该技术在工程领域得到了广泛应用。典型端面齿轮旋转作动器如图 8-23 所示。

图 8-23　端面齿轮副及其作动器外形

8.5.2　行星滚珠丝杠作动技术

行星滚珠丝杠是一种可将旋转运动和直线运动相互转化的机械传动装置,具有螺纹传动和滚动螺旋传动的综合特征。与传统的螺旋丝杠副相比,同负载、同使用工况和同公称直径下,其承载能力提高约 3 倍,空间尺寸减小约 1/3,寿命提高 3～5 倍。行星滚柱丝杠具有轴向承载能力强、抗冲击能力强、运转速度高、运转精度高、寿命长和体积小等优点,适用于冲击大、重载等工况,但因设计复杂、制造加工难度大,一直未能得到广泛的应用。

国外行星滚柱丝杠作动技术研究起步早、成熟度高,广泛应用于国防、民用等领域。国内对行星滚柱丝杠作动器的研究仍处于起步阶段,与国外存在较大差距。

参 考 文 献

[1]　白杰. 运输类飞机适航要求解读：第 1 卷　性能试飞[M]. 北京：航空工业出版社,2013.

[2]　王伟达. 运输类飞机适航标准 CCAR25.671(c)条款要求与分析[J]. 科技创新导报,2015,12(21)：10 - 11.

[3]　冯军. 民机襟缝翼运动机构可靠性设计[M]. 西安：西北工业大学出版社,2015.

[4]　黄建国. 现代飞机前缘缝翼作动装置：齿轮-齿条的设计技巧[J]. 民用飞机设计与研究,2013(2)：48 - 52.

[5]　虞浩清,姜泽锋. 飞机结构图纸识读与常用维修手册使用[M]. 北京：清华大学出版社,2009.

[6]　WANG A, EL-BAYOUMY L, VENABLES N. Preliminary design considerations onepicyclic gears in aircraft high-lift systems[C]//11th International Power Transmission and Gearing Conference, 13th International Conference on Advanced Vehicle and Tire Technologies, August 28 - 31, 2011. Washington：ASMEDC, 2011：307 - 316.

[7]　饶振纲. 行星齿轮传动设计[M]. 2 版. 北京：化学工业出版社,2014.

[8]　CACCIOL A , MICHAELJ. No-back/offset gear box：EP97927643[P]. 2010 - 07 - 07.

第9章 传感器分系统

9.1 概 述

高升力系统的传感器分系统为高升力系统提供准确的指令信息和襟缝翼运动变量的反馈信息。本章主要对现代电传高升力系统常用的襟缝翼操纵手柄指令传感器、襟缝翼位置传感器和襟缝翼倾斜传感器进行原理、应用等方面的介绍。

9.1.1 高升力系统传感器功能

高升力系统控制功能结构如图 9-1 所示,飞行员操纵襟缝翼操纵手柄,通过指令传感器将手柄的机械操纵角度转化为 FSECU(襟缝翼控制计算机)可以识别的电信号,并将其与襟缝翼位置传感器输出的电信号进行综合,FSECU 根据综合后的位置差计算得到速度控制指令。FSECU 将速度控制指令发送给襟缝翼 PDU(动力驱动装置)的电动机或发动机控制模块,由该控制模块控制襟缝翼 PDU 驱动襟缝翼运动,实现襟缝翼的位置闭环和速度闭环控制。其中,驱动分系统传感器主要包括参与伺服控制且集成在 PDU 中的发动机速度传感器和压力传感器等,该部分传感器已在第 6 章描述,本章不赘述。

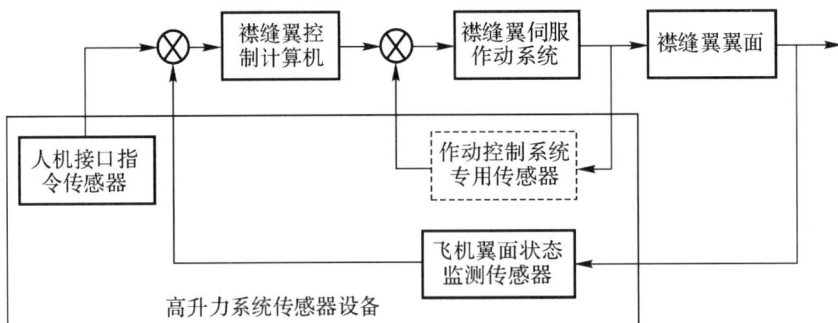

图 9-1 简化的高升力系统控制功能结构图

9.1.2 高升力系统传感器分类

根据高升力系统传感器的功能,可以将高升力系统传感器分为以下 3 类,即人机接口指令传感器、飞机翼面状态监测传感器和驱动分系统专用传感器。

1. 人机接口指令传感器

高升力系统中襟缝翼操纵手柄(FSCL)作为飞行员与高升力系统的人机接口,安装在驾驶舱中央操控台,飞行员操纵 FSCL 到新的挡位指令,FSCL 的指令传感器将手柄转动的角度转换为 FSECU 可以识别的电信号,从而生成高升力系统指令信号,为襟缝翼位置控制提供必要的目标位置。

2. 飞机翼面状态监测传感器

根据传感器的具体监测对象,又可以将飞机翼面状态监测传感器划分为襟缝翼位置传感器和襟缝翼倾斜传感器,具体如下:

1)襟缝翼位置传感器。高升力系统中襟缝翼位置传感器用于为襟缝翼位置控制和故障监控提供必要的位置信息。首先,襟缝翼位置传感器为襟缝翼运动控制提供位置闭环控制所需的位置信息;其次,FSECU 需通过监测左侧和右侧襟缝翼角度差来实现左、右襟缝翼不对称故障判断;再次,FSECU 还可以通过左侧和右侧襟缝翼实时角度值监测襟缝翼运动方向和速度来实现非指令运动故障判断;此处,当 FSECU 监测到高升力系统发生襟缝翼不对称、非指令运动故障时,FSECU 控制 WTB 和 PDU 紧急制动,系统停止在故障位置,防止故障蔓延,以此来确保飞行安全。

2)襟缝翼倾斜传感器。根据飞机顶层安全性要求,襟缝翼倾斜超限故障一般为影响飞行安全的 I 类故障,因此为了确保飞行安全,运输类飞机高升力系统通常通过倾斜传感器监测襟缝翼翼面的倾斜状态,实现襟缝翼倾斜故障监控,当 FSECU 监测到任意一个襟翼或缝翼发生倾斜故障,FSECU 将控制 WTB 和 PDU 紧急制动,系统停止在故障位置,防止故障蔓延,从而确保飞行安全。

3. 驱动分系统专用传感器

高升力系统中驱动分系统专用传感器主要包括参与伺服控制且集成在 PDU 中的发动机速度传感器和压力传感器等,一般用于控制的速度传感器安装在 PDU 的发动机输出端或集成在电动机中,实现发动机或电动机的转速闭环控制。对于使用液压作为动力源的高升力系统,为防止机上液压系统"掉压"故障引起 PDU 输出功率不足而不能正常驱动襟缝翼,通常会在 PDU 的进油口增加压力传感器,实时监控 PDU 进油口的供油压力。如果压力传感器反馈的压力信号低于系统正常驱动所需的压力值,则高升力系统将紧急制动并发出告警信号。速度传感器和压力传感器均作为 SRU 集成于 PDU,不是独立的 LRU,因此此处不作详细介绍。

9.1.3　高升力系统传感器余度配置

高升力系统传感器的余度配置主要取决于系统安全性要求,还应考虑直接影响运营成本的派遣率要求[10]。延期维修可以增强飞机的派遣可靠性,延期维修要求高升力系统具有带故障派遣的容错能力。

由于高升力系统可检测的丧失襟翼和缝翼收放功能的失效概率应小于 1×10^{-7}/FH,单通道系统架构难以满足系统功能失效概率要求。单通道系统架构的功能失效概率约为 1.0×10^{-4}/FH,其可用性水平较低。如果采用双通道系统架构,其功能失效概率相比单通道系统提升近一倍[11]。因此,高升力系统襟缝翼位置传感器、倾斜传感器均采用双通道,且两个 FSECU 分别与位置传感器、倾斜传感器的两个通道连接,当任意一个通道失效,系统仍然能够实现襟缝翼收放功能。

此外,由于襟缝翼不对称超限、非指令运动超限、倾斜超限属于 I 类故障,影响飞行安全,所以在起飞、飞行和着陆阶段,其发生的概率要求小于 1×10^{-9}/FH。为满足该安全性要求,通常 FSECU 采用非相似设计的控制和监控支路分别对不对称运动故障、非指令运动故障、倾斜故障进行监控,且位置传感器、倾斜传感器采用双通道余度设计以提高系统安全性[12]。

高升力系统襟缝翼操纵手柄指令传感器一般采用四余度传感器(或 2 个两余度传感器),每个 FSECU 可以收到两个手柄指令传感器的信号,且通过两个 FSECU 之间的交叉总线传输,每个 FSECU 可以获得四余度传感器信号,任意 1 个传感器失效不会影响飞机的派遣,因此,襟缝翼操纵手柄指令传感器通常采用四余度传感器,以提高飞机派遣可靠性。

国外典型飞机波音 B777 的高升力系统襟缝翼位置传感器、倾斜传感器均采用两个通道的余度配置,且传感器的每个通道分别连接到两个 FSECU。波音 B777 飞机襟缝翼操纵手柄指令传感器采用了 4 个 RVDT,每个 FSECU 接收其中 2 个传感器的信号[1]。

9.2 襟缝翼位置传感器

在高升力系统中,一般有 2 个缝翼位置传感器和 2 个襟翼位置传感器,襟缝翼位置传感器通常安装在左、右侧传动线系两端最外侧,如图 9-2 所示。根据传感器工作原理的不同,襟缝翼位置传感器一般可以分为电位器式位置传感器、RVDT 式位置传感器和正余弦式位置传感器。

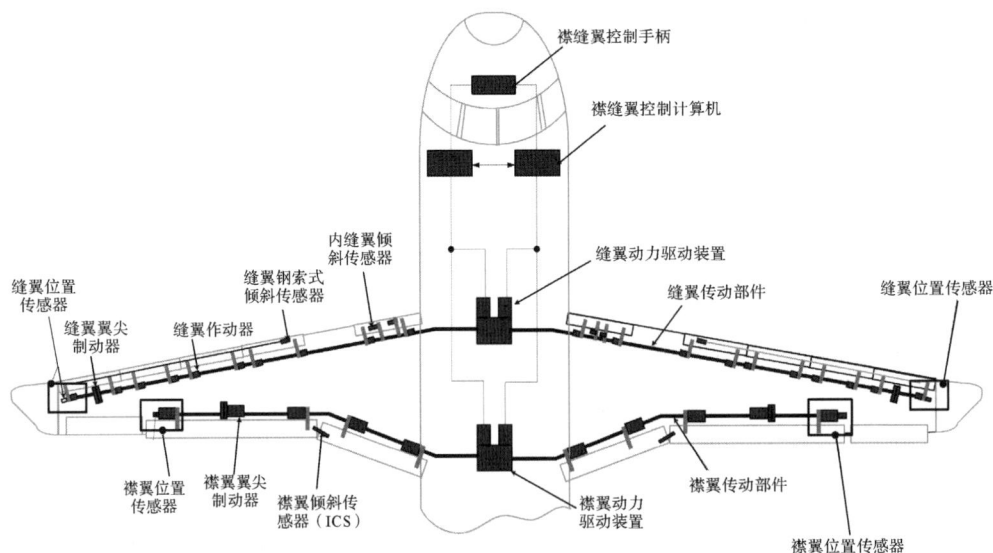

图 9-2 高升力襟缝翼位置传感器安装位置

9.2.1　功能定义

襟缝翼位置传感器通过测量襟缝翼传动线系的行程实现间接测量襟缝翼位置。一般情况下,襟缝翼传动线系转动很多圈才能驱动襟缝翼到达最大角度(例如 C919 飞机最大襟翼角度为 34°,最大缝翼角度为 26.5°),这就要求襟缝翼位置传感器具有减速功能。此外,如果襟缝翼位置传感器的两个电气通道采用并联方式,将要求襟缝翼位置传感器具有双通道一致性标记,以便通过观察窗口及时发现两个传感器通道的差异。

9.2.2　主要性能要求

通常襟缝翼位置传感器的主要性能要求包括测量范围、精度、转速、摩擦力矩、供电电压、零位电压及通道不一致性等。

1)测量范围。襟缝翼位置传感器的测量范围随传感器类型而不同。一般情况下电位器式位置传感器测量范围为 0°～340°,RVDT 式位置传感器测量范围为 −30°～+30°,正余弦式位置传感器测量范围为 0°～360°。为了防止传感器在过零点时产生过大的数据跳变,一般会缩小位置传感器的有效测量范围,例如正余弦式位置传感器的有效的测量范围通常为 10°～340°。

2)精度。精度是指传感器全量程范围内实际输入角度与测试角度差的最大值。RVDT 式位置传感器和正余弦式位置传感器的精度一般不大于 18′,电位器式位置传感器的精度一般不大于全行程的 ±0.6%。为了获得较高的精度,襟缝翼位置传感器的减速器部分会使用消隙齿轮传动方式,或者使用高精度的齿轮减速器。

3)转速。选用襟缝翼位置传感器时应同时考虑正常转速和失效转速。正常转速是指系统正常工作时传感器的最大工作速度,失效转速是指系统发生非指令运动、不对称运动等故障时,传感器可能遇到的最大故障转速。一般情况下,襟缝翼位置传感器的正常转速不大于 500 r/min,失效转速不应小于 3 000 r/min。

4)摩擦力矩。一般情况下,襟缝翼位置传感器的起动摩擦力矩应小于 0.2 N·m,动摩擦力矩应小于 0.15 N·m。

5)供电电压。襟缝翼位置传感器的供电电压随传感器类型的不同而不同。电位器式位置传感器通常采用 28 V DC 供电,RVDT 式位置传感器和正余弦式位置传感器通常采用 7 V、1 800 Hz 电源供电,由解调芯片或单独的电路模块实现。

6)零位电压。一般情况下,襟缝翼位置传感器采用 RVDT 式位置传感器和正余弦式位置传感器时,零位电压不大于 20 mV;采用电位器式位置传感器时,零位电压不大于 8 mV。

7)通道不一致性。通道不一致性是指传感器全量程范围内,各测试点上通道测试角度差的最大值。RVDT 式位置传感器和正余弦式位置传感器的通道不一致性一般不大于 30′,电位器式位置传感器的通道不一致性一般不大于 200 mV。

8)绝缘电阻。传感器在标准试验条件下,各绕组之间和绕组对壳体之间的绝缘电阻值应不小于 100 MΩ,在低温条件下不低于 50 MΩ,在高温条件下不低于 10 MΩ,在湿热试验后应不小于 50 MΩ,或应符合专用规范的规定。

9.2.3 组成及工作原理

襟缝翼位置传感器一般为机械单余度、电气两余度设计,通常安装在襟缝翼作动分系统传动线系两侧末端,通过测量襟缝翼传动线系的角度实现对襟缝翼翼面位置的间接测量。襟缝翼位置传感器通常由齿轮减速器和传感器本体两部分组成,而根据减速器和传感器本体连接形式的不同,又可以将位置传感器分为并联结构和串联结构两种,如图 9 - 3 所示。

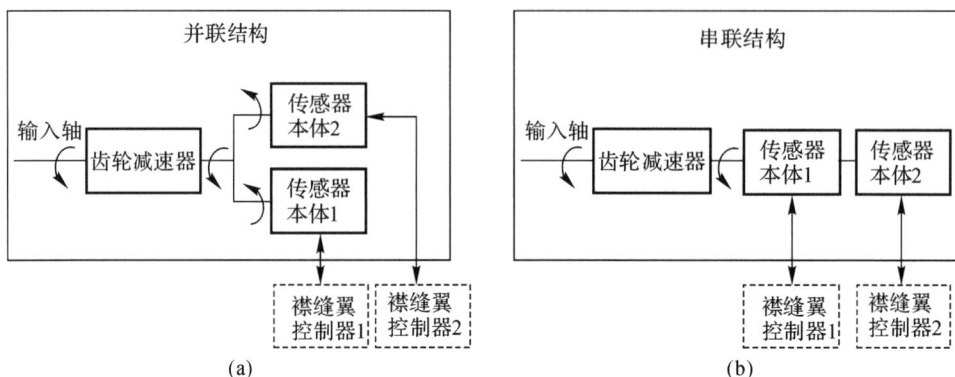

图 9 - 3　位置传感器组成图

(a)并联结构;(b)串联结构

某型飞机的串联结构式襟缝翼位置传感器如图 9 - 4 所示,襟缝翼位置传感器的输入轴通过花键与传动线系连接在一起,通过螺栓将襟缝翼位置传感器的安装法兰固定在飞机结构或襟缝翼作动器上,襟缝翼传动线系转动时将带动位置传感器输入轴一起运动,经齿轮减速器减速后,传感器本体仅转过一个较小的角度(该角度小于传感器的量程范围),传感器反馈与之对应的电压值给 FSECU,实现对襟缝翼位置的检测。

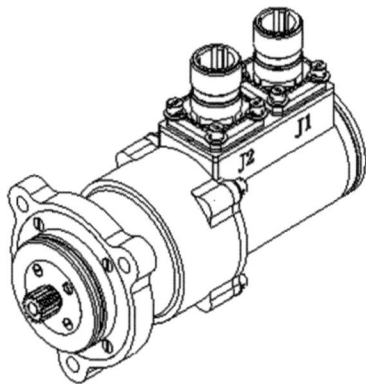

图 9 - 4　襟缝翼位置传感器

9.2.4 接口定义

1)机械接口。襟缝翼位置传感器一般采用外花键和法兰盘安装的形式安装在机械传动线系末端。考虑到襟缝翼位置传感器安装的防差错要求,安装在左、右两侧的襟缝翼位置传感器具备机械接口防差错设计,彻底杜绝左右件装反的可能性。

2)电气接口。襟缝翼位置传感器一般采用电气两余度形式,配有两个独立的电连接器。襟缝翼位置传感器的电连接器一般采用圆形电连接器,优选 D38999 系列电连接器。

9.2.5　典型襟翼位置传感器

9.2.5.1　电位器式位置传感器

电位器式位置传感器具有工作可靠、接线简单、控制电路简单等优点,早期的新舟 60、运-8 等运输类飞机上均有使用。电位器式位置传感器由齿轮减速器和电位器传感器本体组成,齿轮减速器将传动轴转过的总角度转化为电位器传感器可识别的角度范围,电位器传感器将翼面当前角度以电压形式反馈给襟缝翼控制计算机。

电位器传感器本体的工作原理如图 9-5 所示,电位器传感器本体由电阻体和转动系统组成,当电阻体的两个固定触点之间外加一个电压时,通过调节转轴改变动触点在电阻体上的位置,改变动触点与任一个固定端之间的电阻,从而改变电压与电流的大小。

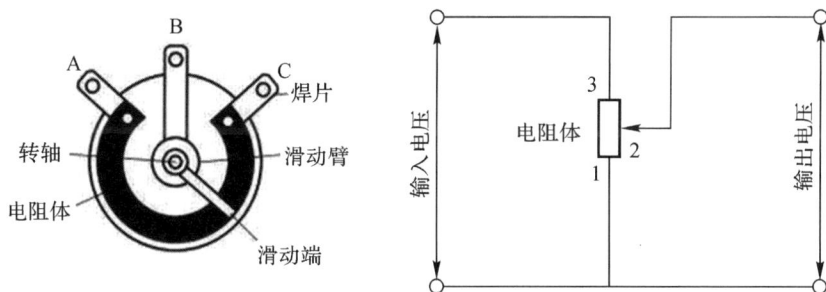

图 9-5　电位器结构组成及原理

电位器式位置传感器主要应用于 20 世纪七八十年代研制的运输机高升力系统中,其优点是传感器本体结构简单,且对控制电路要求也相对简单,因此产品成本较低。但是电位器式位置传感器的缺点也非常明显,当外界温度变化、传感器自身磨损及滑动器与可变电阻器之间存在污垢时,测量精度将大幅降低。随着近现代材料学的发展,特别是导电性塑料的出现,电位器式位置传感器在现代飞机高升力控制系统中仍有一席之地,但易磨损、耐振动差、对外来物敏感、不适合苛刻温度环境等缺点导致现代飞机常采用 RVDT 式位置传感器和正余弦式位置传感器替代电位器式位置传感器。

9.2.5.2　RVDT 式位置传感器

RVDT 式位置传感器是现代飞机高升力控制系统最常用的一种襟翼位置传感器。RVDT 式位置传感器由齿轮减速器和 RVDT 传感器本体组成,齿轮减速器将机械传动轴的总转动圈数转化为 RVDT 可识别的角度范围,RVDT 本体再将经减速机构减速后的机械传动线系角度(间接等同于襟翼的当前位置)反馈给襟缝翼控制计算机,实现系统的位置闭环控制。

RVDT 本体工作原理如图 9-6 所示。襟缝翼控制计算机给 RVDT 本体的初级线圈供电,当铁芯相对定子处于中立零位时,两个输出线圈的感应电势大小相等、方向相反,互相抵消后输出电压为零;当铁芯偏离中立零位时,两个线圈的感应电势一个增大,一个减小,其差值就是输出电压。输出电压与铁芯的转动角度成线性比例关系。图 9-6 中,L_1、R_1 分别为激磁绕组电感值和电阻值;L_{21}、L_{22} 分别为左、右输出绕组的电感值;M_1、M_2 分别为激磁绕组与左、右输出绕组间的互感值。

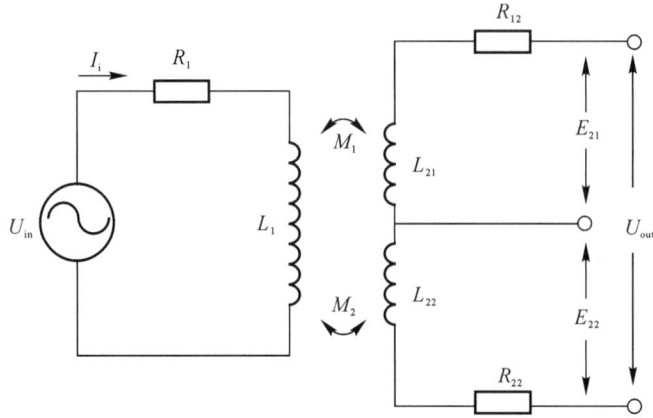

图 9 - 6　RVDT 传感器本体工作原理图

由 9 - 6 图可知,在原边线圈加载正弦激磁电压 U_{in},根据电路知识可得[1]

$$I_i = \frac{U_{in}}{R_1 + j\omega L_1} \tag{9-1}$$

$$\dot{E}_{21} = -j\omega M_1 \dot{I}_i \tag{9-2}$$

$$\dot{E}_{22} = -j\omega M_2 \dot{I}_i \tag{9-3}$$

式中,$\dot{I}_i$ 为原边线圈的电流,计算可得副边输出电压表达式:

$$\dot{U}_{out} = -j\omega(M_1 - M_2)\frac{U_{in}}{R_1 + j\omega L_1} \tag{9-4}$$

有效值表达式为

$$U_{out} = \omega(M_1 - M_2)\frac{U_{in}}{\sqrt{R_1^2 + (\omega L_1^2)}} \tag{9-5}$$

当铁芯处于中间位置时,$M_1 = M_2 = M$,$U_{out} = 0$。

若铁芯向一侧运动,$M_1 = M + \Delta M$,$M_2 = M - \Delta M$,则可得

$$U_{out} = 2\omega\Delta M\frac{U_{in}}{\sqrt{R_1^2 + (\omega L_1^2)}} \tag{9-6}$$

若铁芯向另一侧运动,$M_1 = M - \Delta M$,$M_2 = M + \Delta M$,则可得

$$U_{out} = -2\omega\Delta M\frac{U_{in}}{\sqrt{R_1^2 + (\omega L_1^2)}} \tag{9-7}$$

如公式(9-7)所示,随着铁芯的转动,其输出电压的大小发生变化,可通过测量输出电压的变化判断出铁芯位置的变化[2]。

旋转角度 $\theta = \dfrac{U_{out}}{k}$($k$ 为传感器的梯度)。

RVDT 传感器本体为非接触式设计,具有工作稳定、精度高、可靠性好等优点,且能够通过和值监控提高位置信号的完整性,因此 RVDT 式位置传感器被用于襟翼系统位置测

量。但是 RVDT 式位置传感器也存在工作角度范围小且长距离传输电缆的分布电容导致传感器输出电压偏差等问题,工程使用中需充分考虑使用环境。

9.2.5.3　正余弦式位置传感器

正余弦式位置传感器是现代飞机高升力控制系统另一种常用的襟翼位置传感器。正余弦式位置传感器由齿轮减速器和正余弦旋转变压器本体组成,齿轮减速器用于将机械传动线系转过的总角度转化为正余弦旋转变压器可以识别的角度范围;正余弦旋转变压器将角度值以电压的形式反馈给襟缝翼控制计算机,实现系统位置闭环控制。

正余弦旋转变压器的工作原理如图 9-7 所示。

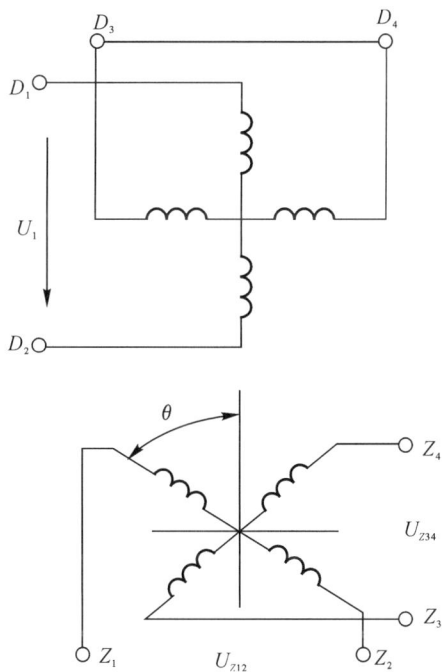

图 9-7　正余弦旋转变压器工作原理图

在转子绕组 D_1、D_2 端施加交流励磁电压 U_1,转子在原基准电气零位逆时针转过 θ 角度后,定子绕组 Z_1、Z_2、Z_3、Z_4 中所产生的电压分别为

$$U_{Z12} = k_u U_1 \cos\theta \qquad (9-8)$$

$$U_{Z34} = k_u U_1 \sin\theta \qquad (9-9)$$

式中:定子的 U_{Z12} 为余弦绕组上的电压;U_{Z34} 为正弦绕组上的电压;k_u 为输出绕组与激磁绕组的变比。

旋转角度

$$\theta = \arctan\frac{U_{Z34}}{U_{Z12}} \qquad (9-10)$$

正余弦旋转变压器传感器本体为非接触式设计,具有反馈角度范围大、性能稳定、精度高、可靠性高等优点,同时不受机上长距离电缆分布电容导致的电压升高的影响,因此在现代飞机高升力控制系统中使用越来越广泛。

9.3 襟缝翼倾斜传感器

襟缝翼倾斜传感器通常可以安装在襟缝翼上,直接监测翼面的运动状态;也可以安装在襟翼和缝翼作动装置与其相对应的翼面之间,间接监测作动装置与翼面的连接状态。如图 9-8 所示,内缝翼倾斜传感器与内缝翼内侧固连,外缝翼钢索式倾斜传感器安装在外缝翼 $1^\#$~$4^\#$ 翼面上,襟翼倾斜传感器安装在内外襟翼之间。

襟缝翼倾斜传感器根据反馈信号类型的不同可以划分为三类:第一类是直接测量相邻翼面之间的位移信号,通过对比左、右两侧倾斜传感器检测到相邻翼面之间距离的变化量来确定翼面倾斜故障,例如 LVDT 式倾斜传感;第二类反馈翼面驱动摇臂的角度信号,通过对比对称位置处驱动摇臂角度的变化来检测翼面倾斜状态,例如连杆式倾斜传感器;第三类反馈开关状态信号,即翼面倾斜变形后触发接近传感器等反馈开关状态信号,例如钢索式倾斜传感器和襟翼交联机构式倾斜传感器。

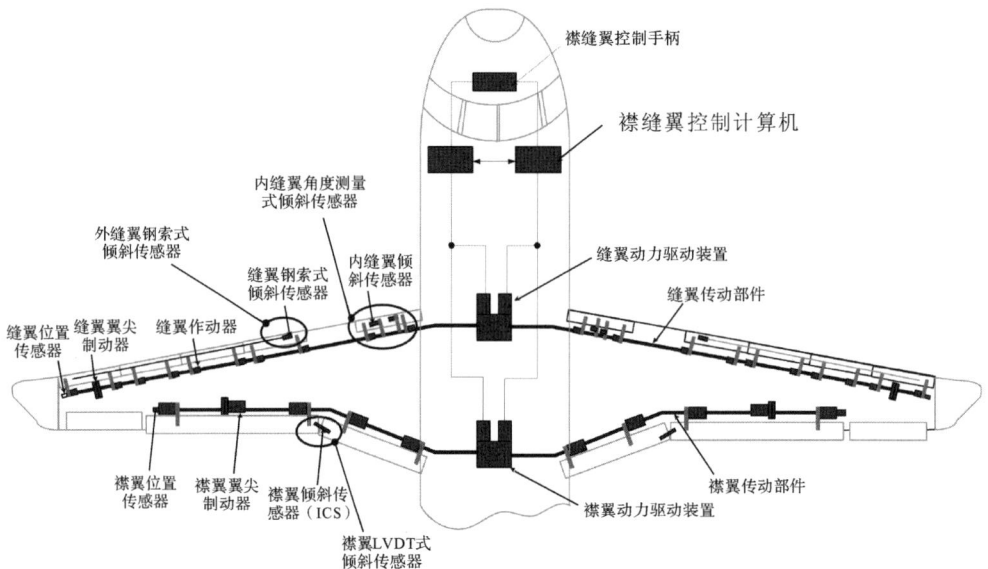

图 9-8 高升力倾斜传感器安装位置

9.3.1 功能定义

襟缝翼倾斜传感器通过直接或间接测量襟缝翼位置,或者襟缝翼翼面的倾斜状态以实现对襟缝翼倾斜故障监控。为实现襟缝翼位置测量,襟缝翼倾斜传感器应首先保证能够满足襟缝翼倾斜测量范围要求;为提高飞机安全性,当襟翼发生倾斜时,还要求襟缝翼倾斜传感器能提供机械限位和缓冲吸能功能,在襟翼倾斜时可靠连接内外襟翼,防止襟翼倾斜超限。

9.3.2　主要性能要求

襟缝翼倾斜传感器的主要性能要求包括测量范围、精度、供电电压、零位电压、绝缘电阻等。

1）测量范围。襟缝翼倾斜传感器的测量范围随传感器类型及测量对象的不同而不同。对于连杆式倾斜传感器，一般情况下 RVDT 的测量范围为 $-30°\sim+30°$，正余弦旋转变压器的测量范围为 $0°\sim360°$；钢索式倾斜传感器的测量范围为一段有效距离，翼面正常工作未超过该距离范围则传感器输出"地"信号，当翼面发生倾斜且超出该距离范围则传感器输出"开"信号；襟翼交联机构与钢索式倾斜传感器类似，在襟翼正常工作情况下襟翼交联机构输出"地"信号，当襟翼发生倾斜故障时，襟翼交联机构输出"开"信号。

2）精度。倾斜传感器的精度随传感器类型而不同。一般情况下 RVDT 传感器或正余弦旋转变压器的精度一般不大于 $18'$；钢索式倾斜传感器的精度和襟翼交联机构通常采用接近式传感器，其精度一般不超过 ±0.6 mm。

3）供电电压。供电电压随倾斜传感器类型而不同。RVDT 传感器和正余弦旋转变压器通常采用 7 V、1 800 Hz 电源供电，由解调芯片或单独的电路模块实现；钢索式倾斜传感器和襟翼交联机构一般使用接近传感器，该传感器通常采用 15 V DC 供电。

4）零位电压。一般情况下，采用 RVDT 和正余弦式传感器的襟缝翼倾斜传感器零位电压不大于 20 mV。采用接近传感器的襟缝翼倾斜传感器不涉及零位电压。

5）通道不一致性。通道不一致性是指传感器全量程范围内，各测试点上通道测试角度差的最大值。采用 RVDT 和正余弦式位置传感器的襟缝翼倾斜传感器通道不一致性一般不大于 $30'$。钢索式倾斜传感器和襟翼交联机构所使用的接近式传感器通道不一致性一般不大于 1 mm。

6）绝缘电阻。传感器在标准试验条件下，各绕组之间和绕组与壳体之间的绝缘电阻值应不小于 100 MΩ，在低温条件下不低于 50 MΩ，在高温条件下不低于 10 MΩ，在湿热试验后应不小于 50 MΩ，或应符合专用规范的规定。

9.3.3　组成及工作原理

襟缝翼倾斜传感器通常为机械单余度、电气双余度设计，根据安装形式的不同，大体分为钢索式倾斜传感器、连杆式倾斜传感器和襟翼交联机构等。以下将介绍各种倾斜传感器的组成和工作原理等。

9.3.3.1　钢索式倾斜传感器

钢索式倾斜传感器主要用于多块连续缝翼翼面的倾斜检测，钢索式倾斜传感器主要包括倾斜探测机构和钢索组件。其中倾斜探测机构包含接近传感器、弹性缓冲机构及磁靶组件等，钢索组件包括耐磨套组件、松紧组件、钢索及接头组件。钢索式倾斜传感器如图 9 - 9 所示。

通常，钢索式倾斜传感器安装在外缝翼，一端安装在最外侧缝翼，另一端通过钢索贯穿多块外缝翼，钢索式倾斜传感器的钢索组件贯穿于多块缝翼翼面，并通过安装在每块缝翼翼面的耐磨套组件为钢索沿机翼方向的布置进行导向，钢索式倾斜传感器在缝翼的布置如图

9-10 所示。

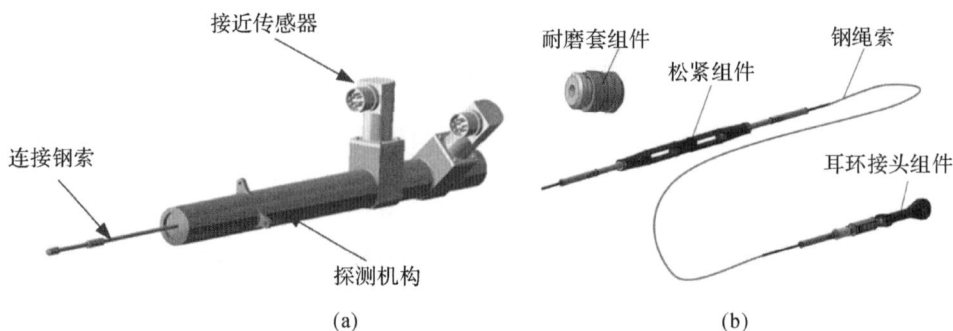

图 9-9 钢索式倾斜传感器

（a）倾斜探测机构；（b）钢索组件

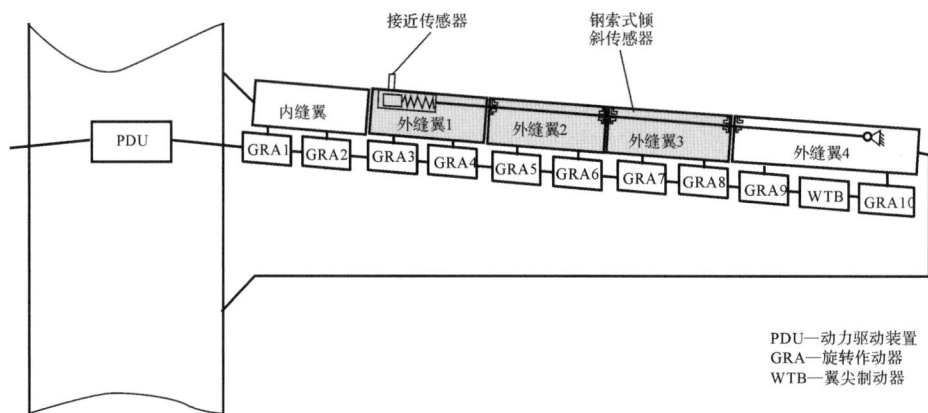

PDU—动力驱动装置
GRA—旋转作动器
WTB—翼尖制动器

图 9-10 钢索式倾斜传感器处于正常状态

正常情况下，所有缝翼翼面同步收起或放下时，钢索式倾斜传感器中的接近传感器始终处于"地"信号有效。当外缝翼中任意一个翼面不能与其他 3 个翼面同步收放，发生倾斜变形时，将导致钢索被拉长，从而引起探测机构内部的靶标位置发生变化，进而引起接近式传感器状态改变，FSECU 监测到钢索式倾斜传感器中的接近传感器状态由"地"信号变为"开"信号时，判定缝翼发生倾斜故障，此时 FSECU 控制系统执行紧急制动，将缝翼把持在当前故障位置，并上报"缝翼倾斜"故障告警信息。高升力系统发生外缝翼倾斜故障的状态如图 9-11 所示。

一个钢索式倾斜传感器可以同时实现对多块相邻缝翼翼面的倾斜监测，具有使用简单、可靠性高、维护便捷的特点，因此广泛应用于大型运输机的高升力系统。例如 B787 及 C919 等飞机的前缘缝翼系统均使用了钢索式倾斜传感器。

9.3.3.2 连杆式倾斜传感器

连杆式倾斜传感器一般用于襟翼倾斜检测。连杆式倾斜传感器一般由连杆机构和双通道的传感器组件组成，连杆机构可以实现对翼面偏转角度的放大，传感器组件一般选用两余度的角位移传感器，如图 9-12 所示。

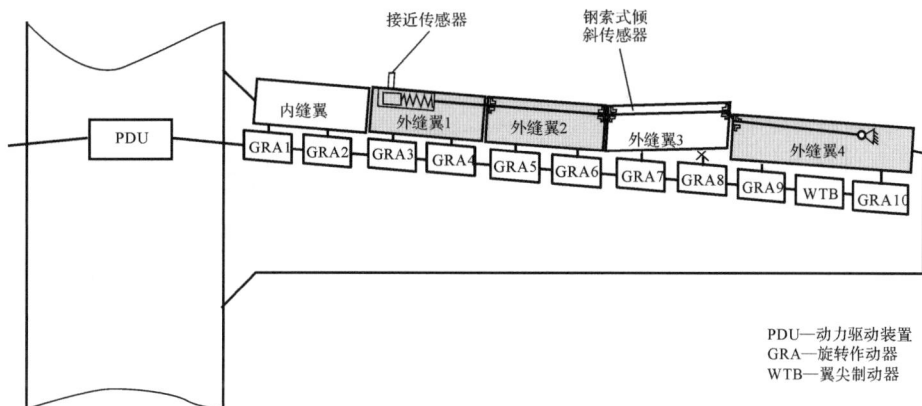

图 9 - 11　钢索式倾斜传感器处于倾斜状态

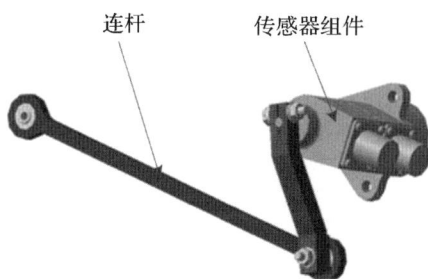

图 9 - 12　连杆式倾斜传感器

　　一般情况下,连杆式倾斜传感器的传感器壳体固定在襟翼驱动站位处的结构上,连杆机构的一端连接翼面或者驱动翼面的摇臂,另一端连接传感器组件的输入轴。FSECU 通过对比同一块翼面内外侧或者对称位置处倾斜传感器反馈的角度差值的变化量,来判断翼面是否发生倾斜故障,当一个翼面的两个作动装置同步收起或放下时,襟翼处于正常运动状态,如图 9 - 13 所示。

　　当任意一个作动器与翼面断开连接或作动器内部脱开而不能驱动翼面运动,将会引起该翼面内侧和外侧倾斜传感器反馈的角度差发生显著变化,当角度差值超过设置的倾斜监控门限,FSECU 将监控到系统倾斜故障,此时 FSECU 控制系统紧急停止,并将系统把持在当前故障位置。当一个作动器与翼面断开连接或作动器内部脱开后将导致襟翼发生倾斜,高升力系统发生襟翼倾斜故障的状态如图 9 - 14 所示。

　　例如,B787 飞机高升力系统有 8 个连杆式襟翼倾斜传感器,每块襟翼有 2 个倾斜传感器,每个传感器有 2 个独立的通道。连杆式倾斜传感器连杆机构的一端连接到固定的机翼结构上,另一端通过铰链机构连接到传感器输入轴。每个驱动站位处的倾斜传感器通过连杆机构将襟翼运动角度反馈给 FESCU,FSECU 通过比较左右对称位置处两个倾斜传感器测量的襟翼角度差值来判断襟翼是否处于倾斜状态,当襟翼倾斜传感器测量的襟翼角度差值超过设定的门限,FSECU 将发出紧急制动指令,并将襟翼把持在当前故障位置,防止故障进一步蔓延。B787 飞机襟翼倾斜监测系统如图 9 - 15 所示。

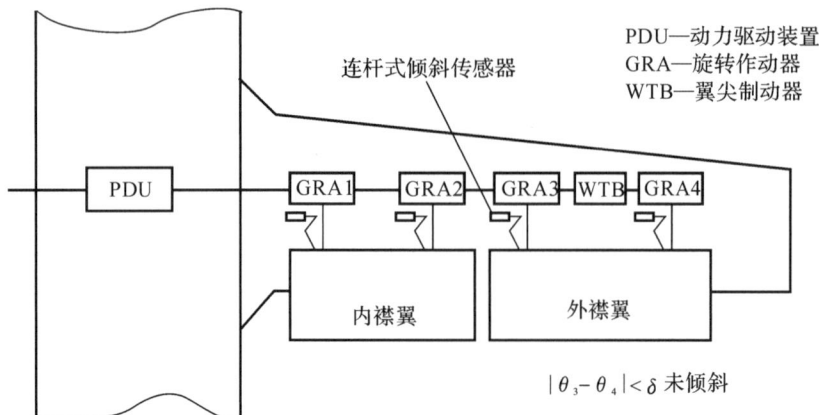

图 9-13 连杆式倾斜传感器处于正常状态

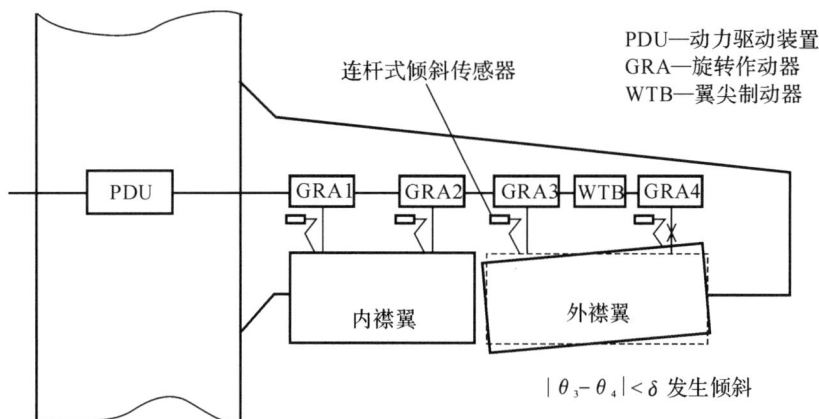

图 9-14 连杆式倾斜传感器处于倾斜状态

　　连杆式倾斜传感器一般适用于前缘内缝翼的克鲁格襟翼,或者后缘襟翼每个作动站位处,由于连杆机构结构简单,且使用非接触式的 RVDT 或正余弦式的角位移传感器,所以连杆式倾斜传感器具有可靠性高、精度高等优点,缺点就是对安装空间要求相对较高。

9.3.3.3 襟翼交联机构

　　襟翼交联机构一般安装在内襟翼与外襟翼之间,一端连接内襟翼而另一端连接外襟翼。襟翼交联机构中集成有接近式传感器,通过监测襟翼运动过程中内襟翼与外襟翼之间的相对位置来判断襟翼是否发生倾斜故障。

　　当所有襟翼作动装置均正常工作,内襟翼和外襟翼同步收起或放下时,襟翼交联机构中的接近传感器始终处于"地"信号有效,襟翼系统处于正常状态,如图 9-16 所示。

　　当内襟翼和外襟翼中任意一个作动装置与襟翼断开连接,会引起内襟翼和外襟翼之间相对位置发生变化,从而使襟翼交联机构中的接近传感器状态由"地"信号变为"开"信号,则 FSECU 判定系统发生倾斜故障,FSECU 控制系统紧急停止,并将系统把持在当前故障位置。此时,襟翼交联机构将会在内、外襟翼之间起连接作用,防止襟翼倾斜超限,提高飞机安全性。高升力系统发生襟翼倾斜故障的状态如图 9 - 17 所示。

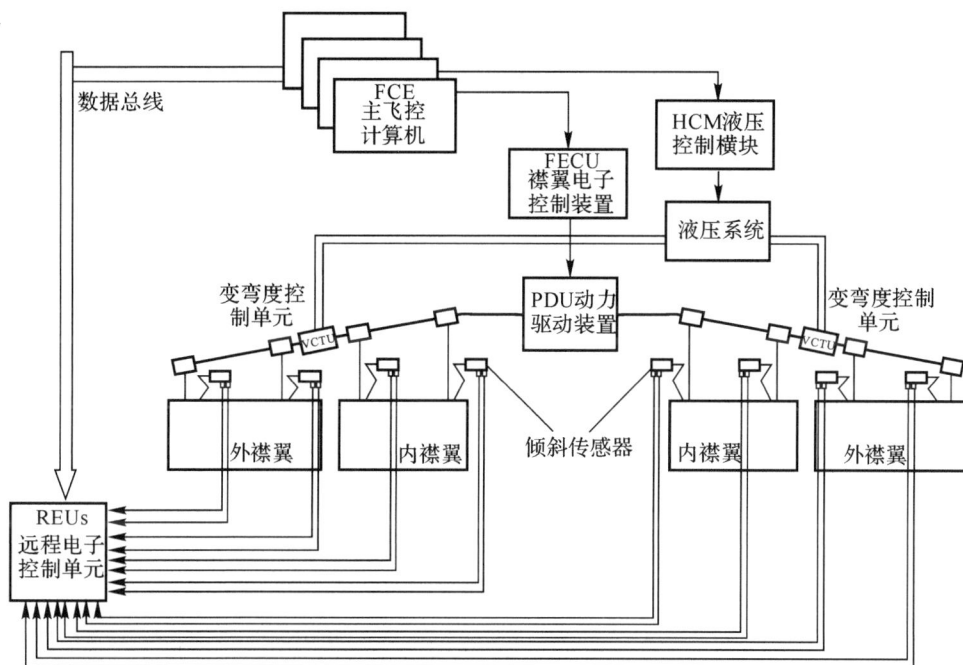

图 9 - 15　B787 飞机襟翼倾斜监控系统

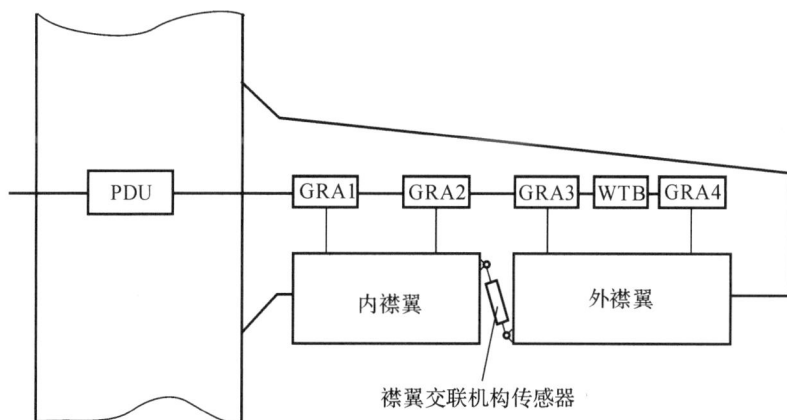

图 9 - 16　襟翼交联机构传感器正常状态

　　空客 A320、A340 及 A380 飞机的襟翼系统均采用襟翼交联机构进行翼面倾斜故障监测。以 A380 飞机为例,后缘每两块襟翼间就装有一个襟翼交联机构,如图 9 - 18 所示。

　　襟翼交联机构一般安装于高升力系统后缘襟翼的内、外襟翼之间,其除了具有襟翼倾斜状态检测功能之外,还能够在襟翼发生倾斜故障时连接内、外襟翼,防止襟翼倾斜超限,提高飞机安全性,但是增加襟翼交联机构之后,对于后缘襟翼的载荷分析将变得更加复杂。

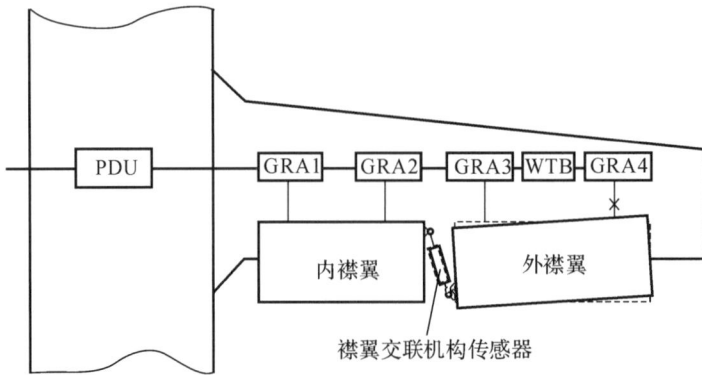

图 9-17 襟翼交联机构传感器倾斜状态

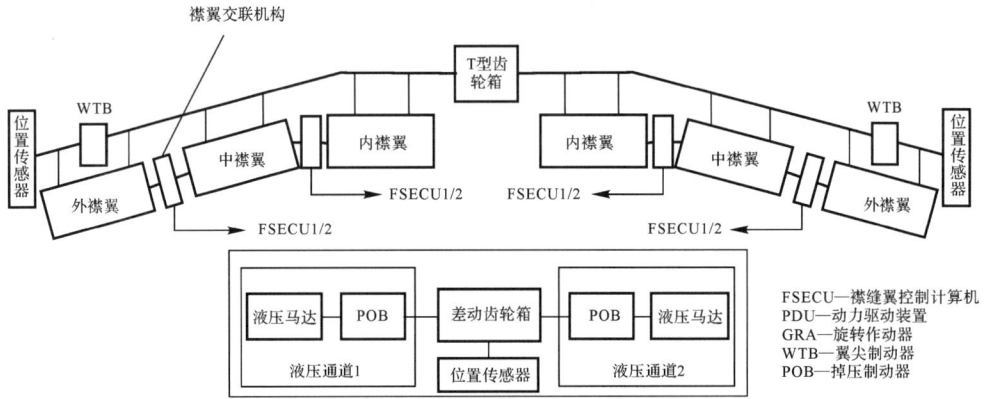

图 9-18 A380 飞机襟翼倾斜监测系统

9.4 人机接口指令传感器

高升力系统中襟缝翼操纵手柄作为人机接口指令传感器,安装在驾驶舱中央操控台上左、右驾驶员都能操纵的位置,FSCL 在飞机上的安装位置如图 9-19 所示。

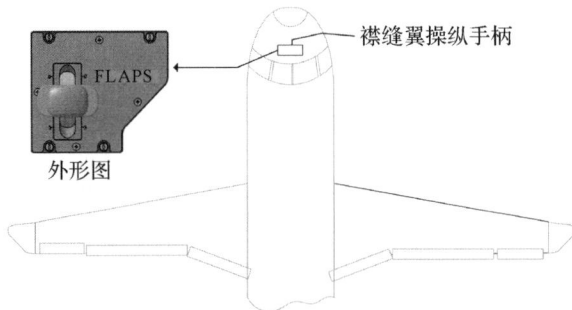

图 9-19 高升力指令传感器安装位置

在高升力系统中,FSCL 作为飞行员与高升力控制系统的人机接口,实现了将飞行员的操纵指令转换为 FSECU 可以识别的电信号,当飞行员操纵 FSCL 时,手柄将会绕一个定轴旋转,通过齿轮减速机构带动 FSCL 中的角度传感器,从而实现将不同的襟缝翼挡位转换为 FSECU 可以识别的电信号。由于受到操作空间限制,FSCL 的操纵角度通常不超过 60°,所以一般可以使用电位器传感器和 RVDT 传感器,其中 RVDT 成本相对较高,考虑经济性更多地选择电位器传感器。

电位器传感器和 RVDT 传感器已在前面章节详细介绍,此外,有关 FSCL 的详细说明将在第 10 章进行介绍。

9.5　传感器发展趋势

高升力系统襟缝翼位置传感器考虑可靠性、寿命和抗干扰等因素,从最初的电位器式位置传感器,发展为精度更高、可靠性更好、位置检测范围更大的正余弦传感器(一般范围为 0°～360°)。此外,为了提高飞机安全性,高升力系统从最初没有倾斜监测功能,逐渐发展到具有襟缝翼倾斜状态监测及保护功能。后续为进一步提升高升力系统的安全性,高升力系统将基于现有的传感器或增加传感器进行系统监控。

光位移传感器与传统的电磁式传感器相比,首先大幅度改善了位移传感器的抗干扰性能,其次进一步小型化和轻量化,更易于与其他零部件配套。此外,现代飞机性能不断提高、电子设备日趋复杂、飞机的大型化和采用余度技术等,必然导致线缆增加、线路布局复杂,增加了线路间的干扰等,使系统不能正常工作,使得当前采用电磁屏蔽套的防护措施不可能完全防御电磁干扰,却导致飞机重量增加。未来飞机大量使用复合材料代替铝合金蒙皮材料,将在很大程度上减弱甚至消除对机外的电磁屏蔽作用。因此,以光纤总线和多节点直接光信号传输技术为主的光传飞行控制系统成为发展的必然,它可以有效地防御电磁干扰和电磁脉冲影响,提高高升力系统的可靠性和生存性。

参 考 文 献

[1] Boeing. B777 Aircraft Maintenance Manual[M]. Chicago:Boeing Company,2004.
[2] GAO Y K, AN G, ZHI C Y. Flight test of the flight control system[M]//Test Techniques for Flight Control Systems of Large Transport Aircraft. Amsterdam:Elsevier, 2021:595-630.
[3] Anon. Aviation maintenance technician (151A) training: making a maintenance expert[J]. Army Aviation,2020(4/5):69.
[4] 吴建平. 传感器原理及应用[M]. 北京:机械工业出版社,2009.
[5] 胡向东,李锐,徐洋,等. 传感器与检测技术[M]. 3 版. 北京:机械工业出版社,2018.
[6] 弗雷登,宋萍. 现代传感器手册:原理、设计及应用[M]. 北京:机械工业出版社,2019.

[7] 德席尔瓦,詹惠琴.传感器系统:基础及应用[M].北京:机械工业出版社,2019.

[8] 陈隆昌,阎治安,刘新正.控制电机[M].3版.西安电子科技大学出版社,2000.

[9] 朱建设.民机传感器系统[M].上海:上海交通大学出版社,2015.

[10] 张汝麟,宋科璞.民机飞行控制技术系列:现代飞机飞行控制系统工程[M].上海:上海交通大学出版社,2015.

[11] 石鹏飞,张航,陈洁.先进民机飞控系统安全性设计考虑[J].航空科学技术,2019,30(12):52-58.

[12] 谢剑,黄帅.基于安全性分析的民用飞机襟翼倾斜设计[J].机械设计与制造工程,2017,46(5):82-86.

第 10 章　座舱显控分系统

10.1　概　　述

高升力系统座舱显控分系统是基于飞机机上空间布局结构划分的。飞机驾驶舱人机界面就是飞行员与飞机进行信息交换并产生互动行为的主要载体[1]。高升力座舱显控系统（见图 10-1）实时显示高升力系统缝翼、襟翼位置以及系统状态等信息，实现飞行员和飞机的信息人机交互（见图 10-2）。

飞行员的操纵动作（如扳动襟缝翼操纵手柄）通过襟缝翼操纵手柄被转化为高升力控制系统可识别的电信号指令，襟缝翼控制器接收到电信号指令，将指令转换为缝翼和襟翼位置构型，控制缝翼系统和襟翼系统运动到指定的位置，使飞机获得飞行员期望的升力/阻力。

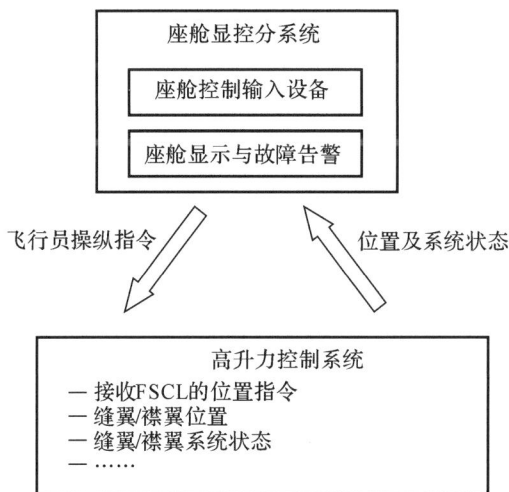

图 10-1　座舱显控分系统示意图

座舱显控分系统（见图 10-3）包括座舱控制输入设备和座舱显示与故障告警两部分。其中座舱控制输入设备主要是指用于飞行员操纵的襟缝翼操纵手柄或超控开关，用于襟缝翼控制指令的输入；座舱显示与故障告警部分是指航电系统的智能显示器，比如 MFD、EICAS、故障告警灯等，可用于系统状态的显示、系统故障的告警和系统维护。

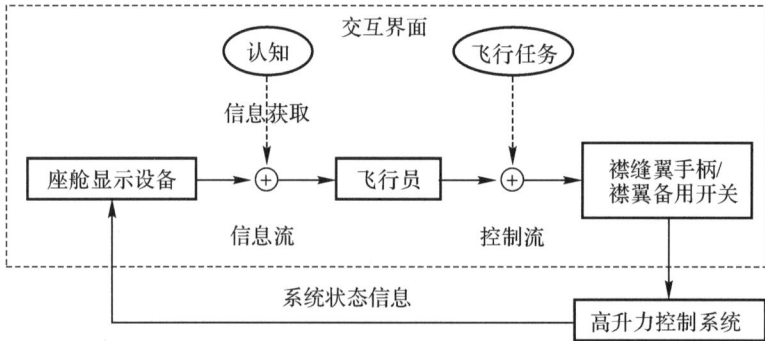

图 10 - 2　驾驶舱人机交互系统结构[2]

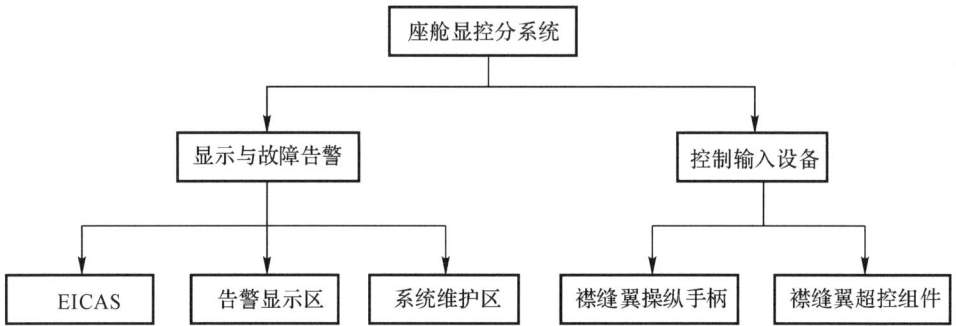

图 10 - 3　座舱显控分系统组成

高升力系统与座舱显控分系统的交联关系如图 10 - 4 所示。座舱显控分系统中的襟缝翼操纵手柄和襟缝翼超控组件通过与高升力控制计算机或者作动器控制器交联,进行控制指令的输入;高升力控制系统通过计算机与航电系统的数据集中器和告警计算机交联,用于实现智能显示器上的高升力系统的状态显示、故障告警。

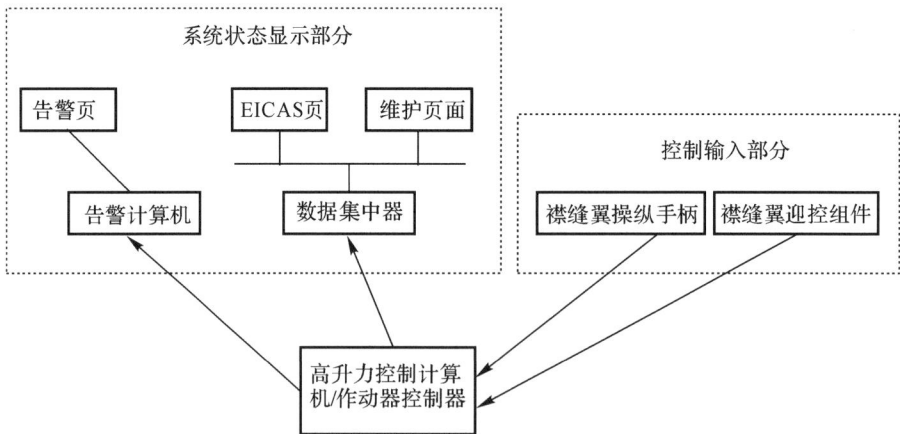

图 10 - 4　高升力系统与座舱显控分系统交联图

10.2　座舱显示与故障告警

10.2.1　襟缝翼信息 EICAS 显示

高升力系统发送襟缝翼位置信息给航电系统,用于在 EICAS 上显示手柄位置、襟缝翼位置及系统工作模态等信息,具体如图 10-5 所示。

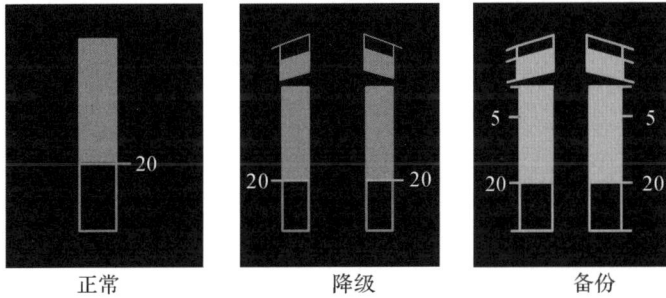

图 10-5　襟缝翼位置指示图

当所有襟缝翼都工作在正常模态时,襟缝翼位置以正常模态显示。正常模态下,襟缝翼合并指示。

当襟翼或者缝翼进入降级模态时,襟缝翼位置以降级模态显示。降级模态下,左、右襟缝翼分开显示,用来向飞行员提供更多信息。

当按压襟缝翼超控预位开关时,襟缝翼以备份模态显示。备份模态与降级模态显示方式类似,区别在于备份模态下没有手柄位置信息。

当高升力系统发生故障时,可通过改变襟缝翼位置显示条和填充的颜色来辅助提示飞行员。

如果襟翼发生载荷释放情况,在襟缝翼位置显示条右侧显示 LORD RELIEF(载荷释放)的信息,具体见图 10-6。

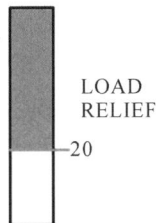

图 10-6　襟翼载荷释放指示图

10.2.2　襟缝翼故障告警显示

高升力控制分系统需要进行综合告警的信息分为三类:飞行和任务状态告警信息、起飞构型告警信息,以及系统故障、异常和关键状态告警信息,具体见表 10-1。表中的告警信息可以按照需求合并和分离,例如 B777 飞机中舵面倾斜、不对称和舵面卡滞全部综合在驱动故障中,告警"FLAP/SLAT DRIVE"。

高升力系统的告警信息在智能显示器的告警信息显示区域进行显示,并根据告警等级以不同颜色的字符显示,同时通过灯光告警和语音告警方式给驾驶员提示。

表 10-1　高升力系统告警信息

类型	告警原因	告警内容	告警级别
构型类	其他起飞条件满足时,襟缝翼未在起飞位置,触发起飞构型告警	构型 襟缝翼	警戒
	在襟缝翼未放至着陆位时,放出起落架	构型 起落架	警戒
飞行状态类	飞机速度大于当前襟缝翼构型对应的最大速度	超速 襟缝翼	警戒
	非着陆构型近地	太低 襟翼	警戒
系统故障类	左、右襟翼/缝翼不对称超过门限	襟翼/缝翼不对称	提示
	同侧襟翼/缝翼倾斜超过门限	襟翼/缝翼倾斜	提示
	无指令舵面运动或者不按指令方向运动或者系统对指令输入没有反应	襟缝翼非指令	提示
	系统闭环控制通道全部失效	襟缝翼控制失效	提示
	襟翼线系卡滞,或者襟翼驱动部分全部故障	襟翼驱动	提示
	缝翼线系卡滞,或者缝翼驱动部分全部故障	缝翼驱动	提示
	襟翼或缝翼转入降级模态	襟缝翼半速	信息
	单个控制通道失效	襟缝翼控制1或2失效	信息

10.2.3　高升力维护

高升力系统的维护功能分为系统测试、配置信息管理和状态信息监控,通过中央维护系统和智能显示器上的维护页面实现。

系统测试包括系统的 BIT 启动、BIT 结果显示、换件测试等,用于对系统状态进行检测,系统的故障和维护信息应当通过维护页显示给维修人员。

配置信息管理包括硬件版本信息和软件版本信息的管理,通过对高升力系统设备的配置信息进行综合分析,实现技术状态、设备匹配性等管理。

状态信息监控是指高升力系统将系统重要状态信息记录到中央维护的状态监控信息中,通过综合分析,用于辅助排故和健康管理。

10.3　座舱控制输入设备

10.3.1　襟缝翼操纵手柄

1. 功能定义

襟缝翼操纵手柄(FSCL)作为飞行员与飞机高升力系统的人机交互接口,其主要功能是将飞行员操纵手柄的机械运动转化为 FSECU 可以识别的电信号,FSECU 根据 FSCL 的缝翼/襟翼位置指令信号和缝翼/襟翼的实际位置,生成缝翼/襟翼位置控制指令信号,进而 FSECU 控制 PDU 实现缝翼/襟翼自动收起或放下到指令位置。高升力系统增加 FSCL 后,能够更为便捷地实现缝翼/襟翼的自动收放控制,极大地减轻了飞行员的负担。

高升力系统中,FSCL 应具备以下功能:

1)将飞行员的机械操作转化为电气信号的功能;

2)特定的挡位锁定/机械限位功能;

3)夜间/低亮度环境下挡位指示功能;

4)防止误操作功能;

5)系统正常(电气闭环)/超控(人工开环)模式切换功能(按需);

6)超控控制(人工开环)下电压信号接通/断开功能(按需)。

2.性能要求

襟缝翼操纵手柄属于机电产品,同时包含有机械结构和电子部件,因此,襟缝翼操纵手柄的性能要求包含有操作角度范围、提拉力、挡位机械精度、供电电压、阻抗特性、电气信号线性度、电气输出精度、操作面板亮度及色差等。结合高升力系统典型襟缝翼操纵手柄的结构特点及不同类型传感器的特点,FSCL 的主要性能指标要求如下:

1)操作角度范围一般要求为 $0°\sim60°$;

2)提拉力一般要求为 $15\sim25$ N;

3)推拉力一般要求为 $5\sim15$ N;

4)一般操作挡位要求具有多挡位设置,如 B777 飞机挡位设置有 UP、1、5、15、20、25、30 七个挡位;

5)挡位机械精度一般要求为 $\pm1.5°$;

6)一般具有昼夜设计要求。

3.适航要求

中国民用航空规章中适航标准(CCAR25 - R4)中对襟缝翼操纵手柄有专用要求,具体包括:

1)25.145 条"纵向操纵":操纵手柄的每一限定位置必须要用独立的和明显的动作才能通过,并且必须具有防止无意中移动操纵手柄通过限定位置的特性。操纵手柄的这种独立明显的运动必须在手柄到达分挡限定位置时才能进行。

2)25.405 条"次操纵系统":必须按一个驾驶员很可能施于这些操纵器件的最大作用力(见表 10 - 2)进行设计。

表 10 - 2　驾驶员操纵作用力限制值(次操纵器件)

操纵器件	驾驶员限制作用力
各类曲柄、盘或手柄	$\left(\dfrac{0.025\,4+R}{0.076\,2}\right)\times222$ N[R 为半径,m(in)] 公制:$\left(\dfrac{0.025\,4+R}{0.076\,2}\right)\times22.7$ kg;英制:$\left(\dfrac{1+R}{3}\right)\times50$ lb 不小于 222 N(22.7 kg,即 50 lb),不大于 667 N(68 kg,即 150 lb) (适用于操纵平面 $20°$ 以内的任何角度)

3)25.685 条"操纵系统的细节设计":操纵系统每个细节的设计和安装必须能防止因货物、乘员、松散物或水汽凝冻引起的卡阻、摩擦和干扰;驾驶舱内必须有措施在外来物可能卡住操纵系统的部位防止其进入。

4)25.777 条"驾驶舱操纵器件":驾驶舱操纵器件的运动方向必须符合 25.779 条的规定,操纵手柄必须设计成 25.781 条规定的形状。

5)25.779 条"驾驶舱操纵器件的动作和效果":襟翼操纵器件的动作和效果应为,向前使襟翼收起,向后使襟翼放下。

6)25.781 条"驾驶舱操纵手柄形状":驾驶舱操纵手柄必须符合图 10-7 中的一般形状(但无需符合其精确大小和特定比例)。

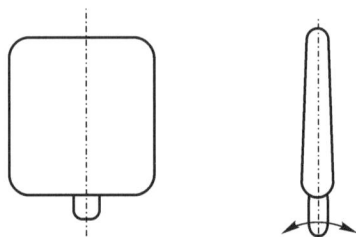

图 10-7　驾驶舱操纵手柄形状

4. 手柄组成

为了实现预期功能,襟缝翼操纵手柄通常由机械组件和电气组件两大部分组成。机械组件主要有安装面板、提放机构、定位机构、齿轮减速机构、增阻机构等。电气组件主要有传感器、导光板和电连接器等。

以下为典型飞机高升力系统的襟缝翼操纵手柄(见图 10-8)应用实例。

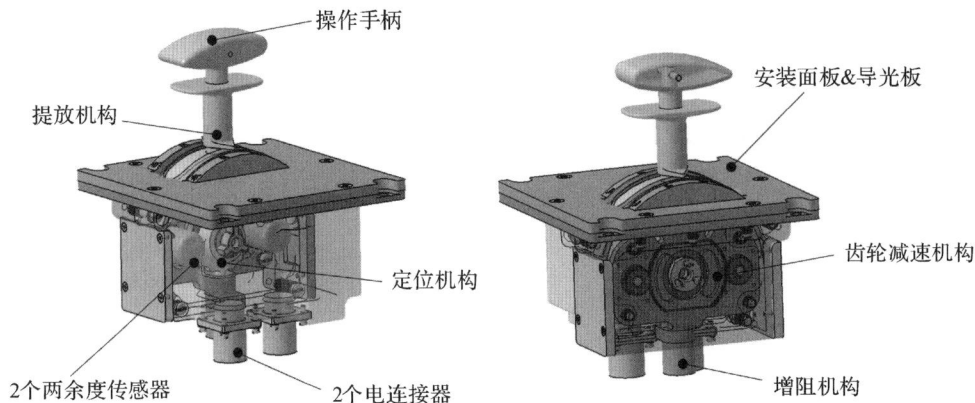

图 10-8　典型飞机襟缝翼操纵手柄模型

在驾驶员扳动手柄至指定位置(如 UP、1、5、15、20、25、30)时,手柄操作杆偏转至对应的角度,通过齿轮减速机构带动传感器工作,将机械信号转换为电信号指令传递给高升力系统,控制襟缝翼收放。襟缝翼操纵手柄原理图如图 10-9 所示。

图 10-9　典型飞机襟缝翼操纵手柄原理图

安装面板主要实现与驾驶舱中央操纵台的集成安装,襟翼手柄一般安装于油门杆之后[1],因此与中央操纵台的布局紧密相关,同时综合考虑飞机在不同飞行阶段的襟缝翼不同收放位置要求,安装面板会有多种样式,图 10-10 为不同机型的安装面板形式。同时,为了适应驾驶舱夜间或亮度较低的使用环境,襟翼操纵手柄常配备有导光面板,导光板直接安装在手柄操作面板上,其形状基本与安装面板的形状相同。导光板的配置实现了产品在夜视情况下的挡位指示功能,亮度调节通常由机上调光系统统一控制。

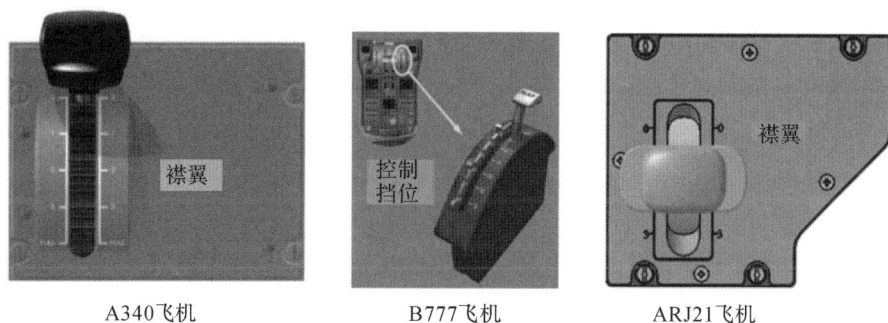

图 10-10　不同飞机襟缝翼操纵手柄安装面板图

为了给驾驶员提供一定的操纵力感觉,襟缝翼操纵手柄中设置有提放机构和增阻机构(见图 10-11)。当手柄从一个位置向另外一个位置转换时,驾驶员需要克服弹簧的弹力进行提放动作,随后前后扳动手柄,实现挡位切换时需要克服摩擦机构的摩擦力,手柄到位后增阻机构中的复位弹簧和钢球给驾驶员提供一定的复位感觉。操纵手柄的每一限定挡位位置必须要用独立和明显的动作才能通过,并且必须具有防止无意中移动操纵手柄通过限定位置的特性。操纵手柄的这种独立、明显的运动必须在手柄到达分挡限定位置时才能进行。上述三套机构既提高了不同襟缝翼挡位控制信号的稳定性,有效避免驾驶员的误操作,同时也使得驾驶员有了更好的人机交互效果。

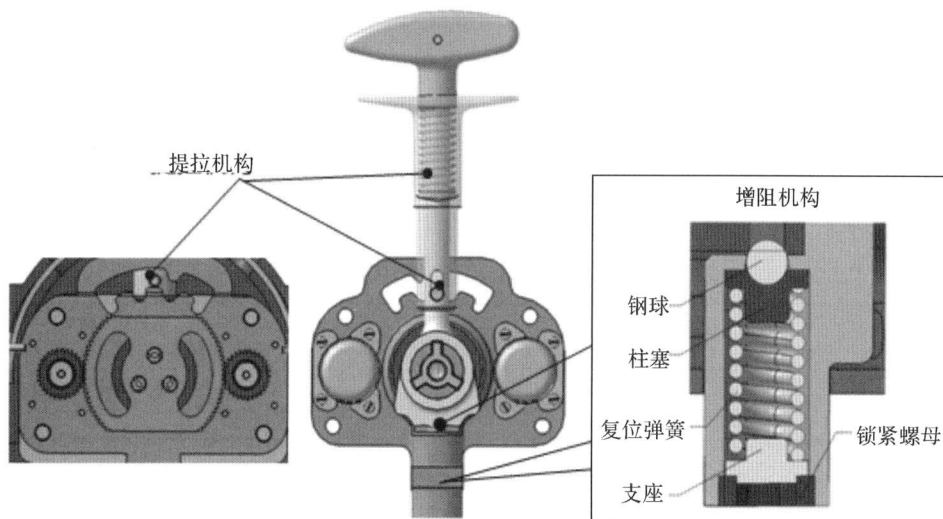

图 10-11　典型飞机襟缝翼操纵手柄提拉结构图

传感器组件与减速机构结合,实现手柄机械偏移量与电压的转化。襟缝翼操纵手柄通常采用电位计式传感器、RVDT 式传感器或 Resolver 式传感器。电位计式的传感器结构简单,一般要求直流供电,输出信号也是直流线性的,价格也最为便宜,但使用寿命相对受限。RVDT 和 Resolver 的结构相对复杂一些,且供电要求一般为交流供电,输出信号为正余弦交流信号,经济性方面稍有劣势,但信号的稳定性和寿命是其优势所在。

同时,为了提高手柄指令信号的可靠性,降低错误指令信号引发的襟缝翼非指令运动故障发生率,通常对指令信号进行余度设计,措施主要为配置两套传感器及传感器两余度信号设置。

5.交联关系

(1)外部交联关系。

襟缝翼操纵手柄安装在驾驶舱中央操纵台面板上,因此,其机械安装接口应适应驾驶舱操纵面板的整体布局,选用的紧固件尽量简单且便于拆卸维护和检查,同时操纵手柄的前后运动范围不能影响附近的其他操纵器件。

典型飞机的襟缝翼操纵手柄通常采用螺钉/快卸锁扣进行安装。常用快卸锁扣的模型如图 10-12 所示,安装及拆卸时仅需旋转 90°即可实现紧固件的拆装及产品的维护。

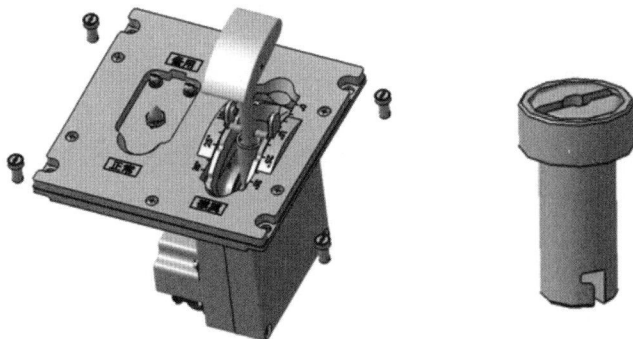

图 10-12 典型襟缝翼操纵手柄安装示意及紧固件示意图

同时,襟缝翼操纵手柄导光面板通常由机上调光系统进行统一供电,机上调光系统采用 28 V 脉宽调制 PWM 调光技术实现驾驶舱统一光线亮度调整。导光板与供电系统的接口定义见表 10-3。

表 10-3 导光板与供电系统的接口定义

序号	名称	信号特性	说明
1	PWM 电源-	28 V	PWM 电源
2	PWM 电源+	28 V	

(2)内部交联关系。

襟缝翼操纵手柄(FSCL)的内部交联主要是与高升力系统襟缝翼控制计算机(FSECU)之间的电气交联,通常而言,FSCL 会发出至少两余度的信号,每个余度信号会进入 FSECU

的不同通道,典型飞机中常用四余度信号,且两两进入不同 FSECU 的不同通道中。

　　襟缝翼操纵手柄中传感器的供电及信号反馈通常由襟缝翼控制计算机实现,且为了避免共模故障源,余度信号采用不同电连接器实现物理隔离。电连接器根据不同的使用环境及针脚需求采用不同的类型。典型的电气交联示意图如图 10 - 13 所示。

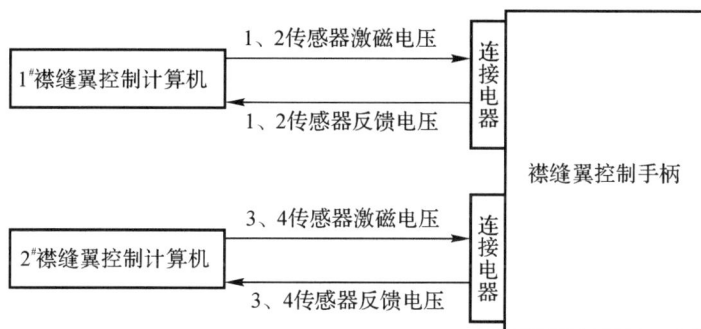

图 10 - 13　典型襟缝翼操纵手柄电气交联示意图

10.3.2　襟缝翼控制超控开关

　　由于襟缝翼的功能丧失在某些飞行阶段会影响飞行安全,因此,为了提高襟缝翼系统可用性,在国内外很多飞机上设置了襟缝翼超控收放开关(也称超控开关,用于人工收起或放下襟缝翼)。空客系列飞机无襟缝翼控制超控开关,而波音系列飞机都设置有襟缝翼控制超控开关。对于波音系列飞机,通常情况下,飞行员操作襟缝翼操纵手柄,闭环控制襟缝翼收放运动。当襟缝翼操纵手柄故障或襟缝翼控制计算机故障时,飞行员通过操作襟缝翼超控开关开环控制襟缝翼的收放。襟缝翼操纵手柄和超控开关间架构关系示意图如图 10 - 14 所示。

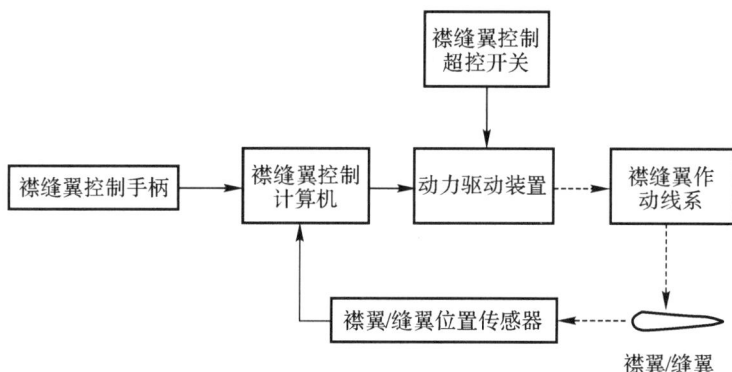

图 10 - 14　襟缝翼操纵手柄和超控开关间架构关系示意图

1. 结构组成

结合超控收放开关的使用必要性,襟缝翼操纵手柄集成了超控模式激活开关(也称正常/备用模式切换开关）。个别机型也有单独配置超控开关的情况，如图 10－15 所示。

模式切换开关通常分为拨动式和按压式。拨动式常为双刀双掷开关，将两余度信号发送给交联设备（如襟缝翼控制计算机），用于软件程序中模式选择及硬件电路切换等。按压式开关也称为双位开关（见图 10－16），含有公共端、常开端和常闭端，同时按压式开关还可以连接发光二极管，进行状态信号灯显示。

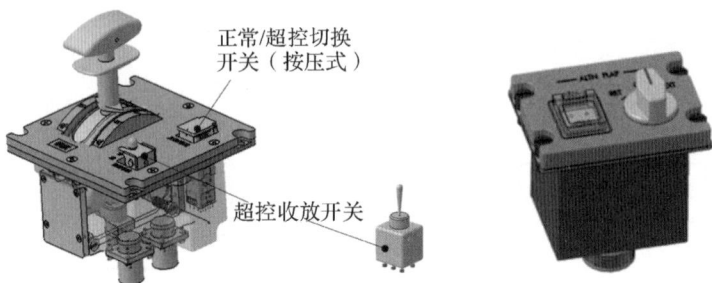

图 10－15　襟缝翼操纵手柄超控开关构型示意图

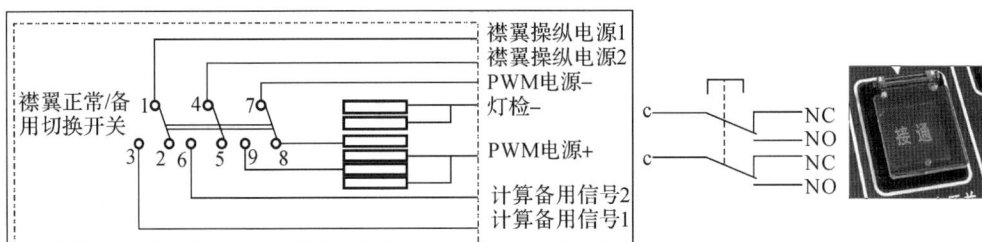

图 10－16　襟缝翼操纵手柄超控开关原理

2. 外部交联关系

襟缝翼操纵手柄中集成有超控收放开关和激活开关（也称正常/备用切换开关），激活开关接通机上电源，并发送至襟缝翼控制计算机（FSECU）中，以实现软件中模式选择和硬件中电路切换。典型的电气交联信号定义见表 10－4。

表 10－4　FSCL 激活开关及超控收放开关的接口定义

序号	信号名称	信号特性	说明
1	正常/超控公共端 1	一般为 28 V 供电	供电电源
2	正常/超控公共端 2	一般为 28 V 供电	供电电源
3	备用（电源）	一般为 28 V 供电	备用供电电源 1

3. 内部交联关系

襟缝翼操纵手柄中激活开关（也称正常/超控切换开关）的信号会发送至襟缝翼控制

计算机(FSECU)中,以实现软件中模式选择和硬件中电路切换。同时,某些飞机中超控人工收放襟翼控制信号也会经由襟缝翼控制计算机实现,典型的电气交联信号定义见表10-5。

表 10-5　FSCL 激活开关及超控收放开关的接口定义

序号	信号名称	信号特性	说明
1	正常/超控常闭端1	28 V/悬空	开关正常端
2	正常/超控公共端1	28 V	开关供电1
3	正常/超控常开端1	悬空/28 V	开关超控端
4	正常/超控常闭端2	28 V/悬空	开关正常端
5	正常/超控公共端2	28 V	开关供电2
6	正常/超控常开端2	悬空/28 V	开关超控端
7	超控(收)	悬空/28 V	超控收信号(接 FSECU)
8	备用1(电源)	28 V	备用供电
9	超控(放)	悬空/28 V	超控放信号(接 FSECU)
10	备用2(电源)	28 V	备用供电

参 考 文 献

[1] 徐海玉,张安,汤志荔,等.飞机驾驶舱人机界面综合评估[J].科学技术与工程,2012,12(4):940-943.

[2] 朱荟群.民机着陆阶段驾驶舱人机交互风险评估方法研究[D].南京:南京航空航天大学,2019.

[3] 金时彧.波音787系列飞机襟翼手柄等效安全研究[J].科技视界,2017(8):247.

第 11 章　高升力控制系统的设计与实现

11.1　概　　述

随着系统复杂度的提升,高升力控制系统的研发需要用到自动控制、电子、软件、机械、液压、通用质量特性等多种专业知识,特别是电子软硬件的开发模式与机电类产品开发模式存在较大差异,这就对系统的研发模式提出了新的要求。根据国内外企业的研发经验,对于系统层级以及复杂电子软硬件的开发,推荐使用基于模型的系统工程(MBSE)方法。机电部件设计可根据复杂度采用 MBSE 开发方法,也可以采用传统开发模式,MBSE 方法优先应用于系统层和高层级软件(应用软件)开发,可确保需求的完整性、正确性、唯一性、协调性和可验证性,确保系统架构设计与需求的符合性。MBSE 方法还可以避免在部件开发时由于顶层需求不完整导致的大迭代循环,造成周期、成本上的浪费;同时使工程设计阶段之前的开发活动通过 MBSE 方法实现快速更新、迭代,降低研发成本,快速提升系统层和电子软硬件的成熟度。对于机电部件的开发,从理论上也可以采用 MBSE 方法,但是机电部件的特性决定了在无深厚产品研发模型与数据积累的情况下,采取传统开发模式似乎更有优势,例如:作动部件的效率和动摩擦力矩相互耦合,受零部件加工质量、装配质量、润滑特性、使用环境温度、外载等影响,通过数学模型或者动力学模型很难模拟,同时为了提升零件加工的成熟度,需要进行从零件、部件到产品层级的试制、性能摸底(包括风险降低试验)。

不论高升力控制系统采用何种开发模式,其基本遵循"自顶向下的需求分解"和"自底向上的系统集成"这一"V"形正向开发模型,如图 11-1 所示。

本章主要对高升力控制系统设计过程和关键设计方法进行介绍,各个部件介绍见第 5~第 10 章,系统验证相关内容见第 12 章。

11.2　设计流程与设计内容

图 11-2 展示了高升力控制系统的顶层设计流程,包括需求捕获、需求确认、架构设计与评估、需求分配、设计综合。

11.2.1　系统需求捕获

典型的高升力控制系统需求见第 3 章,本节主要介绍高升力控制系统需求捕获的过程以及基本要求。

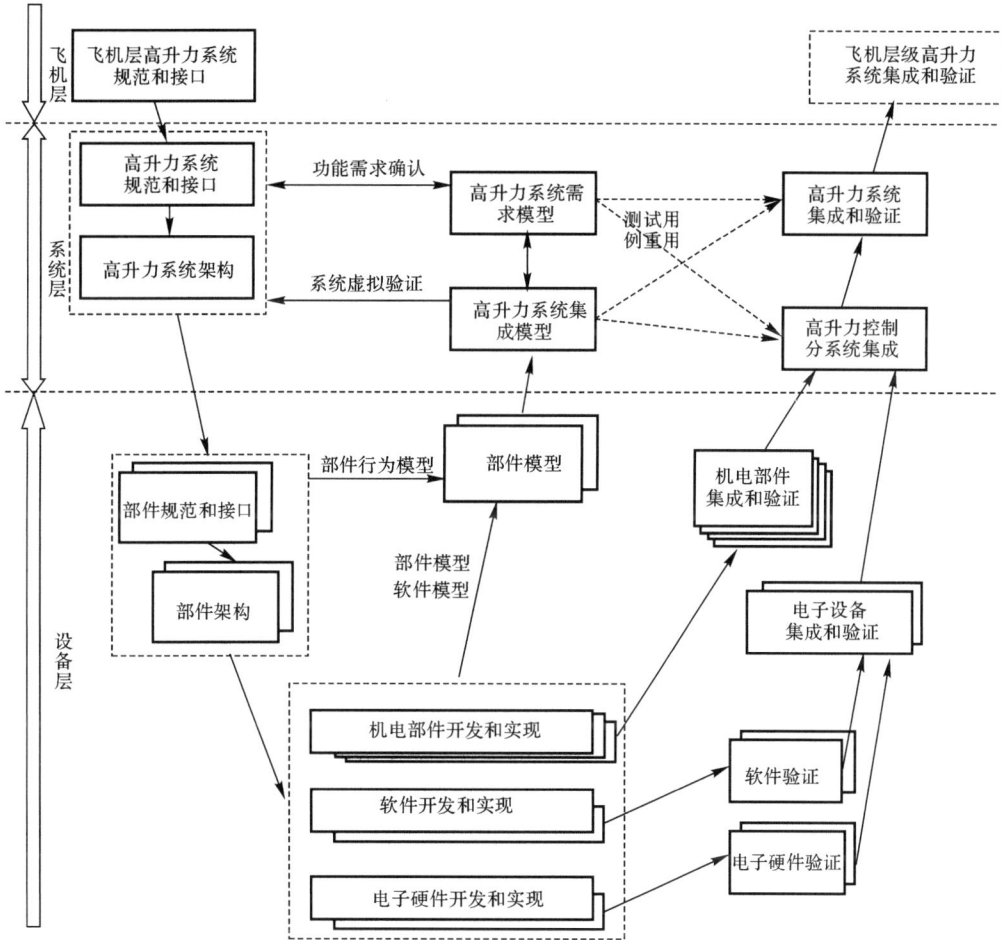

图 11 - 1　高升力控制系统开发模型

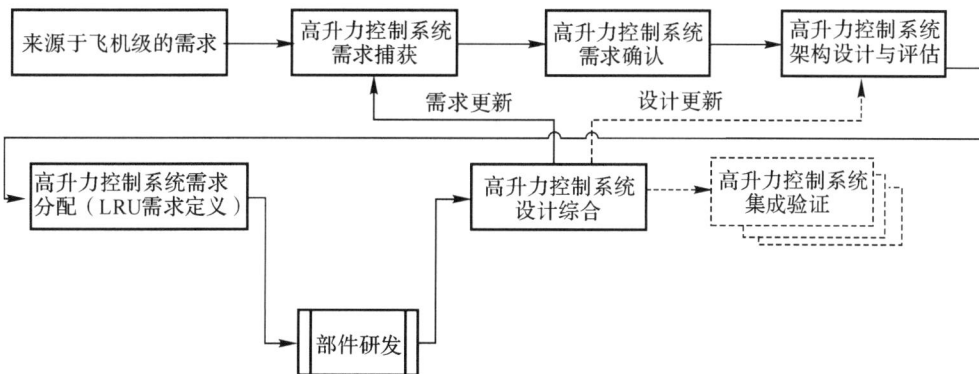

图 11 - 2　高升力控制系统设计流程

在需求捕获前需要创建需求开发计划,定义整个项目各层级需求的层级划分、追溯性关系、确认方法和准则等;同时需要定义需求标准,主要目的是确保各层级需求有统一的表现形式,例如图形、模型或者语言描述。不论是采用图形、模型还是语言描述,都需要确保需求的完整性、正确性、唯一性以及可验证性。对于过程管理类的要求一般不纳入需求中。

一般情况下,高升力控制系统的需求捕获包括以下几方面的内容。

1. 架构约束

高升力控制系统需求受到飞机级系统概念架构约束,也受到其他关联系统的架构约束,这些约束实际上是飞机级架构设计与权衡的结果,是飞机级的衍生需求,作为本层级的输入。例如:高升力控制系统的作动器形式、作动器安装布局形式受襟缝翼运动机构和机翼结构的约束,襟缝翼操纵手柄的导光板和手柄等受驾驶舱统一架构布局的约束。

2. 安全性需求

系统安全性需求主要包括功能可用性和完整性的最低性能约束。这些安全性需求应通过安全性评估过程来确定。通过对相关功能失效状态的确定和分类,确立系统功能的安全性需求。所有功能都有相应的失效模式和对飞机的影响(即使分类为"无安全性影响")。例如:对于飞机层级提出的"襟翼不对称超过 $3°$ 的失效概率应小于 $1×10^{-9}/FH$"的安全性需求,在分析高升力控制系统层级时需要通过建立系统功能清单和故障树,以明确由于高升力控制系统与此失效模式相关的功能失效概率,确定高升力控制系统与此相关的安全性要求。

3. 功能性需求

系统的功能性需求反映了客户使用本系统所呈现的期望特征,一般包含功能需求、性能需求、安装需求、维护需求和接口需求等。

1)功能需求定义了飞行机组与高升力控制系统之间、维护人员与高升力控制系统之间、其他飞机支持人员与高升力控制系统之间的使用与被使用的映射关系。执行什么样的动作、进行什么样的选择与决策、输出什么样的信息和时间要求形成了主要的功能需求。定义功能需求时需要考虑到正常的使用场景和非正常的使用场景。

2)性能需求定义了使功能或系统对飞机和其运行有用的特性。除了定义与功能需求关联的特征外,性能需求还包括功能的一些细节,如精度、保真度、范围、解析度、速度和响应时间。

3)安装需求与高升力控制系统的物理特性和飞机环境相关,包括尺寸、安装、动力、冷却、环境限制、接近方式、调整、搬运和存储等。一般情况下,在系统层级定义安装要求,环境适应性要求,可达性要求,机上安装和调整、调零要求,手持面或者设备吊装设计要求,以及存储和运输要求等。

4)维护需求包括计划的和非计划的维护需求,并且与具体的安全性相关功能有关。失效探测率或者故障隔离率等因素是可维护性的重要指标。维护需求中还需定义与外部测试设备的交联需求,例如,与中央维护系统的交联关系。

5)接口需求包括高升力控制系统与其他系统和飞机结构的物理接口,如机械接口、液压接口、电源接口、电气接口,同时也包括各种通信接口。对于电气和通信接口,都要明确定义信号源以及输入和输出的关系,详细描述信号的特征。

4. 适航需求

对于民用飞机,根据适航规章要求或为了表明对适航规章的符合性,可能需要补充功能、性能或执行要求。此类需求一般应与适航当局协商确定。

5. 通用质量需求

通用质量需求包含了可靠性、可维护性、安全性、测试性、保障性、环境适应性需求,在高升力控制系统设计过程中,可靠性、可维护性、安全性需求都与系统架构设计与权衡密切相关,安全性需求在前文已作论述,高升力控制系统的可靠性、测试性、可维护性、保障性和环境适应性一起决定了系统的可靠使用,属于系统的重要需求,在设计过程中也需要贯彻相关的设计活动,关于通用质量特性设计有相关的标准与文献支撑,本书不再具体展开叙述。

6. 衍生需求

在高升力控制系统需求捕获时,一般要做出决策以明确如何满足安全性、可维护性等特定的需求,它们可能与上层需求不显性相关,或者无法追溯,这类需求归为衍生需求。例如:针对襟翼运动机构可能的卡阻故障,为了保证结构的完整性,系统中的作动器需要有力矩限制功能,该力矩限制功能为衍生功能。

7. 其他需求

除了以上列出的需求类型之外,高升力控制系统还包括尺寸和重量、人机工程、环境保护、外观等来源于客户方面的需求,包括可制造性、可装配性、可安装性、可调节性等方面来源于产品实现过程的需求,包括成本、进度、管理等保障产品满足企业战略和盈利性方面的需求等。需要指出的是,有些需求也是系统设计必须高度重视的需求,比如重量对于高升力控制系统非常重要,会造成材料选用、结构设计、元器件选用、工艺实现方法等多方面的约束。但限于篇幅,其他类需求不是本章叙述的重点内容。

11.2.2　系统需求确认

需求确认过程在 ARP4754A 5.4 章节有较为详细的描述,读者可以参阅。高升力控制系统的需求确认需要贯穿整个设计过程。一般情况下,系统层级的功能性、功能接口和安全性需求可通过分析、仿真与评审相结合的方式进行初步确认。在对系统需求分解之后,通过部件级确认分配的功能、性能和可靠性等需求进行系统设计综合,再一次对系统的性能、可靠性等需求进行确认。

需求确认的重点是要对需求的正确性和完整性进行检查,同时对需求中的各种假设条件进行确认。需求的正确性是指需求是否正确反映了客户(上一级系统)要求,是否清晰、是否必要、是否可验证、是否与其他需求协调而不产生冲突。需求的完整性是指系统需求集是否涵盖了能使其在确定的运行环境的寿命周期各个阶段的所有运行模式下满足所有利益相关者的需求,对于单一需求的完整性则是指该需求所涉及的所有运行场景、输入和输出是否都得以涵盖。设计假设是任何一个系统设计初期都存在的内容,对于高升力控制系统的需求而言,其设计假设包括运行场景中的各种具体性能指标以及重量等,这些设计假设有些基于类比,有些基于初步的仿真,但这些设计假设都需要在不同层级通过充分的有效数据确认。需求确认的方法包括追溯性检查、分析、建模、测试、相似性评估以及工程评审等,通常需要至少采用2种方法对需求进行确认。

一般情况下,建立条目化的需求后需要增加需求确认属性列,对每一条需求的确认过程和结果进行说明。

11.2.3 系统架构设计与评估

高升力控制系统架构设计的过程伴随着大量的安全性评估、可维护性评估、性能评估等,同时需要在设计过程中不断对需求的符合性进行验证。

一般情况下,系统功能架构设计是系统不断满足需求的物理数学演绎过程,同时也是系统需求不断迭代完善的过程,两者是相辅相成的,本章对此不赘述。物理架构设计过程需要围绕项目建立的主要目标、基于当前的工业技术能力开展。在实际工程应用中,对于设计一种系统架构以满足功能性能类需求是有很多成功经验和可用架构选择的,在这种情况下,对于军用运输机,其高升力控制系统物理架构设计的主要目标往往是系统的可用性、安全性与可靠性,而民用运输机的高升力控制系统物理架构设计的主要目标是系统的安全性、经济性与可靠性。不同的设计目标会导致系统架构设计上存在较大的差异,例如军用运输机,为了保证系统的可用性与安全性,在基本余度设计的基础上可能需要通过交叉控制、备份余度等方式实现电子和电气设备"单点故障,系统不降级"的目标,机械产品设计也使用大量的昂贵材料来提升产品的可靠性;对于民用运输机为了提升系统的安全性和经济性,除在通道独立的控制架构基础上应用"越简单越好"的设计理念外,还会使用大量的成熟技术,甚至是高可靠的货架产品。因此,军用运输机高升力控制系统物理架构要比民用运输机高升力控制系统复杂,也可能使用更多的先进技术。需要指出的是,不论是军用运输机还是民用运输机的高升力控制系统,其物理架构设计都从满足功能性能需求的襟缝翼的各个基本驱动、传动和作动部分开始进行设计,然后围绕安全性、可用性的要求以及被控对象进行控制分系统设计。

一般情况下,作动分系统中作动器的具体形式在设计襟缝翼运动机构时都已明确,是一个必须执行的设计约束。驱动装置则需要在动力源可用性和系统功能可用性的双重约束下进行定义。目前,给驱动装置提供动力的液压源接口和电源接口的失效概率不会小于 $1 \times 10^{-5}/\text{FH}$,而驱动装置完全丧失功能的失效概率应小于 $1 \times 10^{-5}/\text{FH}$,所以一般情况下需要给驱动装置配置2套动力源。动力源的选择与机上能源配置总体规划、失效模式等密切相关,与驱动装置的总体技术需求和成本也相关,是一个综合的设计与权衡过程。在基本定义了作动器和驱动分系统架构之后,需要进行系统减速比配置,通过减速比配置权衡得到轻量化的作动系统。在减速比基本定义之后,需要进行传动分系统的物理架构设计,包括基于机上安装空间的传动布局,基于失效保护的力矩限制器、制动器等构型定义,以及系统载荷评估、性能评估、动力需求评估、可靠性初步评估等工作。

控制分系统的设计必须基于驱动分系统以及对整个作动襟缝翼各个分系统的综合评估结果。一般情况下,控制分系统需要保证能够实现驱动装置每个驱动通道功能完全独立。传感器的布局和类型选取与系统失效模式场景分析(例如倾斜仿真等定量的分析)相关,其余度配置需要与控制分系统相匹配,至少能够满足通道独立性、信号完整性及可用性要求。

11.2.4　系统需求分配

在系统架构设计基本完成时,开始由系统工程师进行系统需求分配,将系统需求分配到各个产品。系统需求分配一定需要基于定义的系统物理架构,并且需要部件设计工程师的共同参与和确认。在系统条目化需求中,需要建立系统需求分配的属性列,说明每条关联的部件需求,也便于建立部件到系统的需求追溯性。

11.2.5　系统设计综合

在进行系统需求分配之后,系统需要持续进行设计综合,直到低层级的所有需求都得以确认,所有设计工作都基本冻结。系统设计综合的主要内容是对部件提供的各种证据文件进行分析和确认,利用各个部件提供的各种数据对系统整体的功能性能、安全性、可靠性、维修性等进行评估、优化和更新。

11.2.6　系统设计过程中关键工程管理活动

系统设计过程中的关键工程管理活动包括工作策划、计划检查,构型管理与风险管理;此外,还包括与项目管理相结合的开发周期管理和经费管理等内容。

在项目启动之后,需要基于 SAE ARP4754《高度综合或复杂飞机系统的合格审定考虑》、项目要求,结合开发组织的具体情况制订《系统开发计划》(SDP)、《系统需求管理计划》(SRMP)、《系统集成计划》(SIP)以及符合 RTCA DO-178 和 RTCA DO-254 的各种软/硬件开发计划(SOI♯1)。这些计划不仅仅是为了说明开发过程的各种活动,更是指导开发的顶层文件,需要根据计划的内容创建检查单,对过程活动的执行情况和结果进行检查,通过过程控制确保所有的研发活动都在计划的范围内得到执行,保证研发活动处于不断满足系统需求的道路上。

构型管理(技术状态管理)和风险管理是系统设计过程中关键的工程管理活动。高升力控制系统涉及系统、电子、软件、作动等各个专业,需要各个专业协调、协同开发,构型管理就显得尤为重要。同时,对各个层级的技术风险,特别是涉及不同专业交叉点的技术风险,需要提前识别、控制、降低和持续管理,确保系统在集成阶段的风险可接受。

一般民机高升力控制系统设计的构型管理工作主要包括构型项识别和定义、基线定义、更改管理以及归档等,该项工作需要成立专门的构型管理委员会(CCB)实施。构型项识别和定义一般由工程团队定义、发布并将信息发送给主机。基线则在主机定义的评审里程碑等基础上,根据项目和各厂家实际情况定义,一般的基线包括需求基线(功能基线)、架构基线、接口基线、设计基线、产品基线,以及系统需求审查(SRR)、初步设计审查(PDR)等评审基线。基线管理是构型管理的核心之一,是确保所有设计活动的输出有效性的关键。一般的基线管理都使用面向动态对象的需求系统(DOORS)等工具。基线如果发生更改,就涉及更改管理,这是构型管理的另外一个核心。更改管理一般包括影响产品和系统功能、性能、接口等的Ⅰ类更改,以及不对产品和系统功能、性能、接口等造成影响的Ⅱ类更改。通常,Ⅰ类更改需要主机的批准。但不论是Ⅰ类还是Ⅱ类更改,都需要执行完整的更改流程(见图 11-3),包括提出更改请求、更改评估与评审、执行更改、更改验证和最终更改批准。

在签署意向书(LOI)之前需要对系统的技术风险进行全面的评估,在关键设计审查(CDR)完成时将系统的技术风险降低到项目可接受的程度。对技术风险的评估可以从多个维度进行,例如可以采用技术成熟度的方式评估,也可以逐一对每个关键技术、关键零部件、需求对系统研发周期和成本方面的影响进行评估。通常,对于工程项目,采用后者进行评估,主要原因是工程项目对研发周期、成本的要求限制,而且工程项目需要的是承载技术的某个具体的零部件,而不是通用技术。需要注意的是,项目中的风险不能消除,只能降低或者采用别的方法/技术规避。

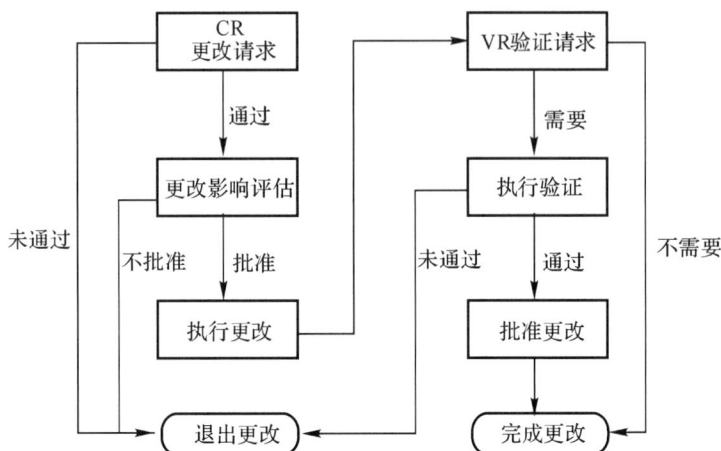

图 11-3 典型的更改流程

虽然项目的周期和经费管理一般由项目管理部门负责,但工程活动是影响项目进度和经费的关键。工程开发需要选择最合适的方案来满足周期和经费的双重约束,一般需要在项目正式开始前由各个开发队伍领导者讨论、分析、协调得出同时满足工程技术、周期、经费的完整系统开发方案。通常,对于周期较短的项目,需要使用较为成熟的技术,甚至是货架产品,同时需要采用项目管理的并行开发的方式。这种开发模式需要在短期内使用大量经验丰富的工程技术人员。对于周期较长的项目,可以对新技术进行研究,逐步提升技术成熟度,项目可以分为若干个里程碑节点,并且每个活动可以由不同的团队参与,这种开发模式需要有强大的项目管理团队持续地协调各个团队参与到项目中。对于研发人员,基于成本的设计(DTC)是各个研发层级、各种设计决策必须执行的活动,必须贯彻到设计活动的每一个细节,例如,尽可能选择成熟的产品平台、货架产品、元器件,提升系统内部件和元器件的互换性,在机械零件设计时必须考虑到精度与成本的关系以及现有的加工资源等。

11.3　基于 MBSE 的高升力控制系统设计

当前,基于模型的系统工程(Model Based System Engineering,MBSE)方法越来越多地应用到复杂系统研发过程中,其通过基于模型的系统快速迭代提升研发效率、降低研发成本。模型是一个广泛的概念,可以是通过数学表述的模型、数字虚拟模型,也可以是通过文档、图形化工具建立的模型。本章节主要介绍基于模型的高升力控制系统设计。

11.3.1　基于行为模型的系统功能性需求确认

在需求定义阶段,首先需要确认系统功能性需求的完整性和正确性,一般的方法是采用分析或者 SysML 语言建立系统功能框图,但这些方法存在与后续的设计工作承接性不好、不能体现系统的动态特性等问题。因此,建立动态的系统行为模型成为功能性需求确认的首选方法。系统行为模型在建模时不考虑系统的物理组成,仅考虑功能、功能之间的转换逻辑与功能接口。图 11-4 是基于系统行为模型的需求确认过程,对于系统中的每条功能和功能接口需求都要编制相应的测试用例(包括通过的判定标准),并进行模型测试,最终形成完整的测试报告,以确认系统需求中功能需求和功能接口需求的完整性、唯一性、正确性和可验证性。

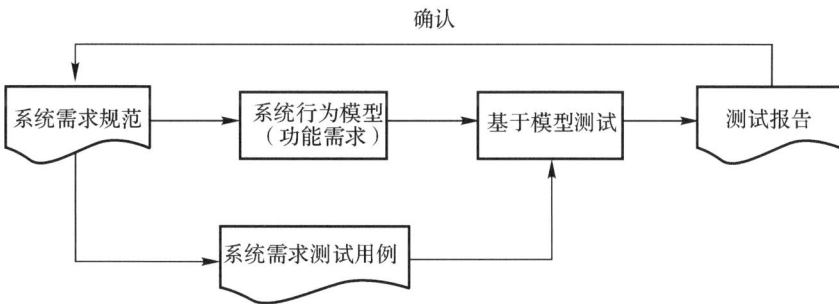

图 11-4　基于系统行为模型的需求确认过程

创建行为模型时,首先要定义模型的输入和输出接口,这来源于系统需求规范中输入、输出信号的定义,模型中的定义应与系统需求规范一致。接口定义完成后,需要分析系统共有哪些功能,这些内容同样来源于系统需求规范。原则上系统需求规范中的每个功能都应在模型中对应一个模块。定义清楚总的模块后,需要针对每条系统需求进行分析,分析该需求是否能够通过模型来确认。如果可以,则需要针对这条需求建立具体的模型,并与系统的输入输出建立连接;如果不可以,则不需要为该需求建立模型。遍历每条需求,直到为所有需要建立模型的需求建立了正确的模型为止。行为模型建模的流程图过程如图 11-5 所示。

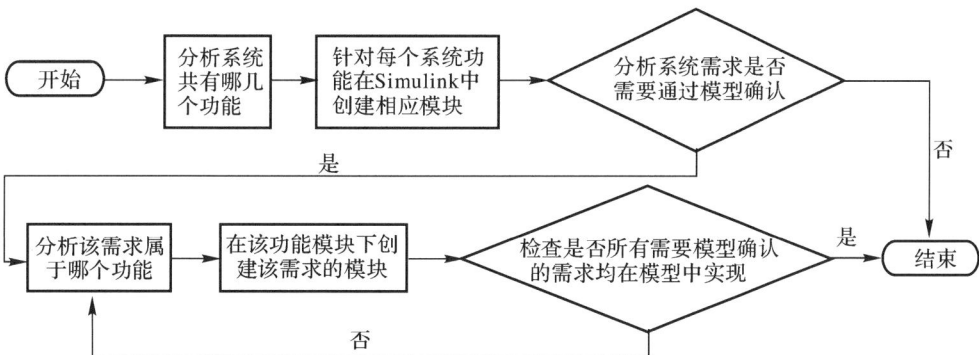

图 11-5　需求建模流程图

行为模型建模可使用多种方式,对于高升力控制系统建议使用 Simulink。以高升力系统为例,采用 Simulink 建立系统级行为模型,综合成 7 个仿真模块,共涉及 73 条系统功能性需求,如图 11-6 所示。通过该模型在设计初期完成高升力控制系统功能性需求确认。

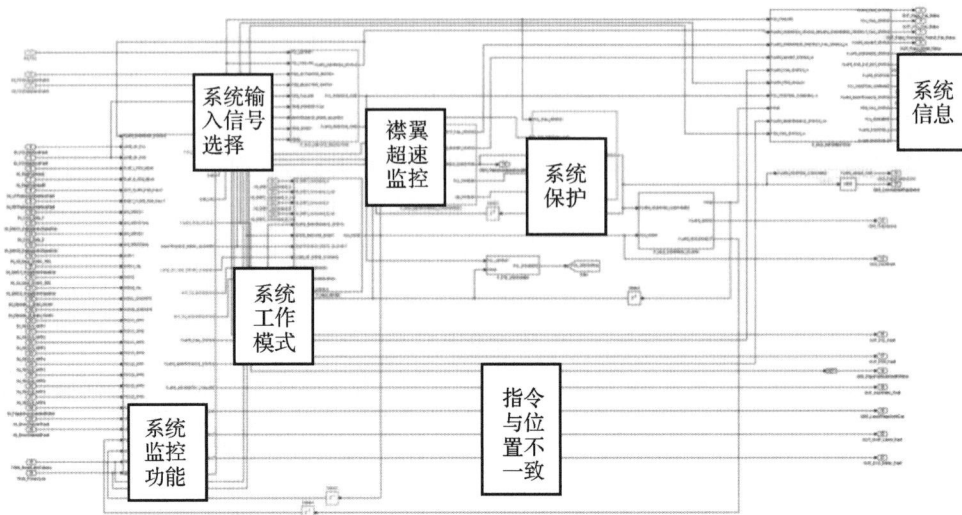

图 11-6 高升力系统系统行为模型

通常,为了对需求进行管理,需要在 DOORS 等需求管理工具中对需求的确认情况进行管理。对于采用模型确认的需求,一般需要定义对应的需求模型模块功能以及具体的模型输入/输出测试点,见图 11-7 示例。

Heading or Text	Requirement Model	Requirement Model Function	Requirement Model Node
7.2.2.1 MBIT Interlock Logic MBIT互锁逻辑			
The HLS shall detect an on-ground condition as defined in the figure below.	HLS_Model	F_HLS_MONITORING	MBIT_INTERLOCK

图 11-7 DOORS 中的系统需求和模型相关属性标识

在建立需求模型时,需同步编制模型的测试用例,以便于开展模型测试。通常,一个需求可以有多个测试用例,一个测试用例也可应用于多条需求,具体情况还需要进行需求的耦合性分析。对于高度耦合的需求,通常需要考虑解耦,重新定义多条需求,实现可验证性。

在进行基于模型的测试时,为了实现与后续半实物、实物测试的连贯性(包括测试用例和脚本的重用、系统外部模型的重用等),减少重复工作,一般使用相同的测试平台。国内外这类平台较多,可以按照需求选用。高升力系统选用德国 TechSAT 公司的基于模型、测试驱动的系统集成平台 ADS2,在该平台上可完成所有系统级的测试工作和软硬件集成测试工作。高升力系统使用 ADS2 进行模型测试时,首先在会话管理器(Session Manager)中创建一个新的会话框(Session),并将用 Simulink 创建的系统需求模型导入这个会话框中。这一步会用到 Matlab_IF 工具,该工具的作用是将 Matlab 模型转换成 ADS2 支持的模型。然后在会话框中创建控制面板,通过变量将控制面板中的控件与模型相互关联,这样就能通过控制面板来控制模型,并直观地观察模型的输出。将 Simulink 模型和控制面板在会话框中关联后,加载会话框,则可以进行 Simulink 在 ADS2 平台上的实时仿真。通过控制面板,可以自动或手动注入多种故障,如不对称、倾斜等故障,从而监控系统响应的正确性。基于 ADS2 的实时仿真测试流程如图 11-8 所示。基于 ADS2 的高升力系统行为实时仿真模型测试界面如图 11-9 所示。

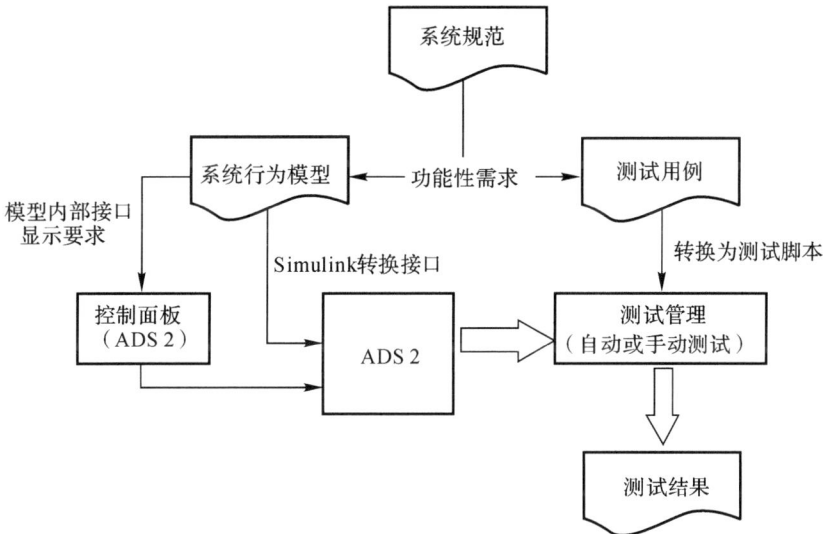

图 11-8　基于 ADS2 的实时仿真测试流程

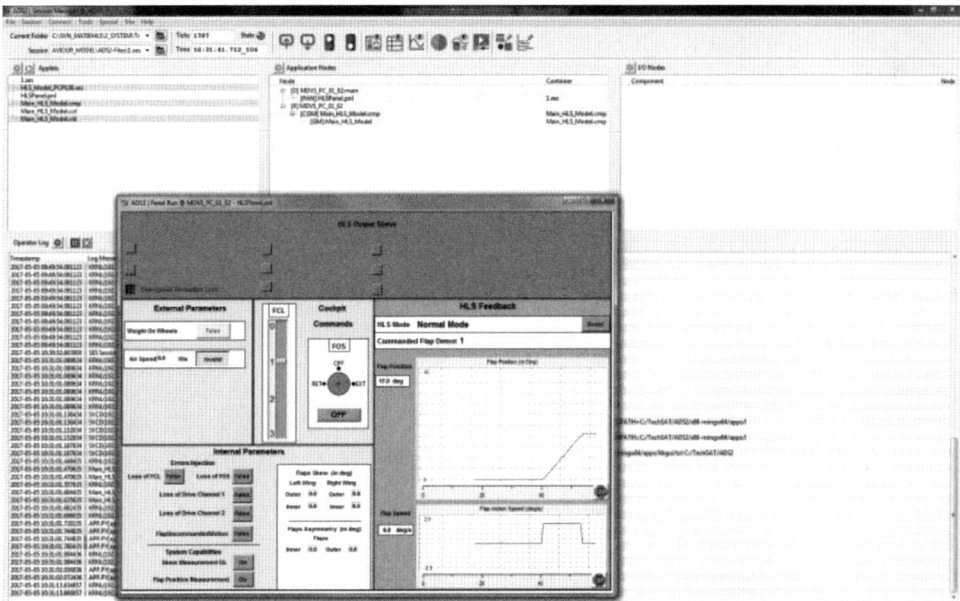

图 11-9　基于 ADS2 的高升力系统行为实时仿真模型测试界面

11.3.2　基于模型的系统软件开发

随着建模工具的不断完善,特别是通用型的软件建模工具 SCADE、Simulink 等通过适航鉴定,基于模型的软件开发成为一种高效、流行的软件开发方式。一般情况下,基于模型的系统软件开发包括四个阶段:第一阶段是软件架构设计,第二阶段是高层级软件建模,第三阶段是软件模型在环验证,第四阶段是软件验证。

软件架构设计主要包括软件功能需求分析与评估、概念体系架构设计、结构分解,以及设计模式定义、建模规范定义等内容,这部分内容可参考相关的书籍。软件架构建模与系统需求建模密切相关,例如在 SCADE 中可使用 Arch 建立软件架构模型。为了保证建模工作的连贯性以及可追溯性,通常都在一种工具下建立架构模型和软件模型。

高层级软件模型属于机理性模型,模型包括信号输入/输出监控逻辑、设备健康状态监控逻辑、系统的安全操作性监控逻辑、控制律以及 MBIT 中的逻辑等。行业内高层级软件建模一般使用 SCADE,也可以使用 Simulink,但是考虑到应用层软件的持续开发和代码自动生成之间工作的连续性,建议使用航空界通用且较容易完成工具鉴定的 SCADE 软件。使用 SCADE 建模有多种方式,以下对高升力控制系统的应用层软件使用 SCADE 建模的过程进行简要介绍。

在高升力控制系统项目中,采用"先建立功能模块模型,后将模块集成"的思路。

考虑建模的便利性,正式建模之前,在库工程(LIB_HLS)建立多次使用的功能模块,其他模块需要时就可直接调用 LIB_HLS 中的操作符。

基于分配的功能要求,将软件的功能性需求分为 8 个功能模块(性能需求不需要建立模型):

1)F_HLS_IO_READ:读取电子设备内部 SPI 总线传输的 I/O 输入信号。

2)F_HLS_INPUTS_PROCESSING:对系统的内部传感器信号进行处理。

3)F_HLS_CBIT_MONITORING:监控电子设备内部关键元器件以及系统内部关联设备的健康状态。

4)F_HLS_CONTROL_FLAPS:根据外部操纵动作产生控制指令。

5)F_HLS_MANAGE_MODES:基于 CBIT 监控状态、地面条件检测和 CMS 维护支持请求来控制系统工作模式转换。

6)F_HLS_SYSTEM_MONITORING:进行襟翼不对称等系统级故障监控。

7)F_HLS_OUTPUTS_PROCESSING:输出信息综合与控制。

8)F_HLS_IO_WRITE:信号输出控制。

每个模块对应 SCADE 模型中的一个主节点,每个主节点包含了一个或多个简单操作符,每个简单操作符对应了一条或多条软件需求。最后需要将各功能模块集成到 SCADE 建立的工程中。高升力系统软件模型如图 11-10 所示。

软件在环的验证是将建立的软件模型/简化的作动系统模型以及关联的飞机级输入/输出仿真模型集成,然后使用软件的测试用例进行测试。一般情况下,需要将各个模型输出成 C 代码,在实时仿真环境中进行验证。高升力系统的应用层软件在 ADS2 环境下进行测试,测试过程与行为模型相同,所使用的测试用例以及测试脚本可在软硬件集成测试时重用。

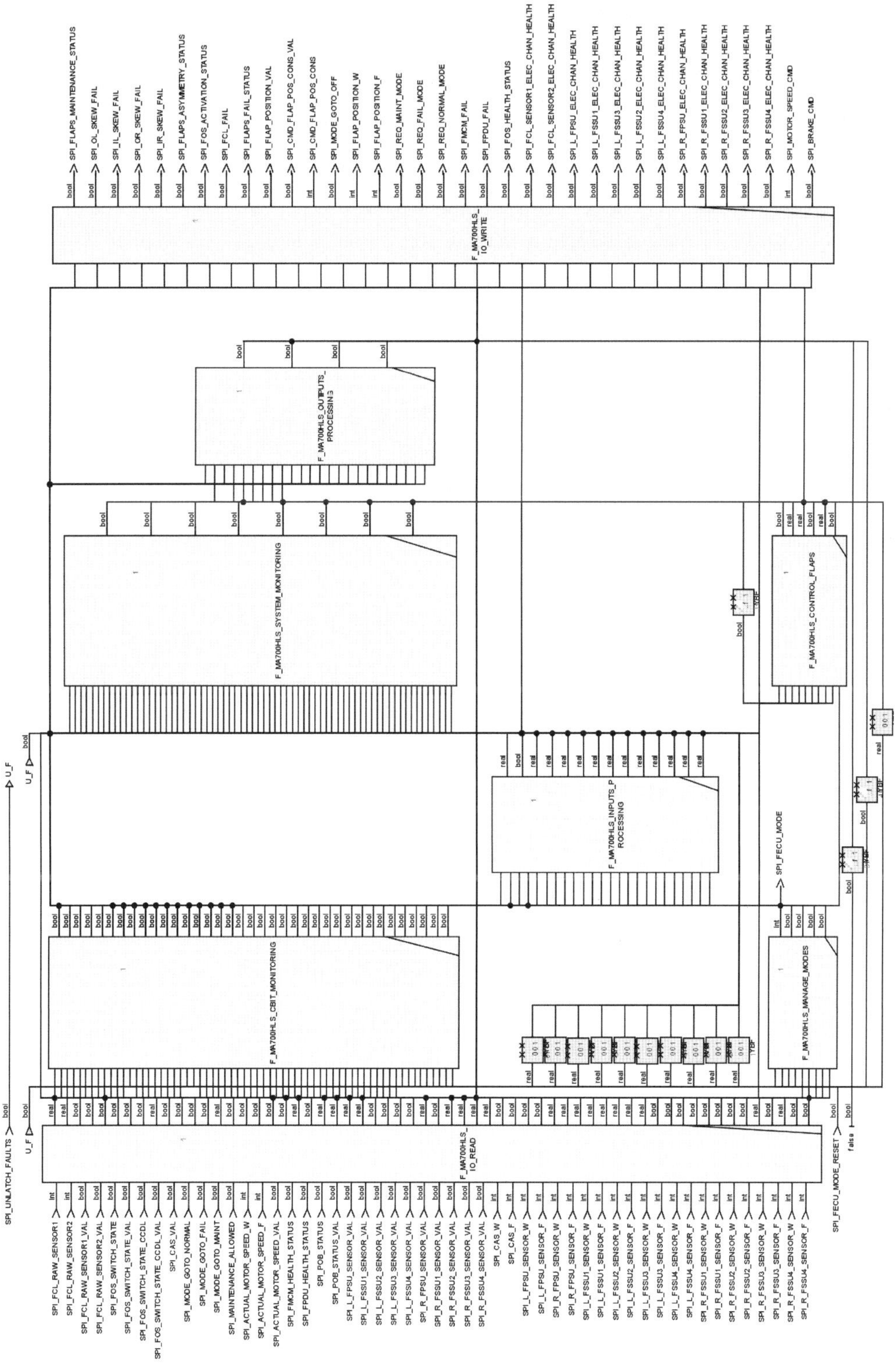

图 11-10　高升力系统软件模型

11.3.3 基于驱动、传动和作动分系统模型的系统性能验证与载荷评估

高升力驱动、传动和作动分系统模型是指除应用层软件之外的系统级模型,属于混合型模型。该模型涵盖了所有作动部件基于动力学方程的经验模型、传感器的机理模型以及伺服控制律等。为提升仿真的保真度,便于模型持续优化,作动器建模一般使用 Simulink,不建议使用没有经过验证的封装模块。作动器模型中的作动部件一般需要考虑刚度、惯量、阻尼、效率以及不同温度下的动摩擦力矩和静摩擦力矩,考虑到仿真的实时性以及仿真目的,一般不考虑游隙等非线性因素。一般情况下,驱动、传动和作动分系统模型仅能对其动力品质(PDU 的输入需求和输出能力)、动态响应、机械失效影响等部分性能进行评估,进一步地全面评估需要与软件模型进行集成后才能验证。

和所有建模过程一样,系统建模首先要定义建模规范,然后定义参数清单,创建通用模型,最后创建作动分系统模型并进行模型调试和验证。

建模规范中需要定义模型边界、建模工具、模型原理、测试任务以及参数清单等。以下对建模过程的重点内容进行简要介绍。

1. 伺服控制律模型

建立伺服控制律模型的目的是仿真并验证驱动装置的 PID 控制。通过建立位置环模型(见图 11 - 11)可实现系统基于位置产生速度指令,控制器根据速度控制指令执行驱动装置的 PID 控制。在闭环仿真之前,通常需要进行开环控制仿真以评估系统的动态特性。

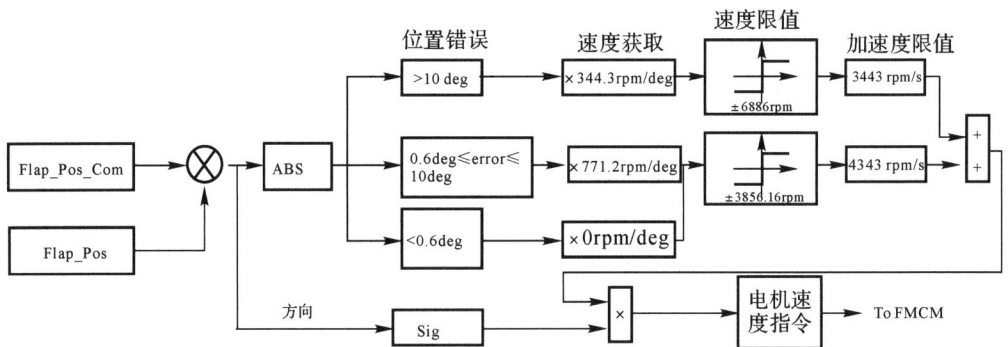

图 11 - 11 高升力系统位置控制律模型

2. 模型原理

将作动部件物理模型抽象成数学模型或者逻辑模型是建模之前的关键工作之一。一般情况下,驱动、传动和作动类部件都可通过动力学模型(见图 11 - 12)的形式表现,而力矩限制器、无返回机构等需要使用逻辑模型(见图 11 - 13)进行简化。

3. 建立通用模型

对于系统中大量部件使用的通用模块可定义建立通用模型(见图 11 - 14),便于快速建

模以及模型的快速更新。例如,高升力作动分系统的模型库建立了共用的齿轮箱模型、阻尼模块模型等通用模型。

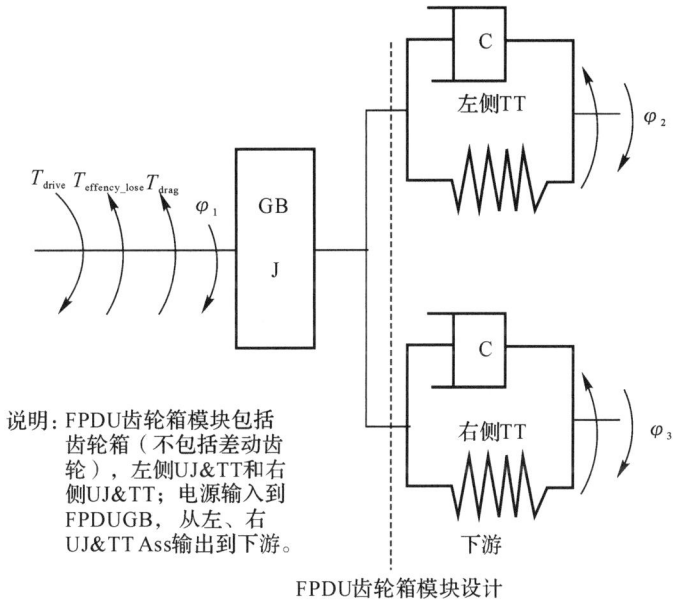

图 11 - 12　PDU 齿轮箱动力学模型

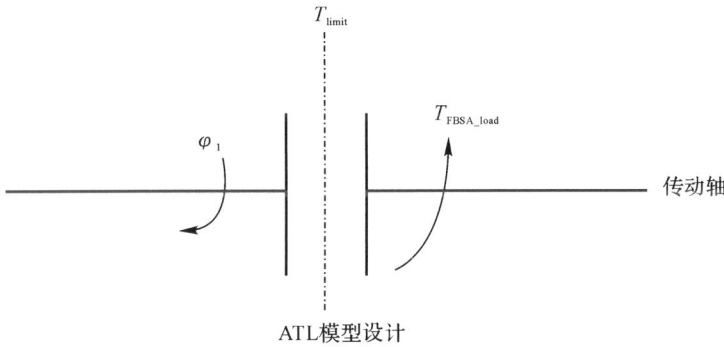

ATL模型设计

干扰情况判断
If（$T_{lood} > T_{hra}$ & ABS（Acceleration＞0））///Note:j;
➡STL_Stafus＝Engage
➡ set the inertia accereration as zero
else
➡ STL_Status Release
➡ Normal Condition
Release
If（Memory extend &(jt) Acceleration to retracting 0 ||Memory=Retract & （jt)Acceleration）

图 11 - 13　作动器力矩限制器逻辑模型

4.模型测试任务

作动分系统的模型测试任务通常包括在正常、降级工作模式下的时序、作动时间、PDU的输出扭矩、马达的特性、速度控制律以及卡阻故障验证。

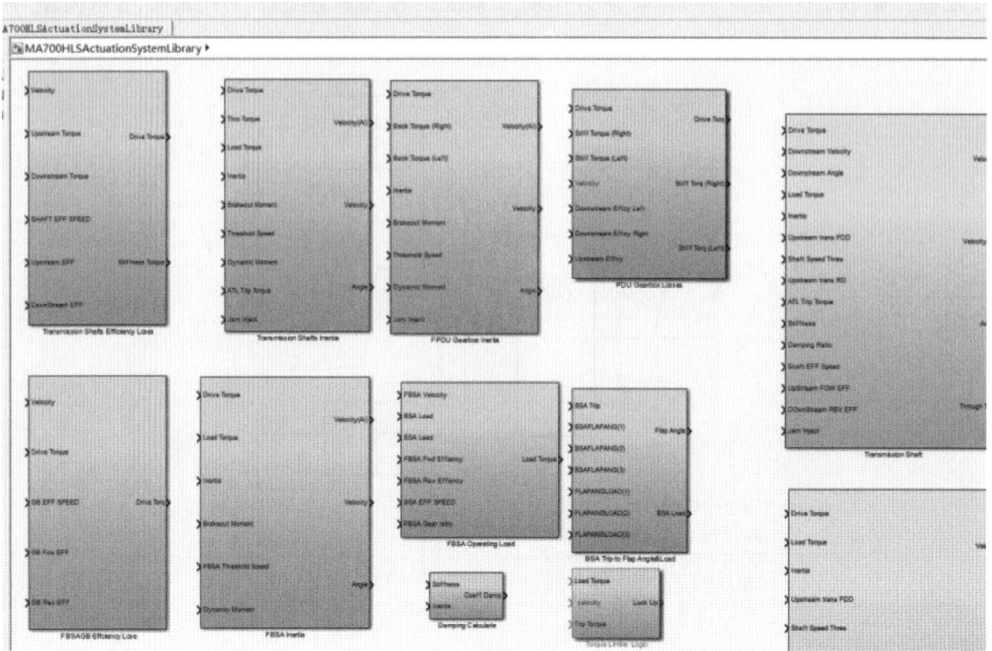

图 11 - 14　高升力作动部件通用数学模型

5.数据参数清单

数据参数清单一般来源于分解给各个产品的技术指标以及产品实现过程中定义的各种技术指标。数据参数清单需要根据研发阶段进行持续更新。在仿真时,一般在 MATLAB 中通过".m"文件定义仿真所需的各种输入参数。

6.系统模型

系统模型创建之前需要对模型的架构进行定义(见图 11 - 15),确保模型的可读性以及构型的可控性。构建的作动系统仿真模型需要通过模块调试,集成调试对模型的可用性进行确认。在作动系统仿真建模过程中,需要避免代数环,但不能为了消除代数环而引入其他非预期的参数。

作动分系统模型的验证较为简单,不需要使用实时仿真系统进行测试,可以直接在仿真工具中进行手动测试或者自动测试,具体可根据使用的工具实施。

在模型验证过程中,需要根据验证的结果对模型进行修正或者对设计进行更新。如果模型本身保真度已经满足要求,但结果与设计的差异较大,则需要进行设计迭代,如果必要,可能还需要通过系统试验测试或者类似系统的实物集成测试进行验证。

11.3.4　基于系统集成模型的系统验证与虚拟测试

系统集成模型的本质是在一些必要的简化和假设的基础上,对实际系统加以提炼,通过数学方程描述系统的整体特性,再通过一定的仿真软件直观呈现这些数学方程,保证得到的仿真模型能够描述系统的基本特性,或者能预测系统的动态特性,或者能提供最优的决策或控制。

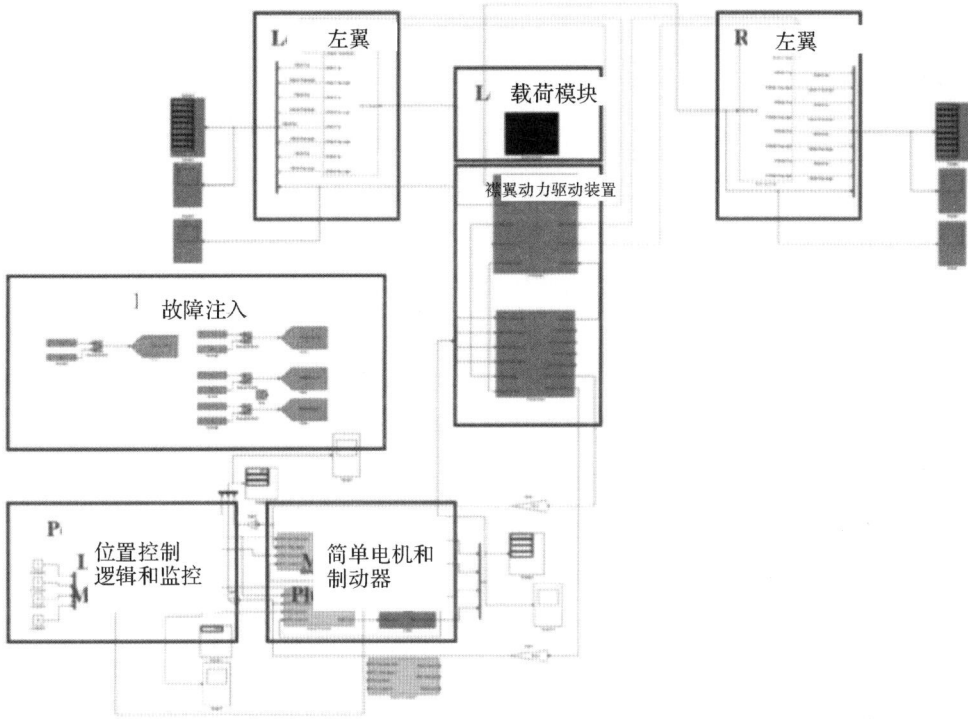

图 11-15　高升力作动系统 Simulink 模型

系统集成模型通常包含机理性模型、经验统计模型和混合型数学模型。

机理性模型是根据系统特性,通过相应背景学科中的基本理论推导而来的模型,能够较完整地反映各种设计因素的影响。但是随着系统复杂程度的增加,机理模型的复杂性随着考虑问题的深化将会不断增加。考虑到具体的实现条件,任何纯机理性模型很难与具体的实际系统吻合,或者需要付出不必要的代价。

经验统计模型是根据系统在过程中出现的外在表现,经过长期积累,并运用一定数学方法处理而得到的模型。因此,这种模型的精确度与建立模型时数据的收集量、数据的准确性、收集数据时的外部条件和系统状态,以及数据分析和处理方法有很大的关系。经验统计模型对于相同物理架构和部件构成的高升力控制系统而言,具有较好的适用性。

混合型数学模型是机理性模型和经验统计模型的结合,即在机理性模型中含有未知参数时,常常需要提供确定这些参数的经验模型,而在推导经验模型与确定模型基本结构时,则尽可能应用基本理论作指导。在实际的工程应用中,完全的机理模型和完全的经验模型几乎是没有的。混合模型是多数系统开发组织最常使用的模型。

高升力控制系统的集成模型是指软件模型与驱动、传动和作动系统模型集成后的模型，属于混合模型。该模型随着设计的不断深入也在不断成熟，在完成部件测试和系统集成测试之后，通过对各个层级模型的修正可得到经过验证的高保真系统级部件模型和系统模型，这些模型可作为模型库中的模块进行重用。需要注意的是，考虑到高升力控制系统由大量驱动、传动和作动部件组成，在进行系统模型集成过程中，需要对各个驱动、传动和作动部件模型进行合理简化，使其既不丧失表征产品特性的一定精准性，又不增加仿真建模的复杂度和仿真计算资源消耗。对模型合理简化的工作需要富有工程经验的系统设计人员与部件设计人员共同参与。

系统集成模型主要用于系统架构验证和虚拟测试。系统架构验证的主要内容包括系统功能验证、系统性能验证以及系统安全性验证。系统功能验证的目的是对系统架构设计中的设计决策进行验证，同时调试系统中的关键参数，例如作动控制时序、不对称门限值、倾斜门限值等。系统性能验证的目的是对系统分配给各个部件的性能参数的协调性进行验证，确认系统动力、作动时间、位置控制精度等需求的满足情况，通过参数调整优化系统设计。系统安全性验证是结合 SFMEA（系统失效模式影响分析）列出的各种失效模式进行故障注入测试，确认在各种失效模式下系统响应满足安全性的要求。通常，系统集成模型中各个作动部件模型的保真度是决定系统仿真结果准确性的基础；在没有产品经验数据的情况下，可通过同类产品的实际数据和模型采用类比的方式假设产品的数据。系统虚拟测试的目的是对系统集成测试环境的需求进行确认，对方案进行验证。一般情况下，高升力控制系统集成需要控制分系统集成环境和全系统集成测试环境。通过建立测试环境的仿真模型，可实现高升力控制系统或分系统模型和测试环境模型的在环集成虚拟测试，既验证测试环境的总体方案，也进一步实现加载系统、测试系统、测试界面的具体设计，同时还可对初步的集成测试程序/用例、测试脚本进行验证。此处，还需要使用系统和试验台的数字模型进行空间运动关系、接口载荷、试验台架刚度等方面的验证。

11.4 高升力控制系统安全性评估

安全性评估是贯穿高升力控制系统研发全生命周期活动中的一项核心内容，主要活动包括系统级功能危害性评估（SFHA）、系统初步安全性评估（PSSA）、系统共模分析（CMA）以及系统安全性评估（SSA）等，如图 11-16 所示。

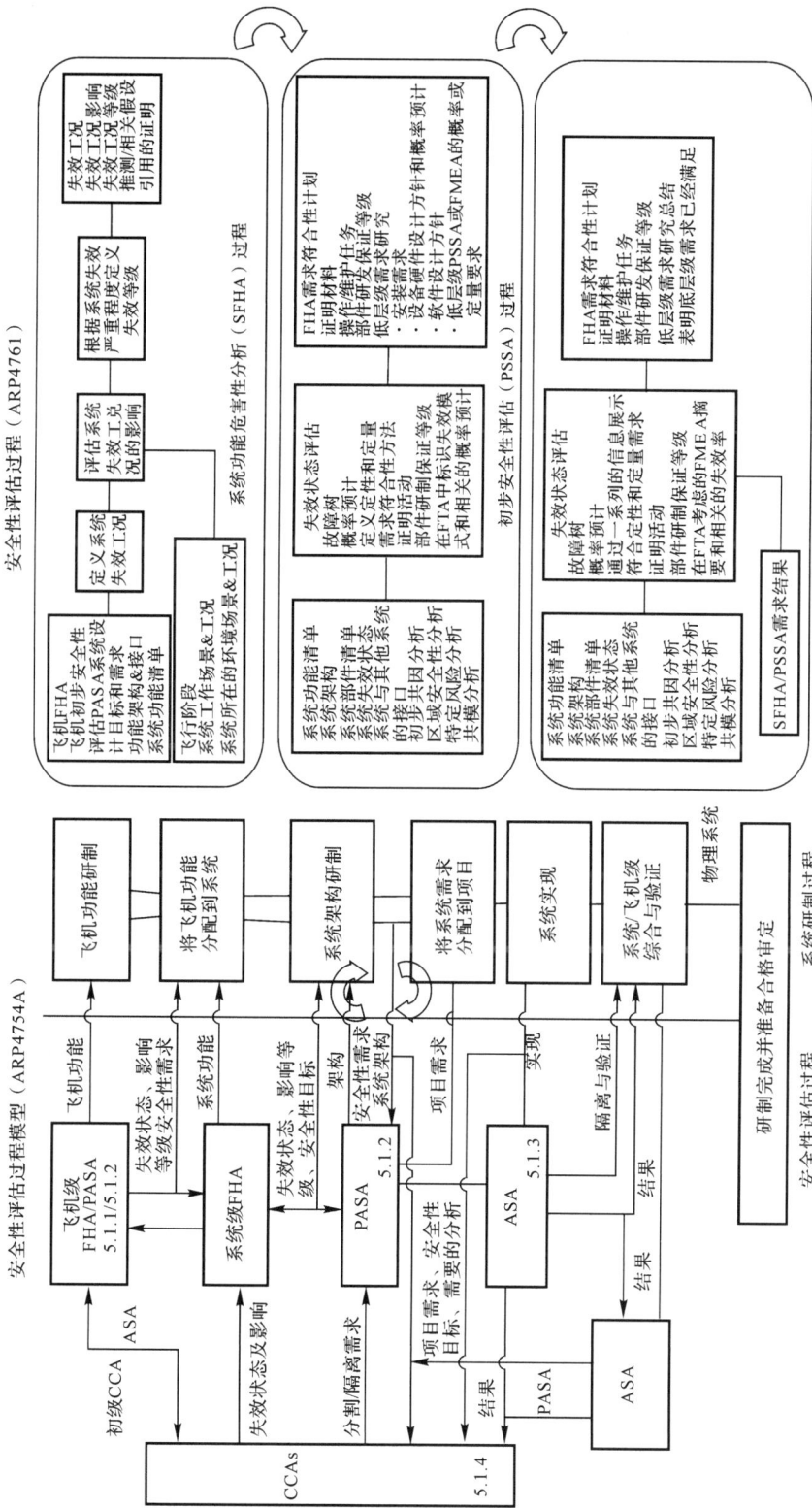

图11-16　系统安全性评估过程及主要内容

11.4.1　系统功能危害性分析(SFHA)

SFHA 是一种系统化、综合性的功能检查方法,用来确定系统功能的失效状态,并根据其影响的严重性进行分类。SFHA 的目标:

1)确定系统功能的失效状态,分析失效状态影响及其类别;

2)确定衍生的安全性需求。

在系统研制初期需要通过 SFHA 对系统基本功能实施定性评估,对与系统级功能相关的失效状态进行识别并分类,形成系统安全性设计需求和目标。SFHA 需要根据飞机 FHA 以及飞机初步安全性评估、飞机分配给高升力系统的需求开展工作(见图 11-17)。SFHA 分析时,不考虑系统具体架构,将其作为功能模块放在飞机整个飞行包线和不同飞行阶段内进行功能失效分析,分析系统功能对飞机、机组以及乘员的危害。

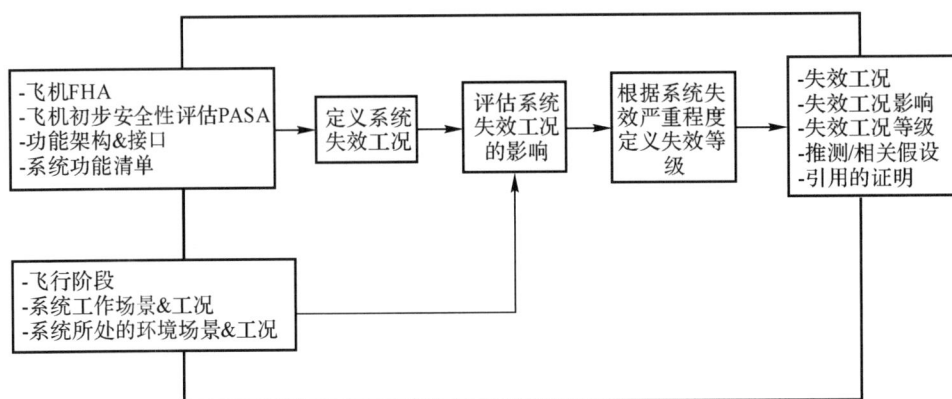

图 11-17　系统 SFHA 评估过程

高升力控制系统的典型功能失效包括丧失襟缝翼位置控制功能、襟缝翼倾斜超限、襟缝翼不对称超限、襟缝翼非指令运动、丧失襟翼位置显示等;考虑到飞行员在环以及与外部系统交联,系统功能失效通告形式又分为通告的失效和非通告的失效。在分析时,需要综合功能失效、功能失效通告形式以及飞机滑跑、起飞等任务阶段。通常,不考虑失效综合,在飞行过程中,襟缝翼倾斜超限、襟缝翼不对称超限、襟缝翼非指令运动都为灾难级(1×10^{-9}/FH)。典型的高升力控制系统 SFHA 模板见表 11-1。

表 11-1　典型高升力控制系统 SFHA

功能	失效状态	飞行阶段	失效状态编号	失效状态对飞机、机组和乘员的影响	危害等级/分类	支持材料	验证方法
襟翼控制功能	丧失襟缝翼位置控制功能	T,F1,F7,L	27-F-01	飞机:起飞或着陆时升阻力不够,飞行中结构载荷过大; 机组:飞机极难控制,工作负担极大; 乘员:可能出现伤亡	严重级/Ⅱ	仿真试验	FMEA、FTA、CCA

续表

功能	失效状态	飞行阶段	失效状态编号	失效状态对飞机、机组和乘员的影响	危害等级/分类	支持材料	验证方法
襟翼控制功能	襟缝翼倾斜超限	T,F1,F7,L	27-F-02	飞机:着陆时速度较大,刹车距离较长或起飞后返场; 机组:明显的增加了驾驶员的工作负担; 乘员:可能身体不舒适	重大级/Ⅲ	仿真试验	FMEA、FTA
襟翼非指令性运动	襟缝翼非指令运动	T,F1-F7,L	27-F-07	飞机:起飞时无指令收上、巡航时无指令放下或着陆时无指令收上,导致飞机升力或阻力不够,使飞机坠毁或快速冲出跑道; 机组:无法控制飞机,可能由飞机坠毁而伤亡; 乘员:可能由飞机坠毁而绝大部分伤亡。	灾难级/Ⅰ	仿真试验	FMEA、FTA、CCA
不对称保护功能	襟缝翼不对称超限	T,F1-F7,L	27-F-09	飞机:极大的横滚力矩; 机组:飞机极难控制,可能由飞机坠毁而伤亡; 乘员:可能由飞机坠毁而绝大部分伤亡	灾难级/Ⅰ	仿真试验	FMEA、FTA、CCA
襟翼位置显示功能	丧失襟翼位置显示	T,F1-F7,L	27-F-11	飞机:丧失襟翼位置信号; 机组:无法操纵襟翼,明显增加工作负担; 乘员:身体不适,可能出现受伤	重大级/Ⅲ	仿真试验	FMEA、FTA

11.4.2　初步系统安全性评估(PSSA)

高升力控制系统 PSSA(见图 11-18)以系统 SFHA 的分析结果作为输入,采用自顶向下的方法,结合系统架构,将 SFHA 中产生的系统安全性需求(失效概率、研制保证等级 DAL 等)分配给子系统/设备,将设备级需求分配到软件和硬件,从而导出系统各层级设计的安全性需求和目标,同时开展系统共模分析 CMA、系统区域安全性分析 ZSA、系统特定风险分析 PRA,识别出高升力系统内外部安全性需求符合情况。PSSA 贯穿整个设计过程,需要根据系统架构的迭代情况执行更新。

在进行 PSSA 时,特别需要关注的是设备 DAL 等级定义。一般情况下,为了更明确产品研制过程管理要求,需要将 DAL 定义到设备的功能模块层级,而整个设备 DAL 等级为所包含的模块中最高 DAL 等级(见表 11-2)。通常,软件和复杂电子硬件 DAL 等级定义之后可按照 DO-178/DO-254(对于军机采用 GJB 5000A)的过程要求开展研制,但是对于机械部件没有通用的指南。因此,对于机电类部件一般采用与主机达成一致的"关键件""重要件""一般件"等进行研发过程管理。

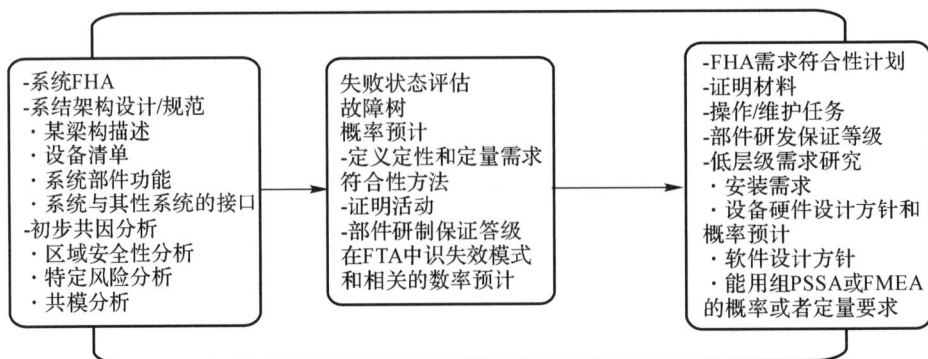

图 11-18 系统 PSSA 过程

表 11-2 DAL 清单示例

序号	设备名称	IDAL 等级
Ⅰ1	襟翼操纵手柄	B
Ⅰ2	襟翼控制计算机	A
Ⅰ2.1	应用软件-位置控制律	C
Ⅰ2.2	应用软件-系统状态监控	A
Ⅰ2.3	监控模块 MON	A
Ⅰ2.4	控制模块 COM	A
Ⅰ3	襟翼动力驱动装置	A
Ⅰ3.1	液压驱动模块	B
Ⅰ3.2	齿轮箱	B
Ⅰ3.3	掉压制动器 POB	A
Ⅰ3.4	力矩限制器	B
Ⅰ3.5	行程限位传感器	B
Ⅰ4	襟翼位置传感器	B
Ⅰ5	襟翼丝杠作动器	A
Ⅰ5.1	襟翼丝杠齿轮箱	A
Ⅰ5.2	丝杠螺母副	A
Ⅰ5.3	作动器力矩限制器	A
Ⅰ6	翼尖刹车装置	A
Ⅰ6.1	制动功能部件	A
Ⅰ6.2	状态反馈部件	B
Ⅰ7	扭力杆组件	B

11.4.3　共模分析(CMA)

CMA 源自于 SFHA 和 PSSA 的独立性验证需求,CMA 的结果可作为系统安全性评估结论的支持材料。CMA 过程中会通过区域安全分析(ZSA)、特定风险分析(PRA)等,验证独立性要求在设计实现中的满足情况,识别影响严重失效状态的共模失效,判定设计中是否考虑了共模失效(见图 11-19)。

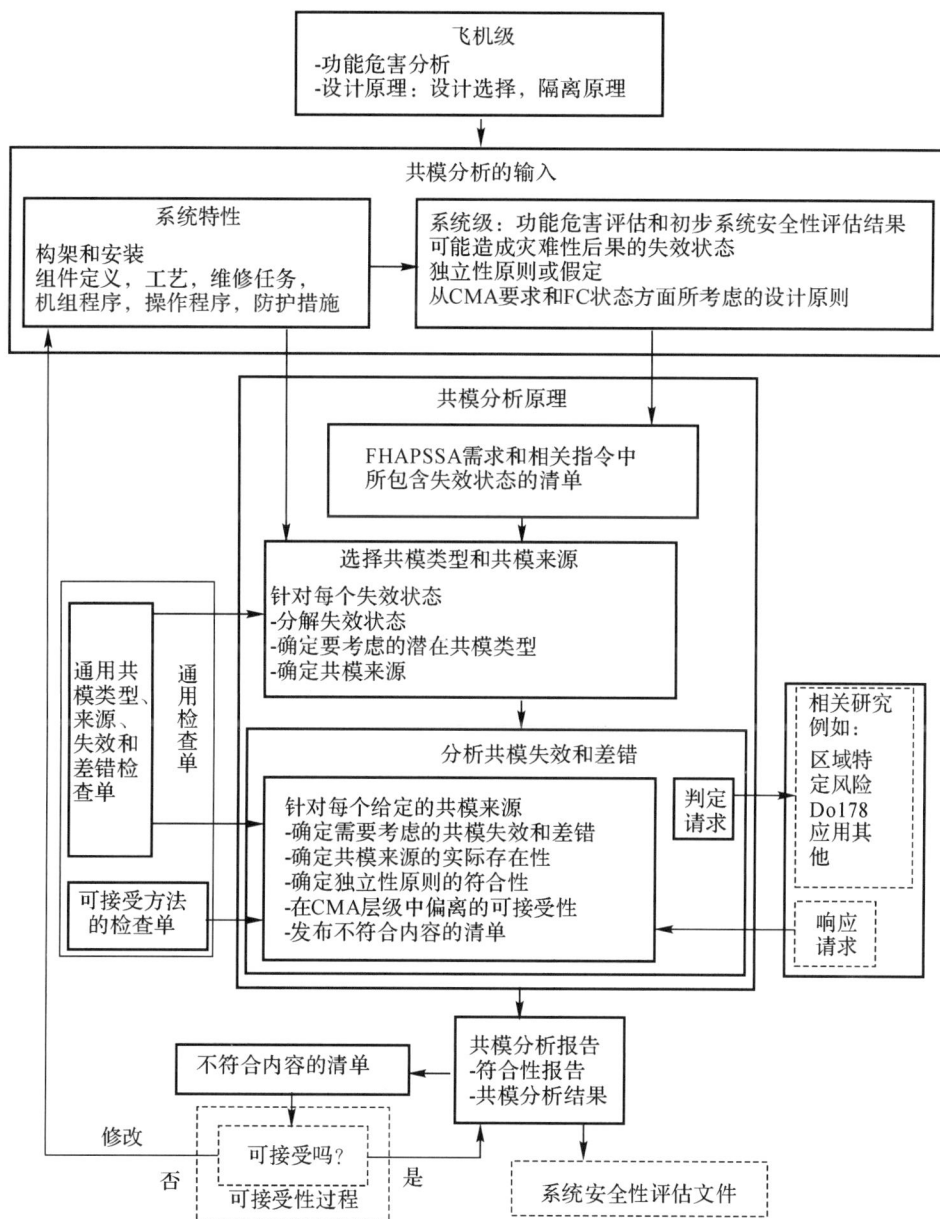

图 11-19　系统 CMA 过程

在 CMA 过程中通常考虑的共模来源：

1）软件设计差错；

2）硬件设计差错；

3）硬件失效；

4）产品缺陷/维修缺陷；

5）相关的应力事件（例如非正常的飞行状态、非正常系统布局）；

6）安装差错；

7）需求差错；

8）环境因素（例如温度、振动、湿度等）；

9）相同外部源故障。

高升力控制系统共模分析的重点是高升力控制计算机。为避免发生共模风险，一般采用非相似的设计手段，比如硬件非相似、软件非相似等。

11.4.4　系统失效模式影响分析（SFMEA）

SFMEA 是分析系统中每一功能、组件或零部件所有可能失效模式及其对系统造成的所有可能影响，并按每一个失效模式的严重程度及其发生概率予以分类的一种归纳分析方法。在民用飞机机载系统和设备安全性评估过程当中，SFMEA 的目的如下：

1）推导和评估系统中每个零部件假定故障的影响；

2）寻找具有重要影响的故障，特别是单点故障；

3）寻找隐蔽故障；

4）为故障树分析提供更详细的信息；

5）为系统设计改进提供故障-影响方面的依据。

与故障树分析法不同的是，SFMEA 中不考虑组合失效的情况，它只考虑单一失效的影响。SFMEA 既可以是定量的，也可以是定性的，并且可以在所有类型的系统中执行（如电气、电子或者机械系统）。SFMEA 应在给定的层级上执行，通过假定在所选层级上所有可能失效的方式来进行，并确定每种失效模式对本层级的影响和对更高层级的影响。

11.4.5　系统安全性评估（SSA）

SSA 是对系统、构架和安装等实施的系统化、综合性的评估，以证明相关的安全性需求得到满足。SSA 评估所有重要失效状态及其对飞机的影响，其分析过程类似 PSSA，但在范围上有所不同。PSSA 是结合系统构架，自上而下地将 SFHA 中的需求分配给子系统/设备，再将设备级需求分配到软件和硬件，导出系统各层级设计的安全性目标和需求，同时表明系统如何满足 SFHA 中确认的失效状态的定量和定性安全性要求；而 SSA 是自下而上地验证采取的设计方案是否已满足 SFHA 和 PSSA 中所定义的定性和定量安全性需求的过程，一般需要试验进行支持，例如 FMET 测试（失效模式影响测试）。

SSA 的目标是验证 SFHA 中安全性需求(设计需求)和目标是否被满足:

1)验证由 CCA 过程中确定的设计要求是否被满足。

2)验证在系统架构、设备、软件及飞机安装的设计中所考虑的安全性需求是否已经满足。

3)确认在 SFHA/PSSA 中确定的所有证明性活动是否已经关闭。

11.5　基于 CATIA 的三维设计与工艺设计要求

11.5.1　CATIA 三维设计

随着技术的进步,为了更直观地进行产品的结构、工艺、重量等方面的评估,Solidworks、Proe、UG、CATIA 等软件在工业中大量应用。国内航空工业大多使用 CATIA 进行飞机以及机载作动设备的三维设计。

高升力控制系统的部件在概念设计阶段就开始使用 CATIA 进行概念模型设计,主要用于外形、接口、成本以及初步重量评估,支持系统的架构设计和部件的需求定义;在初步设计阶段,使用 CATIA 建立详细的部件模型进行重量预计、接口确认以及工艺性评估,同时可使用这些模型中的零组件进行强度、振动以及多物理场的联合仿真,对部件设计进行初步确认;在详细设计阶段,主要进行工艺性设计和经济性设计,通过三维标注或者生成二维图纸的形式供生产使用。

在概念设计阶段进行 CATIA 建模之前,需要进行初步的计算,预估零组件的尺寸并在图纸上进行构型权衡,然后采用整体造型的方式自内向外创建产品模型。这种方式的好处在于能够设计各个零件之间的装配关系,通过"搭积木"的方式实现产品的基本构型,同时也有利于根据内部结构设计装配方式以及壳体造型。即使在概念设计阶段,也可能需要从材料和零件可能使用到的热表处理、装配方式、维护方式等方面充分考虑产品的经济性、可维护性,否则会对后续的设计造成严重影响或者使得产品成本超过预期的价格。

在初步设计阶段,参考概念模型中各个零件的尺寸创建每个零件的"part"。对于标准件等可以直接使用模型库中的对应模型,对于机加件则尽量使用参数化建模的方式以便于模型的快速设计更新。为了能够对零部件进行有限元分析,所有机加的零件应尽可能地真实并且采用名义尺寸建模,同时需要根据零件的材料机械特性或者热处理后的特性赋予零件材料属性。在初步设计阶段建立 CATIA 模型的另外一个关键工作是进行尺寸链权衡研究来定义零件的加工误差、不同环境条件下的尺寸变化以及产品的装配误差,如果再结合已经有的磨损经验数据则可计算出产品在全生命周期的装配误差。在初步设计阶段,工艺设计的主要内容是进行机加零件的工艺性评审、零件毛坯尺寸定义以及制定初步的工艺方案。

在详细设计阶段,最主要的工作是进行设计的工程化实现,即设计确认和工艺性设计。设计确认过程和初步设计阶段的工作基本类似。需要注意的是,详细设计阶段进行有限元分析时需要使用零件的最小尺寸。工艺性设计主要是在初步工艺方案的基础上通过仿真以及试加工的方式进行工艺确认。通常,由于数字化加工设备的普及,可以使用 CATIA 三维标注的形式而不再需要转化成工程图纸,这能够节省设计人员的开发时间,有利于构型控制,有利于设计更改,但对过程管理和模型数据库管理提出了更高的要求。

11.5.2 工艺设计要求

工艺设计要求涵盖的内容较为广泛,但主要活动还是基于加工能力、装配能力和经济性以及加工周期要求开展。下面仅对具体的产品构型设计中所需要考虑到的工艺性内容进行简单的说明。

根据以往的经验,需要注意以下事项:

1)在进行产品总体构型设计时需要避免设计复杂的零件,例如某缝翼旋转作动器的异型三联齿。这些复杂零件虽然可能会对产品的总体性能有所提升,但会造成加工极其困难,零件成活率低下。

2)避免复杂零件在一个方向上有多个加工基准,这样虽然提升了零件的成活率,但会造成产品装配困难,甚至会出现装配困难的情况。

3)对于零件的毛坯材料尺寸需要严格控制,一般毛坯材料大于零件尺寸的 15% 即可,过大的话,由于材料芯部强度降低会造成加工的零件强度与预期值不符。

4)零件设计需要充分考虑机加设备和刀具,预留可用的刀具加工空间以及退刀槽等。

5)零件设计需要充分考虑所使用材料的加工特性,例如,使用铝合金加工的大薄壁壳体,可能需要设计加强筋来避免加工过程中的零件变形。

6)零件设计需要将使用需求和加工能力相结合,例如,齿轮接触表面渗碳而齿根不渗碳能够提升齿轮的耐久性,但对表面处理过程提出了更高的要求,这就需要通过以经济性为核心或者以产品性能为核心的权衡。

7)对于民机产品,一般需要考虑环保要求,所以镀镉等工艺不能使用。

参 考 文 献

[1] 王正林,王胜开,陈国顺. MATLAB/Simulink 与控制系统仿真[M]. 北京:电子工业出版社,2005.

[2] The MathWorks, Inc. DAS2 MATLAB/Simulink interface user manual[R]. Natick, MA:The MathWorks,2024.

[3] GRIPPO L,PALAGI L,PIACENTINI M, et al. SpeeDP:a new algorithm to compute the SDP relaxations of max-cut for very large graphs:RR－13. 10 [R]. [S. l. :s. n.],2010.

[4] The MathWorks, Inc. MATLAB documentation[R]. Natick, MA:The MathWorks,

2024.

[5]　SAE International. Guidelines for development of civil aircraft and systems: ARP 4754A [S]. Warrendale, PA: SAE International, 2010.

[6]　BELMONTE D, DALLA VEDOVA M D L, MAGGIORE P. Aircraft flap control system: proposal of a simulink test bench for evaluating innovative asymmetry monitoring and control techniques[J]. International Journal of Mathematical Models and Methods in Applied Sciences, 2016, 10: 51－61.

第 12 章　高升力控制系统试验及试飞验证

12.1　概　　述

随着现代飞机需求的不断发展,高升力系统的设计也更加贴近飞机需求,并为全面提升飞机总体性能水平发挥了积极作用。高升力系统的试验验证应充分、细致和科学,系统试验验证的基本内容和流程包括高升力控制分系统虚拟集成测试、高升力控制分系统半物理测试、高升力控制分系统全物理测试、高升力系统飞机级测试和飞行试验。

高升力控制系统试验旨在证明所研制的系统、机载设备、控制律和机载软件满足相应的设计需求。从系统开始研发到随机适航取证或者型号鉴定,一般都要进行不同类型的验证试验,来逐步提升系统的成熟度。在系统和设备需求定义和设计阶段,对成熟度较低的技术进行技术验证试验以提升技术成熟度,对高复杂的产品进行试制和技术验证以提升产品成熟度。这些措施可确保在系统设计基线冻结时,能够将系统的技术风险和产品风险降低到可接受的程度,避免系统集成验证阶段出现大的设计反复。本章主要依据典型的 V 模型图进行介绍,如图 12-1 所示。

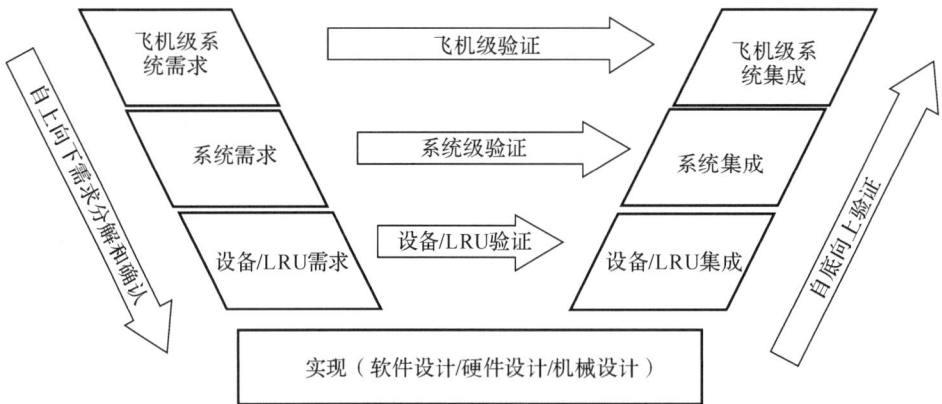

图 12-1　系统研发 V 模型

V 模型图说明"自底而上"的集成验证试验是对各层级需求进行验证的过程。对于高升力系统而言,这一过程一般包括软件、硬件、功能部件的试验,以及软硬件集成试验、机电部件集成试验、分系统集成试验、系统集成测试、铁鸟集成试验、飞机飞行试验。试验的目的是逐层对系统需求进行验证,确保经过确认的需求得以实施。

本章将基于该图"自底向上"的系统集成过程,结合高升力控制系统的项目实践,介绍不同层级的试验目的、试验环境和试验过程。

12.2　高升力控制系统集成与验证过程

一般情况下,需要在项目的初步设计阶段创建与测试相关的三大计划,即系统确认(Validation)计划、系统验证(Verification)计划和系统集成(Integration)计划。系统确认计划对如何进行系统每一层级需求的完整性、唯一性、正确性、可追溯性等确认的方法、过程、工具以及检查单等进行定义,属于 V 模型左侧的研发活动,确认的结果以及建立的需求基线需要得到客户的批准。系统验证计划对如何进行每一层级需求验证的方法、过程、工具以及检查单进行定义,属于 V 模型右侧的研发活动,需要客户以及其他利益相关方参与,测试程序/大纲以及结果需要得到用户批准。系统集成计划则是对如何提升系统成熟度的过程、方法和工具进行定义,是研发过程中的试验,这种类型的试验不需要第三方参与,可能发生在 V 模型的任何一侧。高升力控制系统基本上都是根据图 12-2 所示的过程,进行"自底向上"的集成验证。

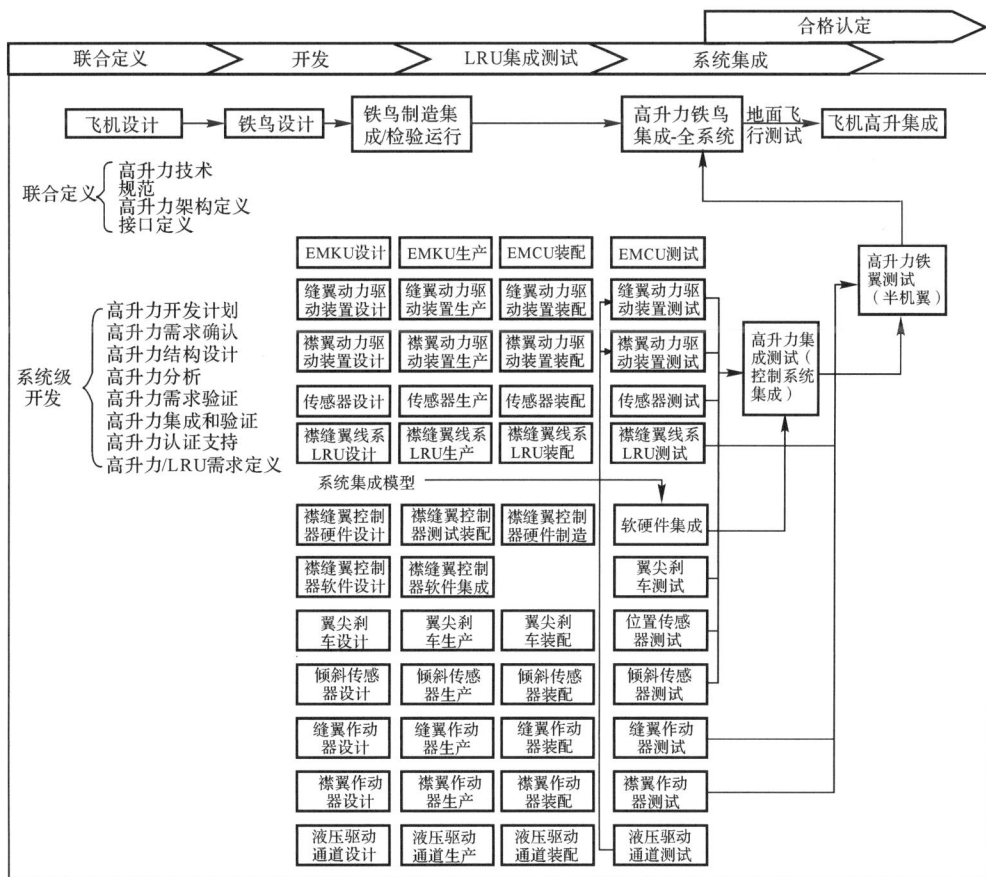

图 12-2　高升力控制系统测试过程

12.3　系统虚拟集成测试

根据系统需求规范和系统架构规范,创建系统集成模型、测试用例和测试脚本,开展系统虚拟集成测试,并形成系统虚拟集成测试报告。

系统虚拟集成测试的目的是在设计初期对系统进行设计和优化,根据系统初步设计或详细设计结果,结合系统功能、静态/动态性能、力学性能要求,创建控制分系统的 Simulink 模型或 SCADE 软件模型,对系统控制律以及系统动态性能进行分析以及虚拟测试评估。在每个研发阶段根据产品的设计参数进行迭代更新,并在试验阶段使用试验数据对模型进行修正后得到通用的系统仿真模型,该模型可用于新系统的快速设计和快速性能分析。

12.4　系统半物理集成测试

12.4.1　系统半物理集成测试目的

半物理集成测试将部分实物(如控制计算机、传感器、伺服执行机构)代替数学模型引入仿真回路中,与数学仿真相比,半物理仿真将某些关键部件(如计算机等)引入回路中,减少这些部件在数字仿真中由于其非线性环节建模不准而引起的偏差,因此更加能够反映工程实际情况,由于加入实物,半物理仿真具有实时性要求。半物理测试在工程实践中有着广泛的应用,例如工程实践中在某些子系统的特性难以用数学模型表达,或者对分系统进行验收、模型校验,以及进行外场试飞前的调试工作等情况下,一般考虑采用半物理测试。

高升力控制系统半物理仿真:在仿真试验中,通过引入襟缝翼控制计算机、动力驱动装置等实物,以及通过在仿真软件中增加平稳大气环境、非平稳大气环境,近似模拟飞机飞行环境,最大限度地模拟飞机真实运动情况,增加逼真度。高升力控制系统半物理集成试验分析高升力控制系统自身的稳定性,完善控制参数的设计,与数学仿真结合分析优化控制律,最后进行半物理仿真试验,验证全飞行包线内控制律设计的合理性;通过模拟传感器失效等故障情况,分析故障发生后飞机运动过程以及高升力控制系统控制策略是否合理、完善。

12.4.2　系统半物理集成测试环境

半物理仿真系统将襟缝翼控制计算机、执行机构以及传感器等实物引入回路,而飞机的动力学模型、外部干扰模型以及大气环境模型等在仿真计算机上完成解算,其中环境模型模拟形成各种传感器所用到的虚拟环境。仿真总控制台负责整个系统的运行,包括初始状态、初始条件、参数设定、运行过程监控和记录等。

例如,基于襟缝翼控制计算机(FSECU)实物的高升力控制系统仿真试验,将部分实物(如控制计算机、传感器、伺服执行机构)纳入闭环仿真环境,其他高升力控制系统部件依旧采用数学模型方式试验和测试,如图 12-3 所示。

使用上面的系统组成可以同时支持开环和闭环试验,使用开环测试系统,替代实时飞行仿真系统和模拟座舱系统,产生指定的激励源,完成开环测试和试验;不使用开环测试系统,由实时飞行仿真系统和模拟座舱系统进行闭环解算,产生激励,完成闭环测试和试验。

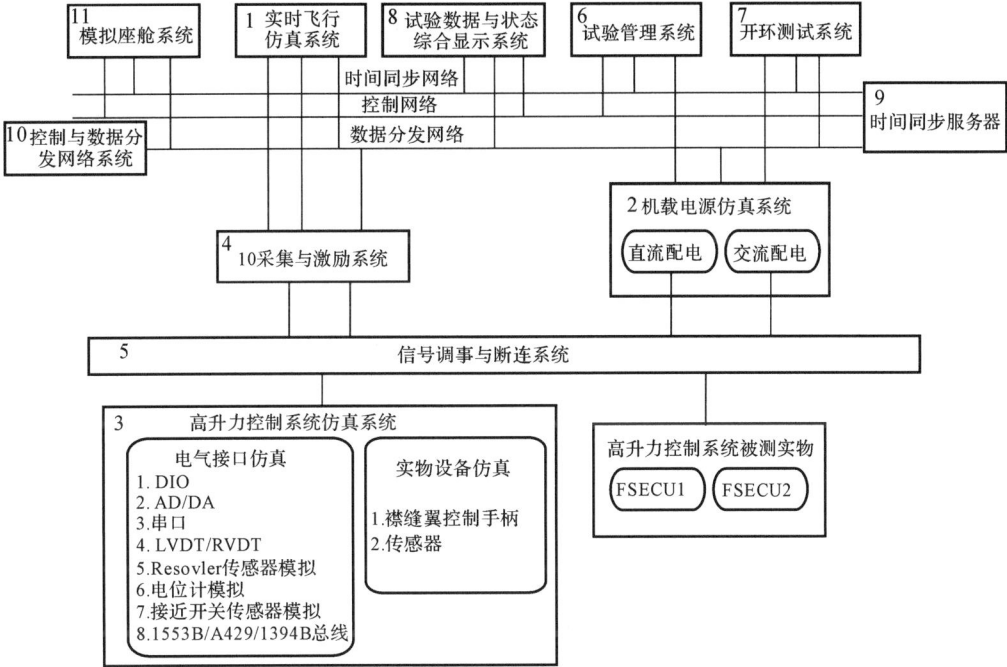

图 12 - 3　FSECU 为实物半物理测试环境组成

12.4.3　系统半物理集成测试过程

基于襟缝翼控制计算机(FSECU)实物的高升力控制系统仿真试验支持多项仿真试验,包括:

1)FSECU 硬件和软件集成测试,包括系统监控和控制逻辑静态测试、FSECU 系统功能、性能开环测试、BIT 测试;

2)FSECU 电气接口验证;

3)系统功能符合性验证;

4)系统控制逻辑验证;

5)故障注入试验。

其中,高升力控制系统半物理集成测试环境支持 FSECU 在环仿真时的故障注入功能,可以在高升力控制系统模型或者电气激励信号上进行故障注入。

1)虚拟故障注入:在模型中注入机械故障、电气故障以及逻辑故障。

2)真实故障注入:在 I/O 接口上信号断开、注入错误信号,具体包括 I/O 接口断开,FSECU 发送错误的信号给交联设备,交联设备发送错误信号给 FSECU,FSECU 之间 I/O 断开或者发送错误信号。

12.5 系统全物理集成测试

12.5.1 系统全物理集成测试目的

高升力控制系统全物理集成的目的是在尽可能真实的试验环境中,对系统功能和性能、系统控制律及故障逻辑、驱动能力、系统动态特性及故障影响等进行全面测试,验证和确认系统的功能、性能、动态特性和安全性满足设计要求。通过验证试验,提早暴露系统设计缺陷和问题,同时挖掘系统潜在故障模式与机理,并采取改正措施,使系统可靠性得以增长。

12.5.2 系统全物理集成测试环境

高升力控制系统综合试验环境主要由被试系统、测试系统、仿真系统、能源系统、试验台架及试验管理系统等部分组成。高升力控制系统综合试验原理如图 12-4 所示。其中,台架用于为被试产品、加载装置及测试设备的安装提供支撑;测试系统用于试验的状态测试以及监控,对试验过程中各物理量进行采集、存储和分析;加载系统包括襟翼及缝翼加载设备,用于模拟施加在被试系统(襟翼分系统及缝翼分系统)作动器上或单侧传动线系上的气动载荷或等效负载,通过液压作动筒将等效载荷施加于襟翼及缝翼作动器上;故障注入包括机械故障及电气故障两部分,用于模拟系统在故障模式下的动态响应;测试系统包括试验台的显示界面(包括系统状态显示界面、操作界面、电气故障仿真注入界面、测试系统采集界面等)、断连箱及信号调理箱,用于对系统内外交联信号及测试信号的采集解调及显示,并且通过断连箱及信号调理箱模拟仿真信号与实物信号的切换来实现各 LRU 电气故障的注入;能源系统一般包含供电和液压系统,其中液压系统用于对产品提供液压动力及为加载系统提供加载动力;供电系统为测试、加载、被试品提供供电;试验管理系统规定了试验台的具体操作要求、显示要求及试验数据处理要求。

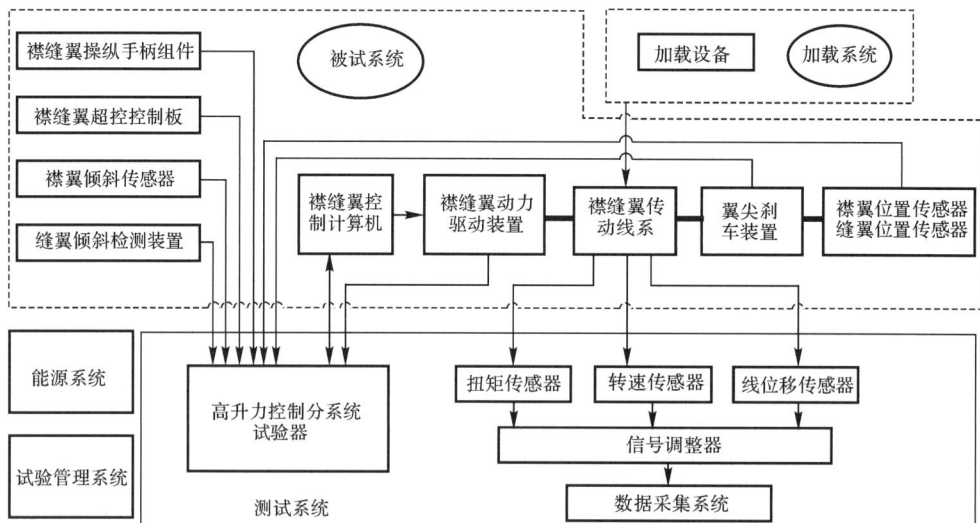

图 12-4 高升力控制系统全物理集成测试原理

12.5.3　系统全物理集成测试过程

高升力控制系统全物理集成测试主要进行功能性能测试、耐久性测试、电磁兼容测试和供电兼容测试。其中功能性能测试包括极性检查试验、逻辑检查试验、正常控制模态收放试验、备份控制模态收放试验、襟缝翼倾斜功能检查、襟缝翼不对称保护功能检查、襟缝翼操纵手柄非常规操纵试验、故障模拟试验、耐久性试验。

12.6　系统飞机级集成测试

12.6.1　系统飞机级集成测试目的

高升力控制系统飞机级试验是在高升力控制系统全物理试验的基础上,在真实飞机环境进行的系统进一步全面验证,确保传感器输出和舵面安装及交联环境的功能和性能真实性。

12.6.2　系统飞机级集成测试环境

高升力控制系统飞机级试验中,在机上安装高升力控制分系统的各组成部件,并按装机状态进行电气连接、机械连接,向高升力控制分系统的各组成部件提供电源,保证其正常工作,并配置测试系统等试验支持设备。高升力控制系统相对复杂,为确保高升力控制系统在飞机上正确的安装,使其满足系统设计要求,编制一系列安装检查技术条件和通电检查技术条件等生产性技术文件,保障飞机制造部门进行系统安装调试工作,一般主要包括:

1)机上安装调试技术条件。高升力控制系统驱动、传动和作动部件安装调试技术条件对前缘缝翼的动力驱动单元(PDU)、变角减速器组件、导向支座、扭力杆、缝翼防收刹车装置(WTB)、旋转作动器和齿轮齿条机构(SRGS 系列),以及后缘襟翼的动力驱动单元(PDU)、主减速器、变角减速器、襟翼防收刹车装置(WTB)、下吊式变角减速器、扭力杆支架组件及滚珠螺旋丝杠作动机构等安装调试进行技术要求,对各传动组件灵活性、线系摩擦力,以及襟/缝翼的初始零位(控制电气零位)、机械零位(限制零位)、最大偏角等进行详细要求。

2)高升力控制系统通电检查技术条件。高升力控制系统通电检查技术条件对高升力控制系统通电检查前准备、通电前检查、上电检查、极性检查、不同模态功能等进行详细要求。

12.6.3　系统飞机级集成测试过程

高升力控制系统飞机级集成进行的测试有 BIT 功能测试、系统收放功能测试、模态转换功能测试、安全保护功能测试和状态显示及告警功能测试。

12.7 系统飞行测试

12.7.1 系统飞行试验目的

飞行试验(测试)是一项复杂的系统工程,它的目的是验证所研制飞机的安全性。高升力控制系统飞行试验是对复杂系统以及新技术、新产品验证和确认的过程,是确保飞机能够研发成功的关键环节。高升力控制系统飞行试验是飞机飞行试验的一个重要组成部分,它的目的是在真实的环境(结构变形、振动、恶劣天气)下,对高升力控制系统工作状态、功能、逻辑、操稳特性和飞行性能进行验证,来确保高升力控制系统工作安全可靠、功能完善,飞机的飞行品质能够满足设计的需求。

12.7.2 系统飞行试验环境

飞行试验是将飞机、系统、设备、发动机等置于真实环境下飞行的各种试验,需要借助机载或遥测设备来获得试飞过程中的大量数据对其进行分析。飞行试验是民机研制的关键步骤,也是保证飞机运行安全的重要途径。飞行试验是飞机在现实环境中不同工况下,对飞机的设计包络、飞行边界、系统基本功能/性能、各种系统失效工况等场景进行飞行验证,确保飞机系统的设计能够满足设计需求。一般对于试飞中存在一定的风险源和不特定安全因素的高风险科目,不建议进行试飞验证,而是通过地面模拟器进行模拟试飞验证。

12.7.3 系统飞行试验过程

飞机高升力系统有着极高的安全性要求,一般高升力系统会采用多余度设计与余度管理、故障重构、降级安全等措施来降低故障的影响。高升力系统的故障包括了襟缝翼操纵手柄信号故障、襟缝翼超控控制板故障、襟缝翼控制器的故障、襟缝翼动力驱动装置故障、襟缝翼位置传感器故障和襟缝翼卡阻等。

高升力系统是保证飞机飞行安全的重要系统,它进行飞行试验的需求有以下几个方面:通过飞行试验来检查高升力系统是否能实现设计的功能;试飞机构根据飞行试验采集的数据来分析高升力系统的问题,完善设计;要进行足够多的飞行试验来表明飞控系统的安全性与可靠性;要向审定部门提交飞行试验数据,来表明飞控系统的功能、性能等符合设计要求。

高升力系统飞行试验的内容包括:

1)检查高升力系统机载设备(襟缝翼控制计算机、传感器和作动器等)环境适应性。例如,检查机载设备电气和机械接口的正确性、功能的完整性,检查机载设备和其他系统以及设备交联关系的正确性,检查机载设备性能指标和设计要求的符合性。

2)验证高升力系统控制功能和飞行品质。例如,验证增升装置收放时序,验证收放过程的飞机响应。

高升力系统飞行试验可以分为三个阶段,分别是研发试飞、审定试飞、功能和可靠性试飞,经过这三个阶段才能获取型号合格审定批准。

研发试飞是申请人自己的试飞,包括首飞、调整试飞、完成设计参数制定等需要的飞行试验,验证对设计要求符合性的飞行试验。高升力系统的首飞准备需要完成地面监控系统的测试验证、首飞飞行剖面以及应急处置程序的训练、操纵效能的验证以及地面滑行试验等。首飞成功后,即开始高升力系统的调整飞行试验。调整飞行试验的目的在于检查和改善高升力系统的功能以及飞行品质。通过调整飞行试验,要确定高升力系统不存在技术问题,系统的功能逻辑均满足要求,飞机性能以及飞行品质符合设计要求,试飞人员已经熟悉飞控系统的使用,且地面的保障设施、人员、设备、工具等资源均已就位。

审定试飞以型号检查核准书颁发为起点,到功能和可靠性试飞开始前为结束,它是由局方确定试飞科目和试飞方案,由局方人员(包括局方试飞工程师以及试飞员)实施,它的目的是演示验证高升力系统对民航条例以及适航标准条款的符合性,为飞机合格审定提供依据。高升力系统审定飞行试验依据 CCAR25 部《运输类飞机适航标准》相关条款,期间需要飞机型号合格审查组现场观察试飞进程。

功能和可靠性试飞。功能试飞要求在既定的工作条件下高升力系统能够实现正常运行和预设的功能,可靠性试飞则需要验证高升力系统在飞机运营的过程中能够保持其运行安全和可靠。

由于地面试验、模拟试验中采用的气动数据可能无法准确模拟失速情况下飞机的真实特性,因此需要进行高升力系统飞行试验来对其进行鉴定,试飞是验证高升力系统性能最终的过程。通过进行各种飞行科目试飞,从而表现高升力系统的本质特征。试飞过程中,对于高升力系统,主要是按照正常模式和模拟故障模式来验证其功能以及对适航条款的符合性。

参 考 文 献

[1]　高亚奎,安刚,支超有,等. 大型运输机飞行控制系统试验技术[M]. 上海:上海交通大学出版社,2015.

[2]　史佑民,杨新团. 大型飞机高升力系统的发展及关键技术分析[J]. 航空制造技术,2016,59(10):74-78.

[3]　刘彦生,黄建国. 民机高升力系统操作试验的符合性验证和设计方法研究[J]. 航空工程进展,2012,3(1):125-130.

[4]　刘立丰. 民用飞机铁鸟高升力系统动态扭矩测试研究[C]//中国航空学会. 第八届中国航空学会青年科技论坛论文集,[S.l.:s.n.],2018:1186-1191

[5]　赵继. 一种辅助民用飞机高升力系统全机地面模拟试验的地面支持设备[J]. 科技视界,2017(5):145.

[6]　杨志丹. 民用飞机高升力控制系统的设计和安全性分析研究[D]. 上海:上海交通大学,2014.

[7]　支超有,姜丰收,李霞. 飞机高升力控制系统传动效率测量技术研究[J]. 计算机测

量与控制，2013，21(2)：346－348.

[8] 高振江,乔社娟,王琪.基于发射内存网的飞机仿真试验数据库研究[J].自动化与仪表,2019,34(2):83－86.

[9] 黄国华，李洋，廉风慧.飞机电传操纵系统的发展概况[J].现代教育科学，2009(S1)：414－415.

[10] 姬志伟.基于人为因素的民航飞行安全评估研究[D].南京：南京航空航天大学，2016.

[11] 中国民用航空局.航空器型号合格审定试飞安全计划[Z].北京：中国民用航空局,2014.

第 13 章 国内外飞机典型高升力控制系统介绍

13.1 概　　述

以空客系列飞机、波音系列飞机为代表,高升力控制系统经过多年的技术发展与积累,逐渐形成了以"集中驱动、共轴传动、分布式作动"为技术特征的系统架构。而最新的波音 B787 飞机和空客 A350 飞机,都在传统高升力控制系统的基础上,采用了内外襟翼差动控制的先进技术,根据飞机重量及飞行速度变化等参数,操纵飞机后缘襟翼来获得最佳翼型,以提高飞机气动效率,减小阻力,从而降低燃油消耗,提高飞机的经济性。

空客 A320/330/340 系列飞机高升力控制系统以两台高升力控制计算机主-主工作、双液压马达集中驱动为主要特征;空客 A380 飞机在此基础上,采用两台高升力控制计算机"主-主工作,互为备份"的控制形式,液压马达采用变排量控制,以提升系统安全性,减小流量需求;空客 A350 飞机实现了内外襟翼差动控制功能,以进一步提升飞机的经济性。

波音系列飞机高升力控制系统以两台高升力控制计算机主-备工作,具有备份控制功能,动力驱动装置以采用液主电备形式为主要特征。波音 B787 飞机高升力控制计算机与主飞控计算机集成,以减小机载设备数量,同时与空客 A350 飞机类似,可实现内外襟翼差动控制,提升经济性,以增强市场竞争力。

国内运输类飞机以 ARJ21 飞机、C919 飞机、运 20 飞机为代表,其中 C919 飞机是中国首款按照最新国际适航标准,具有自主知识产权的干线民用飞机。通过国内系列化飞机的成功研制,逐步形成了高升力控制系统的需求定义、架构设计、系统设计与集成、综合验证等全过程研发能力,以及独立自主设计、制造、集成和验证一套完整高升力控制系统的能力。

本章选取了国内外飞机典型代表机型(A320 飞机、B777 飞机和 C919 飞机)的高升力控制系统,详述不同类型高升力控制系统的功能、架构和原理等。

13.2 空客 A320 飞机高升力控制系统

13.2.1 飞机介绍

空客 A320 飞机是欧洲空中客车公司研制生产的单通道双发中短程 150 座级客机,是第一款使用数字电传操纵系统的商用飞机。空客 A320 飞机于 1988 年完成首架机交付,系列产品包括 A318、A319、A320 和 A321 等 4 个飞机型号以及最新更换了发动机的型号

A319neo、A320neo 和 A321neo 等飞机,覆盖了 120～220 座级的单通道干线客机。飞机外形及舵面配置如图 13-1 所示。A320 飞机增升翼面包含 10 块前缘缝翼和 4 块后缘单缝襟翼,在起飞和着陆时使用,以提高飞机的低速性能。

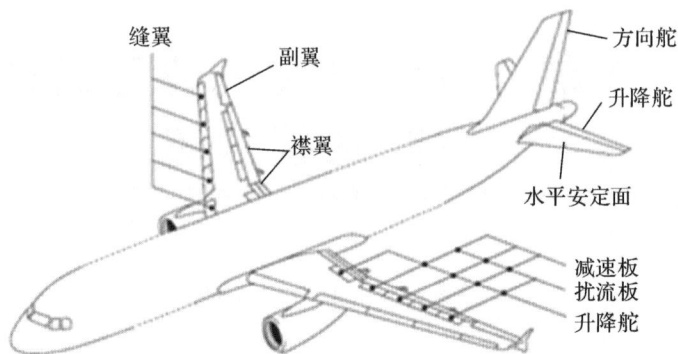

图 13-1　空客 A320 飞机外形及舵面配置图

13.2.2　高升力控制系统

13.2.2.1　功能

空客 A320 飞机高升力控制系统主要包括以下功能。

1)襟缝翼位置控制功能:根据襟缝翼操纵手柄指令,在规定时间内收放襟缝翼到目标位置,实现对襟缝翼的位置控制。

2)自动收回功能:为保护襟翼结构,当飞机速度大于当前襟翼位置允许速度时,系统自动将襟翼收回到安全位置。

3)缝翼迎角/速度锁定功能:当飞机速度过低或迎角过大时,禁止缝翼运动到收回位置。

4)故障监控保护功能:系统设计有不对称监控保护、倾斜监控保护等功能,一旦检测到系统不对称、倾斜故障,系统采取相应的不对称和倾斜故障保护措施。

5)通信功能:与其他机载系统通信,发送和接收相关信号。

6)显示功能:将系统状态、襟缝翼位置等信息显示给飞行员。

13.2.2.2　架构与组成

空客 A320 飞机高升力控制系统采用"双余度主-主工作"和"集中驱动、共轴传动、分布作动"的结构形式,系统可工作在正常和降级工作模式下,系统架构如图 13-2 所示。

如图 13-2 所示,空客 A320 飞机高升力控制系统主要包含以下部件。

1)高升力控制计算机(SFCC):共包含两台高升力控制计算机,每台高升力控制计算机包括一个襟翼控制通道和一个缝翼控制通道,通过采集、比较襟缝翼操纵手柄指令信号及襟缝翼位置信号,计算控制指令,并向动力驱动装置的阀块发送控制指令。

2)动力驱动装置(PDU):动力驱动装置包含两个液压马达及相关阀块、两个液压制动器、位置显示传感器、位置传感器和差速齿轮箱。每台高升力控制计算机控制其中一个液压马达,通过差速齿轮箱综合后驱动襟缝翼机械传动线系。

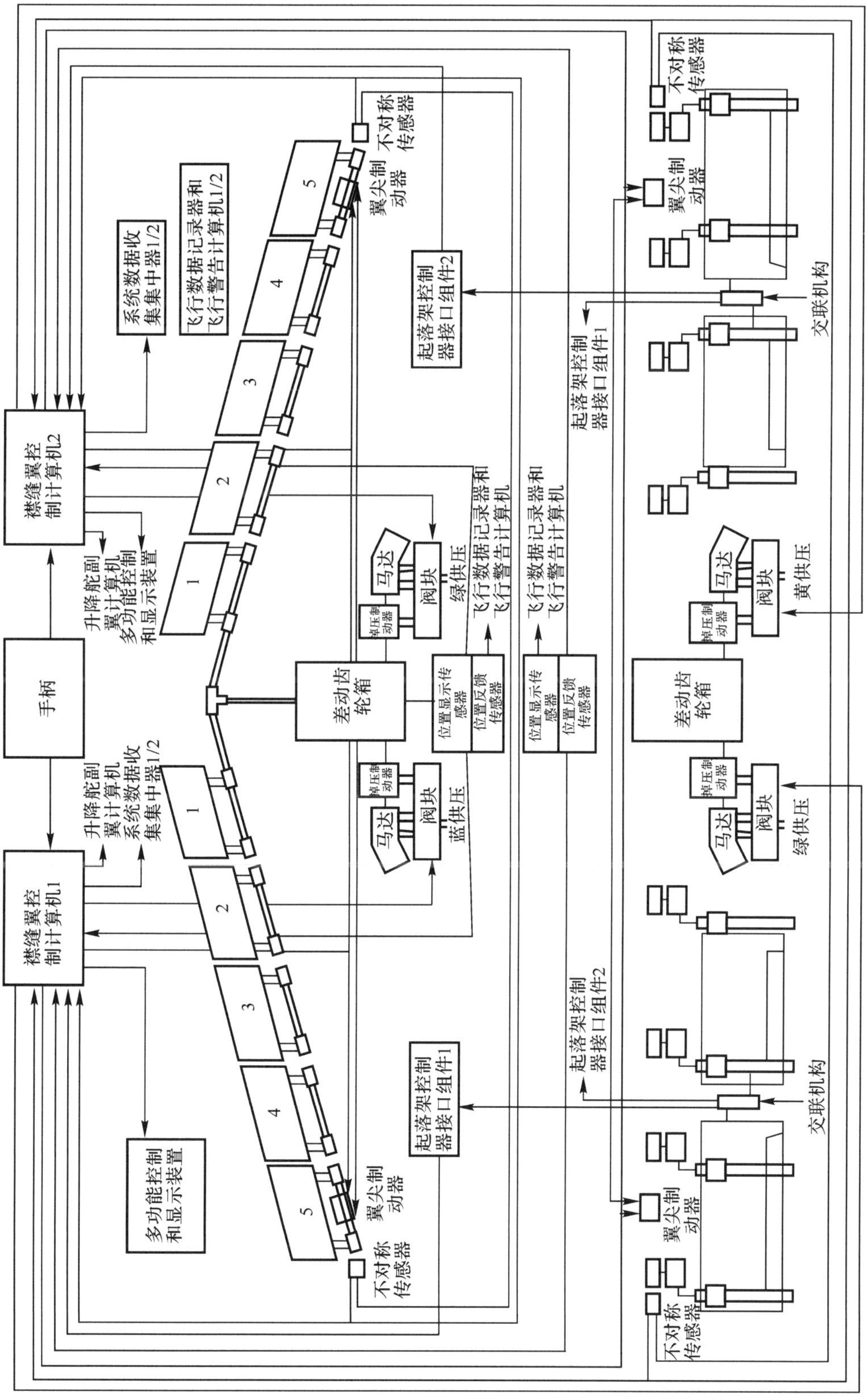

图 13-2　空客 A320 飞机高升力控制系统架构与组成示意图

3)襟缝翼操纵手柄:共包含5个挡位,分别对应不同的襟缝翼构型,飞行员操纵襟缝翼操纵手柄到不同的挡位位置,通过指令传感器将襟缝翼操纵手柄的机械运动转换为电信号,发送给高升力控制计算机。

4)位置反馈传感器(FPPU):集成在PDU上,用于测量襟缝翼位置信号。

5)位置显示传感器(IPPU):集成在PDU上,用于测量襟缝翼位置显示信号。

6)不对称传感器(APPU):安装在襟缝翼传动线系的左右翼尖附近,用于测量襟缝翼位置,由高升力控制计算机比较APPU传感器信号,监控襟缝翼是否发生不对称故障。

7)交联机构:安装在内外襟翼之间,一方面用于测量内外襟翼是否发生超过阈值的相对运动;另一方面用于内外襟翼的刚性连接。

8)传动线系:由扭力杆和齿轮箱等组成,用于实现传递动力驱动装置输出的转速和扭矩。

9)襟缝翼旋转作动器:用于将传动线系的转速和扭矩传递给襟缝翼。

10)翼尖制动器(WTB):当襟缝翼发生不对称故障后,可将传动线系锁定在当前位置。

13.2.2.3　系统控制模态

系统包含正常、降级和故障三个模态。

1)正常模态:系统各部件正常,两路液压源正常,PDU中两个液压马达同时工作,系统可全速将襟缝翼驱动到目标位置。

2)降级模态:当系统中单个液压马达无法正常工作,或丧失单路液压源时,系统可工作在降级模态,此时系统为半速工作。

3)故障模态:当系统发生不对称、倾斜、非指令运动、超速等故障时,将传动线系制动在当前位置。

13.2.2.4　系统工作原理

正常和降级模态下,飞行员操纵襟缝翼操纵手柄,由集成在襟缝翼操纵手柄内的指令传感器将襟缝翼操纵手柄机械运动转化为电信号传输给高升力控制计算机,高升力控制计算机同时接收襟缝翼指令传感器和襟缝翼位置传感器信号,通过解算和比较后,形成使能信号发送给襟缝翼动力驱动装置,由襟缝翼动力驱动装置通过传动线系和旋转作动器驱动襟缝翼运动至目标位置,实现襟缝翼位置控制。襟缝翼操纵手柄各挡位对应的系统形态见表13-1。

表 13-1　系统形态

手柄位置	缝翼角度/(°)	襟翼角度/(°)	显示	飞行阶段	
0	0	0	0	—	巡航
1	18	0	1	—	等待
		10	1+F	—	起飞
2	22	15	2	起飞	—
3	22	20	3	着陆	进近
FULL	27	40	FULL	着陆	—

自动收回功能:选择形态"1+F"时,在飞行速度大于 210 kn 时,自动收回到形态"1"。

缝翼迎角/速度锁定监控:当飞机迎角大于 8.6°或飞行速度小于 148 kn 时,抑制缝翼由形态"1"收回到形态"0";当迎角小于 7.6°或速度超过 154 kn 时,抑制功能失效。

襟缝翼超速监控:使用 APPU 和 FPPU 的襟/缝翼位置或者速度信号获得左右线系转速,当转速信号大于设定门限时,启动襟缝翼超速保护功能。

襟缝翼不对称监控:通过襟缝翼控制计算机监测左右 APPU 的位置信号,当左右 APPU 差值大于设定阈值时,启动襟缝翼不对称保护功能。

襟翼倾斜监控:使用安装在内外襟翼之间的互连支撑中的接近式传感器,通过襟缝翼控制计算机监控内外襟翼的相对运动是否超过设定阈值,当超过阈值时,启动襟翼倾斜保护功能。

襟缝翼非指令运动监控:通过襟缝翼控制计算机监测 APPU 和 FPPU 位置传感器信号,监控襟缝翼位置是否偏离襟缝翼指令位置,当超过阈值时,或出现错误的运动方向时,启动襟缝翼非指令运动保护功能。

襟缝翼失控监控:通过襟缝翼控制计算机比较 APPU 和 FPPU 的位置信号差值,当超过阈值时,启动襟缝翼失控保护功能。

襟缝翼卡阻监控:在襟缝翼运动过程中,使用 FPPU 位置信号计算出转速值,当转速信号低于给定阈值时,启动襟缝翼卡阻保护功能。

13.2.3　分系统介绍

13.2.3.1　控制分系统

控制分系统包含襟缝翼操纵手柄和高升力控制计算机,如图 13-3 所示。

襟缝翼操纵手柄主要由壳体、手柄组件及指令传感器组成。手柄共包含 5 个位置,分别是"0""1""2""3""FULL"。

襟缝翼操纵手柄是飞行员控制襟缝翼运动的人机交互部件,其作用是将襟缝翼操纵手柄机械运动转换为指令传感器的输入,襟缝翼操纵手柄的每个挡位设计有卡槽,在进行操纵前,需有手柄提起动作。

根据挡位不同,指令传感器发送离散信号给襟缝翼控制计算机,每个计算机中襟翼和缝翼通道分别采集两路信号,每路信号为一个 5 个挡位的离散量,每个挡位与传感器输出状态的对应关系见表 13-2。

表 13-2　手柄位置与传感器状态对应表

手柄位置	0	1	2	3	FULL
传感器输出离散量 1	√	—	—	—	√
传感器输出离散量 2	√	√	—	—	—
传感器输出离散量 3	—	√	√	—	—
传感器输出离散量 4	—	—	√	√	—
传感器输出离散量 5	—	—	—	√	√

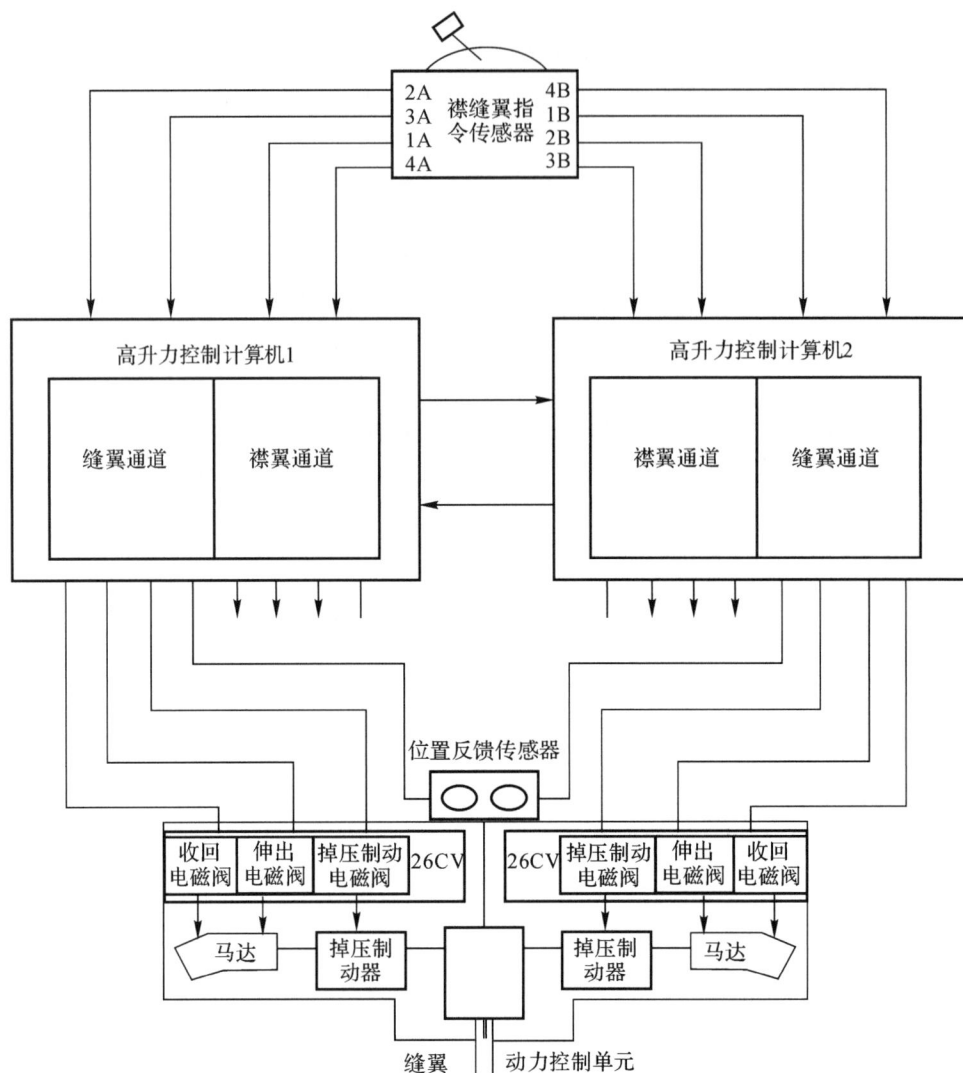

图 13-3 控制分系统示意图

系统共包含两台襟缝翼控制计算机，是系统的控制与监控核心，每台襟缝翼控制计算机包含一个襟翼通道和一个缝翼通道，每个通道又包含两个支路。

襟缝翼控制计算机通过硬线与系统内部指令传感器、位置反馈传感器、不对称监控传感器交联，用于系统指令计算及运行状态监控。与动力驱动装置中的电磁阀、阀芯位移传感器和制动电磁阀交联，用于系统伺服部件的控制。同时，襟缝翼控制计算机与起落架控制单元交联，获取轮载状态，与大气机交联，获取迎角与空速信号，同时发送信息给主飞行操纵计算机和备用操纵计算机、飞管计算机、大气机等外部设备。

13.2.3.2 驱动分系统

驱动分系统包含襟翼动力驱动装置和缝翼动力驱动装置。

动力驱动装置组成如图 13-4 所示。

输出

差动齿轮箱

掉压制动器　　掉压制动器　　线位移传感器

阀块1　　液压马达1　　液压马达2　　阀块2

电磁阀

电连接器

中置齿轮

位置反馈　　位置仪表

电连接器

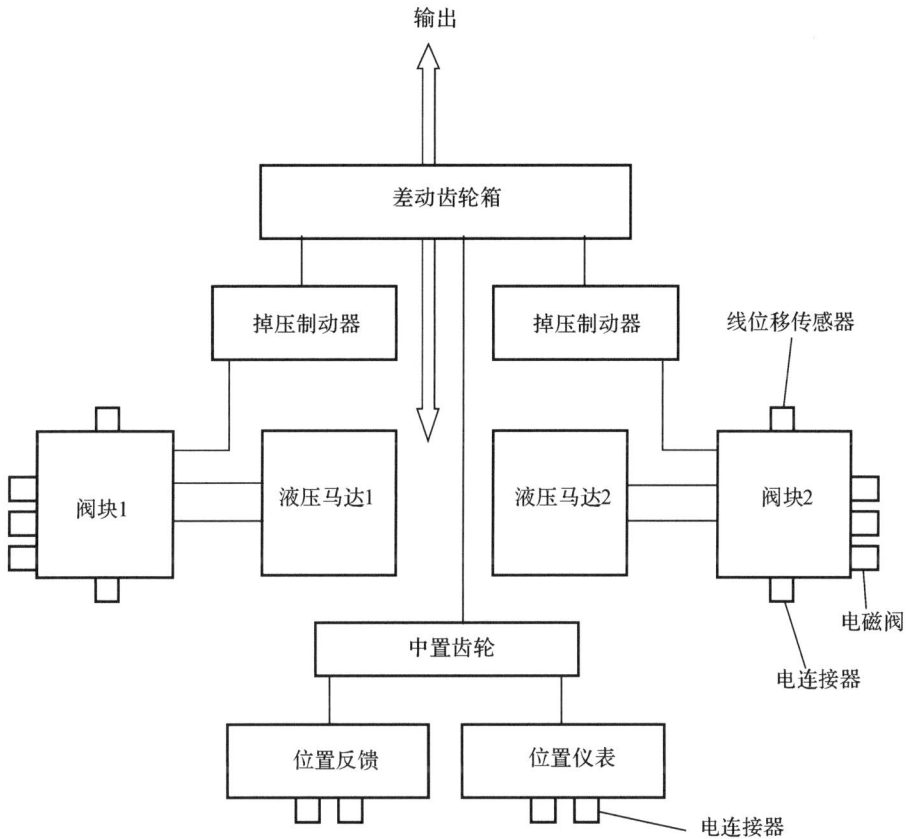

图 13 - 4　动力控制单元结构示意图

动力驱动装置包含以下组成部分。

1)两个液压马达:通过液压集成阀块接收液压流量,驱动输出轴运动,利用液压油流向不同,实现正向和反向运动。

2)两个制动器:制动器由多组摩擦片组成,当系统液压压力低于阈值时或系统控制律向制动电磁阀发送关闭指令时,制动器摩擦片压紧在一起,把持输出轴。

3)两个阀块:阀块控制液压马达的液压流量。其主要由主控阀芯、线位移传感器、油滤等组成。

4)六个电磁阀:包括两个伸出电磁阀、两个收回电磁阀和两个制动电磁阀。

5)两个油滤。

6)一个位置反馈传感器。

7)一个位置显示传感器。

8)差速齿轮箱:将两台液压马达输出轴转速和扭矩综合后通过输出轴输出综合转速和扭矩。

每台襟缝翼控制计算机控制一路马达对应的相关阀块,通过控制电磁阀的开启和关闭,实现主控阀芯的运动控制,根据设定好的静态模态控制、启动模态控制和停止模态控制,完成襟缝翼位置控制。

13.2.3.3 传动与作动分系统

襟缝翼传动与作动分系统的功能为传递动力驱动装置输出的转速和扭矩,驱动襟缝翼运动。由于襟缝翼传动与作动分系统的原理类似,本节仅以襟翼传动与作动分系统为例进行介绍。

襟翼传动与作动分系统结构示意图见 13-5 所示。

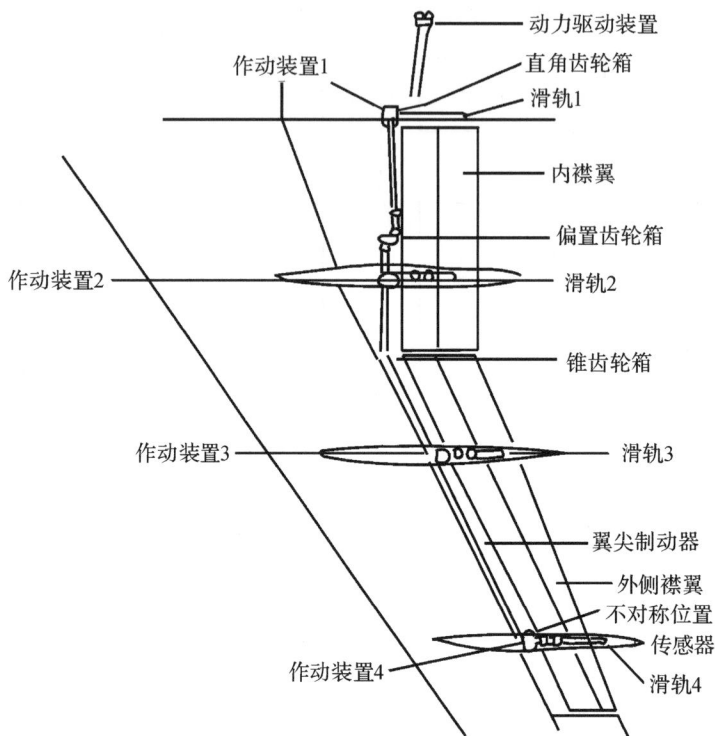

图 13-5 襟翼传动与作动分系统结构示意图

单侧襟翼传动与作动分系统由以下部件组成:

1)四个作动器;

2)三个齿轮箱,包含一个线齿轮箱、一个直角齿轮箱和一个锥齿轮箱;

3)一套扭力杆和支撑轴承;

4)一个翼尖制动器。

襟翼传动与作动分系统通过扭力杆、齿轮箱、作动器等部件,将驱动装置输出的转速和扭矩转换为驱动襟翼运动的动力,其中,作动器驱动襟翼运动的原理示意图如图 13-6 和图 13-7 所示。

作动器通过与扭力杆连接,接收扭力杆传递的转速和扭矩,先经过力矩限制器,再通过齿轮箱,最后通过旋转作动器驱动襟翼连杆机构运动,由连杆机构驱动襟翼在滑轨上伸出或收回。

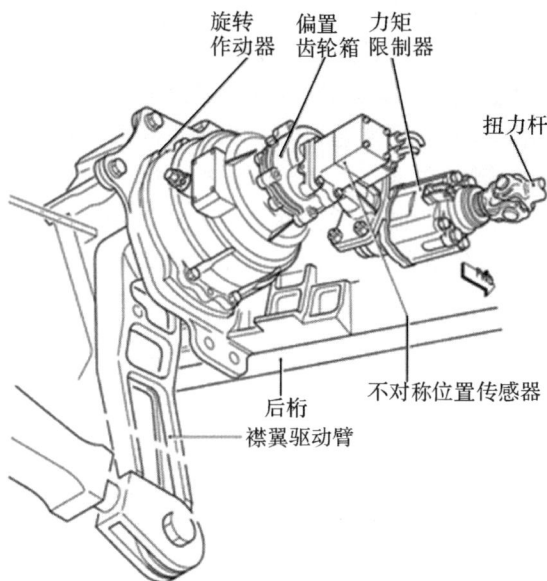

图 13－6　襟翼作动器示意图

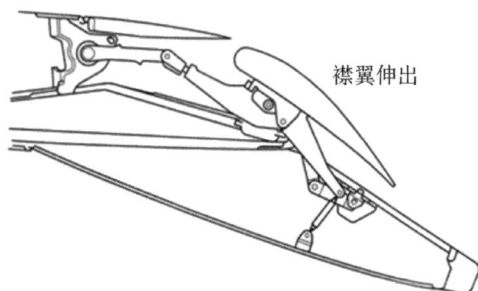

图 13－7　襟翼运动机构示意图

13.2.3.4　传感器分系统

空客 A320 飞机高升力控制系统为了实现襟翼和缝翼位置控制和位置显示、不对称和倾斜(故障)状态监测,分别配置了指令传感器(CSU)、飞行数据记录器(IPPU)、APPU、FPPU 和交联机构(ICS)五种位置传感器。

CSU 襟缝翼指令传感器为角位移类传感器,集成在襟缝翼操纵手柄(安装在驾驶舱)内,CSU 将襟缝翼操纵手柄的机械位置转化为电信号,传送给每个 SFCC,用于为高升力控制系统提供襟缝翼位置指令。

IPPU、APPU、FPPU 三种位置传感器为可互换单元,每个位置传感器均由齿轮减速机构和传感器等部分组成,接收襟翼控制计算机的激励信号,并反馈与襟翼角度相关的电信号给计算机。其中 IPPU 与 FPPU 集成在动力驱动装置上,IPPU 与(FWC)交联,由 FWC 调制解调后向飞行员提供襟缝翼位置显示;FPPU 与 SFCC 交联,由 SFCC 接收和比较 CSU 和 FPPU 发送的位置信号,并向 PDU 发送阀控制指令,由 PDU 驱动襟缝翼传动线系,实现襟缝翼位置控制;APPU 安装在襟缝翼传动线系的末端,与 SFCC 交联,由 SFCC 持续接收和比较 APPU 和 FPPU 的襟缝翼位置或者速度信号,实现襟缝翼不对称、PDU 失控和 PDU 速度失效等系统(故障)状态监测。另外,在内外襟翼之间设置了交联机构,交联机构(ICS)内集成两个接近式传感器,每个 ICS 将信号发送到每个起落架控制器接口组件(LGCIU)中的一个,每个 LGCIU 从每侧机翼的一个 ICS 传感器上得到信号并且发送此数据到与它相关的襟缝翼控制计算机上,SFCC 监测数据并将它发送给另一部 SFCC,SFCC 获得全部 4 个襟翼交联机构 ICS 接近式传感器信号,用于内外襟翼倾斜(故障)状态的监测。

13.2.3.5 显控分系统

显控分系统作为飞行员与高升力控制系统的人机交互接口,主要功能是向飞行员提供操纵指令输入接口,以及系统状态的显示。

空客 A320 飞机配置一台襟缝翼操纵手柄,安装于驾驶舱中央操纵台上。襟缝翼操纵手柄设置"0""1""2""3""FULL"5 个指令挡位,用于实现飞行员与高升力控制系统人机交互接口,提供高升力控制系统预设位置指令的产生。

高升力控制系统通过襟缝翼控制计算机向机上中央电子监控(ECAM)发送襟缝翼手柄挡位、襟翼位置、缝翼位置、系统状态和系统故障告警等信息。

ECAM 显示位置类和襟缝翼状态信息包含襟缝翼操纵手柄位置、襟翼位置和缝翼位置信息,ECAM 显示信息如图 13 - 8 所示。

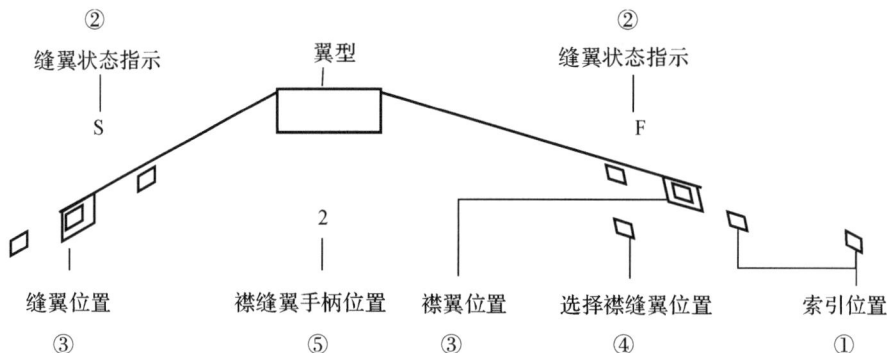

图 13 - 8　A320 飞机高升力控制系统状态显示画面示意图

1)①处为索引位置指示,这些平行四边形框指示缝翼和襟翼可选的位置,当飞机在正常状态下不显示;

2)②处为襟缝翼状态指示,正常情况下"F"和"S"显示为白色,故障情况下显示为琥珀色;

3)③处襟缝翼位置指示,正常情况下显示为绿色方框,故障情况下变为琥珀色;

4)④处为选择襟缝翼位置指示,襟缝翼在运动过程中,显示为蓝色,襟缝翼到达目标位置后消失;

5)⑤处襟缝翼操纵手柄挡位显示,包括"0""1+F""1""2""3""FULL"。

空客 A320 飞机高升力控制系统状态和告警信息通过襟缝翼计算机发送给 EIS(电子仪表系统),用于向飞行员提供系统状态和告警信息,便于飞行员采取相应的操纵,以保证飞机飞行安全。EIS 信息提示与系统告警对应关系见表 13-3。

表 13-3　EIS 信息提示与系统告警

EIS 信息	告警信息	听觉告警	目视告警	告警级别
CONFING SLATS (FLAPS)NOT IN TO CONFIG	缝翼(襟翼)未处于起飞形态	连续重复语音	主警戒灯	警戒
FLAP LVR NOT ZERO	襟缝翼操纵手柄不在 0 挡位,且飞行高度大于 22 000 ft	单谐音	主警戒灯	警戒
SLATS (FLAPS) FAULT	缝翼(襟翼)两通道都失效	单谐音	主警戒灯	警戒
SLATS (FLAPS) LOCKED	缝翼(襟翼)锁定	单谐音	主警戒灯	警戒
SLATS SYS1(2) FAULT	一个 SFCC 中缝翼通道失效	无	提示	提示
FLAPS SYS1(2) FAULT	一个 SFCC 中襟翼通道失效	无	提示	提示
SLAT(FLAP) TIP BRK FAULT	缝翼(襟翼)翼尖制动器故障	无	提示	提示
FLAPS ATTCH SENSOR	襟翼连接传感器失效	无	提示	信息
SLATS ATTCH SENSOR	缝翼连接传感器失效	无	提示	信息

注:1 ft=0.304 8 m。

13.2.4　系统特点分析

空客 A320 飞机高升力控制系统采用双余度、主-主式控制系统架构,双余度系统同时独立工作,驱动交联的液压马达,最终通过差速齿轮箱进行速度和扭矩综合,驱动、传动和作动分系统采用集中驱动、共轴传动、分布作动的形式,保证了襟缝翼运动的同步性。

空客 A320 飞机高升力控制系统控制逻辑简单,监控算法全面,"具有一次故障工作,两次故障安全"的能力,同时具有缝翼迎角/速度锁定、襟缝翼超速自监控功能,提高了飞行安全性。

13.3 波音 B777 飞机高升力控制系统

13.3.1 飞机介绍

波音 B777 飞机是美国波音公司研制生产的中远程双引擎宽体客机,是目前全球最大的双引擎宽体客机。1990 年启动研制,1995 年完成首架机交付,飞机外形及舵面配置如图 13-9 所示。波音 B777 飞机机翼前缘包含 12 块外侧缝翼、两块内侧缝翼和 2 块克鲁格襟翼,机翼后缘包含 4 块襟翼,其中内侧襟翼为双缝襟翼,外侧襟翼为单缝襟翼,在起飞和着陆时使用,用以提高飞机的低速性能。

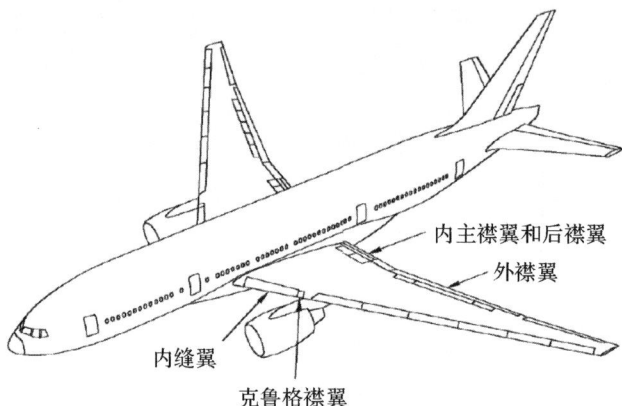

图 13-9 波音 B777 飞机外形及舵面配置图

13.3.2 高升力控制系统

13.3.2.1 功能

波音 B777 飞机高升力控制系统主要包括以下功能。

1)襟缝翼位置正常控制功能:根据襟缝翼操纵手柄位置指令在规定时间内收回/伸出襟/缝翼到目标位置,实现对襟缝翼的位置控制。

2)襟缝翼位置备份控制功能:根据备份襟缝翼位置指令,在正常模态故障情况下可实现备份模态对襟缝翼的位置控制。

3)巡航抑制功能:当飞机处于巡航阶段时,禁止高升力控制系统伸出襟缝翼。

4)载荷减缓功能:为保护襟缝翼结构,当飞机速度大于当前的襟缝翼位置允许空速值时,系统自动将襟缝翼收回到安全位置。

5)失速限制功能:当飞机状态接近失速时,缝翼自动伸出,以增大飞机的失速迎角抑制飞机进入失速状态。

6)故障监控保护功能:系统设计有不对称监控、倾斜监控等功能,一旦检测到系统不对称、倾斜故障,系统采取相应的不对称、倾斜故障监控和保护措施。

7)通信功能:与其他机载系统通信,发送和接收相关信号。

8)显示功能:将系统状态、襟缝翼位置等信息显示给飞行员。

13.3.2.2　架构与组成

波音 B777 飞机高升力控制系统采用"双余度主-备工作"和"集中驱动、共轴传动、分布作动"的结构形式,系统可工作在主、辅助和备份模态下。襟翼系统架构如图 13 - 10 所示,缝翼系统架构与襟翼系统架构相似,此处不赘述。

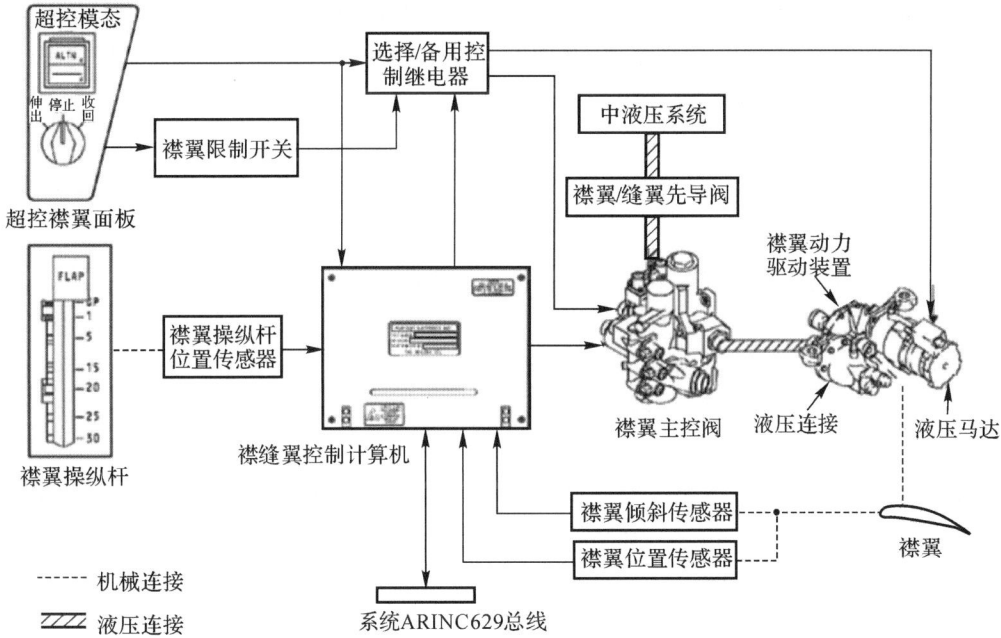

图 13 - 10　波音 777 飞机襟翼系统架构与组成示意图

波音 B777 飞机高升力控制系统主要包含以下部件。

1)高升力控制计算机(FSEU):共包含两台高升力控制计算机,在主模态和辅助模态下控制襟缝翼运动,同一时刻,只有一台计算机具有控制权,当主计算机故障后,将控制权交给备用计算机。每台高升力控制计算机包含一个控制通道和一个监控通道。

2)襟缝翼动力驱动装置(PDU):主要包含一个液压马达、一个电机,齿轮箱和极限位置开关,主模态下液压马达工作,辅助和超控模态下电机工作,通过齿轮箱减速后,将动力传递给扭力杆。

3)襟缝翼操纵手柄:共包含 7 个挡位,分别对应不同的襟缝翼构型,在主模态和辅助模态下将飞行员的机械运动转换为电信号,发送给高升力控制计算机。

4)超控襟翼控制板:包含一个预位开关和一个位置选择开关,在超控模态下发送控制指令给动力驱动装置。

5)选择/备用控制继电器:用于控制 PDU 中电机的启动、正向和反向控制,以及液压马达的启动、正向和反向控制。

6)主控阀:主控阀由伸出电磁阀、收回电磁阀、低速电磁阀、制动电磁阀、旁通阀等组成,高升力控制计算机通过控制主控阀中的电磁阀,实现对液压马达转速和转向的控制。

7)自动缝翼优先阀:当失速限制功能启动时,通过自动缝翼优先阀优先将液压系统流量供给缝翼动力驱动装置。

8)襟翼位置传感器:安装在襟翼 PDU 输出轴和内襟翼之间,用于测量输出轴位置,作为襟翼位置反馈信号。

9)缝翼位置传感器:安装在缝翼线系末端,用于测量缝翼位置,作为缝翼位置反馈信号。

10)襟翼倾斜传感器:用于测量每个襟翼运动位置,单机安装 16 个,每个作动机构处安装两个襟翼倾斜传感器,每台高升力控制计算机接收其中一路信号,用于襟翼倾斜监控。

11)缝翼倾斜传感器:内侧缝翼(7 号缝翼)每个作动机构上安装一个接近式传感器,共 8 个,外侧 2 号到 6 号缝翼之间安装两个接近传感器,单侧一个,用钢索连接。

12)传动线系:由扭力杆、齿轮箱和无返回机构组成,传递系统的转速和扭矩。

13)襟翼和缝翼作动器:将转速和扭矩传递给襟缝翼运动机构,最终驱动襟缝翼运动。

13.3.2.3　系统控制模态

系统包含主模态、辅助模态和超控模态三种工作模态。

1)主模态:系统默认进入主模态,主模态下,高升力控制计算机通过主控阀控制液压马达运动,两台高升力控制计算机采用主备工作模式,如果主计算机发生故障(襟翼手柄位置传感器故障、位置传感器故障、主控阀线圈故障、襟缝翼控制计算机故障),备用计算机转换为主计算机,继续工作在主模态。

2)辅助模态:当主模态已经发生一次故障,造成高升力控制计算机切换后,再次发生襟缝翼不一致或襟缝翼非指令运动,则系统进入辅助模态,如果故障只与襟翼部件有关,则仅襟翼的主模态切断且襟翼工作于辅助模态,若故障对襟翼和缝翼均有影响,则襟翼主模态和缝翼主模态都断开。

3)超控模态:飞行员通过超控襟翼控制板接通超控模态,当按压预位开关时,两台高升力控制计算机的主模态和辅助模态均断开,系统进入超控模态,可通过超控模态实现襟缝翼的位置控制。

13.3.2.4　系统工作原理

主模态下,FSEU 接收来自襟缝翼操纵手柄位置传感器的位置指令信号。FSEU 向襟缝翼主控制阀发送襟翼和缝翼控制指令,主控阀向襟翼和缝翼动力驱动装置(PDU)提供液压压力和流量,驱动 PDU 中的液压马达,经齿轮箱综合速度和扭矩后通过传动线系驱动襟翼和缝翼运动。当襟翼和缝翼运动时,位置传感器向 FSEU 发送襟缝翼位置信号。当襟缝翼位置信号等于襟缝翼操纵手柄位置指令时,FSEU 向 PDU 发送停止襟翼和缝翼的阀控指令。辅助模态下,工作原理相似,但不同之处在于 FSEU 控制的驱动部件为电机。超控模态下,飞行员通过超控控制板控制襟缝翼运动,超控控制板上的预位开关将离散信号送给 FSEU 以切断主模态和辅助模态。该预位开关通过辅助/备用控制继电器接通主控制阀的旁通阀,以切断向液压马达供压。同时,超控控制板上的选择开关可控制伸出或收回继电器控制襟翼和缝翼 PDU 电机的供电,由电机驱动襟翼和缝翼运动,直到飞行员将超控襟翼选择开关打到 OFF 位或者襟翼和缝翼到其极限位置,否则襟翼和缝翼就一直运动。

各挡位对应的系统形态见表 13 - 4。

表 13 - 4　系统形态

手柄位置	缝翼角度/(°)	襟翼角度/(°)
UP	UP	UP
1	中间位	UP
5	中间位	5
15	中间位	15
20	中间位	20
25	伸出位	25
30	伸出位	30

巡航抑制功能：当飞行空速大于 250 kn 或飞行高度大于 22 000 ft 时，系统抑制襟翼和缝翼的伸出。

失速限制功能：当系统处于主模态，并且飞行空速小于 215 kn，缝翼在中间位置，当高升力控制计算机接收中央告警系统的自动缝翼请求指令时，将缝翼自动伸出到最大开度位置，以提高飞机的失速迎角，抑制飞机进入失速状态。

载荷减缓功能：载荷减缓功能是为保护襟缝翼结构而设计的。当系统处于主模态时，比较当前空速与襟缝翼操纵手柄指令位置对应的标称空速值，当空速大于标称空速 1 kn 时，高升力控制计算机将控制襟翼收回或者阻止襟翼继续伸出。当飞行空速小于设计阈值时，襟翼收回到初始位置，如图 13 - 11 所示。当系统处于辅助模态，并且飞行速度大于 215 kn，襟缝翼操纵手柄不在"UP"位置，缝翼将自动从伸出到中间位。

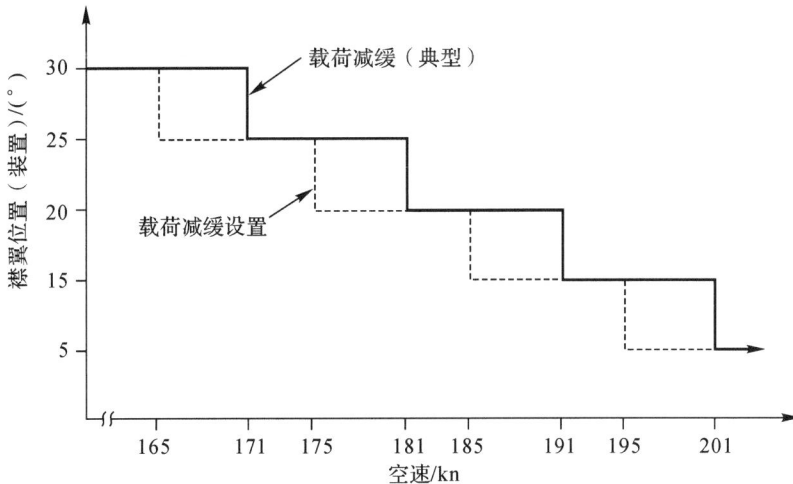

图 13 - 11　襟翼载荷减缓功能示意图

襟缝翼不对称监控：使用左右襟缝翼位置信号，通过高升力控制计算机进行比较，监控左右襟缝翼位置是否一致，判定襟缝翼不对称故障状态。

　　襟缝翼倾斜监控:使用襟翼倾斜传感器和缝翼倾斜传感器的位置信号,通过高升力控制计算机监控襟缝翼倾斜传感器信号是否超出设定阈值来判定襟缝翼倾斜故障状态,以及襟缝翼的不同步运动。

　　襟翼不一致或缝翼不一致:使用当前襟缝翼操纵手柄位置指令信号和襟缝翼位置信号,当襟缝翼位置信号与襟缝翼操纵手柄位置指令信号不一致,且当前襟翼或缝翼未在运动过程中,则系统判定襟翼不一致或缝翼不一致。

　　襟缝翼非指令运动:使用当前襟缝翼操纵手柄位置指令信号和襟缝翼位置信号,当襟缝翼位置偏离襟缝翼操纵手柄位置信号,且襟缝翼处于运动状态时,系统判定为非指令运动故障状态。

13.3.3 分系统介绍

13.3.3.1 控制分系统

控制分系统包含襟缝翼操纵手柄、备份控制板、高升力控制计算机。

襟缝翼操纵手柄由手柄、连杆机构、刹车机构、传感器组成,如图 13-12 所示,用于在主模态和辅助模态转换飞行员指令,包含 7 个位置,其中在 1 挡和 20 挡设计有挡块,襟缝翼位置指令传感器采用四余度配置,每台高升力控制计算机激励并采集其中的两路,根据襟缝翼位置指令传感器的输出电压值,判断襟缝翼操纵手柄当前的指令位置。

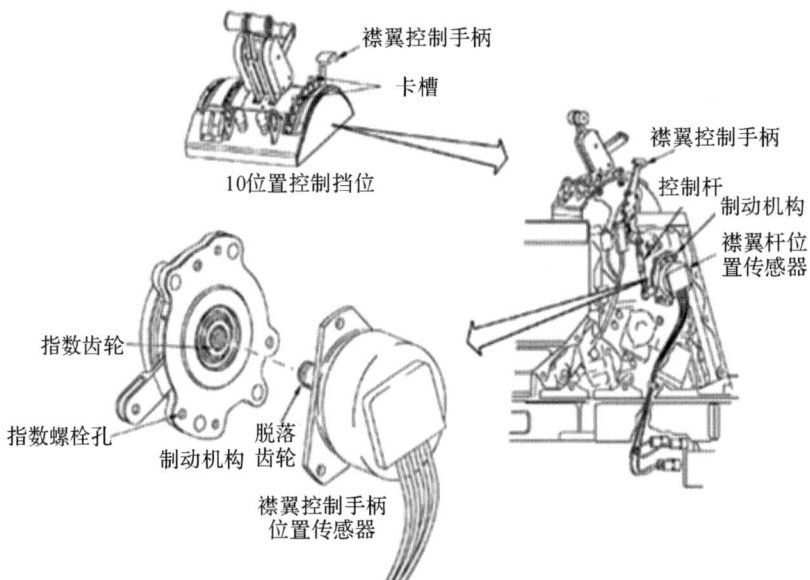

图 13-12　襟翼手柄组成示意图

超控控制板由预位开关和选择开关组成,如图 13-13 所示。用于在超控模态为飞行员提供人机交互操纵界面。其中预位开关有按下和弹起两个位置,选择开关有伸出、停止、收回三个位置。

高升力控制计算机:系统共包含两台高升力控制计算机,在主模态和辅助模态下实现襟缝翼位置控制。同一时刻,只有一台高升力控制计算机具有控制权。两台高升力控制计算机完全相同,可互换。每台高升力控制计算机包含一个控制通道和一个监控通道,两个通道采用不同厂商制造的不同的芯片。

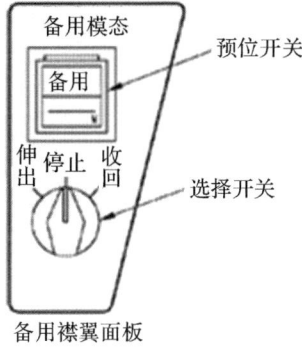

图 13 - 13　超控控制板组成示意图

每个通道包含以下功能:传感器激磁与解调;A/D 转换;控制律解算;故障监控;总线接口。

13.3.3.2　驱动分系统

驱动分系统主要包括主控阀和襟缝翼动力驱动装置。

在主模态下,主控阀控制流入襟缝翼动力驱动装置的液压流量,在辅助和备份模态下,主控阀阻止液压流量流入襟缝翼动力驱动装置。主控阀主要由伸出电磁阀、收回电磁阀、低速电磁阀、制动电磁阀和旁通电磁阀等组成,除低速电磁阀外,其他电磁阀可互换,襟翼主控阀和缝翼主控阀原理相似,但不可互换。

主控阀组成示意图如图 13 - 14 所示。

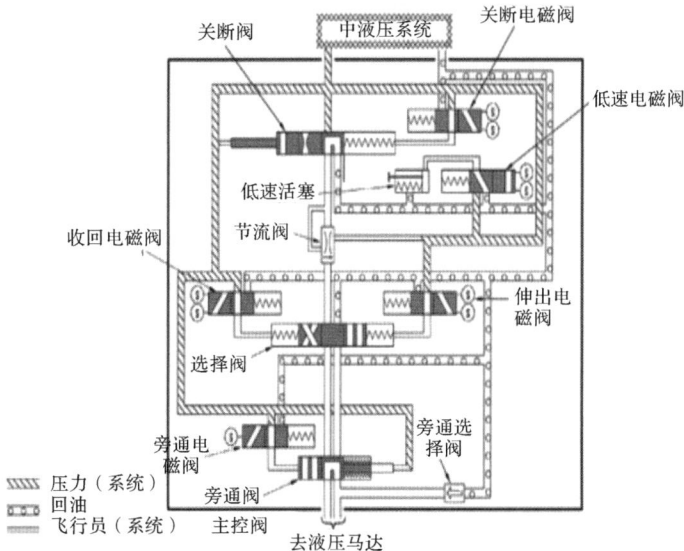

图 13 - 14　主控阀组成示意图

襟缝翼动力驱动装置是系统的动力源，在三个模态下驱动襟缝翼运动，襟缝翼动力驱动装置由液压马达、电机、齿轮箱组成（见图 13-15）。

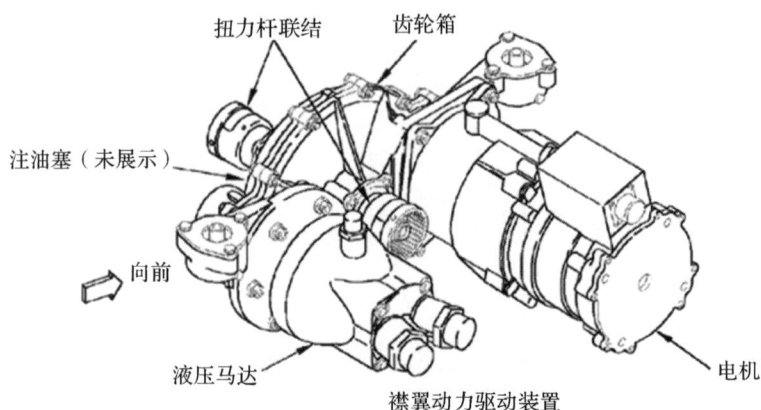

图 13-15 襟缝翼动力驱动装置组成示意图

液压马达和电机通过齿轮箱进行功率综合，通过输出轴输出转速和扭矩，在主模态下，液压马达分为高速运转和低速运转，高速时输出轴转速约为 550 r/min，低速转速约为 110 r/min，在辅助模态和超控模态下，电机驱动时输出轴转速约为 74 r/min。

襟翼限位开关和缝翼限位开关是在备份模态下进行位置保护的装置，襟翼限位开关有"UP"和"20"两个位置，当襟翼收上到"UP"位后，允许缝翼收上，当襟翼放下到"20"位置时，限位开关将关断襟翼电机，当缝翼放下到中间位时，限位开关将关断缝翼电机。

13.3.3.3　传动与作动分系统

襟翼传动与作动分系统结构示意图如图 13-16 所示。

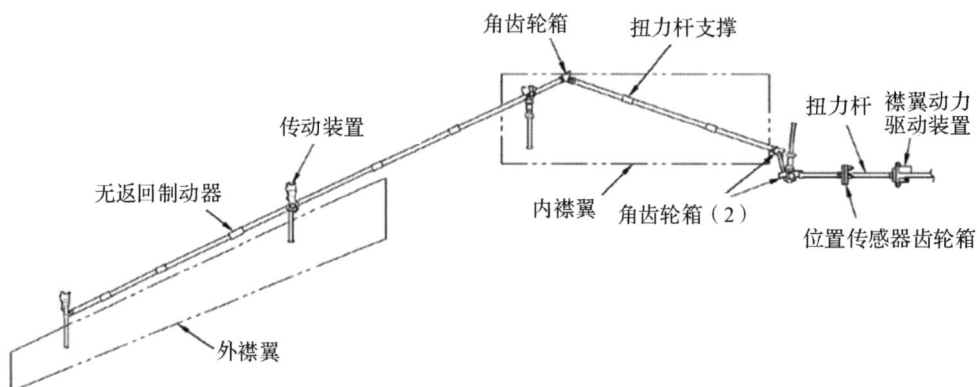

图 13-16 襟翼传动与作动分系统结构示意图

襟翼传动与作动分系统由扭力杆、支撑轴承、齿轮箱、无返回机构和作动器组成。

襟翼扭力杆和支持轴承通过齿轮箱将动力驱动装置输出轴的转速和扭矩传递给作动器，襟翼传动系统共包含 28 根扭力杆和 12 个支撑轴承。

齿轮箱用于改变扭力杆的传动方向,共包含 6 个变角齿轮箱。

无返回机构是襟翼线系的故障保护部件,当扭力杆出现故障后,无返回机构抑制襟翼气动载荷反传,防止襟翼的收起,为单向无返回机构。

襟翼作动器由减速器、滚珠丝杠和万向节组成,通过机械连杆驱动襟翼收放,如图 13 - 17 所示,每块襟翼由两个作动器驱动,单机共 8 个作动器。

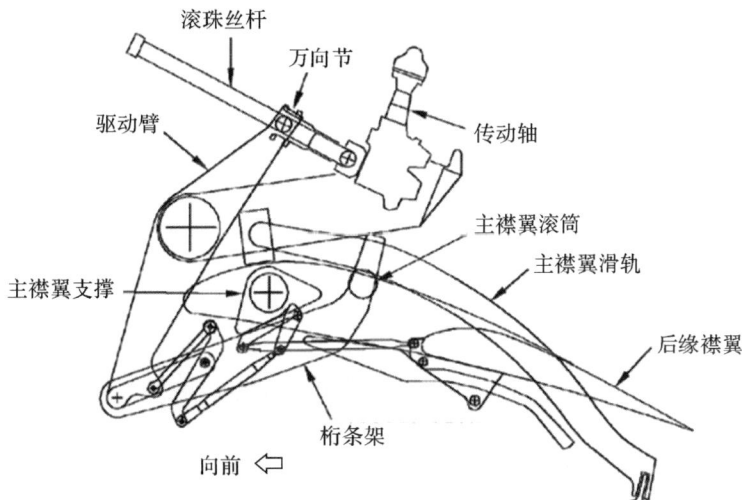

图 13 - 17　襟翼作动器示意图

13.3.3.4　传感器分系统

波音 B777 飞机高升力控制系统为了实现襟翼和缝翼位置控制和位置显示、不对称和倾斜(故障)状态监测,分别配置了襟缝翼指令传感器、襟缝翼位置传感器、襟翼倾斜传感器、内侧缝翼倾斜传感器和外侧缝翼倾斜传感器。

襟缝翼指令传感器集成在襟缝翼操纵手柄(安装在驾驶舱)内,其传感器属于角位移 RVDT 传感器。襟缝翼指令传感器将襟缝翼操纵手柄的机械运动转变为电信号,并传送给每个襟缝翼控制计算机(FSEU),用于为高升力控制系统提供襟缝翼位置指令。

襟缝翼位置传感器用于测量襟缝翼位置信息,进行襟缝翼位置控制与状态监控,襟翼位置传感器安装在襟翼动力驱动装置与第一个襟翼作动器之间,缝翼位置传感器安装于翼尖处,襟缝翼位置传感器均为正余弦传感器。高升力控制计算机接收和比对襟缝翼指令位置传感器和襟缝翼位置传感器信号,进行襟缝翼位置控制。

襟翼倾斜传感器用于测量每一个襟翼作动器的运动行程,进行运动不同步监控,每个作动器处安装两个传感器,单机共 18 个传感器,传感器均为 LVDT。每台高升力控制计算机激励并解调其中一个传感器,比对每个襟翼倾斜传感器进行襟翼倾斜状态的监测。

内侧缝翼倾斜传感器:左/右侧第一块缝翼的两个作动器上分别安装两个倾斜传感器,包括一个传感器和相应的靶标,传感器固定在结构上,靶标是一种磁性物质,安装在运动机构上,将运动机构分为 4 个有磁区和 4 个无磁区,当内侧缝翼运动时,传感器根据经过的有磁区和无磁区,输出不同的信号。高升力控制计算机根据接收到的内侧缝翼倾斜传感器不同信号,进行内侧缝翼的倾斜监控。

外侧缝翼倾斜传感器:左/右第 2 块至第 6 块缝翼安装一个倾斜传感器,为接近传感器,通过钢索将第 6 块缝翼与传感器的靶标连接,传感器与靶标安装在第 2 块缝翼上,当出现运动不同步,靶标会在钢索的带动下远离传感器,此时通过传感器向高升力控制计算机发送外侧缝翼倾斜信号,从而实现外侧缝翼倾斜状态监控。

13.3.3.5 显控分系统

波音 B777 飞机配置一台襟缝翼操纵手柄,安装于驾驶舱中央操纵台上。襟缝翼操纵手柄设置"UP""1""5""15""20""25""30"7 个挡位,用于实现襟缝翼位置指令的产生。

系统通过高升力控制计算机向机上发动机显示和机组告警系统(EICAS)发送襟缝翼操纵手柄挡位、襟翼位置、缝翼位置、系统状态和系统故障告警等信息。

襟缝翼位置、襟缝翼操纵手柄位置等系统状态显示在飞机 EICAS 页面,显示方式如图 13-18 所示。

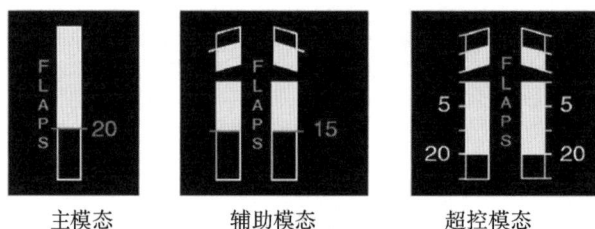

主模态　　　　　　　辅助模态　　　　　　　超控模态

图 13-18　系统显示画面示意图

1)主模态显示为单个矩形框,辅助模态显示为两个矩形框,且上方为缝翼位置显示,下方为襟翼位置显示,超控模态显示为两个矩形框,并且显示每个襟翼位置刻线。

2)襟翼和缝翼的实际位置以白色填充。

3)在主模态和辅助模态下,横线及数字代表目标位置,位置横线为洋红色时,表示缝翼或襟翼向指令方向运动,当缝翼或襟翼到达指令位置时,洋红色线变为绿色线。

4)主模态下,当飞机处于稳定位置持续 10 s 后,显示消失。

5)超控模态和辅助模态的显示屏的格式基本上是一样的。不同的是,超控模态显示屏没有指令条,而是用一些标记符号和参数刻度数来标识襟翼和缝翼的位置。

波音 B777 飞机高升力控制系统的系统状态和告警信息通过高升力控制计算机发送给EICAS,用于向飞行员提供高升力系统的系统状态和告警信息(见表 13-5),便于飞行员采取相应的操纵,以保证飞机飞行安全。

表 13-5　波音 B777 飞机高升力系统系统状态和告警信息表

EICAS	告警信息	听觉告警	目视告警	告警级别
FLAP LVR NOT ZERO	襟缝翼操纵手柄不在 0 挡位, 且飞行高度大于 22 000 ft	单谐音	主警告灯	警戒
SLATS (FLAPS) FAULT	缝翼(襟翼)两通道 都失效	单谐音	主警告灯	警戒

续表

EICAS	告警信息	听觉告警	目视告警	告警级别
SLATS (FLAPS) LOCKED	缝翼（襟翼）锁定	单谐音	主警告灯	警戒
SLATS SYS1(2) FAULT	一个 SFCC 中缝翼通道失效	无	提示	提示
FLAPS SYS1(2) FAULT	一个 SFCC 中襟翼通道失效	无	提示	提示
SLAT(FLAP) TIP BRK FAULT	缝翼（襟翼）翼尖制动器故障	无	提示	提示
FLAPS ATTCH SENSOR	襟翼连接传感器失效	无	提示	警戒
SLATS ATTCH SENSOR	缝翼连接传感器失效	无	提示	警戒

13.3.4 系统特点分析

波音 B777 飞机高升力控制系统采用双余度主-备控制系统架构,同一时刻,只有一台计算机处于控制状态,另一台计算机处于备份,动力驱动装置采用液主电备的形式,与控制分系统一样,也是主-备工作,同一时刻,只有液压马达或者电机工作,最终通过齿轮箱进行功率综合后驱动襟缝翼传动线系及作动器,即采用传统的集中驱动、共轴传动、分布作动的架构形式。

波音 B777 飞机高升力控制系统设计较为复杂,动力驱动装置采用能源非相似设计,一定程度上消除了共模性故障,可靠性高;同时具有正常、超控双控制模式,提高了系统任务可靠性;而且系统具有载荷减缓、失速限制等自动控制功能,提高了飞机飞行安全性。

13.4 C919 飞机高升力控制系统

13.4.1 飞机介绍

C919 飞机是中国按照最新国际适航标准研制的中型喷气式干线民用飞机,具有自主知识产权,由中国商飞有限责任公司于 2008 年启动研制,2017 年 5 月成功首飞。飞机外形及舵面配置如图 13-19 所示。C919 飞机高升力控制系统由 10 块缝翼、4 块襟翼组成,单侧 5 块缝翼、2 块襟翼,襟缝翼对称分布,在起飞和着陆时用以提高飞机的低速性能。

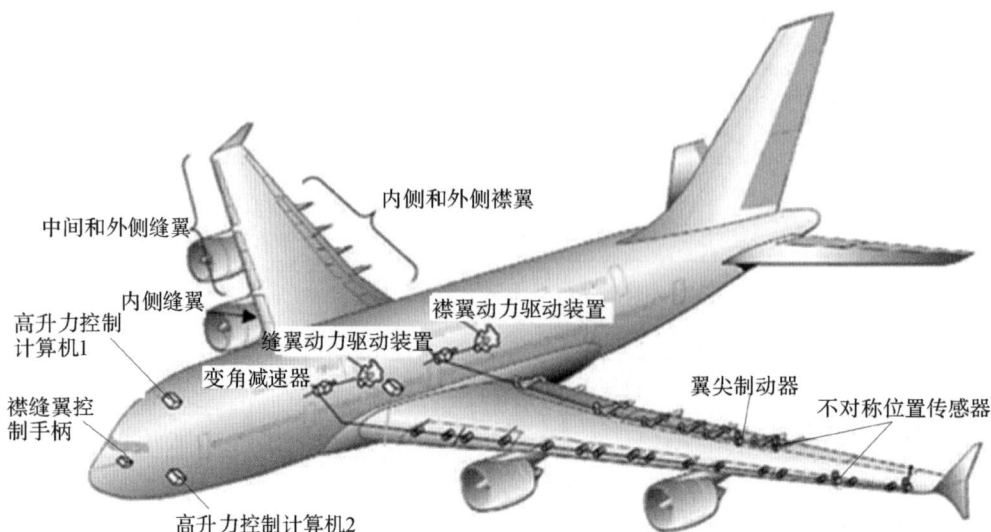

图 13 - 19　C919 飞机外形及舵面配置图

13.4.2　高升力控制系统

13.4.2.1　功能

C919 飞机高升力控制系统主要包括以下功能：

1）襟缝翼正常收放功能。根据襟缝翼操纵手柄位置指令，在规定时间内收回/伸出襟缝翼到目标位置，实现对襟缝翼的位置控制。

2）襟缝翼止动功能。襟缝翼到达目标位置后止动襟缝翼在规定的角度范围，并且具备超行程保护功能。

3）襟缝翼位置显示功能。实时显示襟缝翼的当前位置到驾驶舱的显示屏上。

4）自动缝翼功能。当飞机迎角过大时，接收主飞控计算机的自动缝翼指令完成自动缝翼功能。

5）载荷减缓功能。当飞机的飞行空速超过当前襟翼位置所设定的飞行空速值时，襟翼具备收回到上一个位置的功能，其主要目的是为了保护襟翼及关联机械结构不受过大的气动载荷而造成襟翼或者关联机械结构的损坏。

6）故障监测、报警和保护功能。保证襟翼和缝翼能准确收回/伸出到设定襟缝翼位置，并完成系统故障监控和保护。

7）超标牌空速抑制功能。当飞机飞行空速超过标牌空速时，系统可向飞行员提供告警，并抑制襟缝翼伸出。

8）动力系统非完全故障下襟缝翼的有序收放功能。在机上动力系统出现非完全故障的状况下，能完成设定的襟缝翼收放动作而不需要其他的需求。

13.4.2.2　架构与组成

C919 飞机高升力控制系统采用"双余度主-主工作"和"集中驱动、共轴传动、分布作动"

的架构形式,系统可工作在正常和降级模态,C919 飞机高升力控制系统架构如图 13 - 20 所示。

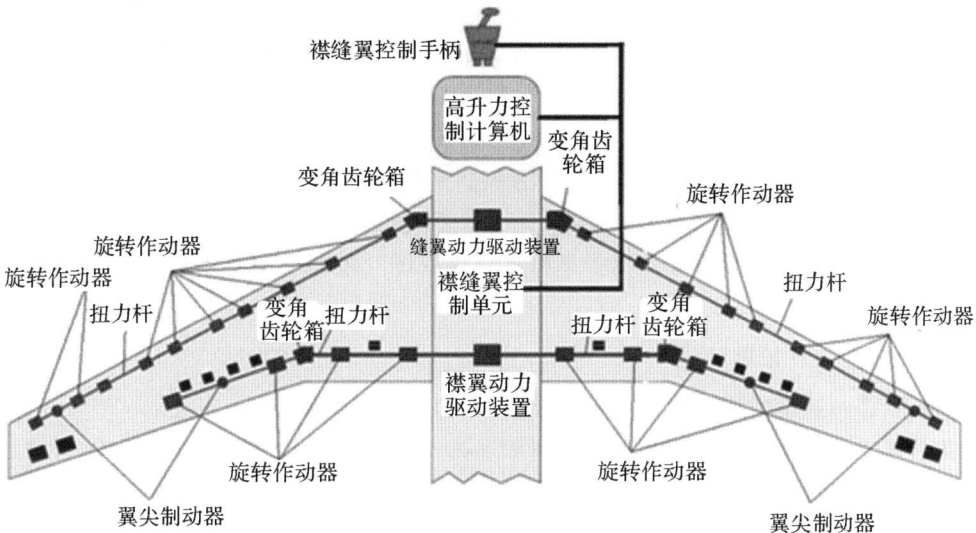

图 13 - 20　C919 飞机高升力控制系统架构示意图

C919 飞机高升力控制系统主要包含以下部件。

高升力控制计算机(FSEU):共包含两台高升力控制计算机,可实现正常、降级两种工作模态下的襟缝翼位置控制。当一台高升力控制计算机失效时,可通过另一套高升力控制计算机实现襟缝翼位置控制。每台高升力控制计算机包含一个控制通道和一个监控通道。

动力驱动装置(PDU):主要由两台液压马达、差动齿轮箱和掉压制动器组成。采用主主驱动模式,将两台液压马达输出功率通过差动齿轮箱进行功率综合,保证了恒力矩输出,并将动力传递给传动线系,驱动襟缝翼旋转作动器,实现襟缝翼作动。

襟缝翼操纵手柄:设置 5 个挡位,分别为"0""1""2""3"和"Full",分别对应不同的襟缝翼构型。在正常和降级模态下,将飞行员操纵襟缝翼操纵手柄产生的机械运动转换为电信号,发送给高升力控制计算机。

襟翼位置传感器:共设置两个襟翼位置传感器,分别安装在襟翼传动线系末端,用于测量襟翼位置。

缝翼位置传感器:共设置两个缝翼位置传感器,分别安装在缝翼传动线系末端,用于测量缝翼位置。

襟翼倾斜传感器:襟翼倾斜状态监测通过安装在 8 个旋转作动器位置上的倾斜传感器的综合状态比对来判断襟翼倾斜状态。

缝翼倾斜传感器:缝翼倾斜状态监测通过安装在内缝翼的 2 个倾斜传感器、外缝翼的 2 个倾斜传感器以及外缝翼上的钢索式倾斜传感器的综合状态比对来判定缝翼倾斜状态。

传动线系:由扭力杆、支撑轴承和角齿轮箱等组成,用于实现传递系统的转速和扭矩。

襟缝翼旋转作动器:将襟缝翼传动线系上转速和扭矩通过襟缝翼旋转作动器传递到襟缝翼,实现襟缝翼驱动。

13.4.2.3 系统控制模态

C919 飞机高升力控制系统具备以下模式：

1）正常操纵模式。襟翼和缝翼 PDU 的两个液压马达驱动通道正常工作。

2）降级操纵模式。襟翼和缝翼 PDU 只有一个液压马达驱动通道正常工作。

3）动力限制模式。通过机上动力系统提供的液压系统 1 和液压系统 2 均失效，襟翼 PDU 动力驱动装置 A 通道依靠机上冲压空气涡轮机（RAT）提供的液压系统 3 继续工作。

4）维护模式及自检功能（BIT）。高升力控制系统在维护模式下可通过高升力控制计算机的电气互连接口实现襟缝翼位置控制，且不需要额外的操作。

5）无法工作模式。无法工作模式是指高升力系统的襟翼和缝翼均丧失驱动能力，把持在当前位置。

13.4.2.4 工作原理

操纵状态包括正常操纵模态、降级操纵模态和动力限制模态。

正常操纵模态是指襟翼双通道和缝翼双通道都处于健康状态。在正常工作模式下，高升力襟翼系统以额定转速驱动襟翼运动到指令位置，缝翼系统以额定转速驱动缝翼运动到指令位置。在正常操纵模式下，襟翼或缝翼 PDU 输出 100% 的速度和 100% 的驱动能力。

降级操纵模态是指襟翼和或缝翼单通道处于健康状态。在降级操纵模式下，高升力襟翼或/和缝翼应以 1/2 的额定转速驱动襟翼或/和缝翼运动到指令位置。

动力限制模态是指在双发失效情况下飞机仅由 RAT 提供液压源，在液压流量受限的情况下，高升力系统执行特殊控制，仅襟翼单通道工作且速度降低为原来的一半，高升力系统应以 1/4 的额定速度驱动襟翼到指令位置，缝翼不运动并把持在当前位置。

在无法工作模式下，高升力系统应执行襟翼和缝翼制动，将其把持在当前位置。

襟缝翼的操纵模态见表 13-6。

表 13-6 C919 飞机高升力系统工作模式

工作模式	缝翼 PDU 状态		缝翼性能		襟翼 PDU 状态		襟翼性能	
	通道 1	通道 2	速度/（%）	负载能力/（%）	通道 1	通道 2	速度/（%）	负载能力/（%）
正常工作模式	A	A	100	100	A	A	100	100
缝翼正常/襟翼降级	A	A	100	100	A	B	50	100
	A	A	100	100	B	A	50	100
缝翼降级/襟翼正常	A	B	50	100	A	A	100	100
	B	A	50	100	A	A	100	100
缝翼降级/襟翼降级	A	B	50	100	A	B	50	100
	A	B	50	100	B	A	50	100
	B	A	50	100	B	A	50	100
	B	A	50	100	A	B	50	100

续表

工作模式	缝翼 PDU 状态		缝翼性能		襟翼 PDU 状态		襟翼性能	
	通道 1	通道 2	速度/(%)	负载能力/(%)	通道 1	通道 2	速度/(%)	负载能力/(%)
缝翼正常/襟翼失效	A	A	100	100	B	B	0	100
缝翼降级/襟翼失效	B	A	50	100	B	B	0	100
	A	B	50	100	B	B	0	100
缝翼失效/襟翼正常	B	B	0	100	A	A	100	100
缝翼失效/襟翼降级	B	B	0	100	B	A	50	100
	B	B	0	100	A	B	50	100
动力限制	B	B	0	100	A	B	25	100
缝翼失效/襟翼失效	B	B	0	100	B	B	0	100

注:A—工作,B—制动。

13.4.3　分系统介绍

13.4.3.1　控制分系统

高升力控制分系统包含襟缝翼操纵手柄和高升力控制计算机。

襟缝翼操纵手柄如图 13 - 21 所示,用于正常和降级模态时产生襟缝翼位置指令,包含 5 个位置,传感器为四余度设计,每台高升力控制计算机激励并采集其中的两路,根据传感器的输出电压,判断襟缝翼操纵手柄当前的指令位置。

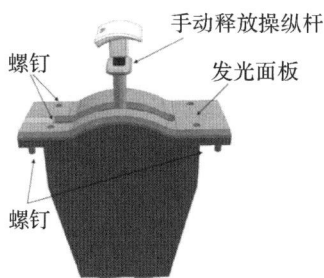

图 13 - 21　襟翼手柄组成示意图

高升力控制计算机共包含两台高升力控制计算机,用于襟缝翼位置控制,两台高升力控制计算机完全相同,可互换。每台高升力计算机包含一个控制通道和一个监控通道,两个通道采用不同厂商制造的不同的芯片。

每个通道包含以下功能:传感器激磁与解调;A/D 转换;控制律解算;故障监控;总线接口。

13.4.3.2 驱动分系统

高升力驱动分系统主要由襟缝翼动力驱动装置组成,均采用主-主工作方式,通过差动齿轮箱实现速度综合。正常情况下,两套液压马达同时工作。单通道故障时,相应的液压马达被制动,系统由另外一个液压马达驱动,此时输出力矩不变,输出速度减半。襟缝翼动力驱动装置结构示意图如图 13-22 所示。

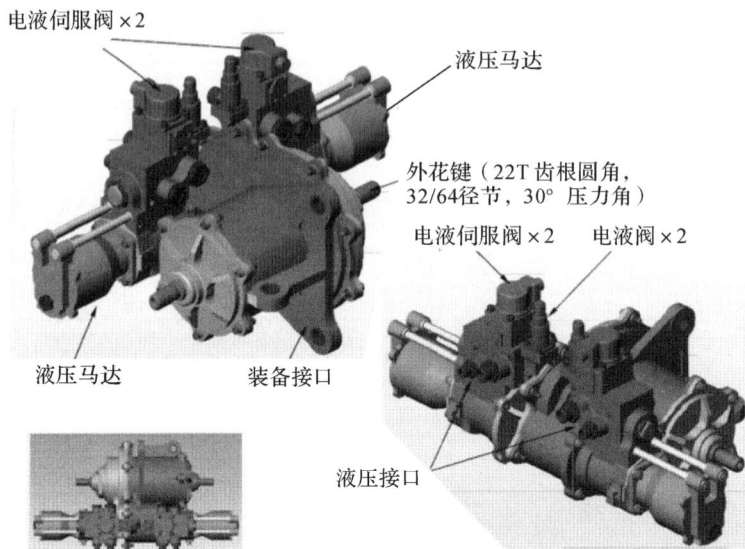

图 13-22 襟缝翼动力驱动装置结构示意图

13.4.3.3 传动与作动分系统

高升力传动与作动分系统结构示意图如图 13-23 所示。

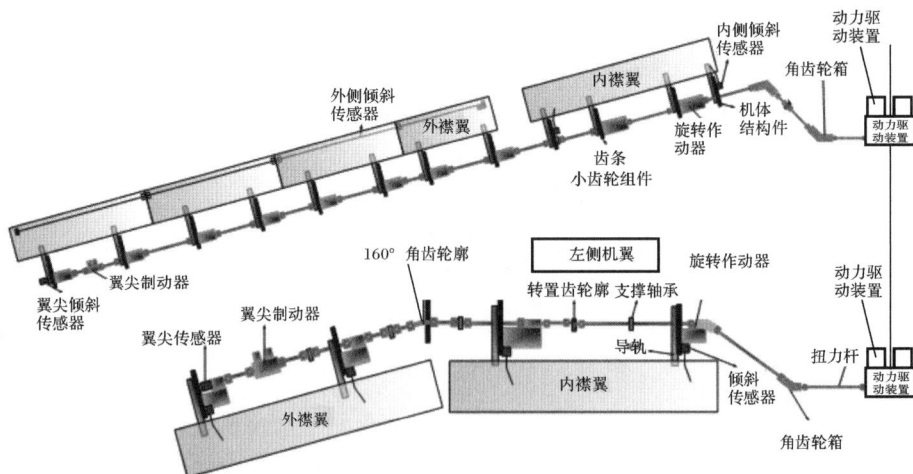

图 13-23 C919 高升力传动与作动分系统结构示意图

高升力传动与作动分系统由扭力杆、支撑轴承、齿轮箱、翼尖制动器和作动器组成。

高升力传动与作动分系统通过扭力杆、支持轴承和齿轮箱,将襟缝翼动力驱动装置输出轴的转速和扭矩传递给作动器。

高升力传动分系统共包含 28 根扭力杆和 8 个支撑轴承。齿轮箱用于改变襟翼扭力杆的传动方向,共包含 4 个变角齿轮箱。

翼尖制动器是襟缝翼线系的故障保护部件,当扭力杆出现断开故障后,翼尖制动器可快速制动,防止襟缝翼气动载荷回传引起襟缝翼异常收回。

襟翼作动器由输出轴、中间轴、动力机构、扭矩限制组件和扭矩限制指示等组成,通过机械连杆和摇臂驱动襟翼收放,如图 13-24 所示。每块襟翼由 2 个作动器驱动,单机共 8 个作动器。缝翼作动器通过齿轮齿条驱动缝翼收放。

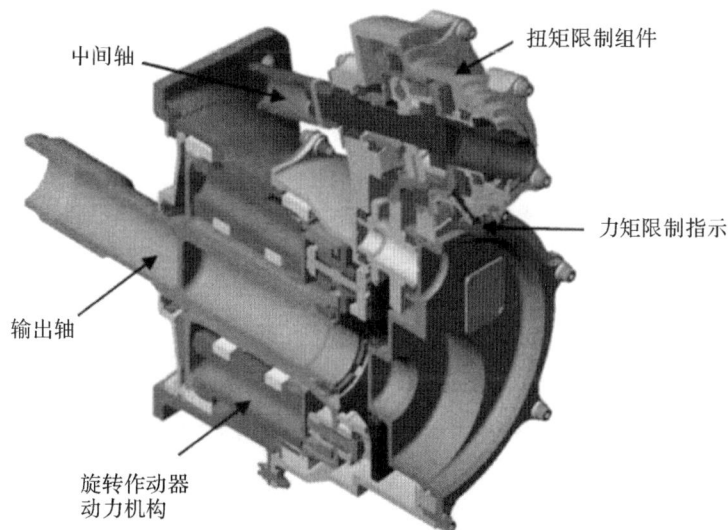

图 13-24　襟翼作动器示意图

13.4.3.4　传感器分系统

C919 飞机高升力控制系统为了实现襟翼和缝翼位置控制和位置显示、不对称和倾斜(故障)状态监测,分别配置了襟缝翼指令传感器、襟缝翼位置传感器、襟翼倾斜传感器、内侧缝翼倾斜传感器和外侧缝翼倾斜传感器。

襟缝翼指令传感器:集成在襟缝翼操纵手柄(安装在驾驶舱)内,其传感器属于角位移 RVDT 传感器。襟缝翼指令传感器将襟缝翼操纵手柄的机械运动转为电信号并将电信号传送给每个高升力控制计算机,用于为高升力控制系统提供襟缝翼位置指令。

襟缝翼位置传感器:用于测量襟缝翼位置信息,进行襟缝翼位置控制与状态监控。襟翼位置传感器安装在襟翼传动线系末端,缝翼位置传感器安装于缝翼传动线系末端。襟缝翼位置传感器均为正余弦传感器。高升力控制计算机接收和比对襟缝翼指令位置传感器和襟缝翼位置传感器信号,进行襟缝翼位置控制。

襟翼倾斜传感器:用于测量每一个襟翼作动器的运动行程,进行运动不同步监控。每个作动器处安装两个传感器,单机共 8 个传感器,传感器均为 LVDT。每台高升力控制计算机激励并解调其中一个传感器,综合每个襟翼倾斜传感器状态进行襟翼倾斜状态的监测。

内侧缝翼倾斜传感器:左/右侧第一块缝翼的两个作动器上分别安装两个倾斜传感器,传感器均为 RVDT。高升力控制计算机根据接收到的内侧缝翼倾斜传感器不同信号,进行内侧缝翼的倾斜监控。

外侧缝翼倾斜传感器:左/右第 2 块至第 5 块缝翼安装一个倾斜传感器,由钢索式倾斜传感器组成。通过钢索将第 5 块缝翼与传感器的靶标连接,当出现外侧缝翼运动不同步,靶标会在钢索的带动下远离接近式传感器,高升力控制计算机通过检测接近式传感器的状态实现外侧缝翼倾斜状态的监测。

13.4.3.5 显控分系统

高升力控制系统座舱显控分系统作为飞行员与飞机高升力控制系统的人机交互接口,主要功能是提供飞行员控制指令输入,以及系统各种状态的显示。

C919 飞机配置一台襟缝翼操纵手柄,安装于驾驶舱中央操纵台上。襟缝翼操纵手柄设置"0""1""2""3""FULL"5 个指令挡位,用于实现襟缝翼位置指令的产生。

高升力控制系统通过高升力控制计算机向机上 EICAS 发送襟缝翼操纵手柄位置、襟翼位置、缝翼位置、系统状态和系统故障告警等信息。

EICAS 显示位置类和翼面状态信息,包含襟缝翼操纵手柄位置、襟翼位置、缝翼位置和襟缝翼状态,EICAS 显示信息如图 13-25 所示。

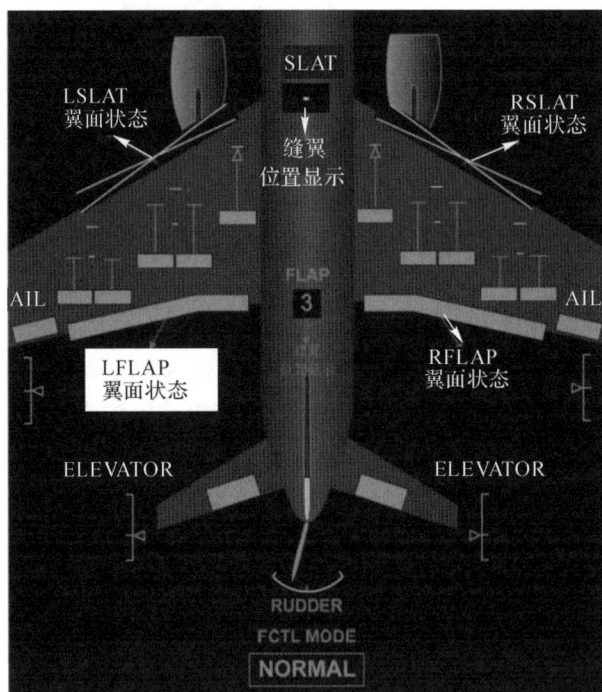

图 13-25 EICAS 显示信息

1)襟缝翼操纵手柄位置显示包括"0""1""2""3""FULL"符号,同时采用绿色、白色和无信息三种颜色/状态分别表示襟缝翼到达指令位置、襟缝翼正向指令位置移动、襟翼或缝翼不工作或信号无效。

2）襟翼位置显示包括"0""1""2""3""4"符号,同时采用绿色、白色、黄色和黄色短线四种颜色/状态分别表示襟翼到达指令位置、襟翼正向指令位置移动、襟翼不工作和无襟翼位置信号。

3）缝翼位置显示包括"0""1""2"符号,同时采用绿色、白色、黄色和黄色短线四种颜色/状态分别表示缝翼到达指令位置、缝翼正向指令位置移动、缝翼不工作和无缝翼位置信号。

4）襟缝翼翼面状态分别采用灰色、D、黄色框和黄色交叉线表示襟缝翼翼面正常、翼面工作降级、不工作、无襟缝翼位置信号。

C919 飞机高升力控制系统系统状态和告警信息见表 13-7,用于向驾驶员提供高升力控制系统的状态和告警信息,便于驾驶员采取相应的操纵,以保证飞机飞行安全。

表 13-7　C919 飞机高升力系统系统状态和告警信息

EICAS	告警信息	听觉告警	目视告警	告警级别
SLATS FAULT	缝翼系统不工作	单谐音	主警告灯	警戒
FLAPS FAULT	襟翼系统不工作	单谐音	主警告灯	警戒
SLATS SLOW	缝翼单通道工作	无	无	提示
FLAPS SLOW	襟翼单通道工作	无	无	提示
FLAP INHIBIT	抑制功能激活	单谐音	主警告灯	警戒
SLAT AOA INHIBIT	缝翼收回抑制	单谐音	主警告灯	警戒

13.4.4　系统特点分析

C919 飞机高升力控制系统采用"双余度主-主工作"和"集中共轴式驱动、分布式作动"架构。动力驱动装置采用双液压主-主式工作模式,最终通过齿轮箱驱动襟缝翼传动线系。

C919 飞机高升力控制系统设计较为复杂,驱动装置采用不同三套液压源提供动力,提高了系统任务可靠性,同时具备自动缝翼和襟翼载荷减缓功能,较大程度上避免了飞机因失速迎角过大和襟翼传动部件承受过大的气动载荷而造成的结构损坏,从而提高飞行安全性。

参 考 文 献

[1]　杨小飞. A320 飞机维修故障分析及质量改进方法研究[J]. 中国新技术新产品,2021(18):86-88.

[2]　章晓春. B777 飞机余度管理技术研究[J]. 中国科技信息,2014(14):31-33.

[3]　刘艳,陈经纬. C919 民用飞机飞控系统鉴定试验环境设计[J]. 航空工程进展,2021,12(6):153-160.

[4]　刘红艳,李思静,陈菊华. C919 缝翼装配技术研究与应用[C]//中国航空学会.第八届中国航空学会青年科技论坛论文集.景德镇:航空工业昌河飞机工业集团有限责任公司,2018:6.

第14章 高升力系统先进技术及发展

14.1 概 述

随着绿色航空理念的提出,产生了绿色航空技术。绿色航空技术是民用航空器在研制、运营、维修等环节为达到节能、减排和降噪目的而采用的各项专业技术的总称。绿色航空技术涉及航空领域的各个方面,是实现绿色航空的基础和前提条件,主要包括绿色气动技术、绿色多电技术、绿色制造技术和绿色维修等技术。欧美积极响应世界航空绿色环保目标,重点从飞机新布局、动力系统、原材料选择、新技术应用和降噪等方向开展相关技术研究[1]。

随着多电和全电飞机时代的到来,飞机机电系统正在向多电/全电化、智能化和综合化方向发展,其目的是通过功能、能量、控制和物理4个方面的综合优化使飞机性能最优,促使其成为绿色飞机机电系统。目前绿色航空发展趋势已涉及机电系统和航空电子系统[2]。

高升力系统是影响飞机飞行安全的关键飞行控制系统之一,属于典型的机电液系统。通过控制襟缝翼伸出偏转,改变机翼弯度,增大机翼面积,实现起飞阶段的增升和着陆阶段的增升和增阻[3]。对于传统研发人员,一提到绿色航空,一般会理解为减阻、减少燃油消耗、降低污染和降噪等。先进、精细化的增升装置,可实现起降和巡航性能的协同优化,提升低速起降性能,提高巡航效率和降低燃油消耗;减少翼面,简化翼面驱动和运动机构,从而减轻重量,提升有效商载,降低维护成本;现有飞机前缘缝翼和后缘襟翼是民机的主要噪声源[4,5],而先进、精细化的增升装置是飞机降噪的关键因素之一,可通过综合优化功能、能量、控制和物理等方面使飞机性能最优。因此,高升力系统对民用飞机气动特性、飞行品质、安全性、节能和噪声等绿色航空技术的实现有重要影响。

现有国内飞机高升力系统增升减阻方法(如单、双和三开缝襟翼)受到翼面开缝缝隙、运动结构和机上空间等方面限制,难以满足新一代或未来飞机高效增升和降噪等需求;集中共轴驱动传动形式一旦出现机械传动系统卡阻或断裂故障,襟缝翼将丧失收放功能,不能实现翼面重构,降低了飞机生存力和安全性;飞机各控制系统大都由独立计算机控制,不易实现飞机多翼面交互共享控制及提高飞机生存力和安全性;智能化技术的应用程度不高,不能实现故障的在线监测和预判,特别一些隐蔽性故障,只有发生时才能发现,严重影响飞机派遣率和飞行安全;先进材料技术的应用程度不足,导致飞机重量偏重,燃油增加,经济性和环保较差,需进一步提高先进(复合)材料的应用。现有高升力系统存在技术限制和约束,很难满足绿色航空的高效增升、节能和降噪等要求,因此迫切需要开展新技术研究。

14.2　新一代飞机高升力系统先进技术分析

目前新一代飞机 F/A-18 改装型、F111、A320neo、A350XWB 和 B787 等飞机采用了大量先进技术,有效提升了飞机升阻比、经济性、安全性和起降性能,并能够减重和降噪。如 F/A-18 改装主动柔性机翼项目中采用副翼和前缘襟翼的偏转来改变柔性机翼上的气动力,在不改变机翼重量的前提下,降低机翼扭转变形,达到提高滚转性能的目的[6];SARIS-TU 智能机翼和湾流Ⅲ试车机上的 ACTE 变形襟翼项目中采用了自适应前缘下垂、变弯度后缘襟翼,实现了机翼减阻、降噪、减重的集成设计和预期试验效果[7]。F111 任务自适应机翼飞行演示验证(MAW)项目中采用光滑前缘和后缘变弯度机翼,获得巡航、机动性能的较大改善[8]。

本节重点对新一代飞机 A320neo、A350XWB 和 B787 等飞机高升力系统中采用的新技术展开分析。

14.2.1　封闭式下垂前缘襟缝翼技术

空客 A350XWB 采用前缘下垂襟翼[见图 14-1(a)]和封闭前缘缝翼[见图 14-1(b)],B787 采用封闭式克鲁格襟翼和封闭前缘缝翼。在起飞和降落时前缘下垂襟翼、封闭式克鲁格襟翼和封闭前缘缝翼伸出,增加了机翼的弯度。与其他缝翼不同的是,封闭式克鲁格襟翼和前缘下垂襟翼一样,与前缘缝翼固定翼面之间没有缝隙,这一设计虽然会导致升力的轻微损失,但会明显减小在这一区域内前缘的阻力,提高了升阻比,优化了飞机在起飞和爬升阶段的性能。B787 封闭式克鲁格襟翼和封闭前缘缝翼在起飞状态有小缝隙,降落状态会产生更大缝隙,缝隙会产生明显的阻力;而封闭前缘缝翼与前缘缝翼固定翼面之间形成完整的封闭起飞构型。对于前缘增升装置,下垂襟翼比克鲁格襟翼升阻比高。封闭构型提升了起飞和爬升阶段的最大升阻比,减少低速阻力 3%[9],为飞机下降和着陆阶段大攻角提供失速保护。

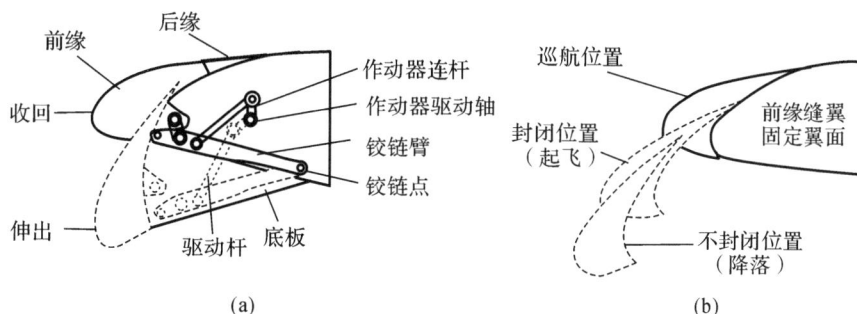

图 14-1　A350XWB 下垂襟翼和封闭前缘缝翼机构[10]

(a)下垂襟翼;(b)封闭前缘缝翼

14.2.2　自适应下沉式铰链襟翼和扰流板下偏技术

A350XWB 飞机襟翼驱动机构使用了自适应下沉式铰链襟翼(见图 14-2),使襟翼运动机构复杂度变小,重量变轻。下沉式铰链襟翼面临的一个挑战就是要控制扰流板后缘与襟翼之间的缝隙,间隙过大将导致襟翼附着层气流产生紊流,降低飞机的升阻比。

A350XWB 采用扰流板下偏技术,通过扰流板下垂,一方面增加机翼弯度,另一方面减小扰流板后缘和襟翼之间的缝隙,实现了优化飞机翼面层流,提升了升阻比[11]。

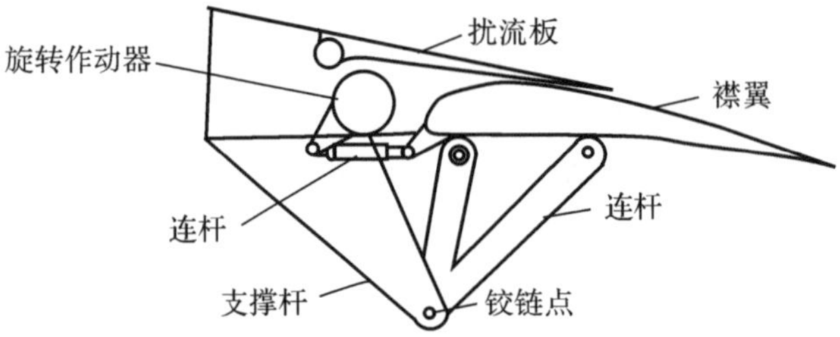

图 14 - 2 A350XWB 下沉式铰链襟翼和扰流板下偏构型

14.2.3 后缘襟翼变弯度技术

在巡航阶段巡航速度一定的情况下,随着飞机燃油消耗,重量减小,对传统采用固定翼型的飞机,升力系数往往变化不大,为了降低燃油消耗,一般会通过增加巡航高度,降低飞行阻力,提高经济性,但这种方法无法使飞机的气动载荷分布、升阻效率和燃油消耗等达到最优[12]。A350XWB 飞机采用了后缘襟翼变弯度技术,通过内外襟翼差动(见图 14 - 3),改善巡航阶段的升力分布形状,减小翼根弯矩,减小了机翼应力疲劳,减轻了机翼结构重量;还利用襟翼差动控制技术实现了横滚辅助配平功能。当飞机出现横向燃油不平衡、单发动机失效或单副翼作动器连杆断裂故障时,通过电机控制器,控制电机驱动主动差动齿轮箱,实现外侧襟翼上下偏转,辅助左右副翼实现对飞机配平的功能,实现了非标准飞行条件下飞机总体收益约 10%,巡航条件下飞机总体收益 1%～3%[13]。

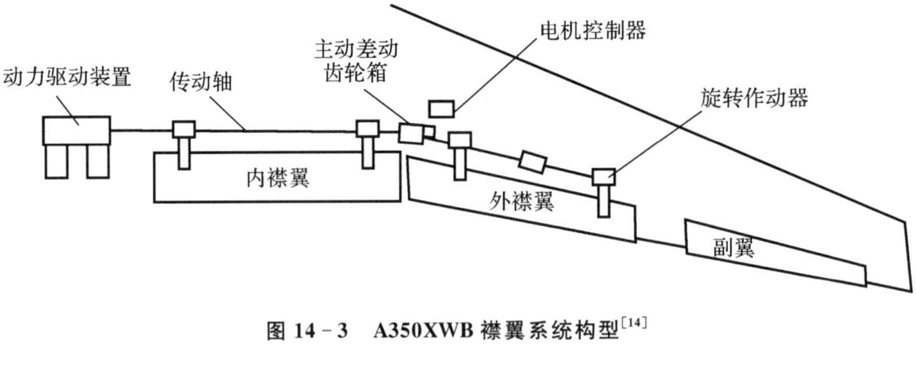

图 14 - 3 A350XWB 襟翼系统构型[14]

14.2.4 电子力矩限制技术

为了满足飞机的安全性要求,传统高升力系统普遍采用集中驱动、长线系传动、多点作动的机械式同步构架,为了减少并限制襟翼结构及承受的载荷,多采用机械式力矩限制器,然而机械式力矩限制器的复杂结构提高了高升力驱动系统的整体重量,以及操作和维护成本。此处,机械式力矩限制器是无源元件,不能在飞机上测试[15]。

A350XWB 高升力系统缝翼采用了电子力矩限制技术,对线系传动载荷进行实时监测监控,不仅提升了系统制动响应能力,还采取主动安全控制策略,取消了机械式力矩限制,降低了机械传动线系的传动力矩峰值,减轻了机械传动线系的结构重量,使得作动系统重量更轻,同时具备了健康管理功能,进一步提升了民机高升力系统的测试性和安全性。

14.2.5 电池动力驱动技术

A320Neo 飞机为了解决高升力系统短时大功率需求带来的飞机供电/供压过冗余设计问题,采用了能量储存的双通道电机驱动技术。能量储存是通过配置两个 28 V 锂电池,运用直流转交流、交流转直流功率转化方式,实现了 270 V 直流无刷电机的驱动。能量储存是当高升力系统不工作时,由机上 28 V 直流电源系统供电,当高升力系统工作时,由机上 28 V 直流电源系统和能量储存共同供电,可有效满足短时瞬时峰值大功率的需求。A320neo 飞机高升力系统两台 PDU 因采用能量储存电池,质量增加 43.2 kg,降低了对机上电源的功率需求,减轻飞机电源系统总体质量 106 kg,实现了飞机总体减重 62.8 kg;同时 A320neo 动力驱动装置功率为 10 kW,而 A350 动力驱动装置功率为 30 kW,A320neo 动力驱动装置功重比显著提升,应用该技术带来了显著收益。

14.3　飞机高升力系统发展趋势

运用 TRIZ 动态性进化创新理论[16]及基于知识的、面向人的发明问题解决系统化方法学[17-18],根据欧美国家对改善飞机环保性能、绿色航空迫切需求,立足高升力系统向综合化、多电/全电化和智能化方向发展趋势,从功能、控制方式、机翼和运动机构、材料及智能化程度等维度,构建下一代或未来民用飞机高升力系统(见图 14-4),提出下一代或未来民用飞机高升力系统的发展方向。

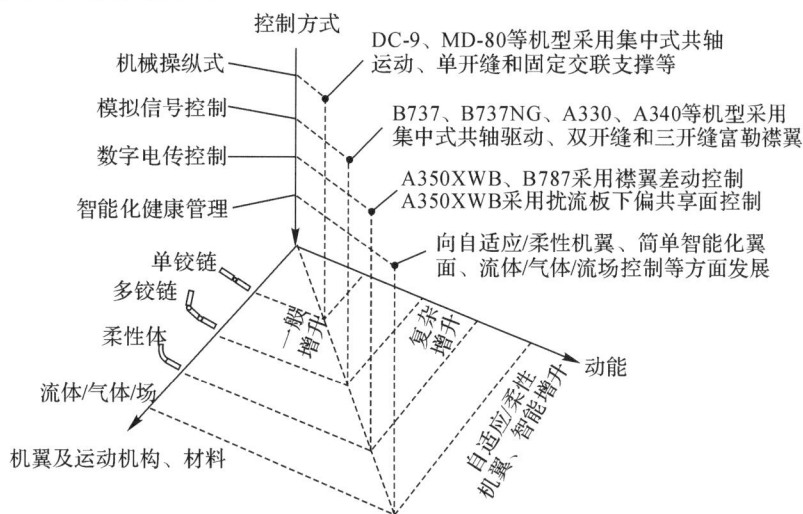

图 14-4　民用飞机高升力系统先进技术发展趋势

14.3.1 向精细化增升和智能增升方向发展

经研究发现,飞机高升力系统增升功能大致历经了一般增升、复杂增升和综合增升几个阶段,正向精细化增升和智能增升方向发展。

14.3.1.1 一般增升和复杂增升

一般增升是指由简单襟翼发展成开缝襟翼和富勒襟翼的一种增升方式,该类增升装置结构简单,但空气动力学性能较差,最大升力系数介于 2.0～2.5 之间。

复杂增升是为了追求良好的气动性能,后缘增升装置由单开缝富勒襟翼发展到双、三开缝富勒襟翼;前缘增升装置由固定、开缝形式发展到两个、三个位置的缝翼和变弯度克鲁格襟翼,但其结构复杂性大大增加,最大升力系数超过 3。

14.3.1.2 综合增升

综合增升是指通过襟翼差动控制或控制面共享等方式达到优化翼面整体、降低结构复杂性和减重的目的,并实现增升功能。该类增升装置除了实现基本增升功能外,还拓展了以下功能。

1. 翼型控制、辅助滚转配平和应急着陆功能

该功能在起飞阶段可实现外襟翼偏角大于内侧襟翼,使机翼展向载荷呈椭圆形分布[19],有利于减少起飞时机翼变形量,减少阻力,改善气动性能;巡航阶段可实现内襟翼偏角大于外襟翼偏角,将升力合力向翼根偏移,减小机翼翼根弯矩,减小机翼应力疲劳,减轻机翼轻重量,减小飞行阻力,提高升阻效率和降低燃油消耗。

当飞机出现横向燃油不平衡、单发动机失效或单副翼作动器连杆断裂故障时,该功能可辅助左右副翼实现对飞机配平的功能[13]。

当飞机液压系统全部失效和发动机全部失效时,通过内外襟翼差动控制,由机上电源或冲压涡轮(RAT)供电,经主动差动齿轮箱驱动外侧襟翼运动,实现应急着陆功能,确保飞机飞行安全。

2. 扰流板共享控制功能

随着电传飞机概念的提出,先进大型民用飞机上对主飞控、高升力和自动飞行等飞行控制系统之间边界的划分也越来越模糊,整个飞行控制系统呈现高度的集成化发展趋势。

文献[20]中提及 A380 和 B787 飞机主飞控计算机集成了自动飞行和高升力等功能,并应用了控制面共享技术(见图 14-5),即主飞控系统和高升力系统都参与对方的控制。主飞控系统的扰流板与高升力系统中襟翼机构联合运动,实现了扰流板下偏,减小了扰流板和翼面间的缝隙,减少了机翼表面紊流影响,提升升阻比,提升飞行效率,优化飞机的气动性能。

14.3.1.3 精细化增升

精细化增升是指在整个飞行包线中通过机翼自适应技术改变飞机机翼构型,用流体控制方式改善翼面层流和气动载荷,或使气动力产生升力等获得最佳状态的一种增升方式,从而达到全面提高飞行性能、降低燃油消耗和减重的目的。

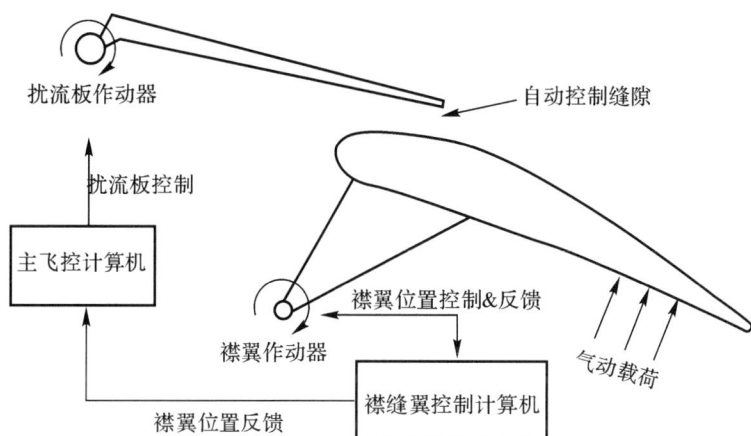

图 14-5　控制面共享技术

　　近年来的研究发现,通过控制面偏转增大机翼有效弯度,或通过提高在机翼后缘上表面附近的开缝吹气机翼环量,提升飞机升阻比的传统高升力系统,会在重量和飞机维护方面付出较大的代价,并且采用传统增升减阻方法(如单、双和三开缝式襟翼)在提升气动特性、解决机翼层流等气动问题方面存在不足或受到限制,而流动控制技术为其提供了一种有效的解决途径。

　　高升力系统的流动控制技术可划分为被动和主动控制技术。被动控制具有无需外部能源、技术相对简单、制造成本较低以及技术成熟度高等优点;相对于被动控制,主动控制还处于研究阶段。国外的最新研究成果[21](见图 14-6)运用压缩空气、高速开关电磁阀和作动腔,实现对压缩空气的控制,改善机翼表面低动量流体与分离区边缘的高动量流体的高效混合,并将高动量流体逼近机翼表面,使机翼附面层不易分离,改善机翼表面的紊流,达到增加升力、减小阻力、改善流场和降低噪声的目的。

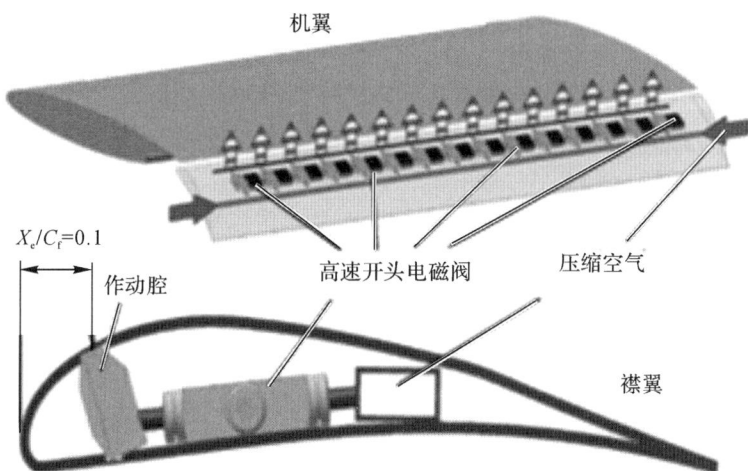

图 14-6　主动流动控制技术示意图

14.3.1.4 智能增升

智能增升是通过内部联动装置驱动控制,使翼面成为连续、光滑、无开缝且能消除缝隙的柔性智能变弯度机翼,能够随环境和升力需求变化而变化的一种智能增升方式。它可实现巡航变弯度、阵风载荷减缓功能,减少飞行阻力和燃油消耗,降低噪声,是未来绿色航空的发展趋势之一。

14.3.2 向集成健康管理和能源负载自适应的智能化控制方向发展

通过对国内外飞机高升力系统的研究发现,高升力系统的发展先后经历了机械操纵控制、模拟信号控制和数字电传控制三个阶段,正向集成健康管理功能和负载自适应的智能化控制方向发展。

14.3.2.1 械操纵控制

随着飞行速度和起飞重量的不断增大,襟缝翼上的气动载荷增加,人力已难以直接操纵襟缝翼偏转。为解决该问题,采用了机液伺服原理,通过钢索驱动液压阀,不需要直接驱动翼面气动载荷,便可轻松地操纵襟缝翼收放。液压驱动具有输出功率大、成熟可靠的特点,成为普遍的传统驱动形式。B707、B727、B737、B747、B757、B767 和 A300 等机型在后缘襟翼系统采用机械操纵的阀控液压马达驱动方案,系统结构复杂、控制灵活性差,当钢索系统发生卡阻、断开故障时,为了保证整套系统的安全性及工作可靠性,还需要设置失效-安全保护措施及超控操纵方案。

14.3.2.2 模拟信号控制

早期的图-154、伊尔-76、运-7 和运-8 等飞机采用微动开关和继电器控制实现襟缝翼收放。这种方式被定义为模拟信号控制。B737 新一代飞机在 B737 传统型飞机模拟信号控制方式基础上增加了一套简单电气闭环控制系统,该系统同样采用了模拟电路实现襟缝翼收放功能,具有不对称、超速等保护功能,以及襟翼载荷限制和自动缝翼等功能,进一步提高了系统的安全性和可靠性。该类控制方式存在微动开关触发不可靠的问题,易发生襟缝翼到位不停止的典型非指令运动故障,危及飞行安全。

由于这种简单电气闭环控制系统不是完全闭环位置控制系统,襟缝翼位置控制需要驾驶员一直关注襟缝翼位置显示值,并判定是否襟缝翼到位"停止"。该类高升力系统方案不符合民用适航规章 CCAR25(FAR25)中 25.697 条"升力和阻力装置及其操纵器件"、25.777条"驾驶舱操纵器件"、25.779 条"驾驶舱操纵器件的动作和效果"、25.781 条"驾驶舱操纵手柄形状"等规定的有关要求,适航性较差。

14.3.2.3 数字电传控制

现代飞机高升力系统普遍采用数字电传控制技术,实现了系统功能综合,并具有完善的余度配置和管理。代表机型有 B777、A320、ARJ-21 和 C919 等。

数字电传控制同机械操纵控制和模拟信号控制等方式相比,具有以下优点:

1)可实现襟翼/缝翼/扰流板的综合管理。当缝翼卡阻时可操纵襟翼,当襟翼卡阻时可操纵缝翼,减小了襟缝翼不能收放的概率,提高了飞机安全性和生存力。通过电传控制可实现扰流板下偏和襟翼联动控制,减小扰流板后缘和襟翼前缘之间的缝隙,提高升力,简化襟翼运动机构的复杂性,降低噪声。

2)增强了边界保护功能。当飞机迎角过大和处于低速条件时,缝翼自动伸出;在飞机爬升阶段,飞行速度过高时,襟翼自动收回,防止襟翼过载,改善爬升性能。

3)提高了系统安全性。数字电传控制具有完善的故障保护功能,不对称(Asymmetry)、超速(Overspeed)、回吹(Blowback)和失去襟翼等故障的发生概率低于 $1 \times 10^{-9}/FH$,提高了安全性。

14.3.2.4 集成健康管理和能源负载自适应的智能化控制

1. 智能化健康管理

20 世纪 90 年代后期,民航客机在现有维修、维护技术基础上,提出了健康管理系统,并研制了机载与地面监测设备一体化集成的健康管理综合系统[22]。目前 B777、B787 和 A380 等机型民航客机均采用了健康管理系统。随着自修复飞控系统技术的发展,融合了自主式维修诊断和控制律重构等策略的飞机维修与诊断技术进一步得到提升[23]。国内南方航空公司设计的远程诊断系统、东方航空公司开发的无线 QAR 系统,以及中国国际航空公司在新一代 B737、B777 等机型上应用的健康管理系统,可对飞机各个飞行阶段的飞行参数等实施在线健康状态监测。国内 DUI 民航客机健康管理技术正在积极地探索和实践,预计 21 世纪民用飞机的健康管理系统将得到较为普遍的应用和推广,同时也会向着智能化、集成化和实时性方向发展,进而提升飞机飞行安全、维护效率,降低运行成本。

目前高升力系统也正在通过在机械传动线系中设置数量合适的传感器,实现在线收集系统各个工作点的工作力矩及运转速度等参数(见图 14-7),通过建立系统卡阻、断开等失效模式的诊断模型,分析系统的运行参数,识别出系统的各类故障,从而取消或部分取消大量的机械式故障保护装置。

鉴于此,下一代或未来飞机高升力系统会向着具有健康管理功能的智能化方向发展。

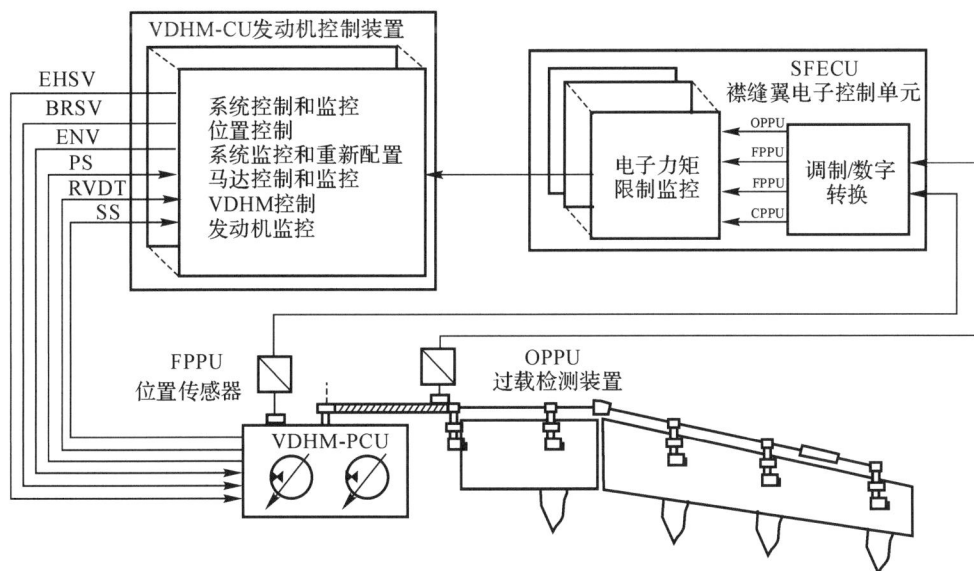

图 14-7 高升力系统的故障诊断原理[24]

2. 能源负载自适应

基于飞机综合性能的提高,航电和机载用电设备的类型和数量不断增加,特别是多电/全电飞机大功率用电设备的增加,以及多电/全电飞机概念的提出采用传统配电方式,会存在配电系统功率和重量偏大、手动管理增加驾驶员负担以及驾驶舱拥挤等问题,为了解决该问题,美国空军研究实验室(AFRL)针对下一代飞机提出了综合能源管理技术和能量优化概念。

高升力系统的工作特点为短时反复工作、伸出/收回工作瞬时功率需求大。经研究发现,高升力系统瞬时功率为主飞行控制系统功率的 3 倍以上,在飞机设计初期为了满足高升力系统短时工作所需的瞬时峰值功率需求,飞机液压或电动力通常只能按短时最大功率需求来设计,这样会造成飞机飞行的大部分时间内的输出功率过冗余,同时因液压或电动力过冗余设计,会导致飞机重量增加。

为了解决上述问题,A350XWB 飞机采用变排量马达技术,通过对电液伺服阀的控制,可以按照预设的控制律调节液压马达的排量,从而使动力驱动装置的输出力矩自动适应负载的变化。采用该负载自适应技术使系统流量需求从传统方案的 160 L/min 减小到 80 L/min(见图 14-8),功率消耗从 92 kW 减小到 46 kW,动力驱动装置重量减小 15 kg,液压系统质量(飞机级)减轻 130 kg,瞬时流量需求减少约 50%。A320neo 飞机为了解决瞬时功率需求过大问题,采用带有能量储存的双电机驱动方式(见图 14-9),其能量储存采用锂电池,当系统瞬时功率需求增大时,系统由能量储存的锂电池提供动力。更为关键是,采用该技术可减轻飞机总体重量。

研究发现,下一代或未来飞机高升力系统会依据高升力系统短时工作、瞬时功率大的特点,向着驱动装置负载自适应、能源智能化管理等方向发展。

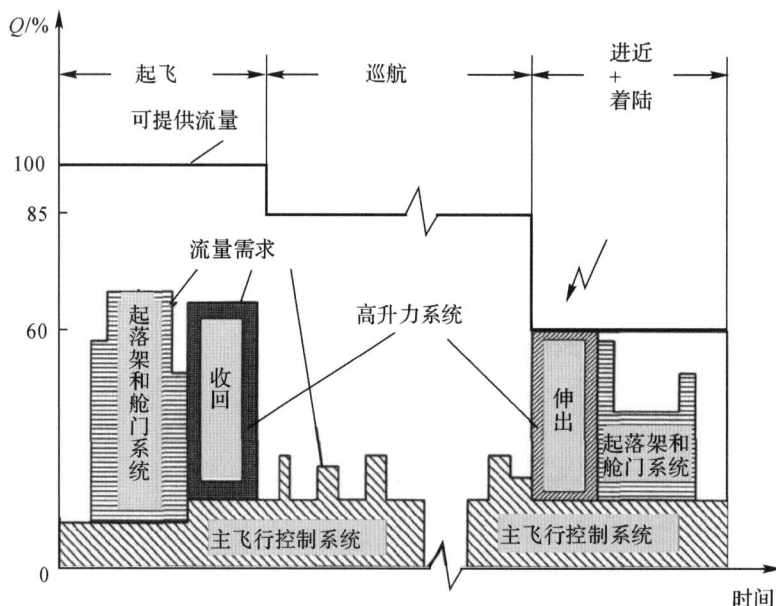

图 14-8 飞机系统的流量需求包线[25]

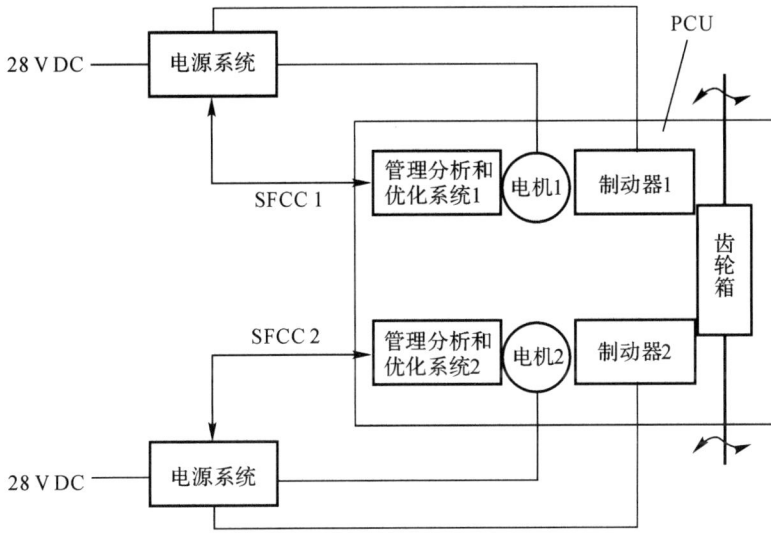

图 14-9　电池储能动力驱动原理图[26]

14.3.3　向智能柔性自适应机翼和降噪方向发展

对国内外典型飞机翼面的研究发现:为了减少机翼结构复杂性和降低噪声,其翼面结构形式从固定式单开缝、结构复杂的三开缝和双开缝逐渐向无开缝或智能柔性机翼方向发展;其运动机构历经固定铰链+圆弧轨道、四连杆+钩行滑轨、复杂四连杆+钩行滑轨、倒置四连杆+连杆滑块和简单铰链+齿轮齿条阶段,正向简单智能化柔性机翼(含运动机构)方向发展(见图 14-10);其翼面智能化程度由传统开缝式襟缝翼、分布式驱动机翼、变弯度机翼和自适应机翼,向智能柔性机翼方向发展。传统开缝式襟缝翼已被熟知,此处不赘述,重点分析分布式驱动机翼、变弯度机翼和智能柔性自适应机翼。

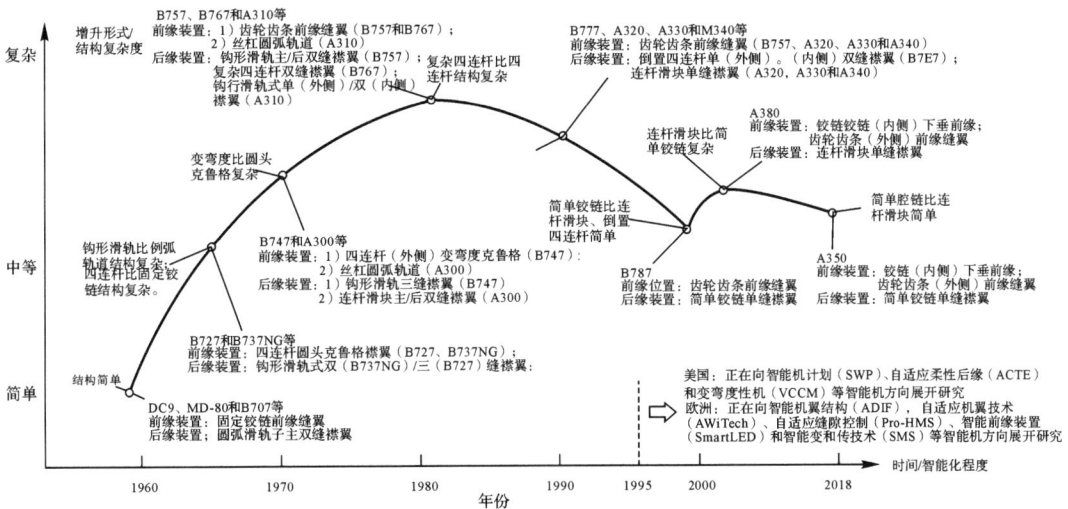

图 14-10　翼面/运动机构发展趋势

14.3.3.1 分布式驱动机翼

传统民用飞机高升力系统多采用"集中驱动,共轴传动"架构,可以通过机械传动系统保证其同步性,但带来的问题是当机械传动系统出现卡阻或断裂故障时,系统会将机械传动系统制动并保护在当前位置,一旦系统制动,将不能进一步对故障重构,只能进行无襟翼着陆,危及飞行安全;同时传统固定翼飞机改变翼面空气流动的方式一般是通过襟翼、缝翼和扰流板的变形来实现,但用于实现其变形的运动机构机械结构较为复杂,操纵时易产生翼面振动和噪声,且效率低下[27]。研究人员从仿生学的角度,通过对鸟类飞行的观察及研究,提出了变形翼的概念[28]。正是基于传统高升力系统存在的上述问题和变形翼概念的出现,提出了一种高升力系统分布式驱动方案(见图 14-11)。每块襟翼采用独立驱动,通过高升力系统控制和驱动实现各块襟缝翼之间的同步运动,也可实现左右侧襟翼的差动运动。分布式高升力系统可根据飞行高度、空速及载荷情况,实现飞机襟缝翼伸出/收回,从而获得最佳翼形,提高飞机气动性能,降低飞行阻力,甚至可参与横滚控制,极大地提高高升力系统的功能拓展性以及操纵灵活性和安全性[29]。

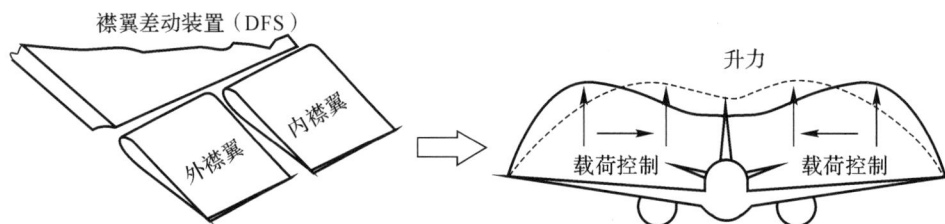

图 14-11 分布式驱动原理图[30]

14.3.3.2 变弯度机翼

随着下一代民用飞机对绿色航空的迫切需求,可变弯度机翼作为创新性飞机结构技术已经被广泛提出。对于传统高升力系统,缝隙和台阶导致了高速气流与结构尖锐部分的摩擦,在起飞和降落过程中容易引起较大的噪声[31]。层流状态对机翼气动表面质量要求非常严格,前缘关键区域极小的台阶和缝隙都有可能破坏层流的状态,而无缝、光滑的变弯度机翼前缘,能够较好地满足该要求[32],可有效降低巡航阻力,降低噪声,降低燃油消耗。

目前代表着民用飞机最新技术应用的 A350 和 B787 飞机采用了机翼变弯度、载荷控制等先进技术,实现了飞机提高升阻比、减重、减少燃油、降低碳排放和提高经济性的目的。其中波音 B787 采用了机翼后缘变弯度设计,所减少的巡航阻力等效于节省约 340~450 kg 的质量。A350XWB 飞机分别采用了巡航变弯度、载荷控制和增升功能,实现了飞行阻力减少2%,等效减重约 500 kg[30]。

14.3.3.3 智能柔性自适应机翼

S. Kota 等人[33]由美国空军实验室基金支持,基于 NACA63418 采用柔性机构,研制了可弯度前缘柔性结构,经风洞实验表明,采用柔性机翼技术可提高升阻比约 51% 和升力系数约 25%。H. P. Monner[34]提出了"手指"型机翼变形概念(见图 14-12),此种柔性机翼结构可实现沿弦向变形,也可沿展向差动变形,最终实现了机翼的自适应变形扭转。黄建[35]

提出了一种新型零泊松比蜂窝结构变弯度机翼结构,解决了变弯度机翼中蒙皮、支撑驱动结构间的协调变形问题。

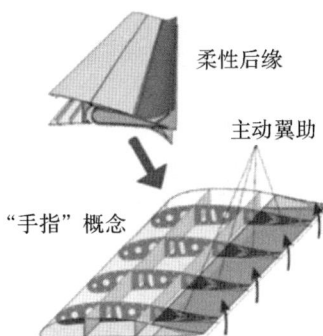

图 14 - 12　"手指"变弯度概念[27]

传统飞机的常规襟翼一般采用系列化机型研制,以加长型作为优化的特定机型,对于乘客数量少的需求,只好采用尺寸较大、重量较重的特定机型改型,其结果就是增加了客座的重量,增加了燃油消耗,且因起飞重量较大,一定程度上会增加着陆费用,而采用自适应机翼的飞机将比传统常规机翼更易实现飞机不同阶段、不同载荷条件下的机翼适应性变形,其变形更加灵活,更加适合飞机后续改型的需要。

1985 年至今,欧美国家开展了智能机翼结构(ADIF)、智能前缘装置(Smart LED)、智能高升力装置(SADE)和智能变形与传感技术(SMS)等智能机翼方向的研究:德国航空航天研究院针对未来运输类飞机开展了智能前缘(Smart LED)研究,实现了下偏 20°的变形要求;德国 Fraunhofer 研究院依托欧盟洁净天空计划开展了支线飞机机翼连续变弯度技术研究,并完成了地面演示验证[36];欧盟针对下一代民机高升力系统,提出智能前缘下垂机翼概念,目的是实现前缘增升装置的无缝柔性变形,减少飞行阻力,降低噪声。

随着智能材料、驱动结构和控制技术的发展,欧洲开展了柔性后缘可变形机翼的设计和制造研究[37-38]。一般通过对功能材料、新型结构、机械机构变形优化、柔性材料和先进的高效驱动装置、先进传感器和飞行控制等综合权衡后,才会获得自适应机翼的正向收益[27,39-40]。高升力系统是用于实现翼面动作的控制、驱动和作动的系统,随着智能柔性自适应机翼技术的提出,较大程度上会改变传统高升力系统的控制、驱动、作动方式,也给下一代或未来飞机高升力系统提出新的技术挑战。

因此,下一代或未来飞机可能逐渐向着真正意义上的全封闭构型的智能柔性机翼方向发展,从而使飞机在不同飞行阶段获得最佳气动翼型及降噪等正向收益。

14.3.4　向复合材料应用技术方向发展

21 世纪以来,美国波音公司和欧洲空中客车公司分别在新型飞机上大量采用了先进的复合材料,并取得较大的收益。最新一代的民用客机 B787 上应用的铝合金材料占比约 20%,先进的复合材料占比高达 50%;A380 飞机应用先进复合材料占比也达到了 25%[41]。从 A380 到 A350XWB 飞机,其复合材料占比由 25% 提升到了 53%,首次实现了复合材料应用量超过金属材料[4]。B787 和 A350XWB 材料组成如图 14-13 所示。

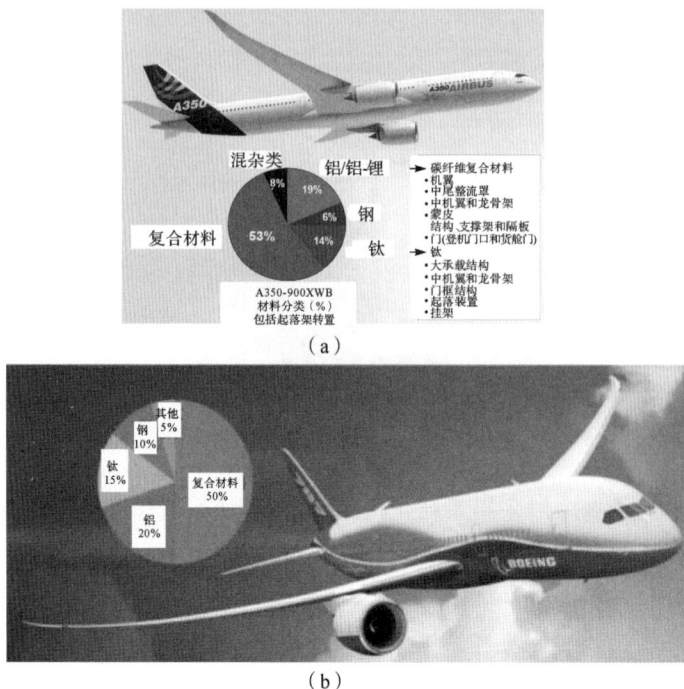

图 14-13 A350XWB 和 B787 材料组成

(a)A350XWB;(b)B787

A350XWB、B787 飞机的高升力系统采用了复合材料扭力杆和柔性万向节(见图 14-14),其零件数量大大减少,飞机总体重量得以减轻,同时也提高了飞机的可维护性,并改善了其环境适应性。

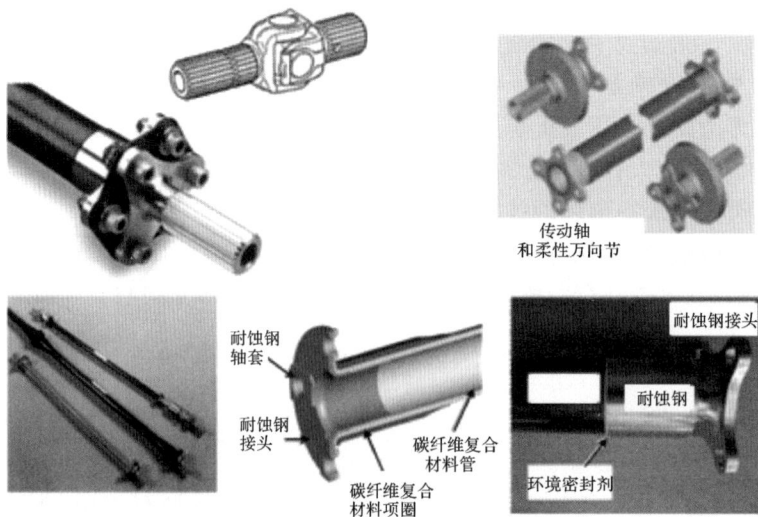

图 14-14 复合材料扭力杆和万向节

通过以上一系列的设计,A350XWB 大修间隔时间得以延长,定期维修次数得以减少,大大降低了 A350XWB 机体维修的直接使用成本,A350XWB - 800 维修成本比 A330 - 200 降低约 15%[43]。

14.4　结　　论

本章通过对国外新一代飞机采用的典型先进技术进行分析研究,推演出下一代或未来飞机高升力系统应向着集成有健康管理和能源负载自适应、智能柔性自适应机翼、智能增升和多复合材料应用的方向发展,一定程度上会带来以下几个方面的收益和新的挑战。

1. 增升功能拓展、增升效率提升和降噪

通过采用襟翼差动、分布式驱动和智能柔性变弯度机翼等技术,可拓展翼型控制、翼面载荷控制、辅助滚转配平和阵风载荷减缓等功能,改变机翼构型和机翼载荷,改善翼面层流和机翼承载;通过精细化增升等技术,改善机翼表面的紊流,达到增升减阻;通过智能柔性自适应机翼等技术,实现机翼无缝或光滑变弯度,降低巡航阻力和噪声。

2. 智能健康管理和安全性提升

运用数字电传控制和智能化健康管理等技术,可增强系统边界保护功能,实现系统在线故障预判、故障自主式修复和故障重构等,提升飞机飞行安全性和维护效率。

3. 能源负载功率需求优化和减重

运用能源负载自适应等技术,减少负载高升力系统对机上能源系统瞬时大功率的需求,降低飞机能源系统功率过冗余设计,减轻飞机能源系统总体重量。

4. 复合材料应用的减重和维修性提升

先进复合材料的大量应用,可减少零件数量,减轻飞机总体重量,提高飞机维护性,改善环境适应性。

5. 新的挑战

随着襟翼差动、智能柔性自适应机翼、健康管理、能量负载自适应和智能增升等技术的出现和应用,一定程度上将产生一些新的或者颠覆性的高升力系统控制、驱动、传动和作动方式,其技术实现上也会有新的挑战;随着新复合材料的应用,会产生一些复合材料与金属、复合材料间的夹心结构设计,对可靠连接方式、复合材料工程化应用工艺、复合材料各类失效破坏特性、判定准则和试验验证方法以及环境适应性等提出了新的挑战。

由于我国民机高升力系统研究尚处于起步阶段,发展又面临新的挑战,所以应加强下一代或未来高升力系统先进技术的研究。

参 考 文 献

[1]　马高杰,安刚,史佑民,等.民用飞机高升力系统先进技术及发展[J].航空学报,2023,44(S01):6 - 19.

[2] 李挚.绿色航空——飞机系统的发展趋向探讨[J].科技信息，2013(11)：134.

[3] 林明，蔡增杰，朱武峰.从绿色航空试论飞机系统的发展趋向和几点思考[J].液压气动与密封，2012,32(10)：1－5.

[4] 徐向荣,孙军帅.民用飞机高升力系统浅析[J].中国制造业信息化,2011,40(19)：61－63.

[5] 刘沛清,李玲.大型飞机增升装置气动噪声研究进展[J].民用飞机设计与研究，2019(1)：1－10.

[6] 李伟鹏.大型客机增升装置噪声机理与噪声控制综述[J].空气动力学学报，2018,36(3)：372－384.

[7]   PENDLETON E, FLICK P, PAUL D, et al. The HE X－53 A summary of the active aeroelastic wing flight research program[C]//A Collection of Technical Papers：48th AIAA/ASME/ASCE/AHS/ASC Structures, Structural Dynamics, and Materials Conference, Waikiki, Hawaii, April 23－26 2007. [S. l. :s. n.],2007.

[8] WOLCHEN P C, PAPADOPOULOS M. Smart intelligent aircraft structures(SARISTU)[C]// Proceedings of the Final Project Conference. Berlin：Springer,2015：43－83.

[9] HALL J M. Executive Summary AFTI/F－111 Mission Adaptive Wing：WRDC－TR－89－3083 [R]. [S. l. :s. n.],1989.

[10] 胡挺，王晓春，任盈盈.空客 A350 和波音 787 的对比研究[J].企业技术开发，2015,34(12)：54－56.

[11] LULLA C. Functional flexibility of the A350XWB high lift system[C]// Deutsche Gesellschaft für Luftund Raumfahrt, Tagungsb and DLRK. Bremen：DGLR,2011：385－392.

[12] 马援.强调性能优势旨在后来居上空客精心设计 A350 XWB[J].国际航空，2007(8)：15－17.

[13] 李丽雅.大型飞机增升装置技术发展综述[J].航空科学技术，2015(5)：1－10.

[14] STRUBER H. The aerodynamic design of the A350 XWB－900 high lift system[C]//29th International Congress of the Aeronautical Sciences. St. Petersburg, Russia：International Council of the Aeronautical Sciences，2014.

[15] QUENZER J, BARZGARAN B, MESBAHI M, et al. The generic wide body aircraft model[C]//2018 AIAA Guidance, Navigation, and Control Conference, January 8－12 2018, Kissimmee, Florida. New York：AIAA,2018：0877.

[16] NEUMANN U N D, CARL U B. Elektronische Systeme Lastbegrenzung im Antriebsstrang des Airbus A340－600[C]// DGLR Jahrestagung 2005, Fr. Hafen, Suptember 26－29,2005:0241.

[17] 夏盛来，何景武.TRIZ 理论在飞机结构设计中的应用研究[J].机械设计与制造，2008(12)：57－59.

[18] 谭润华.创新设计：TRIZ 发明问题解决理论[M].北京：机械工业出版社,2002.

[19] REN H, TIAN J, NAKAMORI Y, et al. Electronic support for knowledge creation in a research institute[J]. Journal of Systems Science and Systems Engineering, 2007, 16(2): 235 - 253.

[20] Van den BOSSCHE D. The A380 flight control electrohydrostatic actuators, achievements and lessons learnt[C]//25th international congress of the aeronautical sciences. Hamburg, Germany: International Council of Aeronautical Sciences (ICAS), 2006.

[21] 石鹏飞, 谭智勇, 陈洁. 先进民机飞控系统发展的需求与设计考虑[J]. 中国科学: 技术科学, 2018, 48(3): 237 - 247.

[22] CIOBACA V, WILD J. An overview of recent DLR contributions on active flow-separation control studies for high-lift configurations[J]. Aerospace Lab, 2013 (6):1 - 12.

[23] 景博, 黄以锋, 张建业. 航空电子系统故障预测与健康管理技术现状与发展[J]. 空军工程大学学报(自然科学版), 2010, 11(6): 1 - 6.

[24] REED E, SCHUMANN J, MENGSHOEL O J. Verification and validation of system health management models using parametric testing[C]// Infotech@ Aerospace, New York:AIAA,2011.

[25] FEEHALLY T. Electro-mechanical Interaction in Gas Turbine−generator Systems for More-electric Aircraft[D]. Manchester: The University of Manchester, 2012.

[26] LAMMERING T, SAUTERLEUTE A, HAUBER B, et al. Conceptual design of a battery-powered high lift system for single-aisle aircraft[C]//52nd Aerospace Sciences Meeting, January 13 - 17, National Harbor, Maryland,2014: 0378.

[27] VASISTA S, TONG L Y, WONG K C. Realization of morphing wings: a multi-disciplinary challenge[J]. Journal of Aircraft, 2019, 49(1): 11 - 28.

[28] VECHTEL D, HAUBER B, LOOYE G. Analysis of a multi-functional high-lift system driven by an active differential gear box[J]. CEAS Aeronautical Journal, 2014, 5: 227 - 238.

[29] LAMPL T, KONIGSBERGER R, HORNUNG M. Design and evaluation of distributed electric drive architectures for high-lift control systems[C]//66th Deutsche Luft-und Raumfahrtkongress. München,Germany:[s. n.],2017.

[30] SATTI R, LI Y, SHOCK R, et al. Computational aeroacoustic analysis of a high-lift configuration[C]//46th AIAA Aerospace Sciences Meeting and Exhibit. Reston, Va.: American Institute of Aeronautics and Astronautics, c2008: 34.

[31] HORSTMANN K H. Telfona, contribution to laminar wing development for future transport aircraft[J]. Aeronautical Days, Vienna, 19th−21st June, [S. l.: s. n.],2006.

[32] KOTA S, HETRICK J A, OSBORN R, et al. Design and application of compliant mechanisms for morphing aircraft structures[C]//Smart Structures and Materials

2003：Industrial and Commercial Applications of Smart Structures Technologies. Washington：SPIE, 2003：24 - 33.

[33] MONNER H P. Realization of optimized wing cambei by using formvariable flap structures[J]. Aeropace Science Technology, 2001, 5：445 - 455.

[34] 黄建. 新型零泊松比蜂窝结构力学性能及其变弯度机翼应用研究[D]. 哈尔滨：哈尔滨工业大学, 2018.

[35] ZEIDLER - FINSEL A. Future of aircraft wings：movable leading edge with flexible skin and integrated functions[N]. Press Release, 2015 - 6 - 1.

[36] ALESSANDRO D G, LUCA P, SERGIO R. Manufacturing and wind tunnel validation of a morphing compliant wing[J]. Journal of Aircraft, 2018, 55(6)：231 - 2326.

[37] ARENA M, ANTONIO C, ROSARIO P. Aero-servo-elastic design of a morphing wing trailing edge system for enhanced cruise performance [J]. Aerospace Science and Technology, 2019, 86：215 - 235.

[38] 白鹏, 陈钱, 徐国庆, 等. 智能可变形飞行器关键技术发展现状及展望[J]. 空气动力学学报, 2019, 37(3)：426 - 443.

[39] 许云涛. 智能变形飞行器发展及关键技术研究[J]. 战术导弹技术, 2017(2)：26 - 33.

[40] 赵稼祥. 民用航空和先进复合材料[J]. 高科技纤维与应用, 2007, 32(2)：6 - 10.

[41] 马立敏, 张嘉振, 岳广全, 等. 复合材料在新一代大型民用飞机中的应用[J]. 复合材料学报, 2015, 32(2)：317 - 322.

[42] 杜善义, 关志东. 我国大型客机先进复合材料技术应对策略思考[J]. 复合材料学报, 2008, 25(1)：1 - 10.